百姓生活百事典

吉林省新闻出版局◎编

胡宪武◎主编

吉林出版集团
吉林科学技术出版社

图书在版编目（CIP）数据

百姓生活百事典 / 胡宪武主编. -- 长春 ： 吉林科
学技术出版社， 2012.10
　ISBN 978-7-5384-6234-0

　Ⅰ. ①百… Ⅱ. ①胡… Ⅲ. ①生活－知识－问题解答
Ⅳ. ①TS976.3-44

中国版本图书馆CIP数据核字(2012)第213662号

百姓生活百事典

主　　编　胡宪武
副 主 编　董维仁
编　　委　李立厚　　张晶昱　陈晓波　王明哲　冯　强　王凯丰
　　　　　徐文钦　　沈凤霞　刘中生　金　楠　黄海力　张海峰
　　　　　杨　凯　　孟宪婷　代文杰　徐金红　徐贤德　周冰艳
　　　　　苗社卫　　王海静　沈美云
出 版 人　张瑛琳
策　　划　吉林省新闻出版局
责任编辑　赵　鹏　高小禹　刘宏伟　潘竞翔
　　　　　万田继　张胜利　胡昕彤　孙　默
封　　面　长春市墨工文化传媒有限公司
制　　版　长春市墨工文化传媒有限公司
开　　本　720毫米×990毫米　1/16
字　　数　600千字
印　　张　40
印　　数　1-2000册
版　　次　2012年9月第1版
印　　次　2012年9月第1次印刷

出　　版　吉林出版集团
　　　　　吉林科学技术出版社
发　　行　吉林科学技术出版社
地　　址　长春市人民大街4646号
邮　　编　130021
发行部电话 / 传真　0431-85677817　85635177　85651759
　　　　　　　　　　0431-85651628　85600611　85670016
储运部电话　0431-84612872
编辑部电话　0431-86037698
网　　址　www.jlstp.net
印　　刷　长春新华印刷集团有限公司

书　　号　ISBN 978-7-5384-6234-0
定　　价　80.00元

给广大进城务工朋友的一封信

亲爱的进城务工朋友：

你们辛苦了！

随着改革开放、工业化和城市化的脚步，你们远离亲人、远离家乡，怀着对美好生活的渴望和对光明未来的憧憬，凭着特有的纯朴与勤劳，勇敢地走出农村，进城务工。你们在城市里构筑着自己的梦想，期望用自己的劳动让年迈的老人不再辛劳，让年幼的孩子安心上学，把老屋翻新……你们脚步匆匆地奔波在城市的大街小巷，你们吃苦受累最多，奉献最大，你们以不怕吃苦、无私奉献的精神，用辛勤的劳动和汗水，创造了无数的社会物质财富，推动了城市文明进步，为城乡经济社会发展做出了巨大贡献。

你们已经崛起成为一股新的力量，是产业工人的重要组成部分，是推动改革开放和现代化建设不可或缺的重要力量。你们以自己的脊梁撑起了城市经济的半边天，支撑了中国经济的发展。可以说，没有你们，就没有今天漂亮发达的城市；没有你们，就没有今天吉林省和中国经济的迅猛发展。

如何让所有吉林省进城务工的朋友们能够工作有劳动保护条件、生活有保障、发展有出路，切实维护你们的合法权益，保护你们的人身安全，一直是党和国家高度关注的问题。

在此，我们向广大进城务工的朋友们及你们的家人致以诚挚的慰问和祝福！

外面的世界很精彩，外面的世界也无奈。

你们来到城市里，在工作和生活中，会不断地遇到这样那样的问题、困惑和烦恼。

你们用自己的辛劳与智慧撑起了中国的繁荣,城市因为你们而更加美丽,乡村因为你们而逐渐富裕!

针对进城务工朋友外出务工、经商的特点和实际需要,编写了《百姓生活百事典》一书。该书用进城务工朋友熟悉的语言,分别从务工生活、居家生活、饮食生活、健康生活、理财生活、法制生活及文化生活七个方面给进城务工朋友以帮助。

本书本着使进城务工的朋友"看着明白、用着实在"的宗旨,着重突出实用性强、指导性强、语言通俗的特点,采用生活化的语言增强可读性。深刻全面地回答了进城务工的朋友在城市工作、生活中可能遇到的各种问题,使本书具有很强的现实价值,能真正地为你们排忧解难。

希望广大进城务工的朋友通过本书,迅速掌握进城务工必备的就业知识,城市生活知识,健康安全知识,维权知识及文化娱乐知识等。

我相信进城务工的朋友通过阅读本书,能够真正地扩充自己的知识,提高解决实际问题的能力。

相信有各级党委政府和有关部门的支持,有你们辛勤的劳动,你们将会有更加美好的生活。

愿你们在工作中,克服困难,坚定信心,用勤劳的双手增收致富。希望你们互相介绍务工、经商经验,通过亲帮亲、邻帮邻,带动更多乡亲转移就业。希望你们利用外出务工学到的知识、技能和管理经验以及创业的收入,积极返乡创业,在家乡大显身手,为吉林省的经济发展和家乡建设做出新的贡献!

祝你们永远平安、工作顺利、阖家幸福!

目 录

📋 第一篇　务工生活

第二篇　居家生活

第三篇　饮食生活

第四篇　健康生活

第五篇　理财生活

第六篇　法制生活

第七篇　文化生活

附 录

第 一 篇

务 工 生 活

务工前准备要充分

城市里有很多企业、工厂需要大量的劳动力，服务行业、建筑行业、环保行业、安全保卫行业等也有很大的用人需求，这些用人单位都推动着农村劳动力大批向城市转移。一时间，"走出农村，进城务工"成为热潮。

但是进城务工也不能太盲目。有的人抱着"混口饭吃"的目的，盲目到大中城市寻找工作，花了不少钱却一无所获。有的人认为，城市有劳务市场和职业介绍所，到了以后再找工作也不迟；有的人仅仅是听说家乡有人在某地"混得不错"，就贸然找上门去，希望老乡帮忙找工作；还有的人是在一个城市"碰壁"之后，又流动到另一个城市"碰运气"……这些错误的认识和盲目的行为，不但赚不到钱，还会给自己的经济带来很大损失，毕竟来回的乘车费用、在城市的伙食费、住宿费都是一笔不小的花费。

另外盲目进城很容易上当受骗，有些不法分子经常利用进城务工者急于找到工作的心理，进行诈骗、拐卖、勒索等犯罪活动，最终给进城务工者造成经济上和心理上的伤害。

所以，进城务工前准备工作要充分。

首先，要对所去城市的就业状况和用工需求有所了解，并清楚自己的特长，最好是先获得准确的用工信息，有备而来，来到就能找到安身之地，并顺利地找到工作，顺利地得到应得的报酬。

其次，要准备好金钱、衣物、被褥、证件等物质准备。

最后，更重要的是要做好心理准备。要有勇气正视内心的期望值与现实之间的落差；要能够用平常心去面对城乡文明的差异；要能够忍受陌生的环境，忍受孤独；要有勇气去战胜工作和生活中的各种困难；要有虚心学习的精神。

务工要量力而行

虽然进城务工是改善收入状况的一个选择，但进城务工也需要一些条件，并不是人人都适合进城务工，每个人应该根据自己的实际情况量力而行。

不适合外出务工的情况：

1. 文盲不宜进城务工。因为在城市里，无论是出行还是购物，都需要识字。不具有一定的文化知识，来到城市可能连乘车问题都难以解决，更何况去解决其他问题呢。

2. 孕妇、残疾人、体弱有病者等生活不能自理的人不宜进城务工。进城务工其实就是为别人提供劳动或服务，而孕妇、残疾人和体弱有病者往往需要得到别人的照顾，所以不适合外出务工。

3. 60岁以上的男性和55岁以上的女性也不宜进城务工。按照劳动法规定，这类人群已属于退休阶段，其身体条件各方面都已大不如前，而参与劳动力市场竞争的大都是年轻力壮的中青年，老年人进城很难找到工作，反而会让家人担忧。

4. 未满16周岁（法定就业年龄）的未成年人也不能进城务工，国家明文禁止雇佣童工。

5. 家里有孩子无人照管而暂时又无法带在身边的人不宜外出务工。

6. 家里有老人无人照管的不宜外出。很多老人因儿女不在身边有病无人照管，病死在家中甚至无人知晓。

7. 自制力特别差的人不宜进城务工。很多年轻人来到城市，找不到合适的工作又觉得没面子回家，同时又抵不住城市里的种种诱惑，把自己辛苦赚来的血汗钱扔进了赌场、游戏厅、酒吧……误入歧途，走上犯罪道路。

对于符合务工年龄，身体健康的人在务工时也要根据自身的条件来选择适合自己的工作。

选择职业时需要考虑的因素

求职者找工作就像谈恋爱、买鞋子，最要紧的不是好看，而是感觉合适。人的一生，有大半儿时间在工作。职业是不是你的志趣所在，符不符合自身特点，在很大程度上影响着你的生活。做着不顺心的工作，就像穿着挤脚的鞋，个中滋味只有自己能够体会。

其实，随着现代社会分工越来越细，职业的选择也越来越多样化。我们有充分的机会自主选择最适合自己的职业。

"高薪"、"热门"、"有面子"的职业令人向往，然而它们就像灰姑娘的水晶鞋一样，不见得人人穿上都合适。一份理想的工作，应该是能最大限度地实现自身的价值。

求职者要消除"单位规模越大越好，企业知名度越高越好，外企和特殊行业才好，行政事业单位更好，工作地越发达越好，待遇越高越好，职位越高越好"的误区，消除对就业条件的过高企望，应根据自己的才能、实际条件和市场需求综合考虑，准确定位，确定行业、地域、职业、用人单位、薪金等求职目标，最终树立"合适的就是最好的"的观念。

所以在选择职业时应考虑如下几方面的因素：

1.看自己的能力。这是判断自己适合哪种工作的重要标准。比如，眼光独到，富有审美力和创造力的人，可以选择服装加工、美容美发、室内装潢等与设计有关的工作；如果具有高超的厨艺，就可以选择到酒店、餐厅做厨师。

2.根据自己的生理特点。身高、相貌、气质、体力等这些生理特征也是判断自己适合哪种工作的依据。比如，模特，空姐，公司前台，大酒店的服务员、保安等，对相貌、身高都会有特定的要求；装卸工、搬运工等从业人员要有较好的体力和耐力；电话客服人员则要求声音甜美。

另外，色盲的人不能从事与颜色有关的职业，如印染、装潢等工作；嗅觉不灵敏的人不能从事化妆品销售、食品加工等工作。

3.考虑自己的兴趣爱好。清楚自己内心喜欢什么工作很重要。因为只有对某项工作产生兴趣，工作起来才会充满激情，才会更加积极地去工作，更好地完成任务，并在相关的方向不断学习，使自己的知识和技能不断提高。

4.考虑自己的性格特征。一个人的性格特征也是工作取向的重要依据。比如，脾气急躁的人难以胜任校对、售货等工作；销售工作适合性格开朗、口齿伶俐、能说会道的人从事，而那些性格内向、说话腼腆的人则很难做好。

注意，一些特殊的工作岗位，是有性别之分的，比如保姆比较适合中年女性从事，而保安则适合青年男性从事。

因此，在找工作之前，先清楚自己想做什么工作，再根据自己的性格特征、生理特点以及所拥有的技能、专长，有针对性地去找相适应的工作。

当然，对各种工作要做到"知己知彼"，才能明确目标，缩小范围，降低找工作的盲目性，更加顺利地找到合适的工作。

工作单位性质要认清

目前，人们在求职的过程中，往往都很关注用人单位的性质。究其原因，或许是如今的就业形势的问题：有名的外企和国有企业可能比较稳定，同时工资较高、福利待遇较好；而那些名不见经传的三资企业、私营企业，没有保障，选择它们就需要很大的勇气。

其实，对于求职者而言，最需要考虑的是自己到该单位后能否人尽其用，并非这个单位的具体性质。

大型国有企业往往分工比较细，每个员工可以深入到自己负责的领域，在技术上得到良好的指导和培养，逐步成长、循序渐进。同时，我们不可否认，这样的企业一般都比较稳定，没有什么大的起伏，各方面的保障也很完善。如果求职者向往安稳清闲的工作，选择国有企业应该是最合适的。

相比之下，私营企业和民营企业的规模比较小，职员人数有限。但是，它们对员工综合能力的提高更有帮助，为员工提供了广阔的发展空间。有的时候，因为人手不足，一个人不得不身兼多职，虽然忙碌一些，却使自己的综合素质迅速提升，感到充实而有成就。

自从我国加入世贸组织以后，外资企业已逐渐成为求职过程中炙手可热的就业选择。既可以与国际接轨，又能够学习国外企业的先进之处，"取其精华，去其糟粕"，最终为己所用。仔细想来，外资企业也是个不错的选择。

比较之下，国有企业稳定一些，让人觉得踏实；三资企业丰富一些，利于增强综合素质；私营企业忙碌一些，可以更快的提高个人能力；外资企业管理先进一些，能够学习到不少知识和经验。至于选择什么性质的单位好，就要看求职者自己的想法和决定了。

选择工作要兼顾理想与兴趣

有些人认为，在就业形势非常严峻的情况下，没有必要再谈职业理想了，能生存下来就不错了。

职业理想有时会与现实暂时发生矛盾，不能按照自己的理想标准选到合适的职业，于是有的人随便找个有收入的职业混日子；有的人对与自己的职业理想不相符的工作怨天尤人，无所作为；也有的人索性不就业，坐等理想职业的出现。

其实，每一个求职者可以为了生存问题暂时放弃自己的职业理想，但从长远来说，还是应该有一个长远而又切实的职业理想。

因为自己的职业理想往往是根据自己的理想、兴趣等个人特点慎重考虑形成。

尤其是兴趣，应该是一个人在选择职业时首先要考虑的因素。兴趣是最好的老师，它可以使人们集中精力去获得你所喜欢的职业知识，启迪智慧并创造性地开展工作。当人们对某种职业感兴趣，他就能发挥整个身心的积极性，就能积极地感知和关注该职业知识、动态，并且积极思考，大胆探索。兴趣可以提高你的工作效率，充分发挥你才能——一个人对某一方面的工作有兴趣时，枯燥的工作会变得丰富多彩、趣味无穷。

一个人如果能根据自己的兴趣和爱好去选择职业生涯，他的个人才能将会得到充分发挥。因为兴趣使工作不再是一种负担，而是一种享受。兴趣可以调动人的全部精力，以敏锐的观察力、高度的注意力、深刻的思维和丰富的想象力投入工作，促进你能力的发挥。曾有人进行过研究：如果你从事自己感兴趣的职业，则能发挥你的全部才能的80%～90%，而且长时间保持高效率而不感到疲劳；而对所从事工作没有兴趣，只能发挥你全部才能的20%～30%。强迫做自己不愿意做的工作，当然也就很难在该职业上发挥个人的优势、做出成绩了。

选择合适的工作应参考的依据

一份工作是否适合自己，应从以下3个方面来衡量：

1. 自己感到是否能胜任这份工作。

2. 自己是否喜欢这份工作。

3. 在这份工作中是否感受到自己价值的存在。

当三种情况中的任何一种不符时，就会产生错位的情况。如果与3种情况都不相符时，错位的情绪就会完全外溢，使人感到非常不愉快。

从事文秘工作要具备的素质和条件

秘书是专门从事办公室工作、协助领导处理政务及日常事务，并为领导决策及其实施提供服务的人员。其活动的主要对象是领导者，根本职能是辅助管理，基本工作方式是处理信息和事务，由于这一工作的重要性，对从业人员也提出了较高的素质要求。

1. 要时刻保持良好的心态的心理素质。

2.具备爱岗敬业精神、实事求是精神和开拓创新精神、还应博大的胸怀、宽广的视野和高度的思想素质。

3.要有丰富的理论知识和大量的实践经验。掌握专业知识的同时，也要学习文史哲等社会科学，自然科学不仅给生活息息相关，而且也给工作提供了思路方法，对工作有所裨益。

4.培养兴趣，提高工作意外的技能，如电脑、开车，琴棋书画等，显得"文武双全"，给领导和同事们留下一个好印象。

5.工作讲究方法和原则。坚持工作原则，运用工作方法，讲究工作艺术。协调好与本部门的领导之间、同事之间的关系；还要处理好与相关部门的关系。

6.尊重领导，维护领导的威信，适应领导的工作习惯、工作方法、工作风格以及工作特点。

7.要有自主思想。在尊重领导的前提下，要不卑不亢，敢于提出自己的观点，要有维护真理的精神。对于领导也不能一味迎合、无原则地服从。

从事财务工作要具备的素质和条件

从事财务工作需要有良好的职业道德、个人素养、娴熟的业务技能。下面分别论述：

1.完善的财务知识体系。一个出色的财务人员除了掌握足够的财务知识，还要掌握税法、审计，更要掌握经济法、计算机和其他基础文化知识。财务人员运用掌握的知识综合分析企业财务经营状况，为企业今后的发展、投资、融资、上市、信贷等等，提供可靠的财务决策依据。

2.熟悉法规、依法办事。财务工作涉及面广，为了处理各方面的关系，要求财务人员做到"不唯上、不唯权、不唯情、不唯钱、只唯法。"

3.恪守信用。财务人员应当始终如一地使自己的行为保持良好的信誉，不得有任何有损于职业信誉的行为。

4.保守秘密。会计人员应当保守本单位的商业秘密，除法律规定和单位负责人同意外，不能私自向外界提供或者泄露单位的会计信息。

5.良好的沟通能力。财务人员不但要与内部人员交往，而且要与银行、税务、审计等单位进行广泛的联系，因此必须具备良好的沟通能力。

6.快速学习的能力。作为财务人员更应当掌握新的财会法规、新的财务、会计、审计技术手段及一些西方财务会计知识。应当虚心地向别人学习，要有勇气从错误、经验教训中学习。这样可以帮助应对新政策，新挑战。

7.处理业务的创新能力。创新是知识经济时代的重要特征，更是财务人员与社会大环境相适应的必备条件。工作讲究效率，好的方法可以大幅度提高工作效率。面对新的经营方式、新的经营理念，财务人员必然要有新的应对的措施和正确的、具体的账务处理方法。

从事设计工作要具备的素质和条件

从穿的衣服，到住的房子，再到开的车都少不了设计工作者的辛勤劳动，因此设计师是令人羡慕的职业。从事这项工作需要以下条件：

1.过硬的专业技能。从事设计工作必须以专业知识为基础，才能展开设计工作。比如搞机械设计，必须懂得制图、材料学、设计制造等知识。

2.懂得相关法规和行业标准。

3.勤奋学习，扩展知识面，培养自学能力。比如学习点美学，可以帮助设计出好的建筑；在比如丰富的社会知识让你懂得，实事求是，不闭门造车。

4.熟练掌握电脑技能，尤其是专业的软件。现在大多数不手绘图纸了，运用电脑的技能也提高了。

5.对三维事物空间的敏锐感觉，有较强的想象力。

6.对工作认真负责，不能有半点马虎。

7.工作扎实，克服浮躁，要耐得住寂寞。

8.很强的动手能力。不仅要设计出来产品，也要验证能否实现。

9.要有创新精神和敏锐的观察力。

10.对产品的鉴赏能力。作为一个设计师，对产品的鉴赏能力必须比一般人高。

11.对产品市场的预测能力。设计出来的产品，必须要有很大的市场潜力。

12.需要较好的组织协调能力及合作精神。设计一个产品，往往是一个团队完成的，因此需要同事间相互沟通协助完成。

从事计算机工作要具备的素质和条件

如今，在信息化的时代，从事计算机工作也是一个不错的选择。那么从事计算机工作需要以下要求：

1.熟练掌握电脑的基本知识。

2.懂得计算机流行的语言，甚至可以编程。

3.熟悉各种操作系统。

4.对各行业流行的专业软件，有所了解，并学会安装各种软件。

5.对电脑的硬件熟悉，能够进行组装并能够排除基本的故障。

6.不断学习，关注计算机最新信息。计算机的硬件软件更新的都较快，需要很强的学习能力。

7.勤于思考，有较强的动手能力。

8.有较强的服务意识。从事计算机工作，就要帮同事维护好电脑，及时为客户排除遇到的软件及硬件问题。

从事教师工作要具备的素质和条件

教师教书育人，收入稳定，被誉为"太阳底下最光辉的职业"，很让人羡慕。要想从事这一职业，需要具备以下素质和条件：

1.教师要精通自己所教的学科，具有扎实而渊博的知识。

2.要有耐心和宽容的心。学生有这样那样的缺点，要学会接纳每个学生，并耐心地帮助他们改正缺点。

3. 要有奉献精神和强烈的责任意识。

4. 要有良好的语言表达能力。

5. 要有较强的组织能力。这包括组织教学能力和课外活动组织能力。

6. 要有较强的教研能力。这包括教学研究能力和学术研究能力。

7. 要有与时俱进的创新能力。勇于教育改革，培养适应社会需求的人才。

从事销售工作要具备的素质和条件

通常管从事销售工作的人叫做业务员，很多企业老板都是从优秀的业务员开始做起的。一个好的业务员应具以下条件：

1. 诚信。能够将事业、生意可持续地走下去的很重要的一点是商人的诚信。

2. 诚心。业务代表是公司的形象，企业实力的体现，是连接企业与社会、消费者、经销商的枢纽，业务员的言行举止会直接关系到公司的形象。无论从事哪方面的业务都要有一颗真挚的诚心去面对自己的客户、同事、朋友。

3. 自信心。在推销产品之前要把自己给推销出去，对自己要有信心，只有让客户接受了自己，才能让客户接受自己的产品。

4. 意志力。销售过程中不免遇到挫折，若没有毅力，只能把生意拱手让给同行。

5. 良好的心理素质，要有面对失败的勇气。

6. 要有执行力。一个优秀的业务员必须要服从上级领导的安排，认真地去执行公司的指令。

7. 要勤学善学。业务员要和各种各样的人打交道，不同的人所关注的话题和内容是不一样的，要具备广博的知识，才能与对方有共同话题，才能谈得投机。要从和别人的交往的过程中，不断总结经验，提升自己。

8. 要有优厚的谈判运筹能力。

9. 要有敏锐的洞察力和市场反馈能力。

10. 良好的服务意识。产品推销出去后，还要做好售后服务。

从事管理工作要具备的素质和条件

不想当将军的士兵不是好士兵。作为一个单位或者部门的管理者，需要以下素质和条件：

1. 专业知识是管理者知识结构中不可缺少的组成部分。只有懂专业的管理者，才能在管理过程中有的放矢，灵活机动，遵循事物发展规律，按客观规律办事，避免官僚主义。

2. 豁达的胸襟。古人说"宰相肚里能撑船"。管理者应心胸开阔，能容人、容事，不斤斤计较个人得失；

3. 吃苦耐劳的精神。管理工作任务重大，必须能够在复杂的、紧张的工作环境中，保持很强战斗力。

4. 管理者要懂一些心理学知识。

5. 管理者应当努力培养并具备公关素质，在企业与市场，企业与管理部门，企业与企业之间的接触和交流中，表现出良好的公关水平，增强企业形象的塑造，加深与外界的交往，促进企业效益的提高。

6. 创新是管理的灵魂。有创新，整个管理工作才充满生机和活力。创新贯穿计划、组织、领导和控制的管理职能中。

从事建筑业要具备的能力和要求

1. 身体条件要好。此工作大都是强体力劳动，从业者必须是年轻力壮、没有高血压、心脏病、贫血、癫痫等疾病的人。

2. 要有安全第一的意识。由于建筑业在施工过程中，经常会有高空作业。工地上到处都是钢筋水泥、砖头瓦块，稍有不慎就可能发生意外，任何粗心大意都可能威胁到生命安全。因此，从事建筑业工作必须严格遵守工地施工的安全要求，遵守安全操作规范，要胆大，还要心细，牢牢树立安全第一的意识。

3.应具备相关知识与能力。劳动者应具备初中的物理、化学、代数、几何知识，掌握建筑工艺中的一种或几种技能，熟悉有关建筑质量标准、质量管理等知识，了解建筑的一般过程，懂得灭火、安全用电和急救常识等。

从事室内装修业要具备的能力和要求

室内建筑材料的设计、生产、加工外，室内装修主要有木工、油漆工、抹灰工、管工、电工等工种。

室内装修业涉及建筑物的安全、居室环境保护、舒适美化等内容，因此对从业者的素质有较高的要求。

1.从事室内装修业，首先要具有初中以上的文化程度。

2.具有2年以上的专业训练或操作经历。

3.了解各类装饰材料性质、用途、使用方法。

4.掌握室内装修的工艺过程。

5.有一定设计知识和识图能力，能够照图纸进行作业处理。

6.掌握安全操作技术规程，以及防毒、防火的常识。

7.室内装修业的各个工种均有较高的技术要求，从业者必须掌握熟练的操作技能。

从事餐饮业要具备的能力和要求

餐饮业包括的范围根广，大到宾馆、饭店、机关与学校食堂，小到茶馆、酒吧、饮食摊点、大排档等。涉及的职业包括餐厅经理、厨师、饭店服务员、食品售货员、送餐员、原料采购、洗碗工等。

餐饮业是窗口行业，要求从业者必须具有良好的个人修养。篇幅所限，这里只介绍厨师和餐馆服务员。无论是做厨师还是餐厅服务员，都要具备以下素质：

1.服务员还要求五官端正、言语流畅。厨师要求味觉、嗅觉灵敏，动作反应迅速，双手及眼手协调能力强；无色盲、无口吃、无皮肤病、无传染病。

2.注重仪表，举止大方，懂得礼仪。

3.穿着打扮要合适、合体、合度。

4.保持饱满的精神状态。

5.热情开朗，有强烈的服务意识、端正的服务态度，有积极乐观的心理素质。

6.有民族自尊心和民族自豪感。

7.能严格遵守职业纪律。

8.能自觉抵制精神污染和金钱的腐蚀。

9.在文化知识方面，要具有初中以上文化程度：了解心理学、社会学。

10.具有一定的原料、营养学、卫生和经营管理方面的知识。

11.如果在涉外饭店工作，还要具备一定的外语会话能力。

12.服务员不仅应该对本饭店经营的饭菜和酒水有足够的了解，还要对饮食知识、文化有一定的了解，才能满足不同群体、不同层次顾客的需求。

从事修理业要具备的能力和要求

修理业范围很广，从楼房设备到钟表仪器，从家用电器到小孩玩具，几乎与每个人都有关系。常见的如电器修理、机动车与人力车修理、钟表眼镜修理、上下水管道修理以及皮轻、雨伞、皮包等物品的修理。从业的方式也是多种多样的，可应聘于公司、企业，如自来水公司、天然气公司、汽车修理厂等。可自己租房开修理部，也可以摆个修理摊。从事修理业需要具备以下素质：

1.需要一定的专业知识和娴熟的修理技术。

2. 要有急人所急的工作态度。无论活大活小，利润高低，都要尽快并按顾客的要求及时完成任务，给顾客以满意的服务。

3. 坚持诚信经营，文明服务，合理收费，童叟无欺。

4. 有较强的学习能力，能够根据市场需求的不断变化，不断学习新的技能和方法，钻研新的维修技术，学会使用最新的检测工具，提高维修水平。

从事家政服务业要具备的能力和要求

家政服务行业的内容十分丰富，包括照看婴儿、接送孩子、照顾老人和病人、洗衣做饭、打扫卫生等许多方面。家政服务的需求是多方位的，行业发展迅速，市场需求旺盛，对劳动力的吸纳能力很强。家政服务的形式也是多样的，有相对稳定的，也有临时的或小时工，有单项的家政服务，也有综合的家政服务。

1. 身体健康。家政服务工作繁琐，与人接触，所以要有健康的身体才能胜任，不能有任何的传染病，还要有很好的卫生习惯。

2. 具备良好的道德品质，不能对雇主家中任何财物起贪念，要善待被照顾的孩子或老人。

3. 能够与雇主家中的人愉快沟通，和睦相处。及时向雇主反映各种情况，出现问题能够解释清楚，防止出现误会。

4. 照顾老人、孩子或病人需要细心周到，且有一定的耐心。

5. 最好接受到家政方面的专业培训。平时注意学习家政方面的知识和技能。

从事服装加工业要具备的能力和要求

1. 不能有色盲、色弱等缺陷，要有良好的记忆力、尺码计算能力，四肢动作灵巧，双手动作协调性要好。

2. 具有初中以上文化程度，经过服装加工专业培训，掌握服装制作的基本理论和技能，能够识别裁剪图样，了解缝纫要求。掌握一般服装的量体、制图、打样、剪裁、缝纫的基本理论和技能。

3. 要目光敏锐，能准确把握时代信息，追逐时尚，符合潮流，能设计出符合人们要求的时尚衣服。所以，只有不断更新观念，把握住各季服装流行趋势，才能在服装制作业中站住脚跟。

4. 如果到服装公司、服装加工厂工作，可从事的职位包括设计、打样、裁剪、缝纫、打扣眼、锁边、熨烫、包装等职位，要有与别人分工协作的能力。

5. 如果在个体服装店工作，要求能够个人独立制作。在制作新衣服的同时，如果能开展补衣、改衣、熨衣等多项服务，会更受顾客的欢迎。

从事美容美发业要具备的能力和要求

美容美发业包括美容师和美发师。美容师的主要工作包括皮肤护理、按摩、文眉、去斑等。美发师主要包括剪发、烫发、染发、护发、焗油、吹风、盘头等。从事美容美发业要具备以下素质：

1. 从业者要有初中以上文化程度。

2. 有一定的美学和心理学知识，具有较高的审美能力。

3. 美容美发业是发现美、创造美的工作，从业者个人更要注意对美的追求，要着装整洁，仪表大方。如果能根据本店的性质，在服装、饰品上加以合理搭配，更能给人一种美的享受。

4. 具有熟练的美容美发技术，能够根据每一位顾客不同的身材、肤色、脸型、性格、职业等条件，确定最适合的造型，为顾客提供满意的服务。

5. 具有创造想伤力。

6. 掌握美容美发业务的基础知识、设备工具知识。

7. 熟知相关的化学药品属性。

8. 具备一定的防护知识。

从事保安工作要具备的能力和要求

保安行业的职责是协助有关执法机关对某些违法乱纪行为进行解决处理，维护居民正常生活不受侵扰，保护居民或单位财产不受损失，维护治安环境。保安人员可以工作在企事业单位、机关、学校，也可以工作在大型商场、超市、娱乐中心和居民社区等。从事保安工作要具备以下素质：

1.保安人员一般由身强力壮的年轻男子来担任，许多单位都要求从业者为身高在1.70米以上、五官端正的年轻男性，最好懂一点武术和防身术。

2.要有法律常识。由于保安经常面对违法乱纪的行为，因此必须了解一些法律常识，懂得如何运用法律来保护集体与个人的利益，并利用法律对付坏人坏事。作为保安人员，一定要杜绝违反法律的现象发生。

3.要有职业道德。具有极强的责任心与正义感。面对可能出现的问题，甚至可能出现的危险，不能睁一只眼闭一只眼，也不能临阵退却，要敢于同坏人坏事作斗争。

4.职责明确。由于保安人员是各单位招聘的普通职工，尽管穿着制服，但完全不同于公安、检查人员。作为保安人员要明确自己的角色身份，不能出现超越自己职权范围的行为。例如在一家超市内，保安人员怀疑某人有盗窃行为，对当事人提出搜身的无理要求，这就超越了自己的职权范围。

从事机动车驾驶要具备的能力和要求

机动车包括货运车、客运车、小汽车等。从事这一职业的人员必须首先取得驾驶执照。对驾驶员的一般要求是：

1.无色盲、色弱、双眼矫正视力5.0以上，四肢无残废。

2.有较强的反应能力及分析和判断能力，形体感和空间感强，四肢灵活，动作协调性好。

3.除了能够熟练地进行驾驶操作外，还应熟悉车辆不同部件的工作原理和性能，并掌握常见故障的排除方法、汽车维护和保养方面的知识和技能？要学会爱护车辆。

4.驾驶员要严格遵守行车和道路安全以及装载方面的法规，做到礼让三先，要有"关爱生命"的理念，在人多、车多的地带，行速要慢，让行人先通过。

5.绝对不可酒后驾车和疲劳驾车。统计表明，多数交通事故与此有关。

从事物业管理要具备的能力和要求

物业管理，是指业主通过选聘物业管理企业，由业主和物业管理企业按照物业服务合同约定，对房屋及配套的设施设备和相关场地进行维修、养护、管理，维护相关区域内的环境卫生和秩序的活动。随着城镇居民住房制度的改革，城市住宅小区发展很快。物业管理由办公楼、写字楼向住宅小区延伸，范围越来越大，用人越来越多。从事物业管理的人员应具备以下几个方面的基本素质：

1.房屋维修与保养方面的知识。了解建筑的一般组成与结构，房屋土建维修责任范围和标准。

2.给排水管道与设备维修，供暖及供气系统的管理与维修，供电与照明线路和设备的维修。

3.卫生、绿化维护方面的知识。清洁常识、室外公共卫生、绿化管理等。

4.社区安全保卫方面的知识。制定区内的安全保卫制度，熟悉防火规范和消防要求，处置盗窃、打假等突发事件的基本常识。

5.车辆停放管理方面的知识。地下停车场、露天停车场的管理，各类车辆的管理，车辆被盗、被损坏后的处理方法。

要从事个体经营要做的准备

1.年满16周岁,无论是做老板,还是做员工都必须是具备独立进行民事行为的能力。除此之外,有一定的管理能力和经营能力,身体健康条件与职业要求相适应,如从事个体餐饮经营,就需要身体健康,没有传染病等等。

2.必须具备一定的资金实力,用于购买必要的设施、工具等。财力包括固定资金和流动资金。固定资金用于购买置办厂房、店铺等固定资产,流动资金用于购买货物等。如做个体零售,进货的资金就属于流动资金。

3.具备从事相关个体经营的基本设施和工具,如餐饮经营要有厨具、碗筷、桌椅等,个体零售要有货架,等等。

4.除了流动摊商和流动的手工业者之外,个体经营都要有一个固定的经营场所,如厂房、店铺、门面等。

5.从事个体经营还应懂得国家的有关规定,如何取得营业资格和营业执照、如何纳税等程序,明确自己的经营范围和经营方式。

6.必须首先到管辖经营地点的工商部门进行注册登记,接受必要的审查和考核,领取营业执照。开始营业后一定要照章纳税,偷税漏税会受到非常严厉的处罚。

并不是城镇越大工作越好找

不少人会认为城市越大,工作就会越好找。这是一种误解。不同地方的工作机会不同。

例如北京、上海等大城市需要更多的保安、物业、绿化、服务业等从业者,广州等南方的工业城市可能需要更多的产业工人。

城市越大就会需要越多的从业人员,这点儿没错。但是,适合自己的工作不一定会越多。关键是了解城市是否有足够的工作岗位适合自己来选择。

反之，城市小，也不一定机会小。只要有适合自己的工作机会，也可以考虑前往。

一些人进城务工者，会根据职业的需要，不断地奔波于各个城市之间。他们并没有非要在哪里求职的想法，哪里能找到适合自己的工作，他们就上哪里。

其实，某个城市是否适合个人的发展才是选择的原动力，别人生活、工作好的城市未必就是你最佳的工作地点。根据自己的兴趣和需要去选择，相对会少些遗憾。

选择外出务工地点要考虑的要素

在选择打工地时，要根据个人愿望、自身的实际情况和目标地的实际需要综合选择。一般要考虑以下几点：

1. 对于结婚后的中老年打工者，家里事情比较多，最好选择离家近些的城市打工。不仅方便经常回家赡养老人、教育子女、收种庄稼，还可以节省不少地来回路费。

2. 身体方面适应环境能力较差的人，最好选择与家乡气候、饮食、生活相似的地方去打工，以便更快地习惯新生活，快速投入工作。

3. 正确认识自己擅长的手艺儿，选择一个能够发挥自己的特长或技术优势的地方。如果没有手艺儿的话，就要看哪些地方有自己能干的工作。

4. 了解打工地点的工资和消费情况，认真估算自己每年能够有多少存款，挑选一个纯收入较高的地方。

5. 外出打工的路费和找到工作前的生活费是要自己掏钱的。较远的地方路费就是个不小的数目；经济发达的城市，生活费支出也会很大。根据自身的情况选择一个适合自己的地方。

对选定的务工地点要有所了解

外出务工前要对当地劳动市场供求情况有所了解。

找工作前不仅要分析自己的兴趣、爱好、技能、经验等自身条件，还要先了解务工地劳动力的供求状况。

不同地区和不同城市对进城务工者的需求情况不一样，这种信息可以通过报纸、电视等新闻媒体来了解，也可以通过有外出经历的人或亲戚朋友打听，如果有条件，还可以登陆一些网站通过互联网来了解。此外，国家劳动保障部门也会定期公布一些城市和地区的劳动力需求信息。

如果有老乡、亲戚朋友在外打工，通过他们能够更全面、更准确地了解务工地的劳动市场供求情况。有时，他们还能够运用自己的人脉给自己介绍工作。

吉林省的劳务输出品牌

劳务市场的竞争就是劳务品牌的竞争，谁能先入一步形成自己的品牌，谁就能在劳务市场上抢占先机。

在吉林省，"吉林大姐"这个名字可谓家喻户晓。"吉林大姐"是由妇联组织独立打造的劳务输出品牌，如今已帮助3万多名农村妇女和城市下岗女工成功就业。

为了不断提高"吉林大姐"的工作水平，每年，省妇联妇女就业指导中心都会有针对性的进行工作经验交流与技能培训。"吉林大姐"展示出了东北妇女善良、朴实、勤快、性格开朗等特质，受到了多方面的好评。

"吉林大姐"品牌已开启了中国首例东北保姆集体进入南方家政市场的先河，创下了国内保姆短时间批量输出的最高纪录。"吉林大姐"品牌赢得了社会的广泛赞誉，被中国就业促进会评为"全国优秀劳务输出品牌"，"吉林大姐"劳务输出工作被省政府授予就业工作创新奖，中心连续3年被中国家庭服务业协会评为先进集体。

如今，"吉林大姐"劳务输出品牌已在工商部门注册，从事的家政服务已扩展到月嫂、厨嫂、育儿嫂，钟点工等近十个工种，劳务输入地也已拓展到北京、上海、深圳、青岛、烟台等多个城市。

像"吉林大姐"品牌一样，吉林省在劳务输出品牌还有：

1. "吉林保安"。

2. "吉林加油工"。

3. "吉林汽修工"。

4. "吉菜厨师"。

5. "吉林缝纫工"。

如果你对以上哪一个行业比较感兴趣，不妨加入这些团队。

务工前应接受的培训

务工前最好能接受以下几个方面的培训：

1. 技能培训。为了在进城后，能够快速找到合适的工作，并有个不错的收入，可以参加一些基本的专业技能、操作规程的培训。比如，计算机操作、家用电子产品维修工、焊工、车工、钳工、锅炉工等。

2. 政策、法律法规知识培训。学习国家有关法律、政策法规是一笔财富，可以在今后工作、生活中很好地维护自身的权益。如《劳动法》、《消费考权益保护法》、《治安管理处罚法》、《合同法》、《职业病防治法》等。

3. 安全常识和公民道德规范培训。为了养成良好的公民道德意识，树立遵纪守法、文明礼貌、保护环境的社会风尚，以便更好地适应并融入到城市的工作、生活环境中。可以参加城市公共道德、职业道德、城市生活常识、安全生产等方面的培训。

常见的培训途径

面对社会上的多种培训途径，要根据自己的兴趣、经济实力、文化基础、就业去向做出适当的选择。

1.县、乡镇劳动服务机构举办的培训班。这些班一般是由政府有关部门主办的，具有较好的信誉，培训内容和就业去向一般具有针对性，有些是结合具体工程项目进行的。培训结束后可以在有关机构的指导下定向就业。

2.参加职业高中、技校、夜校、专门的职业培训学校的学习。诸如烹饪学校、驾驶学校、计算机培训学校、家电修理培训班等，这些学校专门从事各类专业的技能培训活动，具有较完善的办学设施、较强的师资力量，既可以学习到较系统的知识，也可以在短时间内掌握一定的技术，是目前进城务工农民获得有关专业技能的主要途径。

3.电视学校或网络学校的远程培训。我们所处的时代被称为信息时代，电视、广播和网络给人们带来了大量的信息，是现代人们获得知识技能的重要途径，被称为远程教育。目前国家通过远程教育开设了上百个可供选择的专业，越来越成为我们获得知识与技能的重要途径。

4.在岗技能培训。学习是一个持之以恒的过程，就业后，为了能够更好地胜任工作、提高收入，可以根据所从事工作、岗位的技能需求，参加在岗技能培训。通过不断学习来丰富自己的知识、提高自己的技能。

选择专业技能培训学校

职业培训学校的种类也非常多，如计算机培训学校、烹饪学校、美容美发学校、驾驶学校、家电修理培训班等，让人感觉眼花缭乱，不知到哪里去学更好。

1.避免受到误导。刚刚进城务工，社会经验少，容易受到误导。

2.根据自己的年龄、文化程度、兴趣爱好等，先确定专业方向。

4.调查该学校培训技术含量的高低。

5.调查该学校培训的实际应用情况，为将来能找到一份理想的工作创造条件。

6.要选择好学校，要看学校的规模、实力、师资力量、教学设施、教学环境，要看学校是否是正规的教学单位。再有就是要看学校的历史，办学的经验，培养出的学生走向社会后的反应。专业技能培训学校具有较完善的办学设施、较强的师资力量，专门从事各类专业的技能培训，比如技校、职业高中、夜校等。通过学习可以在短时间内掌握一定的技术和较系统的理论知识，多数农民进城就业都是通过这种途径获得的有关专业技能。

县、乡镇劳动保障部门组织的培训班

县、乡镇劳动保障部门组织的培训班由政府主办，具有较好的信誉。

一般采取"定单式"或"定向式"的培训方式，培训的内容是针对就业去向、结合具体工程项目设置的。

《吉林省鼓励农民进城务工就业若干规定》中强调：县级以上农业、劳动保障、教育、科技、建设、财政部门要根据市场、企业和农民的需求，动员和组织有关培训机构，按照不同行业、不同工种对从业人员的基本技能要求，对农民开展引导性培训和技能培训，并按各自职责负责对培训机构进行规范、监督和管理。

各级财政应适当安排专门用于农民职技能培训的资金，对接受培训的农民给予一定的补贴。

农民可自主选择培训机构、培训内容和培训时间，禁止强制农民参加有偿培训。

职业资格证书的概念

所谓职业资格证书，是指按照国家制定的职业技能标准或任职资格条件，通过政府认定的考核鉴定机构，对劳动者的技能水平或职业资格进行客观公正、科学规范的评价和鉴定，对合格者授予相应的国家职业资格证书。

职业资格证书是表明劳动者具有从事某一职业所必备的学识和技能的证明。它是劳动者求职、任职、开业的资格凭证，是用人单位招聘、录用劳动者的主要依据。

拥有职业资格证书，自己的能力就可以得到社会的认可，从而可以更容易地找到适合自己的工作。

职业资格证书的作用

目前城市里好的工作岗位，大都要求从业人员具有一定的职业技能，尤其是高技能人才更欢迎，他们的报酬也较高。

另外，根据《劳动法》和《职业教育法》的有关规定，对从事技术复杂、通用性广、涉及国家财产、人民生命安全和消费者利益的职业（工种）的劳动者，必须经过培训，并取得职业资格证书后，才能就业上岗。

因此，获取职业资格证书是提高就业竞争力，增加就业机会很好的途径。

作为与国际接轨的双证（学历证书和国家职业资格证书）之一，职业资格证书是从业者从事某一职业的必备证书，表明从业者具有从事某一职业所必备的学识和技能的证明。

与学历文凭证书不同，职业资格证书与某一职业能力的具体要求密切结合，反映特定职业的实际工作标准和规范，以及从业者从事这种职业所达到的实际能力水平，所以它是从业者求职、任职的资格凭证，是用人单位招聘、录用从业者的主要依据，也是境外就业办理技能水平公证的有效证件。

职业资格证书可记入档案并与薪酬挂钩。

如何获取职业资格证书

获取职业资格证书，首先要掌握必要的专业知识和技能，如果还不具备条件，应先参加职业技能培训，然后到当地职业技能鉴定机构申请参加职业技能鉴定。依据国家职业（技能）标准、职业技能鉴定规范（即考试大纲）和相应教材来确定的，并通过编制试卷来进行鉴定考核。经鉴定合格的，由劳动保障部门核发相应的职业资格证书。

职业技能鉴定的含义

职业技能鉴定是一项基于职业技能水平的考核活动，属于标准参照型考试。它是由考试考核机构对劳动者从事某种职业所应掌握的技术理论知识和实际操作能力做出客观的测量和评价。职业技能鉴定是国家职业资格证书制度的重要组成部分。

职业技能鉴定的主要内容包括：职业知识、操作技能和职业道德三个方面。这些内容是依据国家职业（技能）标准、职业技能鉴定规范（即考试大纲）和相应教材来确定的，并通过编制试卷来进行鉴定考核。

职业资格分为：国家职业资格五级（初级）、国家职业资格四级（中级）、国家职业资格三级（高级）、国家职业资格二级（技师）、国家职业资格一级（高级技师）五个级别。

职业技能鉴定的申请

申请职业技能鉴定的人员，可向当地职业技能鉴定所（站）提出申请，填写职业技能鉴定申请表。

报名时应出示本人身份证、培训毕（结）业证书、《技术等级证书》或工作单位劳资部门出具的工作年限证明等。

申报技师、高级身份技师任职资格的人员，还须出具本人的技术成果和工作业绩证明，并提交本人的技术总结和论文资料等。

职业技能鉴定分为知识要求考试和操作技能考核两部分。知识要求考试一般采用笔试，技能要求考核一般采用现场操作加工典型工件、生产作业项目、模拟操作等方式进行。计分一般采用百分制，两部分成绩都在60分以上为合格，80分以上为良好，95分以上为优秀。

居民身份证的办理

《中华人民共和国居民身份证条例实施细则》的第六条规定：年满16周岁的中国公民，应当向常住户口所在地的用户登记机关履行申领居民身份证的手续。公民年满16周岁时，在从生日起计算的30天内申领居民身份证。如果没有正式居民身份证，或丢失来不及补办，则应该在离家外出务工之前，到当地公安机关或乡以上的人民政府办理临时身份证或身份证明。

身份证具有证明公民身份的法律效力。按照有关公民身份证的法律法规的有关规定，公民在办理涉及政治、经济、社会生活等权益的事务时，可以出示身份证，证明其身份。有关单位不得扣留或者要求身份证作为抵押。

身份证有效期限分为10年、20年、长期三种。其中16周岁至25周岁的，发给有效期10年的身份证；26周岁至45周岁的，发给有效期20年的身份证；46周岁以上的，发给长期身份证。身份证的有效期应从证件签发之日算起。

第二代居民身份证的特点与申领

中华人民共和国第二代居民身份证是由多层聚酯材料复合而成的单页卡式证件，采用非接触式IC卡技术制作。

第二代居民身份证有六大变化：融入IC卡技术、防伪性能提高、办证时间缩短、存储信息增多、有效期重新确定、发放范围扩大等。

办理第二代居民身份证按照受理审核、收取工本费、人像采集、签字确认、上传制证信息、核发发证件的先后顺序进行

办理二代居民身份证时，对符合申领条件的，收取制证工本费。按照《公安部关于转发国家发展改革委、财政部关于在居民身份证收费标准及有关问题的通知的通知》（公通字〔2003〕82号）的规定，首次申领或换领制证工本费每证20元，遗失补领或损坏换领的制证工本费每证40元。

身份证遗失后的挂失与补办

身份证是一个人身份的凭证，身份证号码是每个公民唯一的终身不变的身份证代码。因此，一旦身份证因丢失而被他人冒用，并办理电话、通讯业务及其他商务性事务时，这将会给您带来不必要的麻烦，甚至要承担相关的法律责任。

为了减少因身份证丢失而带来的麻烦，身份证遗失后可采取以下几种措施：

1. 报案证明。如果身份证是因被盗、被抢造成的丢失，一旦发现应马上到案发地派出所报案。派出所开具的报案证明可以有效证明原来的身份证已作废。

2. 补办证明。如果身份证是自己不慎丢失，一经发现，应马上到户籍所在地派出所进行补办，开具补办证明，证明丢失的身份证已作废。

3. 登报声明。登报声明可以成为证明身份证作废的辅助凭证。

4. 及时补办居民身份证。公民遗失居民身份证后，应先到常住户口所在地派出所报失，领取《居民身份证报失单》，从报失之日起的三个月内仍未找到的，凭《居民身份证报失单》，提交本人《申请书》，单位证明，交验《户口簿》，填写《申请换、补领居民身份证登记表》，并详细写明遗失经过和补领居民身份证原因，经民警调查后，由派出所所长审核签署意见，同意后方可补领，补领者需交近期一寸正面免冠大头像照片两张，领取《申、换、补领居民身份证或临时身份证收照回单》。

在居民身份证未领到前，外出活动需证明身份，可申领有效期为三个月的临时身份证。

进城务工的时间选择

进城务工找工作，在时间上应当错开求职高峰期。进城务工外出求职最重要的就是要有一个切实可行的目标，没有实际把握先不要盲目流动，否则会白白浪费时间和金钱。

每年元宵节前后，是求职旺季，劳务市场供大于求，会有大量进城务工者在各劳务市场盲目流动，由于不少进城务工者没有一技之长或者缺乏专门目标，所以找工作比较困难。

而每年的5月和10月很多用人单位急于招聘人员。进城务工的朋友可似根据自己的计划调整出行时间，合理避开求职高峰，这样更容易找到满意的工作。

进城务工前妥善安排父母

不管做什么事情，只有在没后顾之忧的情况下，才能放开手脚全身心地投入去做，才能做出最好的成绩。同样，进城务工前要妥善安排好父母。

如果父母身体非常好的情况下，可以放心地外出打工。时常打电话问候一下，给父母寄些生活费，利用节假日经常回家看看。

如果父母身体不太好，就得保证老人身边有人照顾，兄弟姐妹或自己的爱人都可以。千万不可把体弱多病的老人丢在家里，不然发生悲剧将追悔莫及。

夫妻进城务工安排好子女教育

为了孩子能够健康快乐地长，一定要让孩子接受正规的教育。下面有两种方法可以作为参考：

1.让孩子留在农村接受教育。如果家里有人照顾孩子，可以让孩子留在农村接受教育，父母要注意勤写书信、勤打电话、勤捎礼物到家里，让孩子感受到父母的温暖。这对于孩子的心理健康发展非常重要。

2.把孩子带到务工所在地接受教育。现在很多城镇的公办学校已经在渐渐向进城务工者的孩子开放，并且很多城市都开办了一些农民工子弟学校，达到相关条件和办理相应手续就可以接受进城务工农民的子女上学。如果自己有时间照顾孩子，又有足够的资金支付孩子在城市中的花销费用，可以把孩子带到务工所在地接受教育，这样便于照顾孩子的日常生活，督促他们学习，孩子也能够感受到更多的来自父母的爱。

除了让孩子接受正规的教育外，还要注意做好家庭教育。务工生活比较艰苦，但孩子需要的关心和疼爱不能因此缺少，这是孩子健康成长不可缺少的条件。

外出务工应做好相应的物质准备

外出打工，少不了要带些物品。具体带些什么物品，要根据个人的情况而定：

如果经济条件允许，又怕麻烦的人，可以带上几样途中必备物品和足够的钱，其他生活日用品，可以到打工地后购买；如果觉得家里什么都是现成的，又不想在外面多花钱的话，可以把日常生活必需品带得全一些。

在细节上，可以参考以下建议：

1.足够的钱。出门在外，如果身上没有钱的话，会造成很大的麻烦。最起码也要带足来回路费和一个月左右的生活费。

2.简单的生活用品。洗漱用具、餐具各一套，被子、褥子、毯子各一条。

3.衣服。衣服可以少带一点，有两三套当季换洗的衣服就可以了。其他衣服可以等工作、生活安定下来之后，让家里人寄过来；或者等工作一段时间以后，根据需要购买。

4.常用的工具。出门时，最好能带上雨伞等家常用具，以备不时之需。如果是泥瓦匠、雕刻工、绘画师等有专项技艺的打工者，一般要把自己常用的工具带上，以便工作时用着顺手，使自己的才艺得到充分发挥。

5.文化娱乐用品。最好能够带上打工地的地图，以方便查看路线。还可以随身带几本业务参考书或报刊、杂志、象棋等，以便在路途中或工作之余打发时间、缓解疲劳。

6.药品。预备一些感冒、发烧、止泄、消炎等常用药品，带几片创可贴，以应急。身患慢性病的人，更要备对症药物。

7.证件。外出打工时一定不要忘记带上相关证件，不然会遇到很多麻烦。

外出的行李应该本着简单、轻便的原则，那些可带可不带或者随时随处可以买到的物品，不宜随身携带的物品，就不要带了，以减轻旅途负担。

火车车票的种类

火车票中包括客票和附加票两部分。客票部分为软座、硬座。附加票部分为加快票、卧铺票、空调票。附加票是客票的补充部分，除儿童外，不能单独使用。

1.加快票。旅客购买加快票必须有软座票或硬座票，乘坐快车时还应有加快票。发售加快票的到站，必须是所乘快速列车或特别快速列车的停车站。发售需要中转换车的加快票的中转站还必须是有相同等级快车始发的车站。

2.卧铺票。卧铺票的车站、座位等级必须与客票的到站、座位等级相同，中转换车时，卧铺票只发售到旅客换乘站。购买卧铺票的旅客在中途站上车时，应在买票时说明，售票员应在卧铺票背面写明上车车站。乘坐其他列车在中途站时，应另行购买发站到中途站的卧铺票。

3.空调票。旅客乘坐提供空调的列车时，应购买相应等级的客票或空调票。旅客在全部旅途中分别乘坐空调车和普通车时，可发售全程普通硬座客票，对乘坐空调车区段另行核收空调车与普通车的票价差额。

4.站台票。站台票：到站台上迎送旅客的人员应买站台票。站台票当日使用一次有效。对经常进站接旅客的单位，车站可根据需要发售定期站台票。随同成人进站身高不足1.2米的儿童及特殊情况经车站同意进站人员可不买站台票。未经车站同意无站台票进站时，加倍补收站台票款，遇特殊情况，站长可决定暂停发售站台票。

5.团体票。20人以上乘车日期、车次、到站、座位等级相同的旅客可作为团体旅客，承运人应优先安排，如填发代用票时除代用票持票本人外，每人另发一线团体旅客证。

正确识别假火车票

一般情况假火车票有以下几种：

1."回头票"。票贩子将已到站还未过有效期限的中转签字票低价回收，或捡来后，重新中转签字后低价卖给旅客，此票多数票面较旧，且已被剪口。

2."移花接木"。票贩将废票、短途票的日期、票价、到站、座别用涂改液涂掉，重新填写，使短途变长途、废票变成有效、票价低的变成票价高的车票。当今通用的软纸票，字迹清晰，票面干净，逆光看有水印，而涂改后的假票字迹模糊，用手指触摸会有墨迹，较易识别。

3."偷梁换柱"。有的票贩子假称自己在车站有熟人能买到车票，骗取旅客票款或以察看旅客车票为名，偷偷将早已准备好的假票将旅客的真票换下来。

4."低收平退"。有的票贩子趁有的旅客急于退票之机，低价从旅客手中买下车票，然后到车站退票窗口平价把车票退掉，从中牟利。

为了能够顺利地购票乘车，在此提醒进城务工者，不要从票贩子和私人手中购买车票，谨防上当受骗。

买半价火车票要符合的条件

半价票分为儿童半价票、学生半价票和伤残军人半价票3种。

1. 儿童半价票：随同成人旅行身高1.2～1.5米的儿童，可以享受半价票、加快票和空调票（以下简称儿童票）。超过1.5米时应买全价票。每一成人旅客可免费携带一名不足1.2米的儿童。超过一名时，超过的人数应买儿童票。儿童票的座位等级应与成人车票相同，其到站不得远于成人车票的到站。

2. 学生半价票：在具有实施学历教育资格的普通大、中专院校、军事院校、中、小学和中等专业学校、技工学校就读，没有工资收入的学生、研究生，家庭居住地和学校不在相同城市且可乘火车回家或返校时，凭附有加盖院校公章的贴有优惠卡的学生证（小学生凭书面证明），每年在12月1日—3月31日期间和6月1日—9月30日期间，只可享受四次家庭至院校（实习地点）之间的半价硬座客票、加快票和空调票（以下简称学生票），新生凭录取通知书、毕业生凭学校书面证明可买一次学生票，华侨学生和港澳学生同样按照上述规定办理。学生票的发售范围包括了普通硬座票、普通卧铺票和动车组车票。按照铁路部门的要求，学生只有购买普通硬座才能享受价格减半的政策。由于卧铺的价格是包括了硬座和铺位价格在内，所以学生购买卧铺的票价为硬座票价一半加上原有的铺位价格。此外，动车组一等座不享受学生票优惠，二等座位享受公布票价的75%。优惠发售学生票时应以近径路或换乘次数少的列车发售。当学校所在地有学生父或母其中一方时，或学生因休学、复学、转学、退学时，或学生往返于学校与实习地点时，不能发售学生票。

3. 伤残军人半价票：中国人民解放军和中国人民武装警察部队因伤残的军人（以下简称伤残军人）凭"革命伤残军人证"享受半价的软座、硬座车票和附加票。"革命伤残军人证"的式样由中华人民共和国民政部颁布。现役伤残军人的"革命伤残军人证"由中国人民解放军总后勤部签发：退役伤残军人的"革命伤残军人证"由各省、自治区、直辖市民政部门签发。

乘坐火车购票时应注意的事项

火车票一般分三种：硬座票、硬卧票和软卧票，在中等以上的城市，除了车站的售票大厅出售火车票外，为了方便旅客购票，铁路部门还在城市的主要街道和宾馆设置了铁路客票预售处。

买票之前，可以根据车站公布或者出售的列车时刻表来查询自己需要乘坐的车次，到离家较远的地方打工，一定要尽量提前买票，否则买不到有座位的票，站一路是很辛苦的。火车购票可以提前10日。

现在火车票实行实名制，在购买火车票时一定要携带身份证。

如果没有买到车票又急于上车时，可采取先上车后补票的方法加以补救，但补票时，要核收补票费。

硬座票虽然很实惠，但是如果遇到身体状况欠佳，或者下了火车还需要长途跋涉到达目的地，为了保证体力，不妨买卧铺票。

如果携带儿童，还要根据情况看是否需要买儿童票。最新儿童乘坐火车购票标准如下：

儿童原则上不能单独乘车。

一名成年人旅客可以免费携带一名身高不足1.2米的儿童。如果身高不足1.2米的儿童超过一名时，一名儿童免费，其他儿童须购买儿童票。儿童身高为1.2~1.5米的，须购买儿童票；超过1.5米的，须购买全价座票。

儿童票为半价座票、加快票、空调票；座别应与成年人旅客的车票相同，到站不得远于成年人旅客车票的到站。

成年人旅客持卧铺车票时，儿童可以与其共用一个卧铺，并应按上述规定免费或购票。儿童单独使用一个卧铺时，应另行购买全价卧铺票。

在铁路售票窗口购买实名制车票时，儿童票不实行实名制。在12306购票时，须提供乘车儿童的有效身份证件信息；乘车儿童未办理有效身份证件的，可以使用同行成年人的有效身份证件信息。

在车站售票窗口、检票口、出站口及列车端门都设有测量儿童身高的标准线。测量儿童身高时，以儿童实际身高（脱鞋）为准。

乘坐火车进站时应注意的事项

乘坐火车，应先购票，持票上车。万一来不及买票，应上车时预先声明，并尽快补票。不要逃票或用假票。

坐火车因为人多，停车时间短，故应提前到站，在候车室等候检票，检票时要排队。进入站台后，待火车停稳，才可在指定车厢排队上车。

坐火车一定要乘坐车票上所指定的车次，为了避免坐错车，上车时，再问乘务员，此次列车是否是自己所要乘坐的。不要为图舒适，去卧铺、软座、空调车厢占据不属于自己的座位。

携带过重物品上车，必要时，应办理托运手续。

乘务员检查行李时，应主动予以配合。

乘坐火车时行李的托运

按照铁路的有关规定：每张旅客车票只能免费携带20千克的物品，超过这一重量时，必须到车站的行礼托运处办理托运手续。

办理火车行李托运的流程如下：

旅客可以在乘车前，带上行李凭火车票到车站行李房填写行李托运单及行李标签。（托运单由车站行李房免费提供，标签是要收费的。）

将车票和行李托运单交给车站行李房工作人员，他们会对你所托运行李进行过称确定重量，填制行李票，计算行李托运费用。

支付相应费用后，拿好领取行李用的行李票和车票。

火车到站后，凭行李票领取行李。行李从抵达目的地之日起，铁路相关部门会免费保管3天，超过免费保管期领取时，按超出日数核收保管费。

因铁路责任或自然灾害延长客票有效期限的行李，延长日数免费保管。

在火车上应注意的事项

旅途中常会发生一些预料不到的事情。进城务工的农民朋友，在进城的途中，一定要谨慎行事，避免招来麻烦或造成损失。

1.保管好自己的箱包，装有钱或贵重物品的背包要随身携带；不要让别人看到自己的钱及贵重物品，以免被坏人盯上起了贪念。

2.不要凑热闹，以免被人浑水摸鱼。

3.不要接受陌生人的食物、饮料、香烟等。

4.和陌生人交流时，要留意对方的言谈举止，小心上当受骗。

5.要注意礼貌，避免与他人发生冲突，带来不必要的麻烦。如果不小心冒犯他人，要及时诚恳地道歉，以化解矛盾。

6.如果旅途中需要换车，最好选择在车站休息。因为中转地非常陌生，如果离开车站太远又不能及时回到车站，误了发车时间，整个行程计划都会受到影响。

乘坐长途汽车应注意的事项

长途汽车也是进城务工的朋友经常乘坐的重要交通工具之一，乘坐长途汽车应注意以下事项：

1.大部分城市的汽车站都是按照不同的走向分别设置的。所以要乘坐长途汽车，首先必须弄清楚自己乘坐长途汽车的去向，然后根据去向选择站点，以免坐错车，费时费力还有可能耽误事情。

2.长途汽车站和火车站一直都是一个城市中流动人口最多和最嘈杂的地方，但是汽车站又不像火车站那样有固定的站台及较多的安全管理人员，长途汽车站和火车站一直都是一个城市中流动人口最多和最嘈杂的地方，但是汽车站又不像火车站那样有固定的站台及较多的安全管理人员，所以乘坐长途汽车更要增强自我保护意识。乘坐长途汽车时应该按规定买票、检票和进站上车，走规定的进出站口，不要随意在站内停车场里走动，更不能爬车或者强行拦车。

3.到了运输部门运送旅客的高峰期，车位常常比较紧张，一定不要冒险乘坐已经超载的长途汽车。

4.在坐车时不能将头、手等伸到车窗外边；不要与司机聊天，影响行车安全；在汽车到站后还没有停稳时，不要急于下车，以免发生意外。

乘坐轮船应注意的事项

如果要到海南或者其他沿海地区打工可能需要坐船，那么乘坐船只出行需要注意哪些问题呢？

1.乘坐轮船一般需要提前买票，然后按照船票所载船名、班次、日期、起讫地点和席位乘船。行李包裹托运应凭船票提前一天或开船前两小时在上船码头行李房办理手续。

2.为了保证旅途顺利，在联运线上旅行时，要注意按船票的指定日期、时间向中转港、站码头办理签证换乘手续，因为一旦过期就不再办理了。

3.乘船时严禁携带易燃、易爆和易腐蚀泄露的危险品。以免在遇到船体晃动、碰撞或其他因素时，危及轮船及其他旅客的生命和财产安全。

夜间行船时，不要用手电筒或其他照明物照向水面、河岸或其他船只，因为船舶夜晚航行经常用信号灯交换信息，这样做有可能引起其他船只或导航人员的误会而发生意外。

4.旅客在上船后，要首先熟悉船上带有明确标志的救生、消防设施，以方便在发生意外时取用，同时防止所带小孩随意挪动破坏这些设施。

5.轮船停靠码头时，不要急于下船，要遵守秩序，服从工作人员的安排依次下船，防止因为拥挤或人员过于集中而发生危险。

乘坐飞机应注意的事项

乘坐飞机应注意以下事项：

1.登机之前不要吃得过饱，吃得过饱容易引起呕吐。也不要进食多纤维和容易产生气体的食物，否则，容易引起胸闷腹胀。进食时间以距离飞机起飞时间1～1.5小时为宜。

2.登机前，旅客及其随身携带的一切行李物品，必须接受机场安全部门的安全检查，以防止枪支、弹药、凶器、易燃、易爆、腐蚀、放射性物品，以及其他危害民航安全的危险品被携入机场和机舱。旅客要严格遵守民航对携带物品，托运行李的安全规定。

3.在飞机起飞、降落和飞行颠簸时要系好安全带。身体不适时及时与乘务员联系，飞机上备有常用的急救药品，乘务员会在必要时向旅客提供。

4.机舱内配有灭火和氧气设备及紧急出口设施，飞经海上的飞机还备有救生衣、救生船等。在飞行途中，乘务员会向旅客介绍这些设施的使用方法。但这些设施只能在发生紧急情况时，由机组人员组织旅客使用。未经许可，任何人都不可随意动用。

晕车、晕船的防治

晕车、晕船和晕飞机在医学上统称晕动病，又叫运动病。主要是因为在乘坐交通工具时，显著的颠簸、升降及旋转使人体的位置也随之不断变化，而有些人的平衡器官不能适应这种频繁的变化，其耳杂前庭神经功能会出现暂时紊乱，再加上恐惧、烦躁和内脏受到震动等因素，会出现头晕、头痛、恶心和呕吐等现象。晕动病在严重时，甚至会发生虚脱、休克，因此不可大意。

对于晕动病，应以预防为主。

有晕车、晕船的朋友，在乘坐前不宜吃难消化或者油腻的食物，也不宜过饥或过饱。

要保持心情愉快。任何不开心与不稳定的情绪都可能诱发及加重晕动病。

有可能的话，尽量选择车船中重心较稳的地方——中部，保持与车船前进的方向一致。

较严重者，可以用风油精涂擦太阳穴或者在肚脐上贴伤湿止痛膏。在口中含话梅、陈皮等，都能够起到预防及减轻症状的作用。

常用的药物有晕海宁、茶苯海明、安定、复方颠茄片、美克洛嗪等，一般可在出行前半小时先服一片（在上述药物中任选1～2种），3～4小时后再服一次。如果是长途旅行，可日服三次，一次一片。

如果已发生晕动病，要立即采取措施。可用冷毛巾敷面部和胸部；把视线固定在一个远处不动的目标上凝视；如果恶心想吐，尽量吐得干净为好；若是在车上，不要坐在车的后部，要打开车窗，吹吹新鲜的风；如果是晕机，应张口呼吸，吃一块糖也能收到较好的效果。

在路途中遇到偷、抢、骗的求助方法

在路途中和到达目的地遇到问题时，要冷静对待。下面介绍几种常用方法：

1. 向警察求助。

在列车上遇到问题，可以找乘警帮忙解决。如果在城里遇到麻烦，如偷、抢、骗等，可以拨打"110"报警，也可以向附近的交警求助。通常在一些重要的交通路口、路段都有交巡警。

2. 打电话求助。

如果工作单位已经安排好，且有对方的电话，可以直接打电话到单位求助。如果丢失了工作单位的联系电话，可以拨打"114"进行查询。

《暂住证》的办理

到达务工地以后，应携带有效居民身份证、育龄妇女应提交《流动人口婚育证明》、1寸免冠照片3张，到管辖居住地的公安派出所申请办理暂住证。一般由就业人员所在的单位或雇主统一登记造册，到暂住地公安部门统一申领。

《外来人员婚育证》的办理

进入城市务工的育龄妇女，需要在到达就业地区后办理《外来人员婚育证》（或《计划生育证》）。需要凭家乡的乡（镇）一级人民政府开具的《流动人口婚育证明》，到务工居住地的乡（镇）人民政府或街道办事处计划生育办公室登记，经审查后就可以领取《外来人员婚育证》。

《健康证》的办理

如果去餐饮服务业如宾馆、饭店或者到食品加工行业找工作时，一般需要提供健康证明。可以到务工地卫生行政部门认定的医疗卫生机构办理。

外出务工，相关有效证件一定要妥善保管，避免丢失，给工作和生活带来不必要的麻烦。如果不慎丢失，应及时补办。

《暂住证》在使用中应注意的事项

《暂住证》在使用过程中要注意以下事项：

暂住证为一人一证。除公安机关可以依法收缴或者吊销就业人员的暂住证以外，其他任何个人和单位，不得扣压和收缴就业人员的暂住证。

《暂住证》禁止转让、转借、涂改或伪造，违者依法处罚。

《暂住证》需随身携带，以便查验。

《暂住证》具备有效期，居住超过有效期，应提前1周换领。

如要离开务工城镇，在办理注销登记的同时，交回《暂住证》。

对进城务工的育龄妇女的检查的规定

进城务工人员中的已婚育龄妇女必须持《婚育证》，每半年到暂住地计划生育主管机关指定的医疗单位进行孕情检查，并到暂住地计划生育主管机关进行孕情检查登记。进城务工人员中的已婚育龄妇女在暂住地生育的，必须持户籍所在地乡、镇人民政府或者街道办事处计划生育主管机关出具的生育规划证明，到暂住地的计划生育主管机关办理登记。

进城务工人员违反计划生育管理规定应受的处罚

全国各大城市均有相关规定：

1. 对无《婚育证》的，责令其限期补办，并可处以100元以上1000元以下罚款。

2. 对伪造、涂改、转让、转借或者以欺骗手段骗取《婚育证》，以及不按规定办理《婚育证》变更登记、不按期进行孕情检查的，责令其立即改正，并可处以200元以上2000元以下罚款。

3. 对无生育计划证明怀孕的，责令其在1个月内补办证明；逾期仍无证明的，由区、县计划生育主管机关提请公安、劳动、工商行政管理等机关暂扣其本人及其配偶的《暂住证》和营业执照，待取得所需证明后发还。

4. 对非婚生育或者超计划生育的，收取社会抚育费；情节严重的，由区、县计划生育主管机关提请公安、劳动、工商行政管理等机关吊销其本人及其配偶的《暂住证》和营业执照，并责令限期离开。

进城后找工作的务工者应注意的问题

现在有不少务工者，先外出以后再找工作。这种途径适用于有一定经济基础，自信心强，有一定技能的劳动者。这种方式虽然比较自由，但是风险性大，盲目性大，成功几率较低。

进城后找工作的务工者，要保持高度的警觉，避免上当受骗。在外地寻找工作，除了投靠亲友，还可以直接到单位找，通过务工地的职业介绍机构去找。但是有一些不法机构、用人单位和个人利用务工者急于找到工作的心理，设圈行骗。因此，在外务工者，要熟悉找工作的渠道和技巧，避免上当受骗，只有保护好自己才能求发展。

要学会用法律保护自己。有少数个体经营者采取拖欠工资、谎称赔本等手段拒绝支付劳动报酬，骗取劳动力，甚至欺辱女工的现象也时有发生。所以，进城务工的朋友必须熟悉有关的法律法规，防止受骗，学会用法律保护自己。

政府组织的劳务输出

参加政府组织的劳务输出优点比较明显：

1.可以稳妥地找到工作。在一些经济不发达，交通比较闭塞的地区，农民和外界联系较少，出去很不容易；一些地方的劳动保障部门，为了发展地方经济，使农民脱贫致富，大力发展劳务输出席助农村勿动力外出务工、挣钱。因此，在一些地区，农民外出务工，劳动保障部门有组织的劳务输出起到了关键性的推动作用。

2.信息真实可靠，管理规范，工资、待遇有保障，工作条件较好。因为劳动保障部门是劳动力市场的主管部门，信息往往经过专门的核实，容易防止一些不规范的，甚至是欺骗性的招工行为，如果用人单位违规违法，就会被查处。

3.通过政府部门组织的劳务输出往往有很多方便的后续服务。例如，春节往返接送服务，帮助民工订票，提供住宿，进行培训等。地方劳动保障部门会经常到务工地走访，了解情况，一旦发现有拖欠工资、克扣丁资的现象，就会代表当地农民下的利益出面跟老板交涉，向务工地的政府部门反映，这比农民工自己出面见效的多。对于一些工伤事故，由劳动保障部门出面争取赔偿，更加重要。

但是政府组织的劳务输出也有一些缺点，政府组织的劳务输出一般费用较高，手续比较复杂。由于政府部门组织公务输出比较规范，这就要求用人单位和务工者双方提供准确的信息，还要对用人单位的工作条件、劳动报酬、招工方式是否符合国家法律法规的规定等进行审核，这既需要时间，也需要一定的费用。

另外，农民工还要防范一些单位和个人假冒劳动保障部门的名义组织农民工外出，损害农民工利益的情况。

通过劳动力市场获得就业信息

劳动力市场就是指在劳动力管理和就业领域中，按照市场规律，自觉运用市场机制调节劳动力供求关系，对劳动力的流动进行合理引导，从而实现对劳动力的合理配置的机构。

1.目前我国主要劳动力市场由以下几类就业机构构成。

（1）各级人事部门举办的人才交流中心。

（2）各类民办的人才交流中心。

（3）各级劳动和社会保障部门开办的职业介绍所。

（4）各类民办的职业介绍所。

（5）政府有关部门举办的各类劳动力供需交流会。

（6）社区劳动服务部门。

（7）专门的职业介绍网站。

2.通过劳动力市场获得就业信息绝不是单纯指"需要人员"的消息，

而是指通过各种媒介传递的有关就业方面的情况。其中包括以下几方面的信息。

（1）用人信息。指用人单位具体的聘人信息。完整的用人信息一般包括三个方面：

关于职业的信息，如职业岗位的名称，岗位数量，职业工作内容、性质或特点，职业的待遇，工作地点与环境，发展前途等。

应聘条件，如对从业者的知识、能力、年龄、性别、身高、体力、相貌等条件的要求。

程序方面的信息，如报名手续、联络方法、考核内容、面试与录用程序等。

（2）就业政策与劳动法规。指国家制定的就业和用人原则、方针与方法，体现一定时期社会发展的需要，无论是用人单位还是进城务工者都必须遵守。

（3）就业服务机构。指提供就业服务的机构，以及城镇就业手续办理机构等。

在许多职业介绍和就业咨询部门设有专门的职业指导师，备有各种心理测验和职业测验工具，帮助你了解自己适合哪类职业。

最好通过政府开设的公益职业介绍所找工作

公益职业介绍所是各级政府部门设立的，专门进行公开劳务交易的场所。公益职业介绍所是完全开放的，任何有劳动能力、有求职愿望的劳动者都可以到那里寻找工作。在这里可以了解各类工种的招工条件和要求。通过对比自身条件，可以决定选择应聘何种工作。

避免上当受骗的最好办法是到当地的县（市）劳动就业管理处、乡（镇）劳动保障事务所（站）或劳动保障部门授权的职业介绍所了解信息或求职，对一些私人开办的纯营利性职业中介机构所允诺的高薪酬的工作不要轻易相信。

注意职业中介机构不能有的行为

经许可登记的职业中介机构不得有下列行为。

1.提供虚假就业信息。

2.为无合法证照的用人单位提供职业中介服务。

3.伪造、涂改、转让职业中介许可证。

4.扣押劳动者的居民身份证和其他证件，或者向劳动者收取押金。

5.其他违反法律、法规的行为。

公共职业介绍机构免费提供的服务

《中华人民共和国就业促进法》第三十五条规定：县级以上人民政府建立健全公共就业服务体系，设立公共就业服务机构，为劳动者免费提供下列服务：

1.就业政策法规咨询。

2.职业供求信息、市场工资指导价位信息和职业培训信息发布。

3.职业指导和职业介绍。

4.对就业困难人员实施就业援助。

5.办理就业登记、失业登记等事务。

6.其他公共就业服务。

公共就业服务机构应当不断提高服务的质量和效率，不得从事经营性活动。

通过职业介绍机构找工作需经过的程序

到政府部门举办的职业介绍机构或社会职业介绍机构寻找工作，一般经过如下程序：

1.办理求职登记。办理时需要提交自己的学历证明、职业资格证书、技能上岗证书等。

2.填写求职登记表。可先向职业介绍机构的工作人员进行政策咨询，接受职业指导，明确自己的求职方向后，再填写求职登记表。

3.推荐就业。职业介绍机构根据用人单位的需求信息，结合求职者的具体情况，向用人单位进行推荐。

正确鉴别劳务中介机构的可靠性

合法可靠的中介机构应具备的条件如下：

1.经劳动保障行政部门批准依法成立；有职业介绍许可证；有工商营业执照；有法人资格；有必要的设备设施和经费；有服务单位名称、场地；服务人员具备《职业介绍经纪资格证》；能承担民事责任。

2.懂得现行的有关劳动政策、法规。

3.懂得劳务输出的业务知识及具有一定的实际经验。

4.有高度负责的服务精神。

5.有监督、调控、组织、协调能力。

6.有公示的收费标准。

如何判断其是否可靠，具备以上几个条件的一般应视为合法可靠的中介机构，反之就是不合法和不可信赖的。

从互联网获得招聘信息更方便

招聘网站的兴起，让现代人在找工作时，不但能够快速、准确地投递履历表，而且再也不必辛苦地邮寄一封封求职信。

网络求职招聘方便、省钱、效率高，因此越来越多企业不但花钱在求职网站上刊登人事广告，同时也在自己企业的网站上张贴招聘信息。

网上求职，首先要选择有效的网站。政府人事部门、劳动部门下属的招聘网站可信度高；全国各大搜索引擎中求职类别网站排名靠前的值得信赖；在人才类专业媒体中曝光率高的求职网站也是可信的。

网上求职，还要注意以下事项：

1.弄清你到底要找什么工作。这将缩小你的查询范围，先想好关键词。而且设计简历时必须围绕这些关键词做文章。

2.手头准备两种格式的简历：一种是电子文档，以便作为附件；另外一种用文本形式，便于投递一些不允许发送附件简历的公司时使用，可以直接把简历内容贴到正文里。

3.通过电子邮件将简历发至目标网站，同时给招聘主管通过邮局发送一封纸质简历以防万一。

4.在使用网站前必须弄清楚网站的运作模式，使用方法，不要稀里糊涂发送简历。

5.将网站上感兴趣的部分存档，以便日后研究使用。列出你发送简历的网址和内容，以免重发。

6.在邮件中写明自己的电子邮件地址，每天查看电子邮箱，第一时间作出反应。

7.网络求职更要"广种薄收"，增加命中率。

网络求职脱颖而出的妙招

信息量大，方便快捷，成本低廉，没有地域限制，不必劳顿奔波……网上求职好处多多，可种种的便捷面前横着一座大山——招聘者们每天要面对着数以千计的求职应聘信。

为什么我的求职信总没有回音？怎样才能脱颖而出？以下就为你提供几点高招。

1.用简历亮出你自己。

将他们最希望了解的信息突出呈现出来。比如，将最重要的信息显示在邮件的主题中和简历首页的顶部，明确而详尽地陈述自己的工作能力。

写简历最好采用倒叙的方法，从最近的时间写起。把与申请职位有关的工作经历，进行主要描述，适当时，可以采用加重的方式，凸显重要信息。在书写时，尽量使语言鲜活有力。陈述你性格上的最大优势，然后再将这些优势结合你的工作经历和业绩的形式加以叙述，可以争取更大的成功机会。

2.巧投简历。

投简历一定要找可靠的，稳妥的网站，成功率才会比较高。

3.直接登录企业网站。

与其在网络的"海量"信息中寻寻觅觅，又不知信息真伪，还不如直接登录企业网站，查看最新招聘信息。对于知名企业这招特别管用。看到有合适的职位空缺，就在第一时间递上简历，捷足先登。

通过电视、报纸、广播了解招工信息

电视是当代社会各类信息有效的传播途径，各用人单位在招工时，一般多会采用招工广告、招工启事、招工通知等形式，在电视屏幕上进行发布。通过电视屏幕播放招工信息，具有快速、直接、覆盖面宽广等优点。

利用电视收集招工信息时应注意：

1.要针对电视节目直观的特点，在认真听播音的同时，仔细看清其中每个字的确切含义，以求加深印象。

2.在手头放一支笔，发现重点，迅速记下来。比如工作单位的名称、联系电话、报名日期、报名地点等。尽量多记，至少要记住报名地点和联系电话。

通过广播收集招工信息时，一定要"洗耳恭听"，并要迅速记住报名地点和联系电话。最起码要记住联系电话，以便进一步咨询。

报纸传递的招工信息，尽管在速度上可能会稍慢于广播、电视，但它的信息的全面性、可靠性和持久性，却是广播电视所难以比拟的。因此，报纸应成为获得招工信息的重要渠道之一。报纸上所发的招工信息，往往能够比较全面地介绍用人单位的招工要求。因此，一旦发现了载有适合你从事的工作信息的报纸，请你设法收集，以便仔细阅读分析其中的情况和直接持报纸到用人单位去报名。

找工作过程中应避免的误区

有些人在找工作时，投了许多简历，也通过了不少用人单位的面试，却还在不停地找工作，迟迟上不了班，总觉得还没找到自己想要的工作。这时，其实已经走进了工作误区，怎么也无法找到合适的工作。

找工作时的误区有以下几种：

1.挑肥拣瘦。面对种类繁多的招聘信息，有些人总是处在两难状态，自己能干的工作，觉得很辛苦，不愿做；轻松的工作，收入又太低，觉得做了不如不做。

找工作的朋友应该明白，劳动力市场的供求关系决定了每种工作都是一种矛盾的存在。对从业者素质要求不高，且比较轻松的工作，工资肯定比较低；而工资高的工作，要么对从业人员的素质要求很高，要么劳动强度很大。一个人人都可以做的轻松工作，工资是不可能高的。

找工作要正视自身现有的条件：在没有较高综合素质的情况下，怕脏怕累，怕吃苦，是不可能找到工作的。要懂得先苦后甜的道理，从艰苦的、简单的工作做起，等有了经验、有了资本，自然就会有更好的工作机会。

2.好高骛远。有些人工作一段时间后，觉得自己的能力还可以从事更好的工作，于是频繁地换工作，最终被社会淘汰。

工作一定要从自己能够胜任的做起，然后脚踏实地，通过不断学习，不断积累经验，从而使自己的知识和技能得到提高。等工作能力达到一定程度后，得到更好的工作就是水到渠成的事儿。

3.缺乏自信。有些人总爱盯着自己的缺点，忽视了自己的优势，因此总被自卑心理所笼罩，明明可以胜任的工作，却对自己没有信心，不敢去尝试。因此而失去的工作机会最可惜。

每个人都有自己的优、缺点，想要找到一份好工作，就要亮出自己的优势，对自己有信心，使自己的优势得到充分发挥。对于缺点，尽量避免就可以了。

4. 每个进城就业者的最直接的目的就是赚钱。不法分子利用打工者的这种心理，以高报酬为诱饵，吸引打工者。致使一些对金钱过分迷恋，自制力差，不够务实的打工者上当受骗，被别人利用，走上犯罪的道路。

5. 随波逐流。有些人看到某个行业热火起来，就见异思迁，想去凑热闹。本想有个更好的发展，结果却是荒废了原有知识、技能，在新的行业又难以立足。每个行业都有自己的发展前景，一定要做一行，精一行；干一行，爱一行。

每个打工者都应正确认识自己的能力，根据实际情况找到合适的工作，然后一步一个脚印地做好自己的工作，以求有所发展。

警惕招工陷阱

常见的招工陷阱有：

1. 骗取报名费。

一些用人单位在招聘时，把公司吹得天花乱坠，以高工资吸引求职者，收取一定的报名费后，才肯带求职者去上班。来到他们公司后，又列出种种让人无法接受名堂，让求职者交纳相应的费用。求职者不愿交纳，就只得离去，报名费也不退。

2. 要求交证交钱抵押。

有些用人单位会要求打工者交出身份证、毕业证等证件，或以交培训保证金为由让打工者交一定数额的押金。如果打工者对工作不满意要求辞职时，用人单位会以不退抵押物迫使其留下；如果用人单位主动辞退就业者的时候，便以种种理由拒退还抵押钱物。

3. 高薪诱惑。

一些用人单位以高薪作为诱饵，吸引求职者到他们单位工作。求职者开始工作后才发现或者工作环境极为恶劣，或者工作量让人难以承受，甚至以金钱或暴力迫使求职者从事一些违法违规的事情。

4.试工试用。

由于员工在试用期内的工资都相对较低，一些公司就利用这一点，一直在试用期内用人。他们不停地招新人，然后把工人招来后用2～3个月，找个茬儿将其辞退，再招一批新人，接着"试用"。

5.非法中介。

有些不法者打着职业介绍所的牌子，收取求职者介绍费后，开个介绍信，让求职者带上证件去找单位。当求职者按着介绍信找到用人单位地址时，不是条件太苛刻，就是工资太低让人无法接受，被迫放弃，还有的用人单位根本就不存在。

不要到劳务"黑市场"找工作

劳务"黑市场"就是少数居心叵测的人，打着介绍工作的招牌浑水摸鱼，骗他人上当的一些非法组织。这样的黑市场非但不能为进城务工者介绍工作，反而让不少进城务工者吃尽苦头。

一些路边招工广告令人眼花缭乱，往往以丰厚的待遇吸引人，使人心动手痒，跃跃欲试。结果陷入一个又一个陷阱，非但工作没着落，还因被巧立名目的这费那费掏空了口袋，最后连吃饭钱及返家路费都没有了，欲哭无泪，后悔莫及。

这些"黑市场"都属于非法组织，没有正规经营手续，一旦发现上当，很难找到他们。

进入城镇务工，人生地不熟，要想找到招工信息，要选择正规的劳务市场，千万别走进"黑市场"，谨防上当。

通过职介找工作要注意的问题

通过职介找工作应注意以下事项：

1. 分清机构性质。

可首选各级劳动保障部门举办的、承担公共就业服务职能的公益性职业服务机构，其次才选其他政府部门、企事业单位、社会团体等举办的从事非营利性的职介机构，最后再选取从事营利性职介活动的职介机构。

2. 察看基本条件。看其是否具备法律规定的基本条件，如明确的业务范围，机构章程和管理制度，固定场所和办公设施，专业的从职人员等。

3. 察看明示内容。看其在服务场所明示的是否有合法的证照，批准证书，服务项目，收费标准等。

4. 查验其批准文件，通过查验其许可证和注册登记证等避免陷入非法中介。

5. 审查人员资格，看其是否拥有从业资格证书。

6. 谨慎缴纳费用。公共职介和其他非营利性职介机构的有偿服务项目其收费标准实行政府指导价；营利性职介机构的收费标准参照国家有关规定自主确定，并接受当地物价部门监督，所以仔细对照物价部门收费许可、收费标准后就知道其收费是否合理。

7. 要保存相关证据。如与职介达成协议，不要忘记签订劳动合同，特别要注意核对职介名称，并保留好收据、发票、合同等证据，以防产生纠纷无法投诉。

在零工市场找工作应注意的事项

零工市场找工作，往往找到的都是一些临时的工作。为了能够提高成功率，一定要注意以下几点：

1. 在雇主来招工时，一定要积极表现，主动询问。

2.对工作性质详细询问，不要稀里糊涂地就跟着雇主走，防止上当受骗。

3.在询问时要对雇主察言观色，如果雇主不愿意多说工作情况，而且含糊其辞，那么就要小心。

4.对于自己做不来的工作，不要接受雇主的雇佣。

根据自己的能力选择职业

根据自己的能力选择职业应注意以下几点：

1.要了解自己，正确认识自己。包括了解自己的知识、技能、性格、爱好以及身体状况等。找工作之前，你必须先对自己有全面的认识，一定得知道自己适合做哪方面的工作，不适合做哪方面的工作。找工作不能眼高手低，明明自己不能做的工作却偏要做，结果必然遇到挫折。

2.要了解你所希望选择的职业和行业。了解职业岗位的工作内容、工作性质和对从业者素质的要求，可以向亲朋好友中做过相关工作的人了解有关情况，也可以向从事这方面工作的其他人请教，他们经验丰富，体会深刻，能给你提供具有指导意义的信息，他们工作过程中的失败教训，使你少走弯路，而你又可以借鉴他们成功的经验。

3.不要根据他人的好恶或评价选择工作。每种行业或工作因为性质不同，在人们心目中的地位也不一样，难免在人的心目中有高、低、贵、贱之分。找工作不要受他人评价的影响。俗话说"行行出状元"，无论哪种工作，只要符合自身的条件对自己来说便是好工作。

有效参加招聘会的方法

可主动到会议主办者或会务接待处咨询，了解参会单位详细情况；如外地举办的招聘会，可通过网络或当地熟人了解。

在招聘会上，首先应确定适合本人就业的目标单位。

如有可能，直接联系有关参会单位，了解招聘者基本情况和住宿的宾馆，争取和招聘单位作场外的直接沟通，将会起到更直接的作用。

此外，在招聘会上考察场地情况，弄清招聘会场具体地点，交通路线、场地出入口、咨询处、复印点、公用电话分布点、医疗点、进餐点、入场券发售点等，也是必要。

正确分析和筛选各种招工信息

其实，在那么多招聘进入城市后，我们会发现五花八门的招聘信息，面对大量的招聘信息，如果一一仔细浏览，怕是要花费不少时间。其实，杂乱无章的信息是无助于顺利找到工作的，那么，如何对待这些信息呢？

首先，要对得到的各类信息进行分类整理，明确各类信息机构的服务对象和对你所能提供的帮助。对学历要求较高的，招聘中高层管理人员的，农民朋友一般都难以胜任，没必要去看；招聘保安、搬运工的信息，女性朋友可以直接跳过；保姆是专对女性招聘，男士可以不必看。经过分类比较要把那些不适合自己的信息剔除，然后把剩余的有用的就业信息按一定顺序排列。

其次，要识别各类就业信息的价值和可信性。要识别信息的价值重要的是要看发布信息的机构是否是正规的，所发布的内容是否详细，有无时间限制，对应聘者的要求是否明确等。有些广告，为了敛财，发布含糊其辞的广告，让报名者交报名费，结果往往是石沉大海。对于各类就业信息，一定要提高警惕，更不能轻易相信街头散发的广告信息。

正确辨别信息的真假

招聘信息多了，难免会有一些不法分子，弄虚作假，欺骗求职者，从中获利。因此，面对大量的招聘信息，不要盲目地全信，要认真判断招聘信息的真假。

排除对自己没用的信息和一些虚假信息后，就可以根据自身条件和用人单位岗位要求，挑选出适合自己的工作。

对于招聘信息的真假，一般可以从下面几个方面去辨别：

1. 内容。

一个真的招聘信息，至少要具备以下5个要素：完整的单位名称、准确的单位地址、明确的招聘名额、清晰的工种条件限制、适中的劳动报酬。

如果招聘信息中，以上5要素有不明确、不完整、含糊不清，或报酬与岗位不符的，就应该引起警觉，这类信息往往不可信。

2. 语言。

一个真实、可靠的招聘信息，一般言辞诚恳、用语朴实无华。

如果招聘信息看后让人有种故弄玄虚、吊人胃口的感觉，应该小心提防，以免上当受骗。

3. 发布渠道。

真实的招聘信息，大多有正当、规范的发布渠道。

不同渠道的招工信息应区别对待

各级政府的劳动行政部门的职业介绍机构和其他政府职能机构，如农业局的劳务输出机构以及工会、共青团、妇联等群众团体举办的职介机构，正规新闻媒体，这些地方所发布的招聘信息，一般而言都有较高的可信性。

一般的广播、电视、报刊、杂志上发布的招聘信息，要认真对待。

那些有正常营业执照的私营职业介绍机构发布的招聘信息，则要分情况对待。如果经营者素质较高，则其发布的招聘信息就会比较准确；如果经营者素质较低，动机不纯，他们就有可能发布虚假的招聘信息。

因此，当你面对一则招聘信息时，不要急于报名。如果有条件，要尽量到用人单位，对招聘信息所列举的内容，逐一进行核实，准确无误后再考虑报名。

核实招聘信息的方法

核实招聘信息的方法有3种：

1.直接询问招聘单位的职工，了解他们单位的报酬和福利待遇。

2.观察招聘单位的工作环境、办公设施。

3.向用人单位的有关负责人，比如人事部、公关部、车间主任之类人员详细了解用人情况。

只有确保招聘信息的真实性，才可能找到合适的工作。

主动去找自己需要的招聘信息

主动去找自己需要的招聘信息可以通过以下途径：

1.向现场招聘人员索取有关单位情况的材料，和招聘人员详细洽谈，这是最常用的一种方式。

2.上网查询。一般稍微正规、稍大一点的企业都会有自己的网站，在这里基本上可以查到关于企业的大致情况。就算是没有网站的，也可以上网搜搜看。网络是一个巨大的资料库，很可能查到一些有关的信息。这对我们了解企业是有好处的。

3.向周围人打听。如果恰好有认识的人也在那个企业工作是最好不过的，这样就可以向他了解很多第一手的情况，如果周围所有的人都没听说过这个企业，网上也没有，国家有关单位也没有记录在案，那这个企业十有八九是个"皮包公司"，做决定时一定要慎之又慎。

4.去实地考察。在条件容许的情况下，实地考察企业是最稳妥的办法。去实地看一看，和他们的员工聊一聊，这样得到的情况是最真实的。

招聘诈骗者的手段

招聘诈骗者的诈骗手段有：

1. 联手诈骗。劳务诈骗机构与皮包公司、骗子公司联手，以推荐工作为名收取各种费用。两家或多家公司源源不断互相推荐求职者，他们或狼狈勾结或实为同一老板。

2. 引诱诈骗。把诈骗作为一门生意来经营。特别是那些招聘文员、财务、司机等工种的，只要交钱，来者都能应聘上。招人进来以后却要求高价买下所谓的会员卡或者劣质的化妆品、补品、保健用品、小电器等产品，再由应聘者自行销售。

3. 游击诈骗。此类诈骗活动集中在车站、码头或外来劳务工流动量大的地段。他们租用酒店、招待所或写字楼，诱人上当后捞一把就走。

4. 假证诈骗。用无效或假的营业执照、许可证来骗取求职者的信任。

5. 培训诈骗。一些非法培训机构、美容美发店、桑拿按摩中心以培训并安排工作为名，收取培训费用，结果要么卷款潜逃，要么不安排工作。

对务工单位进行"摸底"

通过以下方式对务工单位进行"摸底"：

1. 对招聘单位整体情况进行了解。

在面试前，招聘单位的名称、地点、行业属性、效益、管理制度及单位隶属、产品或服务的大致类型等都是求职者必须要了解的。而这些，招聘单位也往往会主动向求职者说明。在此基础上，求职者还要有意识地去了解招聘单位的规模、行业地位、发展态势等。

2. 对应聘岗位的了解。

求职者要了解应聘岗位的工作职责、工作方式、在企业组织架构中的位置、在企业中的发展空间等，还要了解这个岗位的工资福利待遇。

3. 对面试官的了解。

面试官代表招聘单位对应聘者进行考查，对应聘者有"生杀予夺"的大权。面试官如果感受到来自应聘者的哪怕有一丝一毫的冒犯，这对应聘者而言都将是致命的。应聘者应避免那些过于个性化的装扮，如果可能，对面试官的性格、爱好等应聘者也可以有意识去了解一些。

正确识破传销行为

组织者或经营者有下列行为者，可以断定为传销行为：

1. 组织者或经营者通过发展人员，要求被发展人员发展其他人员加入，对发展的人员以其直接或间接滚动发展的人员数量为依据计算和给付报酬，包括物质奖励和其他经济利益，牟取非法利益的。

2. 组织者或者经营者通过发展人员，要求被发展人员交纳费用或者以认购商品等方式变相交纳费用，取得加入或者发展其他人员加入的资格，牟取非法利益的。

3. 组织者或者经营者通过发展人员，要求其他人员加入，形成上下线关系，并以下线的销售业绩为依据计算和给付上线报酬，牟取非法利益的。

传销组织一般没有在工商部门登记注册，无营业执照。可通过工商部门查询有无此单位。如果对经亲友、同学介绍的就业机构产生怀疑，除上网核实外，本人可到其所在单位核实情况。

如果陷入传销组织，要坚持不交会员费和伙食费、不参加学习培训、不去骗取他人，找机会逃跑，并报"110"求救。

写求职信应注意的问题

在求职资料当中，"求职信"以特有的方式发挥着画龙点睛的作用。求职信的形式不必太花哨，大体有以下几方面内容：

开头：开门见山地说明你对公司有兴趣并想担任他们空缺的职位，比如"昨日在《××报》上读到贵公司招聘广告，故冒昧地写信应聘客户服务部经理一职"。

正文：介绍本人基本情况和求职岗位，简要地介绍自己与应聘岗位有关的学历水平、经历、成就等，与所附简历内容相辅相成。求职岗位要根据自己的能力明确定位，那些自称"我什么都能干"的人，往往被认为缺乏明确的职业方向。

结尾：希望对方给予答复，并盼望能有机会参加面试。附上简短的祝词及自己的详细联系方式。

在写求职信时，要遵循以下8条规则：

1. 对不同的雇主和行业，你的求职信要量体裁衣。

2. 提出你能为未来雇主做些什么，而不是他们为你做什么。

3. 集中精力于具体的职业目标。

4. 不要对你的求职情形或人生状况说任何消极的话。

5. 直奔主题，不要唠叨。

6. 不要写没有实力的空话。

7. 表述要精炼，不要超过一页，除非你的未来雇主索要进一步的信息。

8. 字迹工整，对任何打印或拼写错误都要仔细再仔细。

填写求职人员登记表应注意的问题

很多公司在人员招聘时，都要求应聘者填写公司的求职申请表格，公司根据回收的申请表格做出初审。

一份申请表所须填写的内容一般包括两方面：一是个人资料、家庭背景、受教育以及实践工作情况；二是考察个人素质的简短问题回答。同简历相比，申请表涵盖的内容与用人单位的具体要求更加接近，因此填写时要有针对性，符合不同单位不同职位的要求。

填写登记表时要字迹清楚、内容完整、条理清晰。

要特别注意登记表不仅是单位了解应聘者的窗口，也是应聘者了解用人单位的窗口，应聘者应注意登记表的设计，从而了解用人单位对应聘者素质的要求和侧重，在填表和面试时可以针对应聘单位所需要的能力进行重点的介绍，做到有的放矢。

记住登记表所填的内容，你所呈交的信息很可能就是面试的话题。

面试前应做的准备工作

能否被公司录用主要看求职者的综合素质是否合乎用人单位的招聘标准，但如果能在面试前做一些相关准备，可以起到一定的辅助作用，更加顺利通过面试。

求职者在面试前可以做以下准备：

1.面试前应做的思想准备。

（1）相信自己能够顺利通过面试，自信满满地去参加面试。面试时充满自信不仅可以鼓舞自己，也会感染主考官，可以给他们留下很好的印象。这对找到工作是有帮助的。

（2）做好失败的心理准备。如果面试成功了那自然是好事，不成功也不能灰心丧气，千万不要因为一次失败就失去信心和勇气。要总结经验教训，认识到面试失败你并没有失去什么，而是为下一次面试积累了经验。你应该充满自信地参加下一次的面试。

2.面试前应做的行动准备。

（1）了解你应聘单位的具体情况，比如单位的地点、环境、员工待遇、主要负责人等。因为这些将成为面试时的共同话题，如果在面试时招工负责人发现你对这些情况很清楚，就会减少陌生感，增加亲密感。

（2）了解你所要应聘工作的性质和特点，这样，面试时才能根据工作性质和特点，有针对性地向招聘者阐述你的能力和特长，让别人相信你就是适合这份工作的最佳人选。

（3）把个人的基本情况用文字写出来，即整理一份简历（或叫履历表），比如你的姓名、年龄、籍贯、性格、爱好、特长及工作经历等都填写清楚，这样就做到简单明了。

（4）面试要取得好的效果，还需要事先多演练几次，避免面试时因为紧张或其他原因而出现失误。

去用工单位面试应该准备的材料

准备求职材料是求职前最重要和必不可少的准备。

面试，是用人单位按照一定的职业要求，对求职者进行面对面的考察。同时，也是求职者了解用人单位的一个途径。

面试时需要携带以下材料：学历资格（如毕业证、学位证、结业证、职业资格证等）、技术职称、技术等级证、重要荣誉证书、任职文件等。

在材料前附一页"材料索引"，以便反映出你办事的条理性。

职业证书一定不要忘带，这是你的专业水平和职业能力最重要的体现。

求职材料封面要简单明了，不要太花哨或卡通，最好不要加什么口号式语句。

充分了解应聘岗位的基本要求及特殊要求

事先收集、阅读、体会好岗位要求信息，对自己未来的工作做一番模拟，可以增添你应聘的信心。

在求职之前，详细阅读大量的关于应聘岗位的不同单位，尤其是应聘单位的岗位要求，并仔细琢磨其真实的内涵。由于刚进城务工缺乏实际工作经验，往往对岗位的实际要求看法比较肤浅。仔细阅读岗位要求，有助于提高自己对应聘岗位的认识。

不同的岗位有不同的要求，即使同样的职业，不同的单位也会有不同的要求。充分了解应聘岗位的一般要求和所应聘岗位的具体要求，是避免求职盲目性的关键所在。比如业务员的一般要求主要是和别人交流，代表公司形象，所以它的要求表现在个人兴趣、外貌形象、口才沟通能力、亲和力、性格等外在的东西。但不同行业、不同单位的业务员可能会有不同的要求。其中，最重要的一条就是不同单位的业务员，要推销的产品和服务不同，那么，对应聘单位产品和服务知识的了解，就可视为不同单位对业务员的特殊要求之一。

所以，求职者一定要从招聘单位的具体的岗位要求出发，按岗位要求做准备，在求职材料、笔试、面试中，从岗位的要求表现自己，将大大增加求职胜算的可能。

正确克服面试怯场

克服面试怯场的方法有：

1. 态度自然放松。第一次面试总是不会轻松的，但是假如你很紧张的话，你将更难推销自己。把你心里的不安平静下来。怎么做呢？首先，要想一想那位主考官也曾经历过同样的事情。其次，在你走进办公室以前，先做三次深呼吸使自己放松下来。

2. 面试时要冷静。当你被通知面试时，自然会有一种兴奋和期盼的感觉，随之就会产生不安的心情，或是一团乱麻，毫无头绪，越发感觉慌乱和紧张。鉴于此，可以转移思绪，发挥想象力，想象成功后的感觉。这样都可以缓解焦虑不安的状态。

3. 要坦然面对自己的缺点。人无完人，对于自己的缺点，最好的办法就是坦然地去面对，从辨证的角度看，优点和缺点是相互转化的，前提是正确地认识缺点，认真地去改正。"横看成岭侧成峰"，对于不问的环境、不同工作来说，缺点也可能就是优点。

给对方留下良好的第一印象

面试时第一印象非常重要，要想给对方留下一个好的印象应注意以下几点：

1. 要遵守时间。这是最基本的要求。在城镇里，守时是十分重要的品质。如果求职者迟到，会使对方认为你缺乏时间观念，缺乏诚信，也会让你自己处于被动、尴尬的位置，导致面试的失败。

2. 要穿着整洁。外表对第一印象的形成具有十分重要的作用，因此穿着一定要整洁，不要给对方留下退迟、不讲卫生的印象。

3. 言谈举止要有分寸，做到举止既大方又适度。打招呼时要用礼貌用语，称呼要得体。不能随便打断别人的谈话，也不要乱动面试现场的办公设施，以免引起他人的反感。

4. 必须注意克服一些不良习惯，比如吸烟、随地吐痰等。

能力是胜任职业的资本，展示能力要尽可能的用事实说话，不能夸大其词。如果是熟人推荐的工作，面试时也不要反复提及那个人的名字，因为，能否胜任工作不在于关系，而在于自身的能力。

求职时学会推销自己

求职就是寻找和得到工作的过程，通常包括获得用人的信息、争取面试、谈话、签约等环节。找工作就像推销商品一样，要让顾客买你的产品，你必须告诉对方，你的商品有何特点，价格怎样公道。同样，找工作也要围绕着"我是做好这份工作最合适的人选"这样一个中心来展开。学会推销自己，才会得到他人的认可和录用。

做好自我介绍。自我介绍准备不充分，会在主考官面前大打折扣。成功的自我介绍，不仅要依靠声调、态度、言谈举止的得体，而且还要考虑适当的时间和地点，以及当时的氛围。自我介绍要自信、落落大方，说话要表示出友善、诚实和坦率，这不仅要从你的话语中自然流露出来，更应该从态度和眼神中体现出来。当然，自我介绍不一定要很完善，有时候可以留有余地，这要靠面试音灵活把握。

自我介绍的目的，是使面试主持人在心理上能够接受你，对你有一个初步的好感。为了达到这个目的，必须注意：

1.用热情、诚恳的态度作自我介绍。特别是当你第一次与面试主持者沟通时，态度一定要庄重，切忌轻浮。说话的口气、语言要表现出应有的热情，否则语言生硬，会让对方感到你难以接受。

2.做自我介绍时要表现得不卑不亢。在向面试主持人做自我介绍时，不管你说什么、做什么，都一定注意不卑不亢。坚持热情、诚恳、庄重的原则。

面试时的交谈技巧

归纳起来，面试时的交谈技巧有：

1.回答问题时要认真庄重。如果回答问题时，态度轻浮，漫不经心，其结果使人感到你要么是不诚恳，要么是没知识、缺修养。

2.对对方的话题，不能随便加以发挥，夸夸其谈。否则，会使人觉得你在哗众取宠不堪大用。

3.对对方已经知道的你的某些长处、成绩，在陈述中就不要再反复提起。否则的话，会让对方觉得你是有意地、粗俗地炫耀自我。

4.在介绍自己的长处和优势时，不要随意夸大其词，唯恐别人小看自己。否则的话，其结果刚好是使别人小看你了。

5.在与别人谈话时，不要随意打断别人的话头。

6.要学会倾听。如果总是自己说的多，会让人觉得你有点独断专行的味道。学会倾听，就要用心听清别人表述的真正意思。

7.对方提出的正确意见，要勇于接受，不要掩饰自己的过失和错误的毛病。

8.在面试时，一般不要主动提问，要静待对方提问。如确实需要提问，要做到只针对工作，不针对个人。切忌问对方的家庭情况、个人收入和个人经历，因为这样做肯定会引起对方的反感。

正确应对主考官的问题

对主考官所问的问题，难以回答的通常有3种情况：

1.你不知道的问题。

对于你不知道的问题，当然应该回答不知道。但这样回答从策略上看，并非完美无缺。因为它太单纯化了，不能对自己产生有利的影响。正确的说法，应该是在回答不知道的同时加上一些好的修饰用语。比如你可以这样回答：这个问题目前我确实不知道、不了解、不会做。但是请相信我，我会以自己的勤勉和钻研，尽快成为行家里手。这样一来，你在诚实作答的同时，又机智地为自己留下了一个生机勃勃的进取形象。

2.你不很了解的问题。

对于你不很了解的问题，其最好的回答方案是：只回答你比较了解的部分，而不对不很了解的部分加以推测和描述，这样做能避免陷入进退两难的境地。

3.你知道但难以表述的问题。

对于你知道但又难以表述的问题，最好的回答策略是：尽量简述，攻其关键，不及其余。因为这类问题，往往是越想说清楚，反而越说不清楚。

与用人单位谈工资应注意的事项

一个人的工资与其能力、作用、表现、贡献等有着重要关系。在用人单位尚未了解你上述情况时，开价过高，难以被用人单位接受；开价过低，自己吃亏。在与用人单位谈工资时应注意以下事项：

1.在用人单位十分明确表态要用你时，才可以谈工资。

2.切勿盲目主动提出希望达到的工资数目。在协商过程中如果用人单位要你开价，你可以告诉一个幅度。为减少讨价还价的盲目性，你必须了解劳动部门的有关工资政策、法规、最低工资数额，也可到其他同类单位询问该职位的工资标准，使自己心中有数。同时别忘了福利也是应得的报酬，如社会医疗保险、年底分红等。

3. 尽可能从言谈中了解，用人单位给你的工资是固定的还是有协商余地的。

4. 面试前设法了解该行业工资福利和职位空缺情况。

女性面试的技巧

作为女性，在求职中肯定会面临比男性更多的问题，所以作为女性要花费更多的精力和心思才能在面试中获胜。女性面试时应注意：

1. 要尽可能独自前往求职或面试，不要成群结队由亲朋好友陪同，这样才显示出你的独立性。

2. 进入求职或面试现场，要对所有在场的人彬彬有礼，切忌轻视秘书或其他一般工作人员，态度不可轻挑浮躁，目中无人，也不要在等待面试时自言自语和大声喧哗。

3. 要聆听对方说话，千万不要迫不及待地打断或反驳，也不要一味地做出言听计从的模样，让人感觉你的依赖性较强，没有自我的思想。

4. 要在听取对方全部意见后，再表示自己的看法和主张，以免给人一种桀骜不驯的印象。

5. 回答问题时要正视发问的人，说话不要吞吞吐吐，戒除日常生活中无意义的惯用语，如"就是"、"这样"、"什么"、"这个"、"那个"等。

6. 对于女性求职者，还要注意不要过分地穿着打扮，穿的服装和你去面试的那份工作的性质要有关联。是什么性质的工作，就应穿相适应的服装。基本原则是穿着整齐明快，不可太花哨。

7. 交谈时不要谈自己的私生活，不要撒娇或发嗲，也不要装出一副男子气概。

男士通过服饰提升信任度

男士服饰方面应注意以下4点:

1. 穿着的衣服要有适合的色彩。出席谈判场合最适合的穿着颜色就是黑色、深蓝色和铁灰色。据心理学家分析,男士穿深色的西服最具说服力,深蓝色和铁灰色居次。

2. 衬衫。场合越正式,衬衫的条纹应该越细。尽量不要穿格子衬衫,那样会给人休闲、不够庄重。暖色的如红的、花的衬衫就更不适合谈判场合。

3. 领带。男性可以用领带来表现个人的特色。选择合适的领带可以起到画龙点睛的作用。在正式场合男人的领带图案不要太花哨,最好选择有规律排列的图案和整齐的花纹等。有规律的图案会给人一种实在、公正的感觉。领带的颜色,深色感觉成熟,浅色显得年轻而充满活力。可以根据个人意愿选择。

4. 袖扣。一般男人在穿西装时不会注意到袖扣,然而在谈判时,你的袖扣就常常展露在对方视线里,当对方发现你衬衫的颜色与袖扣搭配得十分和谐时,会有较好印象,认为你是个非常注意细节的人。

打求职电话应掌握的技巧

电话求职可以充分利用短短的通话时间,用最简明扼要的话语清楚地表达自己的求职意愿,展示自己的特长,博取对方的好感从而达到求职目的。

求职者看到各种招聘广告后,可以根据刊登的电话号码和联系人姓名,询问招聘的具体细节。不少招聘广告,寥寥数语,让人莫名其妙,完全有必要打电话问个究竟。

当你发出的简历一直没有消息,也不妨打个电话问一声,说不定就会立即要求你去面试了。

对于你喜欢的或已有所了解的单位，想应聘他们的职位，如果打电话到这样的单位，就建立了联系一旦他们出现空缺职位，你就可以先于别人得到这个机会。

打求职电话时需要掌握以下技巧：

如果招聘启事中标有"谢绝来访"，求职电话就没有必要打了，否则会弄巧成拙。

收集你想应聘的用人单位的资料，根据用人单位的岗位要求，结合自己的情况，有针对性地模拟问答要点，并自我演示一遍。

通话场所有讲究。利用公共电话联系时，要特别注意周围环境，不适合在吵闹的大马路或人声鼎沸的茶店、餐馆等场所。

要保证信号畅通，虽然现在移动电话的通话质量不断提升，但还是会出现接听不良的状况，如此很容易造成别人的反感。

最好把简历放在电话旁边，以便接电话时随时参考。

通话内容简明扼要。求职电话一般应首先自我介绍，并说明求职意愿。别漫无边际地马拉松式谈话，会给人留下抓不住重点、拖泥带水的印象。

找不到称心的工作应注意的问题

到城镇后，有可能会遇到暂时找不到工作的情况，这时也不必过分慌张。

首先，应该冷静下来，看一看自己带了多少钱，算一算除去返程的车票费用外还能够在城里停留几天。然后开动脑筋，想一想当地有哪些人在这种情况下能助你一臂之力，哪些单位或个人可以给你提供找工作的线索，比如住在当地的亲戚朋友，当地的劳务市场，职业介绍机构以及可能用工的地方等等。接下来，就该到这些地方去看看，多走多问，积极的自我推荐。

不要过于考虑自己原有的手艺，一时找不到发挥自己专长的工作，先做些别的工作也可以。先找份工作，安定下来，以后再找机会从事能发挥自己专长的工作。

在暂时找不到工作的情况下特别要注意两个问题：一是不要立即回家，而要冷静地分析原因，以积极的态度，寻找新的工作机会；二是千万不可以因此而从事一些违法乱纪的工作。

进入务工单位时应注意的事项

初进一个务工单位应注意以下问题：

1.不要乱说话。大家在讨论问题时，最好是先听，不要乱插嘴。在一个新单位的人际关系你没有摸清之前，一定要少加评论。

2.建立好人际关系。一般到新环境都会有一个人带你，你要和他处理好关系。别人找你帮忙做事情的时候你要尽量帮助，那么当你需要别人帮忙的时候，别人才会爽快地帮助你。要尊重老员工，不要和某些人关系甚密，不要参加任何一个帮派。

3.要勤快。早上早来一会儿，打扫打扫卫生，整理整理办公桌。没有特殊的情况不要迟到，不要总请假。

4.要善于学习。一方面可以通过实践学习，还可以向有经验的人请教，根据工作需要有针对性地看一些书。

5.调整好工作态度。工作中遇到的所有事情，无论大事小事，都要当成自己的事那样用心做，做到你能力能达到的最好的效果，这样，不但工作出色，你也能学到更多东西。

做好本职工作

做好本职工作是一个永恒的主题。"在其位，谋其职"，领导有领导的责任，员工有员工的责任，做好自己该做的事情，在自己的轨道里运行好，因为公司的每个职位都是对企业有着不可替代的作用，任何一个人的工作没有做好，都会直接削弱企业的生命力。

做好本职工作应注意以下几条准则：

1.遵守制度规范。

任何组织都有一套切实可行的制度规范，制度规范就是道德底线，是带有强制性的"禁区"。不管我们喜欢还是不喜欢，都要把制度规范视为不可逾越的权威。遵守制度是最起码的职业道德。认真学习员工守则，熟悉企业文化，不要犯低级错误，触犯"底线"。

2.明确自己的职责。

任何工作都是从明确职责开始的，要明确自己工作的内容，知道工作的要求，要达到的程度。

3.做正确的事和正确地做事。"正确地做事"强调的是效率，是做一项工作的最好方法，其结果是让我们更快地朝目标迈进；"做正确的事"重视时间的最佳利用，包括做或不做某一项工作。其结果是确保我们的工作是在坚定地朝着自己的目标迈进。

4.在本职工作中积极钻研学习，提高自己的业务能力，提高自身的综合素质，把技术做得更精更好，把方案定得更为周详更有价值。

5.注重工作中的细节，把工作做得完美。

快速胜任自己的工作

进入一家新公司，第一要紧的事就是以最短的时间胜任自己的岗位，然后才能有所发展。要想快速胜任工作岗位应注意以下几点：

1.明确自己的奋斗目标。

职场新人要把自己的短期目标和长期目标写在纸上，明白这份工作将有助于你得到什么，是否有利于你的发展进步。一旦有了完整的想法，你将很容易地知道什么是必须做的，什么是应该避免的，什么是应该克服的。

2.集中精力处理好人际关系。

你应问问自己谁能帮助你，谁会伤害你，集中精力与能帮助你更好地完成任务的人发展关系。远离流言蜚语，不要当说闲话的主角，否则你的威信将会下降。

3.积极主动地表现自己的工作能力。

为了使别人发现你有能力，你有责任宣传和证明自己，抓住有利时机向领导证明自己有能力完成他交给的任务。

多与同事交往，增进友谊，给他们了解你的机会。

5.寻求别人的帮助。寻求别人帮助会使你更快地了解你所在岗位的一切及工作方法，更顺利地成为岗位的行家里手。

6.勤奋好学。一个低起点的人，笨鸟先飞，刻苦学习，努力工作，比别人多付出时间和精力是独立胜任岗位工作的关键。

工作中注重有效沟通

做任何一项工作都不是自己能独立完成的，都需要与别人的合作，工作中进行有效地沟通非常重要。有效沟通应注意以下几个方面：

1.明确沟通目的。告诉对方沟通希望达到什么目的，以便于进行沟通的双方向着明确的方向进行。沟通的过程中注意信息的交流，听取对方的想法，然后将你的想法告诉对方，沟通就是信息不断在双方之间进行交流的过程；注意情感的交流，最后达成共识。沟通是双方参与的活动，因此要注意情感的交流。

2.做好沟通前的准备工作。确定是面谈、电话、电子函件等沟通方式，确定合适的沟通时间和地点，沟通的内容要简单、清楚、明确，让对方明确你要表达的意思，还要考虑对方的想法。

3.掌握沟通技巧。沟通技巧就是要通过信息和情感的交流与对方达成共识。要想达成共识，最重要的特征就是要去交流，换句话说就是双向的沟通，把你的建议告诉对方，然后去聆听对方的建议。沟通就是通过这样双向的过程，与对方达成共识。

承担起自己的工作责任

学会负责和承担工作责任；是走向职场的第一步。在刚入职期间，要首先认真熟悉自己的工作，使自己对要承担的工作责任有一个全面的认识和了解，具体可以有针对性地学习业务知识和操作技能。然后通过具体的岗位实践，提高业务素质和实际工作能力，具备能够真正承担工作责任的要求。

作为员工该如何承担属于自己的责任呢？

1. 调整好心态，学会承担责任。

不要怕承担工作责任，对于新入职的员工来说，学会承担责任。尽快调整好心态。尽快了解掌握各种职能、职责和各项规章制度。尽快适应公司的规范要求。在自己的工作岗位上尽职尽责，尽心竭力地工作，将是入职必须学好的第一课。

2. 不推卸工作中的过错。

人人难免都会有疏忽出错的时候，但是，勇敢地承认错误，勇于承担责任、敢做敢当的人才会受到欢迎。勇于承认错误，不要认为这是丢面子，这种勇于承担责任的表现会赢得别人的尊重。而犯了错误不肯承认，找借口为自己开脱、辩解，是一种逃避责任的表现。推卸责任，不仅会被别人看不起，往往也会将自己纠正错误的机会一起推掉。

懂得从错误中吸取教训，不再重蹈覆辙。犯错误后要积极地寻求补救的办法。很多时候，责任并没我们想象的那么沉重，勇敢地承担起来，它不会把你压垮。勇于承担责任，会让自己变得成熟，变得强大。

3. 对待工作要有责任心。

工作责任心就是一个人对自己所从事的工作应负责任的认识、情感和信念，以及与其工作岗位相应的遵守规范、承担责任和履行义务的自觉性。增强工作责任心，就是要增强遵守规范、承担责任和履行义务的自觉性，并不断达到新的高度。

做一个勤奋的务工者

勤奋是证明能力和实现梦想的不二途径。空叹不如实干，等待不如主动，主动不如行动。倘若一个人既希望收获，又不愿付出；既渴求成功，又不愿努力。那么，这种希望、渴求与期盼永远不可能成为现实。对于一个新员工来说，激情、勤奋是快速优秀、脱颖而出的法宝，只有付出更多的努力，才能快速优秀。

也许你没有丰富的工作经验，也没有超人的智慧，能力也不如他人，但是只要你有勤奋的精神，为自己的工作付出了艰辛的努力，总有一天，你会成为最优秀的人才。

做一个勤奋的务工者应从以下几方面着手：

1. 克服消极心态，树立积极心态，是激情和勤奋的总发动机。

2. 积极进取的激情和勤奋学习、勤奋工作可以让我们弥补自己的短处和不足，快速熟悉环境，快速熟悉工作业务，快速获取更多的工作经验。

3. 每天提前上班做一些额外工作，会让你得到额外的欣赏、信任和额外的提升和薪水。

4. 完全抛弃"慢慢来"的思想，牢记"马上做"三个字。与时间赛跑，比别人跑得更快才有赢的机会。

5. 把"绝不拖延"作为自己在职场中的行事准则，永远不要为自己寻找拖延的借口。

6. 提升自己的执行力，努力保质保量地完成工作。这不仅代表着一个人的工作能力，还反映了一个人的工作态度。只有执行力强的人，工作效率才可能高，才可能受到器重。

积极融入自己工作的团队

在社会化大生产的今天，"独行侠"已不合时宜，做事需要借助团队的力量，个性必然遵守纪律，融入团队。拥有独立完成工作的能力固然重要，团队协作能力更不能忽视。

注重团结，消除猜忌和敌意，才能左右逢源，让自己的事业顺风顺水。

尽量克制自己与团队格格不入的个性。

正确对待工作中与别人的分歧。差异、分歧是合作的前提，而不是合作的障碍，如果认识到这一样，就不会因争论而气馁、懊恼，相反，会从不同方案中寻求中间方案，寻找解决问题的最佳方案。

1. 如果和别人有分歧，要认真倾听对方的意见和方案，站在对方的立场考虑问题。

2. 理解对方，就能够赢得对方的信任，消除对立情绪。

3. 在赢得对方的好感和信任之后勇敢地表达自己观点、立场和方案，争取对方的理解。

4. 在双方不同的方案之间寻找中间途径，寻求利益的平衡点，寻求最佳方案。

试用期不忘考察用人单位

求职者在试用期，在做好本职工作之余，不要忘了对用人单位也进行有效的考察：

1. 听听老员工对公司的评价。老员工在单位工作久了，对单位了解得比较深刻、全面，他们的评价很有参考价值。

2. 听听单位的客户、竞争对手的评价。一个有价值的企业是值得客户信赖，值得竞争对手尊敬的。

3. 看看单位领导的工作能力及态度。单位的发展主要依靠管理层的领导，因此领导者的才能、工作态度也能反映出一个企业的价值。看领导是否有凝聚力；安排职位是否以"能者上，庸者下"为原则；对待工作是否热情、勤勉；对待下属是否公正、公平。

4. 看员工对待工作是充满激情、认真负责，还是消极散漫、玩忽职守；是团结一心、相互协作，还是拉帮结派、相互推诿指责。

5.看公司的规章制度是否健全，员工是否严格遵守，领导是否照章办事。

6.看工作内容是否能让自己的才能充分发挥。

7.看福利待遇是否能达到自己的要求。

8.看单位给员工学习、培训的机会是否平等。

新人在试用期间，一定要睁大眼睛，仔细地审视你目前供职的单位。在试用期结束之后，对供职单位做出客观评价，看是否适合自己长期工作，最终决定是去还是留。

做好职业规划

职业规划，说得通俗一点就是，你想长期从事什么工作，想在这份工作中做出什么样的成绩，如何一点点积累经验、升职、增加收入，最终达成心愿。

职业规划不仅仅是白领级层的事，进城务工的农民朋友也需要有自己的职业规划。不管你从事什么行业，在哪个岗位工作，没有职业规划，就像没有方向盘的车，走到哪里是哪里，一不小心就有翻车的危险。

做好职业规划要注意以下几点：

1.明确自己的目标，知道自己想干什么。

2.最好选择自己感兴趣的工作。一个人在从事自己感兴趣的工作时，更容易做出一番成就。

3.目标一定要现实。了解自己的能力和社会环境，不要好高骛远。目标应该成为自己前进的动力，而不是压力。

4.制定切实可行的计划。

5.把大目标划分为一个个小目标，制定出中、短期计划，降低实现难度。

6.严格按照计划执行，根据实际情况，及时对计划做出修改、调整，使其更加完善。

7.不断检查、反思，看自己是否有偏离目标的现象。

对于自己的职业规划，一定要从一而终、持之以恒。不可三分钟热度、见异思迁，遇到困难就放弃或更换目标。要明白，任何人都不可能轻轻松松地成功，只有付出超出常人的努力和汗水，在失败中不断吸取教训，不断积累经验，才能一步步走向成功。

学习改变命运

城市中丰富多彩的生活，让许多进城务工者想在城市里长期生活下去。这就需要有个长期稳定而又不错的收入。

竞争如逆水行舟，不进则退。工作中的竞争也是如此，不管从事什么职业，只有通过不断地学习，掌握更多的专业知识和技能，才能在工作中争取到更好的发展。反之，如果缺乏学习的意识，会很快被别人取而代之，失去自己的工作，最终被社会淘汰。只有不断学习才有竞争力，未来企业和企业的竞争是学习力的竞争，人和人的竞争也是学习力的竞争，学习改变命运，知识创造未来。

事实告诉我们，没有知识，就没有致富的本事，能够干成事的人都是喜欢学习、喜欢思考、头脑灵活、敢想敢干的人：是各方面素质比较高的那些人。所以，我们一定要千方百计学习文化，丰富头脑，增长自己的见识，提高自己的观察能力、分析能力和其他各种素质。

1.要有"干一行，精一行"的精神。

不小视自己平凡的岗位，坚信自己在平凡的岗位上也能创造不平凡。永远不敷衍地对待工作，沉下心来，耐住性子，努力做得更好。用精益求精的工作精神锻炼自己精湛的专业技能。

2.在工作中学习。

（1）根据自己工作需要，有选择、有目的地学习，把自己所欠缺的知识、技术和能力及时补上。

（2）可以利用业余时间，参加培训班。系统地学习一些专业技能，然后在工作中不断实践，慢慢掌握，最终转化为自己的能力。

（3）老板和领导是公司的优胜者，把他们作为自己习学的榜样。从模仿中吸取适合自己的精华部分，贯彻到自己的行动中，能更快地提高自己的工作能力。

（4）向老员工学习。老员工身上，都储藏着他们多年来积累的经验，那是一笔无价的财富。他们更熟悉在公司的生存法则，了解领导的喜好和做事风格，工作的操作流程。向他们学习是快速成长的捷径。

注意，不管向谁学习，态度都要诚恳；要寻找恰当的时机，例如趁别人工作不忙时前去请教；也可以在别人允许的情况下，在一旁静静地观察他们的工作技巧。

3.把学到的知识灵活运用到工作中。

只有不断学习，不断研究，才能更好地学以致用，把知识转化成"能力"、"智慧"，解决工作中的具体问题。

认真观察、思考，敢于质疑，就能够发现工作中存在的漏洞、问题，通过不断学习、研究，及时把学到的新知识巧妙灵活地运用的自己的工作中，不断地解决工作中的问题，知识的价值才能得到体现，公司的整体效率会更高。

培养敬业精神

要想成就一番事业，就要留心做好身边的每一件小事。工作岗位没有贵贱之分，只要用心对待，把它当做自己的事业，兢兢业业去做，任何工作都能做出不凡的成就。培养敬业精神应注意以下几点：

1.想老板所想，忧老板所忧。把自己的工作和公司的发展融为一体，把公司的事当做自己的事，全力以赴去完成。

2.重视公司所提供的平台，通过公司的平台实现自己的抱负，而不是一味计较工资的高低。爱岗敬业是员工的天职，它可以让新员工快速进步。工作是为老板，更是为自己。

3.面对工作应积极主动地去了解自己应该做什么，能做什么，怎样才能精益求精，做得更好，更好地去规划，全力以赴地去完成。

4.发现公司的问题，提出问题，分析问题，不断钻研，并找到解决问题的方案。

5.在恰当的时候，在公司遭遇困难和危机时，在公司最需要自己的时候，敢于挺身而出。

快速获得晋升的方法

每个职场中的普通员工都希望自己得到上司的赏识，都希望自己能够快速获得晋升。身为一名普通员工，如何才能在众多的同事中脱颖而出，得到上司的重用呢？要想获得快速晋升，应注意以下几点

1.工作要踏实。只有踏实的员工才能使领导的计划、决策得到执行和落实。踏实的员工还会给领导一些建议，反馈一些实际工作经验，这对于领导开阔视野有很大的帮助。

2.要有创新精神。具备了创新能力，往往能使其更准确地理解自身所从事的工作，更准确地理解领导者的决策，从而在最一般的日常工作中创造出胜人一筹的佳绩。工作中要勤于思考，以自己独特的思维、丰富的经验来弥补领导计划决策中的不足。

3.熟悉公司的晋升制度。弄清楚公司的目标和人际关系，以争取更多的表现机会。要知道上司喜欢什么样的员工及其认为员工应具备什么样的素质。因此，要勇于接受任务并适度渲染自己的成绩，适度独立行事，保持稳重和最佳状态往往能够被上司慧眼识中，从而抓住晋升的机会。

4.勇于并愿意承担责任。能够接受别人所不愿意接受的工作，并能克服困难，你必然会得到迅速的进步，达到他人达不到的高度。

适时考虑调整职业方向

找一份工作不容易，当然应该珍惜每一份工作，但也并不是不能换工

作。随着社会的发展和用工制度的改革，职场也在发生着迅速的变化。劳动力的流动和职业的转换已经不是什么新鲜事了，适时地变换工作单位或工作内容是适应城市生活的重要内容。

走上工作岗位以后，面对现实，就能比较客观地看问题，承认现实，并可能在一定程度上打消不切实际的职业意愿和要求，同时也常常会调整职业方向。比如，工作后可能发现自己不能适应某些职业，从而转变职业方向，或者也可能发现另外一些职业对自己更为适合，从而转变和调整职业方向。另外，对有些人来讲，当他们个人的能力有较大的发展时，所在的工作岗位已满足不了自己的要求，他们将倾向于从事更高层次的职业，这就是提高职业意愿和要求的表现。

每个人都要学以致用，学以够用，必须随时关注职场的发展变化，及时调整职业方向，要边学习、边关注，边调整、边规划，要科学、及时地修订职业生涯发展规划，使自己的职业生涯设计紧随时代，紧随市场，从而将职业和发展机遇牢牢掌握在自己手中。

换工作时应注意的事项

作为打工者，应抱着"干一行、爱一行，专一行，精一行"的态度对待自己的工作。随着社会的发展和自身能力的提升，适时地更换工作单位、调整职业方向，以取得自身更大的发展。

只是换工作时不要随心所欲，说换就换。想换工作的时候，慎重考虑一下，看自己是否真的有必要换工作。

1. 如果发现有如下情况就可以考虑换工作：

（1）工作环境恶劣，危险性大，人身安全得不到保障。

（2）人际关系过于复杂，工作时总是顾虑重重，自己的才能无法充分发挥。

（3）尽职尽责把自己的工作做得很出色，却总得不到相应的报酬。

（4）目前从事的行业正在衰落，或者就职的单位面临倒闭。对自己来说，已经没有任何发展前景，那就没必要再勉强干下去。

（5）如果发现自己所从事的工作涉嫌违法、犯罪，就要趁早离开。

（6）如果在努力工作的过程中，不断学习，使自己的技术和能力得到大幅度提升。原单位已经不具备让你继续发展的空间，这时就要考虑换工作了。

（7）随着社会的发展变化和自己知识、技能的提高，已经对目前从事的工作不再感兴趣，不妨另寻一份感兴趣的工作。

（8）随着年龄的增长，体质不断减退，原来从事的重体力劳动，越来越觉得力不从心时。应适时转换一分轻巧些的工作，以免影响身体健康。

2.当你出于某种原因需要换工作时，还要注意以下问题：

（1）不能感情用事。不要因为一点小困难、一点小矛盾就要换工作。否则得到损失的是自己。

（2）换工作最好等到劳动合同期满时。如果合同未到期，执意要单方面解除劳动合同，一般是要承担一定的责任，缴纳一定的违约金。

（3）避免眼高手低。客观评价自己的工作能力，如果自己的能力与新工作所要求的水平还存在一定的差距，就不要轻易换工作。

（4）不要挑肥拣瘦。如果只看到现有工作的困难之处，一心想换份轻松的、待遇高的工作，恐怕永远也不能如愿以偿。

（5）事先联系好新的用人单位。在你没有联系好新的打工单位之前，先不要急于辞掉现有的工作。你可以一边工作，一边寻找新的合适的用人单位，然后再辞掉原单位的工作。这是一种进可攻、退可守、游刃有余的选择方法。

自主创业需要具备的条件

进城务工的朋友，可以到用人单位打工赚钱，也可以自主创业从事个体工商经营。给别人打工需要达到用人单位的用工条件，自主创业也需要具备一定的条件。自主创业需要具备以下条件：

1.资金。充足的资金是个体经营的根本保证。没有资金，创业就无从谈起。不是每个人都能白手起家的。

创业需要购买必要的设施、工具，租厂房、店铺等，除了这些，还需要有一笔流动资金，用于购买货物及日常开支。

2.场地。一般情况下，个体经营需要有一个经营场所，如厂房、店铺、门面等，少数流动摊商除外。

3.物力。具备从事相关个体经营的基本设施和工具，如维修要有各种修理工具，理发店要有各种理发用具，饭店、餐厅需要厨具等等。

4.能力。自主创业，要有一定的管理能力和经营能力。

5.健康。一些特殊行业，对身体也会有一定的要求，比如从事个体餐饮经营，就需要身体健康，没有传染病。

6.手续。从事个体工商经营或开办私营企业，必须有合法的手续，即营业执照。开业后要照章纳税。

创业者应具备的基本素质和能力

1.要有自信。

创业有风险，想创业的人必须对自身能力有充分的了解和估计，并能针对自身能力确定切实可行的创业目标，既不盲目冒风险，又不害怕风险，有立足的勇气，相信自己的能力。

2.要有合作精神。

创业不可能孤军奋战，想创业的人必须先学会与人合作。在当前竞争激烈的社会中创业，创业者要成功必须有志同道合者与之共同奋斗。社会中的个体都各有优、缺点，性格、能力各有不同。创业者要学会认同他人，识别他人的能力与才华，同时也要宽容他人与自己的分歧，给他人充分空间发挥自己的才能，求同存异，志存伟业。

3.能正视现实，预测未来。

想创业的人都是有梦想的人，梦想能否成真，关键看他是否能客观地认识事物，准确地预测未来，是否有对事物的认识力和对未来的预测力。

4. 愉悦、乐观的情绪和情感。

创业者经历艰辛，必须有较强控制自我情绪的能力，经常保持平衡、愉悦的情绪，才有充足的精力投入工作，才能沉着冷静地应付各种突发事情。美好的情感能使人善待自己，善待他人。

5. 坚定、顽强的意志和百折不挠的精神。

做任何事不坚持就无法成功，艰苦的创业更是如此。欲创业者必须意志坚定，乐于冒险，喜欢挑战，迎难而上；不轻言失败和放弃，相信命运掌握在自己手中，善于变逆境为动力，具有顽强的斗志和拼搏精神，是以耐心和毅力对待困难的人。

6. 果断、勇敢、敏捷等品质。

只有将思想目标转化为行动，才能取得成功。果断、勇敢、敏捷的行为特征能使创业者抓住每一次机会，使自己一步步迈向成功。

7. 专业职业能力。

专业职业能力是人们从事某一特定社会职业所必须具备的本领，也是维持生存、谋求发展的基本生活手段。具备了一定的专业、职业能力才有可能从事该专业、该职业的社会实践活动，而专业、职业能力的高低则直接影响着社会实践活动的效率和成败。

8. 经营管理能力。

经营管理能力是一种人、财、物、时间、空间的合理组合、科学运筹和优化配置的心理能量的显示，在较高的层次上决定着社会实践活动的效率和成败，因此是一种较高层次的创业能力。

9. 综合性能力。

综合性能力，包括发现机会、把握机会、利用机会、创造机会的能力，收集信息、处理加工信息、综合利用信息的能力，适应变化、利用变化、驾驭变化的能力，非常规性的决策和用人的能力，交往、公关、社会活动能力，等等，是一种社会环境和社会关系的综合开发

和运筹的能力，在更高的层次上影响着社会实践活动的效率和成败，

是一种最高层次的创业能力。

创业的基本程序

创业的基本程序大致可划分为以下5个步骤：

1. 选定创业项目。

选定一个好的创业项目是创业成功的前提和基础。创业者需要在考察创业环境、发现创业机会并对其进行分析的基础上，选定一个较好的创业项目。选择创业项目，不仅要根据自身的兴趣、特长、实力，而且要对拟选行业的熟悉程度、能够承受风险的程度、国家相关政策与法律进行全面客观的分析，尤其要善于发现市场机会，充分利用市场机会，把握未来发展趋势。

2. 拟定创业计划。

选定创业项目只是确定了创业"干什么"项目，紧接着就要决定创业"怎么干"。只有科学、周密地拟定创业计划，才能少走弯路、减少损失，提高创业成功的把握度。因为只有在事前进行详细的比较分析，并对创业过程有全盘的规划与了解，必然有助于降低创业的风险，增加创业者的行动决心。

3. 筹集创业资金。

创业必须有一定的资金，否则，创业活动就无法开展，所谓"巧妇难为无米之炊"。如查想创业又缺乏资金，筹集创业启动资金就成为创业者必须解决的一个极其重要的问题。

4. 办理相关法律手续。

创业者设立企业从事经营活动必须按照有关法律法规要求办理相关手续方能开业，其项目主要包括办理工商登记注册手续、税务登记手续及银行开户手续等。与此同时，企业还需要了解《税法》、《财务制度》、《劳动法》、《合同法》、《担保法》、《票据法》、《企业登记管理条例》、《公司登记管理条例》以及涉及社会保险问题、知识产权问题等的一些法规、规章。

5.创业计划的实施与管理。

在完成了前四个步骤的工作后,创业者就可按照拟定的创业计划组织调配人、财、物等资源,实施创业计划并加强管理,进入新创企业经营管理及成长阶段。如果说前四个步骤是创业活动的准备阶段,那么这一步骤就是创业活动的实施阶段。它既是创业活动的重点,又是创业活动的难点。这一阶段的工作光有吃苦耐劳、不屈不挠的精神是不够的,更要求创业者讲究工作方法,运用正确的经营管理策略,才有可能实现创业目标。

自主创业应注意的事项

自主创业要注意以下几点:

1.不要瞻前顾后。

既然要自主创业,就不要前怕狼后怕虎。只有放开手脚,才能让自己的才能充分展示,成就自己的一番事业。

2.不要徘徊观望。

自主创业要善于抓住机会,善于创造机会,徘徊观望只会延误最佳时机。

3.不要弄虚作假。

依法经营、诚实守信是自主创业的根本,弄虚作假则是自主创业的大忌。耍点小聪明,或许可以贪得一时的小便宜,一旦被人识破就会得不偿失。

自主创业的资金筹备

创业资金是创业成功的必要保证,也是决定创业规模的重要因素。所以,创业者在进行创业前要筹集到一定数量的资金。筹集创业资金的方法一般有以下几种:

1.靠自己的储蓄积累个人资金。这笔资金越充足越好,但也不要把储蓄全部投入,毕竟创业有风险,留条后路总比血本无归好。可以先从小规模做起，积累了经验以后再想着做大发展。

2. 与别人合伙经营。自己的资金很少时，可以找信任度高的合伙人共同经营，共同解决资金问题。

3. 向亲友借钱。在自己资金紧张的情况下，可以向父母、兄弟姐妹、亲友筹集资金，在一般情况下，他们都会支持，给予经济帮助。通过这种方式筹集资金，最好也能签订借条，注明归还期限。

4. 银行贷款。只有投资报酬率高于贷款利率时才适合采用这种筹集资金的方式。分为民间贷款和银行贷款。

（1）民间贷款。在民间私人借款时，必须到公证处进行公证，以取得合法的法律效用，其具体手续如下：

双方写出书面合同，将借款的理由、金额、借款时间长短、年利率、还款的方式等内容注明，并注明借款人和出借人的姓名并盖章。

双方共同到公证处进行合同公证，以取得法律效应。

注意，目前社会上的高利贷还债条件苛刻，一定要谨慎，不要上当受骗。

（2）银行贷款。可根据自己的需要来选择临时贷款，短期贷款还是中长期贷款。

5. 风险投资。缺少资金的创业者还可以将自己的创业计划提供给风险投资公司或投资者，如果得到他们的认可，就可以得到他们的资助。由于中国的风险投资还处于初始阶段，这种方式筹集资金相对来说较难。

自主创业要选准行业

很多人创业是迫于生存的压力，希望多赚点钱，过上较好的生活，为了创业而创业，而对于创业方向、对于进入什么行业、以什么模式盈利，都是一片茫然。结果在选择创业行业时，只好随波逐流，别人干什么自己也跟着干什么；或者，自己感觉想干什么就干什么。这是一种非常盲目、风险很大的行为。

在刚开始创业之前，一定要有明确的创业方向，选定创业项目。假如选择了某一个行业，创业前一定要介入这个行业。也就是说，可以先通过在公司打工，积累一些创业项目的要素。比如，行业政策、生产技术、销售渠道、固定客户等。有很多创业成功者，都是先打工做业务，一旦有了客户，有了订单，创业项目自然变得容易多了。

自主创业要制定切实可行的计划

一个好的创业计划可以有效地指导创业活动，提高成功的概率。选准行业后，一定要做出切实可行的计划，然后严格执行，并根据实际情况随时做出合理的调整，使计划更加完善。

创业计划可以以书面形式写在创业计划书里。撰写创业计划的主要目的，一是为创业者自己提供一份创业活动蓝图，使创业活动有条不紊地进行；二是为投资人或贷款人提供决策依据，借以筹集资金。创业计划的撰写要紧扣其目的，否则，没有目标或偏离目标都不会收到预期效果。

所以制定创业计划应遵循以下几个原则：

1. 市场导向原则。

创业计划书应以市场导向的观点来撰写，要充分显示对于市场现状的掌握与未来发展的预测，要明确指出企业的市场机会和竞争威胁，同时要说明市场需求分析所依据的调查方法与事实证据等。

2. 客观性原则。

创业计划中的一切数字和分析要尽量客观、准确，要尽量用实际资料作证，切忌主观臆断的估计。

3. 一致性原则。

是指创业计划书前后的基本假设和预估要相互呼应，保持一致，也就是说前后逻辑要合理，不能自相矛盾。

4. 实施便利原则。

创业计划是创业者拟定的创业行动蓝图，因此，它必须具有很强的可操作性，以便于实施，达到"按图索骥"的效果。

5. 呈现竞争优势原则。

撰写创业计划书的重要目的之一是为投资人或贷款人提供决策依据，借以筹集资金。因此，整份创业计划书要呈现出具体的竞争优势，并明确指出投资者可望获得的报酬，具有说服力。

自主创业应做好的心理准备

在创业过程中，对很多预想不到的问题和挫折要有思想准备。自主创业有成功也有失败，并不是每一个人都适合自主创业。既要有成功的期盼，也要有遇到失败和挫折的预备方案，用平和心态面对创业初期坐"冷板凳"的可能。要有良好的心理承受能力和风险意识，还要有破除畏难情绪。创业要有风险意识，要有应对风险的措施；但不要有害怕意识，遇事怕字当头，必将一事无成。

个体工商户的特点和经营范围

1. 个体工商户具有以下特点：

（1）业主是一个人或家庭；无资本数量限制。

（2）业主只需有相应的经营资金和经营场所即可。

（3）资产属于私人所有，个体工商者既是所有者，又是劳动者和管理者。个体工商户可以根据经营情况请几个帮手，有技术的个体工商户可以带几个学徒。

（4）利润归个人或家庭所有；由个人经营的，以其个人资产对企业债务承担无限责任；由家庭经营的，以家庭财产承担无限责任。

2. 《城乡个体工商户管理暂行条例》第二条、第三条规定，个体工商户可以在国家法律和政策允许的范围内，经营工业、手工业、建筑业、交通运输业、商业、饮食业、服务业、修理业及其他行业。

个体工商户的登记与注销

根据2004年8月1日开始实行的《个体工商户登记程序规定》："申请个体工商户变更登记,应当提交变更登记申请书;申请经营场所变更的,应当提交新经营场所证明以及国家法律、法规规定提交的其他文件。申请个体工商户注销登记,应当提交申请人签署的个体工商户注销登记申请书以及国家法律、法规规定提交的其他文件。"

个体工商户注册登记需要交少量的注册登记费。国家物价局、财政部《关于发布工商行政管理系统行政事业性收费项目和标准的通知》规定,个体工商户登记收费标准如下:个体工商户开业登记费为每户20元,发放营业执照,不另收费;以后每4年重新登记、换发营业执照一次,收费20元;个体工商户自愿领取营业执照副本的,每个收取成本费3元;申请变更登记,每次登记收费10元。

个体工商户应遵守的管理规定

个体工商户应当按照税务机关的规定办理税务登记、建立账簿和申报纳税,不得漏税、偷税、抗税。个体工商户按规定请帮手、带学徒应当签订书面合同,约定双方的权利和义务,规定劳动报酬,劳动保护、福利待遇、合同期限等事项,所签合同受国家法律保护,不得随意违反。从事关系到人身健康、生命安全等行业的个体工商户,必须为其帮手、学徒投保。

个体工商户不得从事的经济活动

个体工商户应当遵守国家法律和政策的规定自觉维护市场秩序,遵守职业道德,从事正当经营,不得从事下列活动:

1投机诈骗，走私贩私；2欺行霸市，哄抬物价，强买强卖。3.偷工减料，以次充好，短尺少秤，掺杂使假；4.出售不符合卫生标准的、有害人身健康的食品；5.生产或者销售毒品、假商品、冒牌商品；6.出售反动、荒诞、诲淫诲盗的书刊、画片、音像制品；7.法律和政策不允许的其他生产经营活动。

设立个人独资企业应具备的条件

设立个人独资企业应具备如下几个条件：

1.投资人为一个自然人。

2.有合法的企业名称。

3.有投资人申报的出资。

4.有固定的生产经营场所和必要的生产经营条件。

5.有必要的从业人员。

设立合伙企业应具备的条件

设立合伙企业应当具备下列条件：

1.有两个以上合伙人。并且都是依法承担无限责任者。

2.有书面合伙协议。

3.有各合伙人实际缴付的出资。

4.有合伙企业的名称。

5.有经营场所和从事合伙经营的必要条件。

有限责任公司的特点

有限责任公司的特点有：

1.有限责任公司是企业法人，公司的股东以其认缴的出资额为限对公司承担责任，公司以其全部财产对公司的债务承担责任。

2.股东人数为50个以下。

3.有限责任公司是合资公司，但同时具有较强的人合因素。公司股东人数有限，一般相互认识，具有一定程度的信任感，其股份转让受到一定限制，向股东以外的人转让股份须得到其他股东的同意。

4.有限责任公司不能向社会公开募集资本，不能发行股票。

5.有限责任公司设立条件相对股份有限公司而言较为简单和灵活。

适合返家乡创业的对象

一些农民工朋友经过长期在外的历练和"打工大学"的锻造，掌握了外部的市场信息，接受了先进的科技文化，学到了新的经营理念，最终返回到自己家乡创业。

他们要么是不甘心长期在外打工，希望有自己的产业，想自己当老板。有的在外出打工之前就已具备创业愿望，外出打工的主要目的是积累经验、技术和获取市场信息。

他们要么是因为长期离家在外，对留在家乡的老人和小孩不放心，随着年龄的增长，在"叶落归根"的心理驱使下，返乡谋求发展的愿望更为强烈。

他们要么是想利用家乡的人脉关系，以便于创业，毕竟农民工对家乡的情况更为熟悉。

他们要么是因为在外积累资金较多，甚至在外地已有产业，为有效利用剩余资金、扩大生产规模，选择到土地、劳力成本较低的家乡发展。

绝大多数返乡创业的农民工具有经济头脑，他们将发达地区的新观念、新思想、新思维带回了家乡，有力地推动了当地的生产发展和乡风文明。

他们立足家乡资源优势、环境优势、人文优势干事创业，在发展壮大自己、实现自我价值的同时，为地方产业升级贡献了力量。

他们最现实，最直接，最明显的贡献是不仅自己致富，更重要的是吸纳本地农村劳动力转移就业。促进了地方民营经济的发展，增加了地方财政的税源，壮大了县域经济。

返乡创业适合的创业类型

所以农民工返乡创业，是受到当地政府鼓励的行为。当地政府采取一些鼓励政策来鼓励农民工返乡创业。一般来说，农民工返乡创业适合的创业类型包括：

1. 发展现代农业，兴办规模种植、养殖业，农产品加工业，发展农业产业化龙头企业。

2. 发挥自己的技能、资本或技术优势，兴办农村个体私营企业，大力发展劳动密集型产业或农村服务业。

3. 利用在城市或大中型企业工作过的经验和技术，抓住规模企业产业链条向前和向后延伸的机遇，积极发展为大中型企业服务的和配件配套的中小型企业。

《国务院关于解决农民工问题的若干意见》的主要内容

为统筹城乡发展，保障农民工合法权益，改善农民工就业环境，引导农村富余劳动力合理有序转移，推动全面建设小康社会进程，2006年1月21日，党中央国务院印发了《国务院关于解决农民工问题的若干意见》（以下简称《意见》）。主要内容包括：

抓紧解决农民工工资偏低和拖欠问题。

《意见》指出：建立各地建立农民工工资支付保障制度；各地要严格执行最低工资制度，合理确定并适时调整最低工资标准，制定和推行小时最低工资标准。

依法规范农民工劳动管理。

《意见》指出：所有用人单位招用农民工都必须依法订立并履行劳动合同，建立权责明确的劳动关系；各地要严格执行国家职业安全和劳动保护规程及标准；用人单位要依法保护女工的特殊权益。

搞好农民工就业服务和培训。

《意见》指出：统筹城乡就业，改革城乡分割的就业管理体制，建立城乡统一、平等竞争的劳动力市场，为城乡劳动者提供平等的就业机会和服务；各级人民政府要建立健全县乡公共就业服务网络，为农民转移就业提供服务；各地要大力开展农民工职业技能培训和引导性培训，提高农民转移就业能力和外出适应能力。

积极稳妥地解决农民工社会保障问题。

《意见》指出：根据农民工最紧迫的社会保障需求，坚持分类指导、稳步推进，优先解决工伤保险和大病医疗保障问题，逐步解决养老保障问题；各地要认真贯彻落实《工伤保险条例》。

切实为农民工提供相关公共服务。

《意见》指出：输入地政府要转变思想观念和管理方式，对农民工实行属地管理；输入地要加强农民工疾病预防控制工作，强化对农民工健康教育和聚居地的疾病监测，落实国家关于特定传染病的免费治疗政策；招用农民工数量较多的企业，在符合规划的前提下，可在依法取得的企业用地范围内建设农民工集体宿舍。

健全维护农民工权益的保障机制。

《意见》指出：招用农民工的单位，职工代表大会要有农民工代表，保障农民工参与企业民主管理权利；逐步地、有条件地解决长期在城市就业和居住农民工的户籍问题；各地不得以农民进城务工为由收回承包地，纠正违法收回农民工承包地的行为；健全农民工维权举报投诉制度，有关部门要认真受理农民工举报投诉并及时调查处理。

国家要求取消针对农民工进城就业的不合理收费的内容

国家要求取消针对农民工进城就业的不合理收费，如暂住费、暂住（流动）人口管理费、计划生育管理费、城市增容费、劳动力调节费、外地务工经商人员管理服务费和外地（外省）建筑（施工）企业管理费等，严禁越权对农民工设立行政事业性收费项目，防止变换手法向农民工乱收费。

有关部门在办理农民进城务工就业和企业用工手续时，除按照国家有关规定收取证书工本费外，不得收取其他费用。证书工本费最高不得超过5元。

有关部门和组织为外出或外来务工人员提供经营性服务的收费必须符合"自愿、有偿"的原则。

维护农民工合法权益的相关政策

国家要求建立农民工工资支付保障制度。用人单位不得以任何名目克扣和拖欠农民工工资。各级政府和劳动保障、建设等部门要加大工作力度，严肃查处克扣、拖欠农民工工资的违法行为。同时，落实最低工资制度。

国家要求严格执行劳动合同制度，用人单位必须依法与农民工签订劳动合同。变更劳动合同，应遵循平等自愿、协商一致的原则，不得违反法律规定。

加大维权执法力度。对重点行业加强监察执法，严厉查处随意延长工时、克扣工资、使用童工以及劳动条件恶劣等违法行为。

及时处理农民工申诉的劳动争议案件，并视情况减免应由农民工本人负担的仲裁费用。

大中城市开通"12333"劳动保障电话咨询服务，做好对农民工的咨询服务工作。

对农民工开展相应的法律援助支持工会组织依法维护农民工的权益。

我国鼓励创业投资的配套政策

我国制定的鼓励创业投资加快发展的配套政策有：

1. 税收优惠政策，即在企业所得税税率、应纳税所得额等方面给予优惠。

2. 建立创业风险引导基金，引导社会资金投资。

3. 拓宽资金渠道。

4. 发展区域性产权交易市场。

吉林省鼓励自主创业的政策

为扶持农民自主创业，省政府2009年出台了《关于促进全民创业的若干政策》（吉政发〔2009〕4号），文件明确规定：鼓励农村劳动力进入省内城镇创业。

《吉林省鼓励农民进城务工就业若干规定》强调：农民进城从事个体工商业经营的，工商行政管理部门凭居民身份证，优先为其办理营业执照，政府有关部门除可以按照法律、法规的规定收取工本费外，法律、法规规定收取的其他费用自开业之日起免收1年，其他收费一律免除。

《吉林省鼓励农民进城务工就业若干规定》强调：农民进城开办托儿所、婚姻介绍所、福利院等社区服务机构的，3年内免征营业税；从事托儿所服务的免征土地使用税。

吉林省促进返乡创业的扶持政策

为扶持农民自主创业，省政府2009年出台了《关于促进全民创业的若干政策》（吉政发〔2009〕4号），文件明确规定：鼓励农民工返乡创业和农村劳动力就地就近从事二三产业创业，相应减免税费。

省人力资源和社会保障厅出台了《进一步完善小额担保贷款管理推动

创业带动就业的若干政策（试行）》。政策规定：吉林省辖区内，年满18周岁，户籍仍在农村，进城务工后返乡创业的农村劳动者和就地就近从事二三产业的农民，可以到所在县（市区）小额贷款担保机构申请享受不超过5万元的小额担保贷款扶持。

同时，有关部门也在不断研究城市化建设进程中户籍改革、土地承包经营权流转、养老保险接续及医疗保险问题，进一步强化了农民工自主创业的政策扶持力度，推动了农民工创业的不断发展。政策规定：吉林籍年满18周岁，户籍仍在农村的劳动力，进入省内城镇自主创业的，可享受当年实际缴纳社会保险费数额的50%的社会保险补贴，补贴期限最长不超过3年。

吉林省政府还采取了一系列措施，鼓励扶持农民工创业，在全省创造宽松的创业环境，建立完善的政策体系，提供优质的创业服务，提出了一整套政策措施。

1. 创建农民工返乡创业基地。截止2010年7月末，全省已创建农民工返乡创业基地86个，其中省级示范基地15个。

2. 为提高农民工返乡创业技能，全面实施农村劳动力技能培训计划，

国家帮助农民工提高返乡创业技能采取的措施

为提高农民工返乡创业技能，全面实施农村劳动力技能培训计划，并纳入各级政府目标责任制。

为扩大农民工培训政策惠及面，印发0.8亿元农村劳动力技能培训券，提高培训补贴标准。人社部门坚持利用农闲时间，组织农民工进行劳动技能培训，确保每个有就业愿望的农民工每年能够享受一次免费培训的机会。

在全省各行政村的"农村党员远程教育网"上开展农村劳动力技能培训，农民自愿参加、自主选择所学专业（工种），主要利用农闲季节和早晚时间上网学习，采取政府购买培训成果的方式，对获得《职业资格证书》的农民给予相应的补助。

从事个体经营享受优惠政策的对象

从事个体经营享受优惠政策的人员的范围包括：

国有企业下岗失业人员、国有企业关闭破产需要安置的人员、城镇集体企业离岗和失业人员享受城市最低生活保障并且失业一年以上的城镇其他登记失业人员并领取《下岗再就业优惠证》的。

此外，城镇复员、转业、退役军人自谋职业的、高校毕业生自毕业后两年内从事个体经营的。可享受免收工商户注册登记费、个体工商管理费、集贸市场管理费、经济合同示范文本工本费四项费用。

从事个体经营的下岗失业人员可享受的优惠政策

《财政部、国家税务总局关于下岗失业人员再就业有关税收政策问题的通知》规定，对下岗失业人员从事个体经营（除建筑业、娱乐业以及广告业、桑拿、按摩、网吧、氧吧外）的，自领取税务登记证之日起，该企业3年内免征营业税、城市维护建设税、教育费附加和个人所得税。

从事个体经营的下岗人员，可持《再就业优惠证》及税务机关规定的有关材料，向其当地主管税务机关申请减免有关税收的政策。具体办法按《财政部、国家税务总局下岗失业人员再就业有关税收政策的通知》、《国家税务总局、劳动和社会保障部关于促进下岗失业人员再就业有关税收政策具体实施意见的通知》执行。

下岗失业人员从事个体经营减免税的申请

下岗失业人员从事个体经营的，领取税务登记证后，可持下列材料向其当地主管税务机关申请减免税。

1.营业执照副本。

2.税务登记证副本。

3.《再就业优惠证》。

4.主管税务机关要求的其他材料。

经县级以上税务机关审核同意后，下岗失业人员可到当地主管税务机关办理营业税、城市维护建设税、教育费附加和个人所得税的减免手续。

享受国家再就业扶持政策的对象

1.具有劳动能力、并有就业愿望的下列人员（以下简称下岗失业人员）再就业可享受再就业扶持政策：

（1）国有、集体企业下岗失业人员，包括：协议期满出中心、但未与原企业解除劳动关系，且仍未再就业的国有、集体企业下岗职工；曾经是国有、集体企业职工的失业人员；协议保留社会保险关系的人员。

（2）国有、集体企业关闭破产需要安置的人员，包括：国有、集体企业关闭破产或改制时领取一次性安置费仍未再就业的人员；事业单位改制为企业的失业人员。

（3）享受最低生活保障、并且失业1年以上的城镇其他失业人员。

（4）城镇失业人员中的就业困难人员，包括："4050"人员，即截止2007年底女40周岁以上、男50周岁以上的下岗失业人员；夫妻双方均下岗失业的人员；单亲家庭下岗失业的人员；特困职工家庭有就业能力和就业愿望的人员；有就业能力和就业愿望的残疾人员；"零就业家庭"的人员等。

2.具有劳动能力、并有就业愿望的下列人员就业可享受有关就业扶持政策：

（1）城镇复员转业退役军人。

（2）未能继续升学的初高中毕业生。

（3）大中专（技）毕业生。

（4）城镇登记失业人员。

（5）进城务工的农村劳动者。

3.就业困难的被征地农民就业可享受就业再就业扶持政策。

对被征地农民在法定劳动年龄内有劳动能力和就业要求但未能就业的，视同城镇登记失业人员，发给《就业登记证》，凭《就业登记证》享受城镇登记失业人员的就业扶持政策；对城市规划区范围内就业困难的被征地农民，视同城镇下岗失业人员，发给《再就业优惠证》，凭《再就业优惠证》享受城镇下岗失业人员再就业扶持政策。就业困难的被征地农民的界定及城市规划区范围外就业困难的被征地农民的就业扶持政策由各市确定。

4.下列单位可享受就业再就业扶持政策：

（1）吸纳持《再就业优惠证》人员（以下简称持证人员）就业的商贸企业、服务型企业（除广告业、房屋中介、典当、桑拿、按摩、氧吧外，下同）、劳动就业服务企业中的加工型企业和街道社区具有加工性质的小型企业实体招用持证人员。

（2）国有大中型企业通过主辅分离和辅业转制分流安置本企业富余人员兴办的经济实体（从事金融保险业、邮电通讯业、娱乐业以及销售不动产、转让土地使用权，服务型企业中的广告业、桑拿、按摩、氧吧，建筑业中从事工程总承包的除外，下同）。

（3）吸纳持证人员的劳务派遣企业。

（4）劳动就业服务企业。

（5）提供免费服务的各类具备资质条件的职业培训、职业介绍和职业鉴定机构。

（6）吸纳就业困难人员就业的各类用人单位。

（7）劳动密集型小企业。

有关大学生自主创业的优惠政策

1.企业注册登记方面。

（1）程序更简化。

凡高校毕业生（毕业后两年内，下同）申请从事个体经营或申办私营企业的，可通过各级工商部门注册大厅"绿色通道"优先登记注册。其经营范围除国家明令禁止的行业和商品外，一律放开核准经营。对限制性、专项性经营项目，允许其边申请边补办专项审批手续。对在科技园区、高新技术园区、经济技术开发区等经济特区申请设立个体私营企业的，特事特办，除了涉及必须前置审批的项目外，试行"承诺登记制"。申请人提交登记申请书、验资报告等主要登记材料，可先予颁发营业执照，让其在3个月内按规定补齐相关材料。凡申请设立有限责任公司，以高校毕业生的人力资本、智力成果、工业产权、非专利技术等无形资产作为投资的，允许抵充40%的注册资本。

（2）减免各类费用。

除国家限制的行业外，工商部门自批准其经营之日起1年内免收其个体工商户登记费（包括注册登记、变更登记、补照费）、个体工商户管理费和各种证书费。对参加个体私营企业协会的，免收其1年会员费。对高校毕业生申办高新技术企业（含有限责任公司）的，其注册资本最低限额为10万元，如资金确有困难，允许其分期到位；申请的名称可以"高新技术""新技术""高科技"作为行业予以核准。高校毕业生从事社区服务等活动的，经居委会报所在地工商行政管理机关备案后，1年内免予办理工商注册登记，免收各项工商管理费用。大学毕业生在办理自主创业的有关手续时，除带齐规定的材料，提出有关申请外，还要带上大学毕业生就业推荐表、毕业证书等有关资料。

（3）金融贷款更优惠。

优先贷款支持、适当发放信用贷款。国家要求加大高校毕业生自主创业贷款支持力度，对于能提供有效资产抵（质）押或优质客户担保的，金融机构优先给予信贷支持。对高校毕业生创业贷款，可由高校毕业生为借款主体，担保方可由其家庭或直系亲属家庭成员的稳定收入或有效资产提供相应的联合担保。对于资信良好、还款有保障的，在风险可控的基础上适当发放信用贷款。

　　简化贷款手续。通过简化贷款手续，合理确定授信贷款额度，在一定期限内周转使用。

　　利率优惠。对创业贷款给予一定的优惠利率扶持，视贷款风险度不同，在法定贷款利率基础上可适当下浮或稍上浮。

　　2.税收缴纳方面。

　　凡高校毕业生从事个体经营的，自工商部门批准其经营之日起1年内免交税务登记证工本费。新办的城镇劳动就业服务企业（国家限制的行业除外），当年安置待业人员（含已办理失业登记的高校毕业生，下同）超过企业从业人员总数60%的，经主管税务机关批准，可免纳所得税3年。劳动就业服务企业免税期满后，当年新安置待业人员占企业原从业人员总数30%以上的，经主管税务机关批准，可减半缴纳所得税2年。

　　3.企业运营方面。

　　（1）员工聘请和培训享受减免费优惠。对大学毕业生自主创办的企业，自工商部门批准其经营之日起1年内，可在政府人事、劳动保障行政部门所属的人才中介服务机构和公共职业介绍机构的网站免费查询。

　　（2）人事档案管理免两年费用。对自主创业的高校毕业生，政府人事行政部门所属的人才中介服务机构免费为其保管人事档案（包括代办社保、职称、档案工资等有关手续）2年。

　　（3）社会保险参保有单独渠道。高校毕业生从事自主创业的，可在各级社会保险经办机构设立的个人缴费窗口办理社会保险参保手续。

第二篇

居 家 生 活

找到正当的房屋出租信息

在城市租房的过程中，难免会遇很多问题。为了能租到合适的房子，住得安心、舒心，需注意获取正当房屋出租信息。获取正当房屋出租信息的途径大致有四个：

1. 通过房屋中介。现在城市中经营房屋的中介有很多，给我们带来便利的同时也会带来一些风险，所以选择中介时一定要慎重，一定要查看其营业执照，确保合法性。

2. 通过熟人打听。所找的熟人一定要可靠，不能随便相信陌生人提供的信息。

3. 看租房广告。当地的报纸经常会刊登一些租房信息，需要租房时多看一下当地的报纸，如果会使用电脑，可以在网络上搜索自己理想中的住房。

4. 到小区居委会咨询。虽然有的时候小区没有贴出广告，但里面经常会有房屋出租。

租房需要注意的问题

1. 在租房之前，多了解一下当地的地理位置和租赁市场情况。如自己想要租房所在位置的周围环境如何，周围的价位如何，有哪些公共交通设施等。

2. 问自己是房子的位置最重要还是价格最重要，如果找不到满意的房子，可以考虑交通便利但位置相对较远的房子。

3. 在陌生的城市找房子，最好通过中介机构。因为中介机构可以提供非常完备的租赁合同，有利于保护租房人的合法权益。但是在选择中介公司的时候，也要事先了解一下中介公司的可靠度和信誉度，再决定是否可以委托。通过中介租赁房屋，应该先查看中介的营业执照。

4. 租房时要考虑清楚自己的实际需要，勿"贪大"、"贪新"。同样区域的一套商品房一居的租金基本相当于周围公房的两居租金，所以可以考虑一些有装修的老公房。

5. 看房时，可以放大一些房屋的缺点，比如楼层高、装修旧等作为议价的条件。尽量避免与几个客户同时看一套房子，因为这样容易出现竞价而提高租金的情况。

6. 租房子一定要签合同。签约之前，应该要求房东提供房产证、身份证，必要时需要有户口本等证件的原件，以防受骗。

7. 入住前应该在房东的陪同下检查房屋设施、家具、电器等，确保这些东西完好无损。如果不是完好无损的，应该在合同里注明。合同尽量详细一点，不要怕麻烦。当时麻烦一点，日后会省很多麻烦。

8. 在合同中说明自然消耗的物品该由谁出钱置换。比如日光灯管，用坏了谁负责出钱换。

9. 付款方式所谓"付3押1"是指第一次交房租一次性交4个月的，其中1个月的房租作为押金。一次性交纳的费用越少越好。

房屋租赁合同的主要内容

1. 标的条款。

应明确出租房屋及其附属设施的位置、类别、结构、面积等；如仅出租一部分，还应说明承租人专用部分和共用部分。必要时，应以图表加以标明。

2. 租金条款。

应明确租金标准、计算方法、支付方式和期限。城市住宅用房租金，应当执行国家和房屋所在地城市人民政府规定的租赁政策；租用房屋从事生产、经营活动的，由租赁双方协商议定租赁金额；以营利为目的，房屋所有权人将以划拨方式取得使用权的国有土地上建成的房屋出租的，应将租金中所含土地收益上交国家。

3. 租期条款。

通常应明确租赁始期和终期。

4. 房屋使用、养护条款。

应明确房屋用途和双方当事人的维修保养义务。

5. 违约责任条款。

应明确规定解除合同、违约金、赔偿损失等责任的承担。

6. 当事人约定的其他内容。

7. 违约责任。

8. 签字。

房主与租房人应履行的义务

租房人与房主是租赁合同的当事人，假定房主为甲方，租房人为乙方。

1. 甲方应履行以下义务：

（1）甲方须按时将出租房屋和附属设施以良好的状态交给乙方使用。

（2）房屋及附属设施如非乙方的过失而不能使用时，甲方有及时修缮的责任并承担相关的费用。

（3）甲方对房屋和设施进行维修保养须提前10天通知乙方。

（4）甲方应保证所出租房屋权属清楚，并提交产权证明复印件、出租证复印件以及产权共有人同意出租的签名。

（5）租赁期内甲方不得收回房屋，如确需收回房屋，必须提前30天通知乙方解除合同，并退还乙方未满期内的租金。

2. 乙方应履行以下义务：

（1）乙方在租赁期内保证在该租赁房屋内的所有活动均合乎法律及该地点管理规定，不做任何违法之事。

（2）乙方应按合同的规定，按时支付租金及其他各项费用。

（3）未经甲方同意，乙方不能改变租赁房屋的结构和装修，不得擅自改变房屋的使用性质，如因乙方的过失或者过错使房屋设施受到损坏，乙方应负责赔偿。

（4）乙方应按合同约定合法使用租赁房屋，不得存放危险物品及国家明文规定的不合法之物品，如因此发生损害和损失，乙方应承担全部责任。

租房入住后应注意的问题

租房入住后应注意以下事项：

1.入住后如果自己添加设施，比如不得不用房东的名义自己花钱安装ADSL（一般电话是房东的），一定要立下字据说明。经济允许的话，建议自己安装电话，而不要使用房东原来的电话，这样可以省去很多麻烦。

2.如果你打算搬走了，房东可能会尽一切可能不归还或者少归还你的押金。可能会用的招数有：如果当初房东给了你2套钥匙，如果你丢了一套，那么房东可能借这个原因不给你退或少退押金；房东那个本来就破烂不堪的洗衣机的脱水桶忽然不转了，房东可能要扣修理费，这一扣可能就把押金扣完了，虽然你的押金能买1台洗衣机……总之，不要让房东挑出你的毛病就好了。

3.不管是入住还是搬走，都要事先把水表电表抄下来，不然你搬走后立刻有人住进来，房东多半会从你的押金里扣费用。

4.搬家时如果有旧衣服、旧衣柜什么的、酒瓶塑料瓶等杂物。千万不要留下，房东会认为是在帮你收拾垃圾而扣押金。你应该把那些东西送给或卖给楼下收废品的。如果没有收废品的，就放在垃圾桶旁边。

租来的房子想转租注意事项

由于工作的变动等原因，房屋转租现象并不少见。转租即由房屋承租人在房屋租赁关系存续期间将租赁房屋再次出租给第三人，从而在原有的房屋出租人与承租人之间的租赁关系基础之上增添了承租人与次承租人之间的转租关系。根据合同法及房屋租赁的相关法律法规，承租人在转租房屋的时候应当注意以下三点：

1.须获得出租人的书面同意。出租人将租赁房屋进行转租的行为必须先行获得出租人的书面同意，否则即构成无权处分行为，其转租行为的有效还是无效就处于待定状态，只有取得出租人的事后同意或者租赁房屋的所有权，该转租行为才能被认定为有效。

2.转租期限一般不得超过原租赁期限。转租行为既以原出租行为为基础，故而受其约束，主要表现为承租人与次承租人之间的转租合同约定的租赁期间不得超过出租人与承租人之间的原有租赁合同约定的租赁期间，此为一般性原则。其例外只能是出租人与承租人、次承租人三方对延长租赁期限达成协议。

3.承租人不退出租赁关系，既享有承担原租赁合同中的承租人权利义务，也享有承担新转租合同中的出租人权利义务。当然，这一注意事项也可以因出租人、承租人、次承租人三方进行协商后予以变更。

4.转租人需要交清房租。

住集体宿舍应注意的问题

在一些大城市，由于租房很贵，如果所务工的单位有集体宿舍，可以考虑住集体宿舍，住集体宿舍应注意哪些问题呢？

1.住集体宿舍不仅要搞好公共卫生，也要注意个人卫生，以便给别人也给自己营造一个良好的休息环境。

2.不乱翻别人的私有东西。洁身自好，不拿别人的东西据为己有。

3.因为在一起住的人多，所以什么样的人都会有，为安全起见，要把自己的财物保管好。

4.要同室友搞好关系，和睦相处。

与别人合租房屋应注意的问题

如果单位没有集体宿舍，也可以考虑与别人合租。合租方式有单间合租及床位合租两种。单间合租即每人或每家庭居住一个独立的房间，多见于居民小区；床位合租即几个人（同性）居住同一间房间，采用大学生宿舍形式。两种合租形式各有优缺点，单间合租私密、自由，但费用较高；床位合租费用较低，但相对缺少私密空间。与别人合租房屋应注意的问题：

1. 要明白在一起合租，最容易出问题的地方就是经济，所以在一开始就要谈好，所谓亲兄弟明算账，事先把要摊的费用怎么摊讲清楚，有必要就用书面形式写下来。

2. 如果和不熟悉的人合租，最好不要人多，两个最合适，这样经济上面就容易清算。

3. 与人合租，要懂得谦让，不要什么事情都斤斤计较，因为有些事情是没有办法平分的。

4. 如果从二房东（也就是一个人租下来，然后找人合租的）那租到房子，你要看他和房东签的合同，或者能证明他是把这个房子租下来的，租期还没到期，而且要记得留下对方的身份证复印件。同时，你们之间也要签一份合同，把所有的费用及分摊方法写清楚。

5. 与别人一起合租，见面要打招呼，说话要礼貌客气。

廉租房的申请条件

廉租房是指政府以租金补贴或实物配租的方式，向符合城镇居民最低生活保障标准且住房困难的家庭提供社会保障性质的住房。廉租房的分配形式以租金补贴为主，实物配租和租金减免为辅。

建设部、民政部日前联合颁布的《城镇最低收入家庭廉租住房申请、审核及退出管理办法》，将于2005年10月1日起实行。其申请条件如下：

1. 符合家庭人均收入符合当地廉租住房政策确定的收入标准。

2. 家庭人均现住房面积符合当地廉租住房政策确定的面积标准。

3. 家庭成员中至少有1人为当地非农业常住户口。

4. 家庭成员之间有法定的赡养、扶养或者抚养关系。

5. 符合当地廉租住房政策规定的其他标准。

符合此5项条件的家庭，2005年10月1日起可以申请廉租房。

申请廉租房的程序

简单来说，申请廉租住房须经过十个程序。即：申请→受理→初审→公示→复核→选房→缴存拆迁补偿安置费→公布配租结果→签约→入住。

符合租住廉租房条件的人，可依法向户口所在地街道办事处或乡镇人民政府（以下简称受理机关）提出书面申请，受理机关应当及时签署意见并将全部申请资料移交房地产行政主管部门。

除了书面申请，申请人还需提供三种材料：

1. 民政部门出具的最低生活保障、救助证明或政府认定有关部门或单位出具的收入证明。

2. 申请家庭成员所在单位或居住地街道办事处出具的现住房证明。

3. 申请家庭成员身份证和户口簿。此外，还有地方政府或房地产行政主管部门规定需要提交的其他证明材料。

街道办或者乡镇人民政府在30个工作日内对申请人相关情况进行审核；再由区、县民政部门在15个工作日内提出审核意见；之后区、县住房保障管理部门在15个工作日内进行复核并签署意见，对符合条件的申请人经公示无异议或者经复核异议不成立的，确定为廉租房保障对象。

已登记为廉租住房保障对象的孤、老、病、残等特殊困难家庭，城市居民最低生活保障家庭以及其他急需保障的家庭为优先配租对象。

吉林省关于廉租房的相关政策

吉林省针对廉租住房政策先后制定出台了《吉林省城镇低收入住房困难家庭廉租住房保障办法》《吉林省廉租住房配建实施办法》《吉林省廉租住房使用管理暂行办法》《关于加强棚户区建后管理的指导意见》《公共租赁住房管理暂行办法》《吉林省保障性住房实物配租与租赁补贴分配管理暂行办法》等政策规定建立了相关制度和工作程序，完善了监管措施，为保障性住房公平分配工作提供了强有力的政策支撑。

在政策创新上，吉林省还探索实施廉租住房"按份共有产权"，增加了保障对象的财产性收入，减轻了地方政府资金压力，扩大了住房保障面，完善了退出机制。

"廉租住房按份共有产权"是指地方政府和低收入住房困难家庭根据出资比例按份共同拥有同一套廉租住房产权。按份共有产权廉租住房实物配租坚持保障对象自愿申请的原则，由保障对象自主选择。房屋价格和产权比例由各地政府结合实际确定。当然，不具备经济条件的低保无房特困家庭也可以申请政府完全产权廉租住房。

实施"廉租住房按份共有产权"是加快解决低收入家庭住房困难问题的有效办法：

1.解决资金筹措难问题。通过按份共有产权，一定程度上缓解了地方政府财力有限、建设资金投入不足的实际问题，实现了廉租住房建设资金的良性循环。

2.扩大廉租住房保障覆盖面。在政府同等投入的情况下，可以使低收入住房困难家庭的保障户数成倍增加，使更多的困难群众享受到廉租住房保障政策。

3.增加了保障对象财产性收入。保障对象通过购买部分产权，增加了自身的财产性收入，为困难群众安居乐业创造了条件。

4.解决退出难问题。廉租住房退出问题一直是难点问题，由共有产权,到保障对象经济条件改善后的完全购买产权,既解决了低收入住房困难家庭的住房问题,又一劳永逸地解决了退出难问题。

5.解决了建后管理难问题。廉租住房的建后管理将使地方政府承担一定的压力,而且随着时间的推移,将会越来越重。通过按份共有产权,由保障对象承担廉租住房专有部分的维修和管理责任,一定程度上解决了建后管理难问题。

关于廉租房的注意事项

廉租住房所有权属当地政府所有,因此,不得买卖、赠与、继承、抵押和转让、转租。

申请人已被确定实物配租的,要与区、县住房保障管理部门签订廉租住房租赁合同,合同应当明确廉租住房情况、租金标准及支付方式、腾退住房条件及方式,以及违约责任等内容。违反合同约定取消保障资格。

廉租住房的租金由房屋维修费和管理费构成。市价格管理部门会同市住房保障管理部门核定主城区廉租住房租金标准,报市人民政府批准后执行;县价格管理部门会同县住房保障管理部门核定本县廉租住房租金标准,报县人民政府批准后执行。

对承租廉租住房的城市最低生活保障家庭,在保障面积标准内全额免收租金。

对承租廉租住房的家庭在租赁住房期间发生的水费、电费、煤气费、采暖费、物业管理费等应当由承租家庭自负,并将在租赁合同中注明。

区、县住房保障管理部门将对申请人的住房进行动态管理。被保障人享受廉租住房保障满一个年度后,由区、县住房保障部门会同民政部门、街道办事处、居委会等有关部门对其家庭人口、收入及住房等有关情况进行年度审核。符合条件的,可以办理续租手续,不符合的将退出承租的廉租住房。

购房要看开发商及物业的资质

购房是一生中的大事，选房时要慎重。

1. 看开发商的实力和信誉。了解施工单位的资格是否符合国家有关标准、规范。开发商必须符合资质等级的要求，住宅的开发建设符合国家的法律、法规和技术、经济规定以及房地产建设程序的规定。

可以通过看"五证"办法以确定开发商是否有资质：第一是《建设用地规划许可证》，第二是《建设工程规划许可证》，第三是《建设工程开工证》，第四是《国有土地使用证》，第五是《商品房预售许可证》。

了解房屋质量。

通过质量验收、质量监督机构的核验和综合验收是否达标。国家按照商品住宅性能评定方法和标准将住宅划分为由低至高"1A（A）、2A（AA）、3A（AAA）三级"，其中"3A"最好。

2. 看物业公司的资质。

入住后，需要经常与物业公司打交道，其服务态度的好坏，会影响着长期的生活质量，因此在考察开发商的同时，也要调查该小区物业资质。物业管理企业按资质等级分为一、二、三级。

（1）一级资质需具备的条件：

注册资本人民币500万元以上。

物业管理专业人员以及工程、管理、经济等相关专业类的专职管理和技术人员不少于30人。其中，具有中级以上职称的人员不少于20人，工程、财务等业务负责人具有相应专业中级以上职称。

物业管理专业人员按照国家有关规定取得职业资格证书。

建立并严格执行服务质量、服务收费等企业管理制度和标准，建立企业信用档案系统，有优良的经营管理业绩。

（2）二级资质需具备的条件：

注册资本人民币300万元以上。

物业管理专业人员以及工程、管理、经济等相关专业类的专职管理和技术人员不少于20人。其中，具有中级以上职称的人员不少于10人，工程、财务等业务负责人具有相应专业中级以上职称。

物业管理专业人员按照国家有关规定取得职业资格证书。

建立并严格执行服务质量、服务收费等企业管理制度和标准，建立企业信用档案系统，有良好的经营管理业绩。

（3）三级资质需具备的条件：

注册资本人民币50万元以上。

物业管理专业人员以及工程、管理、经济等相关专业类的专职管理和技术人员不少于10人，其中，具有中级以上职称的人员不少于5人，工程、财务等业务负责人具有相应专业中级以上职称。

物业管理专业人员按照国家有关规定取得职业资格证书。

有委托的物业管理项目。

建立并严格执行服务质量、服务收费等企业管理制度和标准，建立企业信用档案系统。

从以上对不同等级物业公司的条件要求可以看出，尽量选用有一级资质的物业才能更好地得到更好的服务。

经济适用房的申请条件

符合下列条件的，以家庭为单位可以申请购买或承租一套经济适用住房，并同时具备下列条件：

1. 申请家庭成员必须包括配偶和未成年子女，申请家庭成员之间的关系必须是夫妻或父母子女关系。

2. 所有申请家庭成员都具有本市户口，在本市工作和生活，且其中至少有1人取得本市户籍满3年。

3. 家庭收入符合市、县人民政府划定的收入线标准。

4. 家庭资产在中低收入家庭标准的6倍以下，家庭资产包括房产、汽车、有价证券、投资（含股份）、存款（含现金和借出款）。

5.无房或现住房面积低于市、县人民政府规定标准的住房困难家庭。

6.老人、严重残疾人员、患有大病人员、经济适用住房建设用地涉及的被拆迁家庭、重点工程建设涉及的被拆迁家庭、旧城改造和风貌保护涉及的外迁家庭、优抚对象和承租危房等住房困难的家庭，可优先配售。

7.市、县人民政府规定的其他条件。

申请购买经济适用房时有下列几种情况的，不能申请或参与申请购买经济适用房。

1.申请之日前五年内有购买或出售房产的。

2.通过购买商品房或作为商品房代理人落户的。

3.以投靠子女方式落户的。

4.离婚前已享受过政府住房优惠政策。

5.离婚时间不足2年的。

经济适用房的申请程序

经济适用住房是指已经列入国家计划，由城市政府组织房地产开发企业或者集资建房单位建造，以微利价向城镇中低收入家庭出售的住房。经济适用房是国家为低收入人群解决住房问题所做出的政策性安排。

申购手续这样办理：按照申请、登记、公示、审批的办法，分批次批准购买经济适用房。具体按下列程序办理：

1.申请人持本人及配偶身份证、户口本、结婚证原件及复印件，向户口所在地的区房管局申请办理经济适用住房申购登记手续，领取《经济适用住房申请审批表》。

2.申请人如实填写《经济适用住房申请审批表》并备齐所需材料，向工作单位和主管部门办理收入和住房证明（无工作单位的向居委会和街道办事处办理证明）手续后，报区房管局审核后，由区房管局上报市房管局复核。对申请人住房情况的核实由市房地产档案馆出具证明。

3.市房管局按照规定对申请人的申请材料进行复审和评分后，在相关网站上公示15天。

4.市房管局根据经济适用住房建设进度和申请人的评分情况，按批次批准购房申请，对经批准的同一批次申请人，通过公开摇号的方式，确定选房顺序。

5.申请人持批准的《经济适用住房申请审批表》和选房顺序号，向经济适用住房开发建设单位办理选房和购房手续。

按得分确定批准顺序

对符合经济适用房申请条件的申请人，由市房管局按照申请人家庭的现住房面积、落户时间以及困难情况等进行评分，以分数高低确定申购批准顺序。评分标准：

1.按现住房人均建筑面积评分：无房户计60分；4平方米以下（含4平方米）计30分；4平方米以上，6平方米以下（含6平方米）计20分；6平方米以上，12平方米（含12平方米）以下计10分。

2.按户口落户本市城区年限评分：以申请人或同户籍直系亲属中落户时间最长的进行计分，每年按1分累加，未满1年按1年计算，每户最高分为20分。集体户不记分。

3.对残疾人家庭、民政优抚家庭或市级以上劳动模范家庭，每户加20分；同时符合条件的，仍按20分加分计算。

经济适用房的买卖政策

根据国家相关规定，经适房买卖以5年为"分水岭"。

一种是已经住满5年的，另一种则是尚未住满5年的。具体时间以购房家庭取得契税完税凭证的时间或经济适用住房房屋所有权证的发证时间为准。

1. 对于已经住满5年的经济适用房，业主可以依照目前市场价格进行出售，但出售后业主需按房屋成交额的10%补交综合地价款。

2. 对于尚未住满5年的经济适用房，由于政策规定则不允许按市场价格出售。因此，确需出售此类经济适用房的业主，只能以不高于购买时的单价出售，并且只能出售给符合经济适用住房购买条件的家庭或由政府相关部门收购。

根据经济适用房买卖政策，对于未满5年出售的经适房，能否还能申请经适房呢？这里又分两种情形：

1. 按市场价格出售经济适用住房后不能再次购买经济适用住房和其他保障性质的住房。

2. 以原价出售给有购买资格的人后，原购房人仍符合经济适用住房购房条件者还可再次购买他处的经济适用住房。

以上两种的出售人都要凭契税完税证明、房屋所有证、原住房买卖合同。住房转让合同、户口及身份证明、结婚证等相关证件到其经济适用房所在区域房管局办理相关手续。

经济适用房是否可以贷款

经济适用住房的功能就是解决中低收入家庭的住房问题，需要相关政策的支持，购买经经济适用房是可以贷款的。购买经济适用住房的个人向商业银行申请个人贷款，除符合《个人住房贷款管理办法》规定外，还应当出示准予购买经济适用住房的证明。

贷款方式有：抵押贷款、质押贷款、保证贷款、抵押质押加保证贷款。

1. 申请经济适用房贷款的条件是：

（1）具有完全民事行为能力的本市行政区域内正式户口的自然人。

（2）有稳定的职业和收入，以个人的自身能力为主。

（3）信用良好，有按期偿还贷款本息的能力。

2. 经济适用房贷款流程：

（1）购房者在与开发商签订房屋认购书后，可持认购书到贷款银行申请贷款。

（2）经银行初审合格后，再到银行指定的事务所办理个人还款能力的审查，在银行初审合格后，购房者还须同时与开发商签订正式购房合同，支付首付房款，并办妥《个人收入证明》（可由其所在工作单位人事劳资部门出具），上述内容经律师审查后，由律师出具《法律意见书》。

（3）贷款人还须到银行指定的保险公司购买房屋财产保险（时间与贷款期限相同）。

（4）上述各项完成后，借款人可与银行签订借款和抵押合同，利率按照央行规定执行，随后银行将款项直接划入开发商账户中，借款人即按月开始归还借款本息。

吉林省关于经济适用房的相关政策

《吉林省政府关于解决城市低收入家庭住房困难的实施意见》规定，经济适用住房供应对象为城市低收入住房困难家庭：

1.具有当地城镇户口（含符合当地安置条件的军队人员）或城市人民政府确定的其他供应对象。

2.家庭收入符合城市人民政府划定的低收入家庭收入标准。

3.无房或现住房面积低于当地人均住房建筑面积40%以下的城市家庭。

4.没有享受过福利分房或购买过经济适用住房。符合条件的家庭，核发《经济适用住房准购通知书》。购房人持核准通知书购买一套与标准面积相对应的经济适用住房。购买原则上不得超过核准面积。购买面积在核准面积以内的，按核准的价格购买；超过核准面积的部分，不得享受政府优惠，由购房人按照同地段同类普通商品住房的价格补交差价。

符合条件的可申购一套与其享受标准面积相对应的经济适用房。新建经济适用住房建筑面积要控制在60平方米左右。

经济适用房购房人拥有有限产权。购房不满5年的，不得直接上市交易，满5年可转让，但应按届时同地段普通商品住房与经济适用住房差价的一定比例向政府交纳土地收益等价款。购房人交纳土地收益等价款后，也可取得完全产权。政府回购的，继续向符合条件的低收入住房困难家庭出售。

全额交款和贷款买房的区别

1.全款买房的优点。

（1）支出少。虽然第一次付的钱多，但从买房的总钱数来看，可以免除各种手续费、银行利息等。而且，一次性付款可以和开发商讨价还价，进一步节省购房款。目前，针对一次性付款购商品房给予一定的折扣优惠，基本上已成了楼盘统一的优惠活动，只是折扣度不同而已。

（2）流程简。全款买房，直接与开发商签订购房合同，省时方便。

（3）易出手。从投资的角度说，付全款购买的房子再出售比较方便，不必受银行贷款的约束，一旦房价上升，转手套现快，退出容易。即便不想出售，发生经济困难时，还可以向银行进行房屋抵押。

2.全款买房的缺点。

（1）压力大。一次性全款购房，对于那些经济基础较为薄弱的购房者来说，会成为一个不小的负担。

（2）变数大。选择一次性付款，各楼盘会要求购房者在预售阶段交纳所有房款，并签订《商品房买卖合同》。然而，在交易过程中，很多预售楼盘存在"五证"不全的问题。虽然销售人员承诺在一定时间段内会补齐手续，但对购房者来说，却充满了未知的变数，其中最大的问题就是"备案难"。

（3）风险大。如果开发商工程"烂尾"，那么交付了全款的购房者就有可能损失更多的利息，甚至"钱"打水漂。

3.贷款买房的优点。

（1）投入少。通过按揭贷款的方式购房，就是向银行借钱买房，不必马上花费很多钱，就可以买到自己想要的房子。

（2）资金活。从投资角度说，贷款购房者可以把资金分开投资，比如贷款买房出租，以租养贷，然后再投资其他项目，这样资金使用更灵活。

（3）风险小。按揭贷款是向银行借钱买房，除了购房者关心房子的优劣势外，银行也会对其进行审查。这样一来，购房的保险性就提高了。

4.贷款买房的缺点。

（1）债务重。如果贷款买房，购房人要负担沉重的债务，且利率不菲，这对任何人而言都不轻松。

（2）流程繁。贷款买房的一大麻烦是手续繁琐。同时，由于现在银行贷款额度紧张，审批严格，等待时间长则半年，贷款将整个购房时间拖长了不少。

（3）不易变现。因为是以房产本身抵押贷款，所以房子再出售困难，不利于购房者退市。

综合以上两种付款方式的不同，自己经济状况好的话，可以选择全款；反之，就选择贷款，以缓解当前的经济压力。

住房贷款的办理

办理个人住房贷款的整个过程大致分为三个阶段：

1.提出申请，银行调查、审批。

借款人在申请个人住房贷款时，首先应填写《个人住房贷款申请审批表》，同时须提供如下资料：

（1）借款人资料。

包括：借款人合法的身份证件。借款人经济收入证明或职业证明。有配偶借款人须提供夫妻关系证明。有共同借款人的，须提供借款人各方签订的明确共同还款责任的书面承诺。有保证人的，必须提供保证人的有关资料。

（2）所购房屋资料。

包括：借款人与开发商签订的《购买商品房合同意向书》或《商品房

销（预）售合同》。首期付款的银行存款凭条和开发商开具的首期付款的收据复印件。贷款人要求提供的其他文件或资料。

2.办妥抵押、保险等手续，银行放款。

贷款批准后，购房人应与贷款银行签订借款合同和抵押合同，并持下列资料到房屋产权所辖区房产管理部门办理抵押登记手续。

包括：购房人夫妻双方身份证、结婚证原件及复印件。借款合同、抵押合同各一份。房地产抵押申请审核登记表。全部购房合同。房地产部门所需的其他资料。

房地产管理部门办理抵押登记时间一般为15个工作日。抵押登记手续完成后，抵押人应将房地产管理部门签发的《期房抵押证明书》或《房屋他项权证》交由贷款银行保管。

3.按约每月还贷，直到还清贷款本息，撤销抵押。

借款人未按借款合同的约定按月偿还贷款，贷款银行根据中国人民银行有关规定，对逾期贷款收罚息。当发生下列任何一种情况时，贷款银行将依法处置抵押房屋。

（1）借款人在贷款期内连续6个月未偿还贷款本息的。

（2）借款合同到期后3个月未还清贷款本息的。

住房公积金的使用

住房公积金是单位及其在职职工缴存的长期住房储金，是住房分配货币化、社会化和法制化的主要形式。住房公积金制度是国家法律规定的重要的住房社会保障制度，具有强制性、互助性、保障性。

若自己单位交了住房公积金，可以申请公积金贷款来买房、租房，以减轻负债压力。

1.公积金可以提取出来，但是有条件限制，职工有下列情形之一的，可以提取职工住房公积金账户内的存储余额：

（1）购买、建造、翻建、大修自住住房的。

（2）离休、退休的。

（3）完全丧失劳动能力，并与单位终止劳动关系的。

（4）出境定居的。

（5）偿还购房贷款本息的。

（6）房租超出家庭工资收入的规定比例的。

2. 公积金贷款的申请。

先要确定贷多少，然后需要到你公积金账户的银行查一下你的余额，一般情况是可以贷公积金余额的三倍，如果你自己的公积金余额不够，需要找在同一家银行有公积金的其他人给你担保，公积金余额加起来乘3要大于需要贷款的额度。

再就可以写一份申请书、带上购房合同到公积金中心去申请贷款，如果符合条件，公积金中心会给账户冻结通知，到银行办好冻结手续，然后再把手续交给公积金中心，等待审批，批准后就可以到指定银行办理贷款手续了。

公积金贷款注意事项

公积金贷款注意事项如下：

1. 只有参加住房公积金计划的职工才有资格申请住房公积金贷款。

2. 申请贷款前连续缴存住房公积金的时间不少于6个月。

3. 配偶申请了住房公积金贷款，在其未还清贷款本息之前，配偶双方均不能再获得住房公积金贷款。

4. 贷款申请人在提出住房公积金贷款申请时，必须具有较稳定的经济收入和偿还贷款的能力。

5. 贷款用途必须专款专用。住房公积金贷款用途仅限于购买具有所有权的自住住房，并且所购房屋须符合当地公积金管理中心规定的建筑设计标准。

6. 除现金支付外，借款人可以提取本人公积金账户储存余额用于归还贷款。在本人公积金账户储存余额不足时，可以提取其配偶、参贷人的公积金账户储存余额，但需征得被提取人的书面同意。但子女不可使用父母的公积金。

7. 公积金不能做购房的首付。

8. 公积金贷款还清后才可以再次使用。

9. 公积金贷款不能超出80万元上限。

10. 商业贷款暂不能转成公积金贷款。

11. 个人不良诚信同样影响公积金贷款。

购房合同的签订

签订购房合同前，要注意以下几个事项：

1. 拿到《商品房买卖合同》后，怎样签订商品房合同，购房者先不要签约，而应该首先仔细阅读其中的内容，如果对其中的部分条款及专业术语不理解或者概念比较模糊，问清楚，查明白。

2. 复印件容易造假，查看"五证"原件，核对内容如下：

（1）有原件要看批准日期以及使用和出售面积的多少；（2）对于承诺证件正在办理中的开发商，可约定开发商在一定期限内不能取得该证件所要承担的责任；（3）出卖人保证对出售房屋所持有"五证"的真实性、有效性。若因此导致买受人退房的，出卖人愿向买受人承担已付房款双倍的返还责任。

3. 关于公摊面积。

（1）在合同第三条中写明确套内建筑面积和公摊面积。（2）列明公摊面积的构成。（3）按套购买使用面积，双方不涉及公摊处理。

4. 要向开发商要保修卡。

5. 关于书面通知。

陷阱：合同中约定通知义务后（如：交房通知），开发商如期不能履行义务，延期后其可以在售楼部张贴书面公告，却署名约定日。还将公告辩为书面通知，以推托自己的责任。

对策：（1）将书面通知的形式约定清楚，开发商违约时，买受人就有确凿证据。（2）如有开发商违约，买受人应以具体的书面形式通知对方，以备证据。

6. 关于所售房屋的坐落位置。

关于所售房屋的坐落位置应在合同中注明。

7. 在签订合同的同时，也要与物业签订相关合同。

验房应注意的事项

收房对很多业主来说是一件大事，因此，对于收房不能掉以轻心。对于收房时需要注意什么，需要准备什么，很多业主都无从下手。这里，整理了以下内容，准业主们可以参考一下：

1. 验房前做好知识储备；验房时带领"亲友团"去，多一双眼睛就多一分发现毛病的机会。

2. 最好找个懂行的建筑师傅一起去，或者聘请专业的验房师。

3. 毛坯房收房十条注意事项：

（1）核对购房合同的附件及配套设施。

（2）净面积测量、开间进深及净高尺寸测量。

（3）楼地面空鼓、裂缝、起沙检验。

（4）墙面空鼓、裂缝、龟裂、爆灰、平整度、阴阳角检验。

（5）顶棚检验。

（6）门、窗安装质量及配件检验。

（7）进行渗漏试验。

（8）电路绝缘、接地检测。

（9）给、排水安装质量检验。

（10）其他细部结构的检测。

验房过程中发现的任何问题，业主都应在陪同验房人员在场的情况下记录下来，如果是小问题应要求开发商在短期内整改，改好后再办理入住手续。如果是大问题就要及时与开发商交涉考虑是否退房了。

房产证的办理

购房者通过交易，取得房屋的合法所有权，可依法对所购房屋行使占有、使用、收益和处分的权利。产权证即《房屋所有权证》，是国家依法保护房屋所有权的合法凭证。房产证的办理应经过以下过程：

1.确认开发商已经进行初始登记。

一般来说，开发商在将商品房交付使用的两个月内，就会将办理房产证资料报送给相关主管部门，因此，业主在收房后的3个月左右就可以向开发商询问相关事宜，也可以到网站进行查询，有的开发商可能会故意推诿，所以在开始签订合同的时候，就要将初始登记的时间进行限制，以保护自己的利益。

2.前往主管部门领取并填写《房屋所有权登记申请表》。

申请表是需要开发商盖章的，业主也可以直接在开发商处领取，并询问在哪里办理房产证，一般开发商会有这方面详细的资料。

3.领取测绘表。

测绘表是相关部门确认标注面积的依据，业主可以前往开发商指定的房屋面积计量站领取，有的也可以直接向开发商领取。

4.领取其他文件。

办理房产证需要领取许多文件，如购房合同、房屋结算单等，并再次确认《房屋所有权登记申请表》已经过开发商盖章。

5.缴纳公共维修基金、契税。

这两笔款项的缴纳凭证是办理房产证的必需文件，具体的缴纳方法可以向开发商咨询，记得一定要保留好缴纳凭证。

6.提交申请材料。具体的申请材料有：

（1）申请表（开发商盖了章）；（2）房屋买卖合同；（3）关于房

号、房屋实测面积和房价结算的确认书；（4）测绘表、房屋登记表、分户平面图两份；（5）专项维修资金专用收据；（6）契税完税或减免税凭证；（7）购房者身份证明（复印件和原件）；（8）房屋共有的提交共有协议；（9）银行的提前还贷证明。

7.领取房产证。

一般管理部门会给办理入领取证书的通知书，只需要按照上面的时间去领取就可以了。

注：这里有一点要特别注意：在缴纳印花税和产权登记费、工本费时要仔细核对房产证的记载，尤其是面积、位置、权利人姓名、权属状态等重要信息。

买到实惠耐用的装修材料的小窍门

要想买到实惠耐用的装修材料，可参考如下的一些小窍门：

攻略一：相时而动。

有些业主看到某种建材，会爱不释手，非要立刻把它买下来不可，而那件商品热销时，往往价格是最贵的时候。这个时候，业主不能心急，要耐心等它降价。可以等到销售店大幅降价时，比如店庆、搬迁、清货，这时价格会有比较大的降低。

攻略二：货比三家。

多看几家店，同等型号比价格，同等价格比质量。在看的过程中，销售员会讲解一些知识，你可以有选择地吸收，然后到别的店辨别。想省钱又想买优质产品，就要多逛建材城，比较后再逐步砍价。

攻略三：循序渐进。

现在，一些不法商家故意混淆相近产品名称，以假乱真，以次充好，消费者选建材时要擦亮眼睛。市场上的建材产品让人眼花缭乱。初次装修的消费者先学习点相关知识，也可向有装修经验的人打听建材品牌、价格、产品质量及性能，然后根据自己的实际情况去购买。

攻略四：以量取胜。

装修需要很多材料，所以砍价就很有意义，同样一套房子，据说会砍价的人，比不会砍价的人，要少花几千甚至上万元。如果业主购买的产品达到一定的量，商家自然很希望跟业主达成交易，那么商家会让利给业主，给业主一定的折扣优惠。因此进行材料采购时，业主应该集中进行大量采购，直接到大型建材城找同一品牌或者一家店面，一次性选好所有的装修材料，在每件商品拿到优惠价的基础上，再用数量优势去要优惠。

攻略五：联合团购。

在同一个小区里或者朋友中，找有装修需求的人，一起购买建材，这样也可以达到以量取胜的效果，同时人多慧眼多，识别假货次品货的能力也就增加了。

攻略六：网上购买。

网上价格一般比较便宜，通过网购可以省下一笔费用。有的还负责送货上门，负责安装，省时又省心。

正确选择室内植物

许多建材都含有甲醛等有害物质，还有些瓷砖是有辐射的，因此选一些花草摆放在室内是有必要，一方面净化室内空气，另一方面美化室内环境，还可以陶冶情操。

在选择室内植物时应考虑以下几方面的因素：

1. 房间空间面积大小。

房间空间面积的大小直接决定了活动空间的大小，首先植物摆放要不会对活动造成太大的影响；其次不要让植物争氧气，由于植物新陈代谢也会消耗氧气——特别是在夜晚，空间比较小就不要摆放株大、耗氧量大的植物。如客厅，通常面积会大些，空气比较流通，可选择福禄桐、幸福树等；如果面积较小，就可以选择能够摆放在茶几或电视柜上的植物，如绿萝、发财树和兰花。

2.居室用途和环境。

家庭居室根据用途可以分成客厅、卧室、书房、厨卫等，由于作用不同，摆放的植物也有不同的讲究。卧室是休息睡觉的地方，人一生大约有三分之一的时间在此度过，这里环境的好坏直接影响休息质量，卧室通风状况没有客厅好，面积一般也较小，要选择一些没有刺激性味道，耗氧量少的植物；还可以选择鲜切花束。书房是工作学习的地方，最好是放一些能够吸收电脑辐射、提神的植物，如仙人掌、仙人球、雏菊等。卫生间一般都通风不畅，阴暗潮湿，气味重，可摆放一些能够净化空气，又喜阴的植物，如吊兰、绿萝、虎皮兰等。

3.人的体质特征。

养植物还要根据家人的身体状况有选择性地养，如经常头昏、失眠、患有心血管疾病的人家里就不要摆放夜来香，因为它能排放大量的气体，会加重病人症状。家人有过敏史的需要特别注意，如对花粉过敏，百合、桔梗、水仙、鲜切花束等，由于花粉外露，会给过敏者带来严重的健康威胁。摆放一些针叶类植物，会比较安全。

4.个人时间习惯爱好。

如果自己时间比较充裕，很有耐心而且爱好养花，可以选择一些需要经常打理的植物，如兰花；如果时间不是很充裕，或者没有耐心仅仅只是想它们帮你缓解室内空气污染，建议可以选择盆栽榕树，仙人球等。

5.要与装饰家具颜色搭配。

植物的色彩是另一个须考虑的问题。鲜艳美丽的花叶，可为室内增色不少，植物的色彩选择应和整个室内壁画、家具等色调取得协调。由于现在可供选购的植物多种多样，对多种不同的叶形、色彩、大小应予以组织和简化，过多的品种会使室内显得凌乱。

6.要与室外环境融合。

如面向室外花园的开敞空间，被选择的植物应与室外植物取得协调。植物的容器、室内地面材料应与室外取得一致，使室内空间有扩大感和整体感。

饲养宠物注意事项

萝卜白菜，各有所爱。有的人酷爱运动，有的则以养宠物为乐趣，甚至把宠物当成了家庭必不可少的成员。那么，饲养宠物要注意什么呢？

1. 宠物饲养要点。

（1）了解宠物生活习性。首先要熟悉不同宠物的生活习性，然后根据其生活习性喂养。

（2）要根据宠物的生长阶段、生理状况，合理饲喂。一般幼龄时宜少食多次喂食；成年宠物有自控能力，一次投放多点食物；有时索性让其饿上一段时间可以来救治宠物"胃口不好"，当然要是发现宠物进食很反常，则要送宠物医院了。

（3）喂的食物要卫生。不要用病死、中毒致死的畜禽肉喂食宠物，不喂腐尸、腐虫，不喂腐败变质或发霉的食品。

（4）喂养食物要丰富，才能使宠物获得全面营养，也可以购买专业厂家生产的饲料，省心又方便。

（5）夏天注意为其降暑，冬天注意为其防寒。

2. 宠物往往携带病原体及寄生虫，因此在养宠物过程中应注意：

（1）每半年要打一次防疫针免疫。

（2）定期清洗，保持宠物身上整洁。

（3）要定期给宠物洗澡梳毛。

（4）宠物粪便有很多细菌，因此，要隔离和区分开宠物的饮食区、拉撒区及主人的生活区。

（5）要及时处理宠物垃圾，比如剩食和粪便。

（6）经常为宠物及宠物"窝居"消毒。

（7）宠物的主人要注意勤洗手，特别是吃饭和睡觉前。

（8）被医院诊治为有传染性疾病的宠物，要隔离，严重时要果断交给卫生部门处理。

处理闲置物品的方法

家里常年不用的东西，是扔了又可惜，有以下方式处理。

1.到网上发布，或者找周围有需求的人，变卖。

2.找到需求互补人，以物易物，更划算。比如你不想玩游戏机了，缺手机，对方正好有多余的手机，且想要游戏机，正好两人协商互换，对于价值相差甚远的物品，需补差价。

3.以旧换新。有一些电器连锁店推出了以旧换新的活动，例如洗衣机、电脑、冰箱、彩电、空调等。

4.寄卖。委托专业公司代卖物品，物品卖出后结款。每个人都有闲置的物品，而且在寄售店铺里你也能买到高档的二手消费品。

5.典当。如果你手头上的闲置物品是高档消费品的话，你可以拿到典当行里去出售，因为典当行里有专业的鉴定师和评估师。如果发现你的物品有用了，可以在典当行规定的时间内赎回。

6.闲置的物品太多的话，也可以在允许的地点摆地摊处理。

7.对于书籍、衣服、棉被等物品，卖了不值钱，可以通过慈善机构捐献，也算是给社会增添了一份火红的爱心。

8.赠送送给亲戚朋友。一方面可以增加之间的感情，另一方面也可以为自己塑造一个良好的形象。

9.可以把一些闲置的东西再利用，发挥自己的想象力，自己动手，赋予他们新的功能，做成一些实用的工具等。

城市救助的含义和原则

城市社会救助，是指国家对由于各种原因而陷入生存困境的城市公民，给予财物接济和生活扶助，以保障其最低生活标准的制度。它在历史上主要表现为临时救灾济贫活动，直到现代才成为一种经常性的社会保障事业。社会救助作为社会保障体系的一个组成部分，具有不同于社会保险、社会救济的社会保障目标。

进入城市以后，由于各种原因无法找到工作、基本居住条件无法得到保证的时候，可以到当地救助部门申请教助。

城市救助的原则：

实施救助时体现自愿原则，政府会尽全力帮助其渡过难关。如果不愿意接受救助，政府也不会强迫。如果受助人员自愿放弃救助，救助站不得限制。

至于没有向救助站求助的流浪人员，公安机关和其他有关行政机关的工作人员在执行公务时，应当告知其向救助站求助；对其中的残疾人、未成年人、老年人和行动不便的人，要引导、护送到救助站。

在救助的时候，涉及民政、财政、公安、卫生等部门，各部门须保障职责的落实。比如救助站将站内患传染病或者为疑似传染病的病人送当地具有传染病收治条件的医疗机构治疗，采取必要的消毒隔离措施；提供符合食品卫生要求的食物；提供符合基本条件的住处；帮助与其亲属或者所在单位联系；运输单位对救助站发给的乘车凭证验证后要准予受助人搭乘相应的公共交通工具。

可以申请城市救助对象

进城务工如果钱花光了或者遭遇了可恶的扒手偷光了钱，还没有找到工作，身边又没有亲戚、朋友和老乡，走投无路，可以找当地的救助站。找救助站的方法是：可以找警察、城管人员或打110巡警电话，说明自己的姓名、身份，说明自己遇到的困难。救助站只救助那些在当地没有生活来源、没有亲戚投靠、没有工作而在城市流浪乞讨度日的人员。救助站只是救急的场所，并不提供工作机会，所以不能解决根本问题。

个人或者家庭有下列情形之一，可以申请社会救助：

1. 个人无劳动能力，无生活来源，且无法定扶养义务人或者法定扶养

155

义务人无扶养能力的。

2.个人或者家庭成员虽有收入，但人均收入低于最低生活保障标准的。家庭成员，是指具有法定赡养、扶养和抚养关系并共同生活的人员。

3.个人或者家庭户主及其配偶在享受失业保险待遇期间，或者在享受失业保险待遇期间无正当理由拒绝劳动部门介绍的就业机会而被依法停止享受失业保险待遇的，不能申请社会救助。

遇到困难可得到救助站的救助

救助站根据受助人员的需要提供的救助内容包括：

1.提供符合食品卫生要求的食物。

2.提供符合基本条件的住处。

3.对在站内突发急病的，及时送医院救治。

4.帮助与其亲属或者所在单位联系。

5.对没有交通费返回其住所地或者所在单位的，提供乘车凭证。

办张公交卡坐车方便又省钱

交通卡是一种非接触式IC卡，可以用于公共汽车、地铁等公共交通工具，使用公交卡既方便又省钱。

1.在购卡时需交一定的押金，退卡时押金也会一块退回。

2.公交卡在使用时应注意保管，目前交通卡是不记名的，一旦丢失就可能会被别人用了。

3.公交卡存放时，不能折弯，不能与"带磁"的东西放在一起，以免消磁。

4.公交卡应注意及时充值，余额不足时，将不再打折。对于不足的额度，下次再充值时就先抵消了。如果你不再使用这张卡，退卡时会从押金里扣除。

乘坐公交车注意事项

在城市里赶路，大多数人都会选择乘坐公交车。需要注意的是：

1. 上车前准备好零钱。

2. 选好乘车路线。乘车前应对照地图，或通过问路，弄明白自己所在地和目的地的地名、乘车路线。

3. 看好车型。城市中公交车一般分为普通车、空调车、双层车等；售票方式有售票员现场售票、自动投币"不找钱"和"交通一卡通"三种；收费有按里程收费和统一固定收费。通常，车型不同票价也不一样。因此，上车前应看好车的类型及票价。

4. 乘坐公交车，要排队候车，按先后顺序上车，不要拥挤。上下车时都要等车停稳以后，先下后上，不要争抢。

5. 不要将汽油、爆竹等易燃易爆的危险品带入车内。

6. 要坐稳扶好，没有座位时，握紧扶手，以免紧急刹车时摔倒受伤。

7. 在公交车上，保管好自己的财物，

8. 防止坐过站。在公交车上，一般有车内广播和售票员口头报站两种方式，要仔细听好，别坐过站。

乘坐地铁注意事项

1. 找到地铁站。先是到安检的地方，不管大包小包都要安检。

2. 到售票窗口排队买票。一是到售票处买票；二是到自动售票机买票，这个不用排队，但是要准备好硬币，然后按售票机上的提示一步一步操作。

3. 以上过程如果搞不清楚，就找人帮忙，一般自动售票机旁边都会有1-2个工作人员协助操作。

4. 找到闸机刷卡。闸机开始是处于封闭状态，并且上面的指示是"绿色箭头"（如果是"红色叉子"就不能走这条通道），然后把票放到刷卡的位置刷一下，闸机打开后，就可以进去了。每次刷卡只能进一个人。不要抢！不要着急！

5.进站后就可以找到自己的乘车方向坐车了。站台和车厢里面都有地铁的线路图和报站。仔细听，仔细看就行。

6.下车出站后看指示牌哪里是出口，然后跟着人流出去。出站仍然需要刷卡才能出去。

乘坐出租车注意事项

1.在城市乘坐出租车前应注意：

（1）如果要赶时间，或者去一个陌生的地方，必要时可以乘出租车。

（2）在司机交接班和交通高峰时，应注意车前牌子是否符合你的路线。不符合请毋招手。

（3）在火车站打车如果路程比较近，你可以走出车站区域方便打车。

（4）的士来到跟前，要看好车有无"出租"标示，查看属于哪家公司。近年来，有些报废的出租通过不法途径，流入市场，它们的颜色和出租车一模一样，但是车顶没有"出租"标示，为"黑的士"。

（5）不要乘坐黑的士，以免被"宰价"。

（6）如果你携带较多行李，应把行李放在一边，不要拎在手里以免打不到车。

（7）乘车前要先了解到达目的地的路线，因为上车后司机会问你怎么走，你要心中有数。在选择行车路线上应遵循宁愿绕远路，也要走"车少好走的路"，不能耽误司机的时间。如目的地路况不好请下车步行。

2.在出租车上应注意：

（1）如果乘客带有小孩，请看好自己的小孩不要弄脏弄坏车上设施。

（2）要文明乘车，不要携带宠物上车。

（3）与司机交谈请使用文明用语。

（4）请不要在出租车上吸烟。

（5）不要向窗外吐痰丢垃圾。

（6）乘坐出租汽车时应注意计价器的读数和安放在车厢隔离栏上驾驶员的上岗服务卡，要注意记清车号和上车时间。

（7）如果司机开车太快，请用礼貌的语气提示，这点很重要，关系安全。

（8）天气特别炎热时可以要求司机打开空调。如遭拒绝请司机开车窗。

黑车不能坐

"黑车"是一种通俗的说法，其实就是指未经道路运输管理机构和工商行政管理机关许可并取得运营资格，擅自从事客运经营的机动车辆。

在市面上黑车有两种形式：一种是"赤裸裸"的黑车，车的颜色没有经过改装，车前窗简单挂有"出租"标志，车主常叫喊拉客——在城乡结合部，面包车最为常见。另外一种是出租下线车，外表和正规的出租车一模一样，但没有"出租"标识、营运公司及公安交通部门颁发的营运牌照。

黑车的危害：

1.黑车司机驾驶资格及驾驶技术无法保证，给乘客带来潜在威胁。

2.某些黑车司机本身就是"江洋大盗"，等乘客上车后会在车内狭小的空间内与同伙抢劫乘客财物。

3.黑车没有固定的收费标题，更容易欺骗乘客车费。

4.乘坐"黑车"发生交通事故造成伤亡时，索赔难度很大——"黑车"本身很少投保，"黑车"车主赔偿能力有限，即使法院判令其予以赔偿，最终也很难顺利执行。

5.为了您和家人的安全，请选择正规营运的出租车，在坐车付款后，记得索要发票。

如何报考驾驶证

报考驾驶证首先满足以下条件：

1.年满18周岁，70岁以下。

2.身高在150cm以上。

3.视力或者矫正视力在4.9以上。

4.无红绿色盲。

5.听力：两耳分别距音叉50厘米能辨别声源方向。

6.上肢：双手拇指健全，每只手其他手指必须有三指健全，肢体和手指运动功能正常。

7.下肢：运动功能正常。

8.躯干、颈部，无运动功能障碍。

10.吸毒人员及有妨碍安全驾驶的疾病，如有器质性心脏病、癫痫病等，不得申请驾驶证。

11.违法交通法规，拉入"黑名单"者在规定的期限内不得报考。

申请驾驶证，根据公安部门的规定，首先向公安部门提出申请，经批准后，进行体检，学习驾驶技术，考核合格后颁发驾驶证。有两种途径：

有一定技术基础的，持有效证件直接到交管部门参加交通法规培训报考。

到驾校报考。目前，车手的培训工作主要由驾驶培训学校承担，考核工作由当地公安部门考核。流程如下：

凭有效身份证件报名（外地的学员还须提供暂住地的暂住证）→体检、拍照→领取驾驶证申请表副表→交通法规培训→交通法规考试→上车培训→桩考→场考（九项中选考）→路考（部分学员需要夜考）→领证。

防范黑驾校的陷阱

黑驾校一般场地不达标、教练资质不够、服务态度差、收费混乱等，具体来讲有以下几个陷阱需要防范：

陷阱之一：实行"承包制"。即只要每年给驾校一部分钱，不管是谁，教练或者其他人员就可自由招生，挂靠到正规驾校。承包出去的人只管用最短的时间内收回钱，根本就不管培训素质、人员数量的限制。

陷阱之二：教练资质不够，培训记录造假——教练不够资格，没有给学员足够的实践，出来的学员都成了"马路杀手"。

陷阱之三：乱收各种费用。在报名的时候讲得天花乱坠，可是事实却大相径庭。一旦交了钱，马上变副嘴脸。考试的时候，以杜撰好的名义收取诸如"关系费、打点费"等费用，让人"应接不暇"，但却无奈。

陷阱之四：驾校之间"倒卖"学员。很多时候，学员是冲着有名气的驾校报名学车，在不知情的情况下却被转到了另一家师资配置差的驾校，甚至根本不具备从业资格的"黑驾校"学习，学员的合法权利受到了严重侵犯，学习效果得不到保障。

买车需要注意的问题

买新车需注意以下事项：

1.提车前带齐票据。如发票、出厂证、保险单、保修单，以及说明书。

2.提车时，按票证查对实物。如查对车色、排气量、出厂年份、车架号、发动机号是否与实际相符。

3.环绕汽车一周，用眼观和手摸的方法仔细查看全车油漆颜色是否一致；车身表面有无划痕、掉漆、开裂、起泡或锈蚀、修补痕迹。

4.检查轮胎及备胎规格是否相同。

5.查看前照灯罩是否损坏，车门、车窗是否完整，后视镜是否良好。

6.查看玻璃有无损伤。

7.减震器性能良的机器用手压汽车前、后、左、右四个角，松手后按压部位跳动不超过2次。

8.检查汽车有无液体泄漏现象。

9.打开车门，查看车内座椅是否完整，座椅前、后是否可以调整。椅套是否整洁，沙发材质，地面是否清洁、密封是否良好。车门把手开、关门是否灵活、安全、可靠，门窗密封条是否损坏。手动（或电动、液压）车窗玻璃操纵机构工作是否正常。

10.坐进驾驶室，接通电源开头，检查刮水器、喷水清洁器工作是否正常；察看后视镜中景物图像是否清晰；接通各种灯，察看工作是否正常；检查喇叭是否响；检查里程表有无记录数字。

11.检查发动机。启动后，先观察各种仪表及报警装置工作是否正常，当水温和机油压力正常时，听发动机运转是否正常，是否有异响；放松加速踏板怠速是否稳定。下车观察排气管排烟是否正常。

12.试驾，检查汽车的加速、怠速、负荷、制动等性能，操纵的稳定性、行驶的平顺性和通过性。

新手开车注意事项

通过考试拿到驾照是一回事，可真正开车上路又是另一回事。新手上路需注意几点：

1.在上路前熟悉一下自己开的车辆，每个型号的车的设置功能有差异，熟悉其功能帮助你熟练操作。

2.在车上贴上"新手"标志，一则可以取得他人的谅解，二则其他人看到你开的车辆敬而远之，也减少了出事故的机会。

3.上路后，尽量放松身心，避免紧张。

4.双手握方向盘要一心一意，双手千万不能脱离方向盘。

5.行车时各车走各道，不违规占道。

6. 开慢车、开稳车——在自己能够掌控的车速下行驶，避免车速较快，遇到障碍手忙脚乱。

7. 预防在先，新手开车时，要预想到自己的前方可能发生的事情，比如过路口时提前鸣笛减速，以防患于未然。

8. 变道或者转向时要习惯看后视镜，确认安全后才转向（在此建议新手尽量不要超车，尤其是双向双车道路面，一旦对面车道突然有车或行人出现，新手往往会惊慌失措而酿成大祸）。

9. 要随时注意路面动态，尽量避让他人，做到宁让三分勿抢一秒。

10. 下坡禁止使用空档。

11. 谨记当初考驾驶证交通法规的内容，遵法行车。

12. 驾驶时做到"一看、二慢、三停、四通"，切记一切谨慎安全驾全第一！

学会一些简单的汽车维修知识

开车时，都会遇到突然抛锚的尴尬，学点汽修知识，可以很好地保养爱车，预防突然出现问题。万一出了问题，也可以从容应对：

1. 发动机突然熄火，是电路故障的主要特点。

（1）火花正常。应检查分火头是否严重漏电或破碎。分电器外壳是否固定不牢而偏转太多；火花塞是否因水箱溢水而过于潮湿。

（2）无火花。检查中央高压线火花。有火表明故障在分火头和分电器盖，无火说明低压电路或点火线圈等电器有问题。

2. 发动机慢慢熄火，拉阻风门有好转，是油路故障的显著特征。使用化油器的车辆，如"浮子室"无油即可确诊。检查程序为：

（1）油箱存油情况。

（2）用手泵油，如能上油为汽油泵故障。如不能上油，应检查油箱是否漏气或堵塞，汽油滤清器是否过脏等。

3. 机油根据型号不同换油周期会有很大的出入，从5000公里到15000公里都有可能；添加机油量过多过少都会影响引擎，理想的量是紧靠油量刻度上限的部位。

4.轮胎的胎压对车辆行驶的影响很明显，胎压过低时轮胎表面和地面摩擦过大，最直接的表现就是加速无力、油耗增加。

5.一般车辆火花塞使用周期为3万或6万公里（参照说明书），过了使用期限后，车辆会出现加速无力、怠速不稳、油耗增加、尾气不合格等状况。

6.节气门是通过开合的大小来控制发动机的进气量，位置在空滤的后面，使用时间长了会形成积碳，造成车辆加速无力、怠速不稳、发动机抖动、容易灭火等现象，建议一万公里清洗一次。

7."三滤"就是三个过滤器，包括空气过滤、机油过滤、汽油过滤。时间长了势必会被过滤掉的杂质所堵塞，所以要按时更换或定期清洁。

8.喷油嘴的作用是将燃油雾化喷出，使燃油更好地和空气混合进行燃烧，长时间使用后，喷油嘴表面会结胶，雾化效果下降，造成油料燃烧不充分，油耗明显提高，而在冬季喷油嘴结胶后会造成冷车二次启动。

酒后驾车很危险

酒精有麻痹神经的作用，酒后驾车有五大危害：

1.触觉能力降低。饮酒后驾车，因酒精麻醉作用，人的手、脚触觉较平时降低，往往无法正常控制油门、刹车及方向盘。

2.判断能力和操作能力降低。饮酒后，人对光、声刺激的反应时间延长，从而无法正确判断距离和速度。

3.视觉障碍。饮酒后会使视力暂时受损，视像不稳，辨色力下降，因此不能发现和正确领会交通信号、标志和标线。饮酒后视野还会大大减小，视像模糊，眼睛只盯着前方目标，对处于视野边缘的危险隐患难以发现。

4.心理变态。酒精刺激下，人有时会过高估计自己，对周围人劝告常不予理睬，往往做出力不从心的事。

5.疲劳。饮酒后易困倦，表现为驾车行驶不规律，空间视觉差等。

为此，《中华人民共和国道路交通安全法》明确禁止酒驾：饮酒后驾驶机动车的，处暂扣一个月以上三个月以下机动车驾驶证，并处200元以上500元以下罚款；醉酒后驾驶机动车的，由公安机关交通管理部门约束至酒醒，处15日以下拘留和暂扣三个月以上六个月以下机动车驾驶证，并处500元以上2000元以下罚款。

在此提醒司机朋友：为了你我他的安全，"开车"不"喝酒"，"喝酒"不"开车"！

开车出事故的解决办法

近年来媒体曝光了不少交通肇事逃逸、二次碾压案件，肇事司机闯祸采取不负责任的做法是不可取的。他们既要受到道德的谴责，更要受到法律的严惩。那么遇到一些常见的交通事故怎样做才好呢？

1. 报警、报保险。

一旦发生交通事故，要立即停车，保护现场，抢救伤者和财产（必须移动时应当标明位置），拨打电话"119"或者"110"迅速报告公安机关或执勤民警，听候处理；过往车辆驾驶人员和行人也应予以协助。急救伤员抢救完毕后，记得报保险，为以后保险理赔留下证据。

2. 保护好交通事故现场。

出了交通事故后，司机有责任主动保护现场，在民警没有到达现场前，遇移动事故受伤者呼叫"120"急救或者送医院抢救时，要对伤者的躺卧位置和姿态设置标志。总之，凡有必要移动现场任何有关事故的物品，包括人、车、散落物品等，都应标明原始位置的标记。如遇下雨、刮风等天气，应就地取材，用塑料布、席子等物将痕迹盖起来保护好。切勿不作任何标记就擅自将事故车开动驶离事故现场，送伤者去医院。

3. 肇事当事人做好自我保护。

事故发生后，在公安人员没有到达之前，肇事司机除了打电话报警外，应设法叫单位同事或亲友前来协助。

遇到致人死亡的事故，其家属情绪激动可能采取过激的行为，在采取必要的救援措施后，可以到当地派出所自首。

除公安机关外，任何单位、任何人都无权扣押肇事车辆以及各种证件。公安机关暂扣车辆及证件时，应给当事人开具暂扣凭证。暂扣凭证应有执行机关及执行民警的印章。

开车必须交保险

不少的车主朋友对交保险又爱又恨：自己开车好些年都没有出事故了，交的钱不是白交了？突然遇到事故，"保险"承担了相当一部分损失费用，挽回了事故双方的部分经济损失，才感觉到保险真好。

在我国，不买"交强险"是不能上路的。

实行交强险制度是通过国家法规强制机动车所有人或管理人购买相应的责任保险，以提高第三者责任险（简称"三责险"）的投保面，在最大程度上为交通事故受害人提供及时和基本的保障。交强险负有更多的社会管理职能。建立机动车交通事故责任强制保险制度不仅有利于道路交通事故受害人获得及时有效的经济保障和医疗救治，而且有助于减轻交通事故肇事方的经济负担。

除了"车辆损失险"和"第三者责任险"这两种基本险外，适合私家车主的主要有4个：不计免赔特约险，适合车技不佳的新手；玻璃单独破碎险，高档车很有必要买；全车盗抢险，无固定停车场地，小区治安状况不佳，以及经常开车跑外地的车主尤为需要；划痕险，新车保的很多。

事故往往在不经意间发生，买份保险就是要买份保障。开车交保险，那是必须的！

城市里开货车的注意事项

货车相比其他车辆，无论在技术还是安全方面都要求更高，一旦发生交通事故，其瞬间的破坏力远高于其他车辆。开货车的相关注意事项：

1. 在规定的道路行驶。在很多城市，有些道路是限行的；行车是在规定的车道内行驶，避免占道。

2. 熟习货车有关机械常识，例如：柴油发动机保养常识及故障排除，离合器、变速器、传动轴、后桥、刹车、转向、电路的有关常识，经常检查汽车轮胎气压、转向球头、刹车部位、转向灯、大灯等影响安全出行的关键部位。

3. 掌握货物的装载，例如：宽度、高度、重心对行车安全的影响。

4. 根据车长掌握转弯半径，要注意车子的内轮差，由于内轮差的存在，车辆转弯时，前、后车轮的运动轨迹不重合。

5. 驾驶时不急不躁，注意休息，不疲劳开车，不开英雄车，做到礼让三先，在各种天气、路况下能够准确安全地驾驶，合理控制车速，达到节约运输成本的目的。

6. 货车要及时保养，以免突然出现机械故障。比如在闹市区，刹车失灵，会酿成很大的事故。

7. 保持车距，在路口提前减速。

8. 城市里有立交桥，下坡时禁止挂空挡滑行，很危险。

9. 在高速超车注意看后视镜和右下角的盲区。

驾驶证丢失的补办

根据相关法律法规，将补办驾驶证的流程介绍如下：

1. 当事人带身份证和复印件到车管所，申请驾驶证时应当填写《机动车驾驶证申请表》，并提交以下证明、凭证：

（1）机动车驾驶人的身份证明。

（2）机动车驾驶证遗失的书面声明。

按照表格提示内容填写完成后，把申请表和两张彩色一寸相片交给办证窗的民警。

2.民警会马上核查电脑记录,情况核实后,即可受理当事人的申请。

3.当事人到交费窗交纳办证费用。

4.车辆管理所应当在三日内补发机动车驾驶证(一般立等可取)。

5.要求补发的驾驶证,如果还有三个月就要到期换证的,应同时办理换发驾驶证的手续;补发证件之后,应主动及时将原来的驾驶证交回发证机关,否则,会被视作持双证,公安车管部门会按规定予以注销处理。

出租车"油补"的申请

按照相关规定,出租车油补继续按照"谁支付油费,谁享受补贴"的原则,直接发放至出租车所有者。出租汽车所有者与经营者不一致的,由车辆所有者与经营者直接结算,不得截留。出租汽车公司领取补贴资金后,应于一周内,将补贴资金足额发放给经营的驾驶员。具体发放程序:

1.出租汽车公司。

填报申领表,注册车辆数与实际运营车辆数不符的,以实际运营车辆数填报。市客管处核实后,将补贴资金转入公司账户。然后再由出租车公司发放到与其签约的车主手中。

2.个体工商户。

出租车个体工商户需事先填报相关表格,携带身份证、车辆行驶证、车辆道路运输证、油补银行卡(或者存折)到市客管处确认。确认后一周内,油补款转账存入银行卡中。未办理油补银行卡或者存折的车主,车主本人带身份证及身份证复印件、营运证(原件)到市客管处办理登记、核对手续。经核实后,通知领取银行卡或者存折时间。

开出租车需要的证件

开出租车分两种情况:

1.个体工商户。

本市户口开出租车需要两种证件，车辆的证件及驾驶员的证件。

（1）车辆证件：行驶证、车船税证明、交强险保单等证件。

（2）驾驶员证件：驾驶证、出租车从业资格证、公交分局从业证明，监督卡等证件。

关于从业资格证需要到本市有出租车从业资格的驾校办理，需要本人的身份证和驾驶证原件及复印件。

2. 与出租车公司签约.

需要向出租车公司提供驾驶证、道路运输从业人员资格证、出租车驾驶员上岗证。前两证是全国有效，上岗证是本地有效。上岗证则要到交管部门申请报考，缴纳一定的费用，通过考核才能取得。

租车需要注意事项

拿到驾照却没买车的朋友可选择租车，需注意：

1. 首先要认准公司资质，找比较大的出租公司。专业公司的保有车辆较多，在车辆出现故障、需要换车时更有保障。个别小公司不交保险，出了事故，就由个人承担了。

2. 个人租车时需要的证件。

（1）本市居民：户口簿、身份证、驾驶证。

（2）非本市居民：身份证、驾驶证、担保人本人户口簿、身份证。

（3）港、澳、台同胞及外宾：返乡证、护照、中国驾照、担保人本市户口簿、身份证。

个人用车需要的证件均为原件，担保人必须有正当职业，租金都要预先支付。

3. 前后全面了解情况

（1）明确出租车辆的价格。

一般情况下租赁公司出租车辆一天的租金包括在8小时或100公里以内，租金包括司机的工资（可选）、车辆保险、燃油费，而过路过桥费、停车费、超小时超公里费用都需要消费者自己缴纳。

（2）了解汽车租赁公司应承担的责任。

首先，汽车租赁公司要保证车辆租出时车况良好，备胎、随车工具等齐全有效，并与汽车租赁人交接清楚。其次，租赁公司必须负责车辆的保险、税费、管理费，还要负责车辆的维修和保养。最后还要协助租赁人处理发生的违章、事故和按保险公司规定办理索赔手续。

一旦租赁期间车辆发生事故，租赁人要立即联络交管部门和租赁公司，租赁公司会协助用户在24小时内向保险公司报案。发生事故后租赁人要保护好现场，以便交管部门和保险公司处理事故。车辆修理期间租赁人要支付车辆停驶期间的租金，还要赔偿保险公司不理赔的部分。

（3）租赁人要对车辆做一个验收，比如哪里有伤痕，给工作人员提出来，标识好；影响到安全的问题，如车胎鼓泡等，坚决换车。

4.在签订租赁合同时，有一些注意事项一定要记牢：首先，要了解车辆的日限公里数和超限后的计费标准；另外，还要认真了解续租规定和租赁超时的计费标准，以免因故不能及时还车时和租赁公司产生异议。如果在租赁合同中发现不合理之处，应及时和租赁公司协商修改。

5.驾驶员对新车都有一个熟悉的过程，租到车后不要马上上路，要仔细检查和熟悉车后再驾驶。

交通安全标志的种类

为了给道路通行人员提供确切的信息，保证交通安全畅通，公路部门设置了各种交通标志，有：禁令标志、警告标志、指路标志、指示标志、辅助标志、旅游区标志、道路施工安全标志、可变信息标志等。

过马路要注意的安全事项

过马路要注意以下安全事项：

1.过马路时，要走人行横道；没有人行道的道路，要靠路边行走；有过街天桥和过街地道的路段，应自觉走过街天桥和地下通道。

2.过马路时，要听从交通民警的指挥，遵守交通规则，做到"红灯停，绿灯行"。

3.过马路时，要走直线，不可迂回穿行；在没有人行横道的路段，要先看左边，再看右边，在确认没有机动车通过时才可以过马路。

4.在没有交警指挥的路段，要学会避让机动车辆，不要与机动车辆争道抢行。

5.遇到疾驶而来的车辆，千万不要后退，防止其他车辆驾驶员估计不足，来不及刹车。

6.不要突然横穿马路，尤其是自己要乘坐的公共汽车已经进站，或者马路对面有熟人呼唤时，千万不可贸然行事，以免发生意外。

7.不要翻越道路中央的安全护栏。

通过铁路道口注意安全

铁路道口比较复杂，交通十分繁忙，行人、自行车、汽车、火车等都要从道口通过。为了保证行人和车辆的安全，在铁路道口处都设置了栅栏。通过铁路道口应注意以下安全事项：

1.过铁路道口时，红色信号灯闪亮，栅栏关闭，表示火车就要通过，必须听从道口看守人员的指挥，静静等候，让火车通过。千万不要跨越栅栏，冒险抢道。

2.通过无人看守的道口时，须停车，左右仔细观看，确认安全后，方准通过。

3.机动车辆在铁路道口处不准转弯掉头。

4.大中型载客汽车在冬季和雾天、雨天通过无人看守的铁路道口时，必须派人下车观望，确认安全后方可通过。

在城市迷路后的措施

城市里高楼林立、路况较为复杂，在城市迷路后不要慌张：

1. 向路人询问。先懂得城市中的一些礼貌用语，如"请问"、"谢谢"、"打扰您一下"等，询问时注意语气，让对方乐意帮助你，如果很粗鲁地问路，对方可能不会理你。还有一点需要注意的是，一定要尽量使用普通话，否则对方误会你的意思而给你指错了路。

2. 询问民警。询问时也要注意礼貌用语和讲普通话。

3. 打电话。如果你要去的地方有联系电话，可直接打电话询问。

4. 找地图。如果碰到有书店、报刊亭，你还可以买张城市交通地图，找到你要去的地方，再根据地图的指导，确定怎么走。

打工所在地政府对农民子女教育的义务

1. 打工所在地政府要制定规章，将进城务工就业农民子女义务教育工作纳入当地普及九年义务教育工作范畴和重要工作内容。

2. 要将进城务工就业农民子女义务教育纳入城市社会事业发展计划，将进城务工就业农民子女就学学校建设列入城市基础设施建设规划。

3. 要安排必要的保障经费，使进城务工就业农民子女受教育环境得到明显改善，九年义务教育普及程度达到当地水平。

4. 在评优奖励、人队入团、课外活动等方面，学校要做到进城务工就业农民子女与城市学生一视同仁。

农民流出地政府对农民工子女教育需要履行的职责

《关于进一步做好进城务工就业农民子女义务教育工作的意见》第七条规定：

1.进城务工就业农民流出地政府要积极配合流入地政府做好外出务工就业农民子女义务教育工作。

2.流出地政府要建立健全有关制度，做好各项服务工作，禁止在办理转学手续时向学生收取费用。

3.建立并妥善管理好外出学生的学籍档案。在进城务工就业农民比较集中的地区，流出地政府要派出有关人员了解情况，配合流入地加强管理。

4.外出务工就业农民子女返回原籍就学，当地教育行政部门要指导并督促学校及时办理入学等有关手续，禁止收取任何费用。

孩子入学遇到困难要找政府部门

对于民工子女入学，政府各个部门分管的任务是不同的。国务院《关于进一步做好进城务工就业农民子女义务教育工作的意见》第三条规定：

1.教育行政部门要将进城务工就业农民子女义务教育工作纳入当地普及九年义务教育工作范畴和重要工作内容，指导和督促中小学认真做好接收就学和教育教学工作。

2.公安部门要及时向教育行政部门提供进城务工就业农民适龄子女的有关情况。

3.发展改革部门要将进城务工就业农民子女义务教育纳入城市社会事业发展计划，将进城务工就业农民子女就学学校建设列入城市基础设施建设规划。

4.财政部门要安排必要的保障经费。

5.机构编制部门要根据接收进城务工就业农民子女的数量，合理核定接收学校的教职工编制。

6.劳动保障部门要加大对《禁止使用童工规定》贯彻落实情况的监督检查力度，依法查处使用童工行为。

7.价格主管部门要与教育行政部门等制定有关收费标准并检查学校收费情况。

8.城市人民政府的社区派出机构负责动员、组织、督促本社区进城务工就业农民依法送子女接受义务教育，对未按规定送子女接受义务教育的父母或监护人进行批评教育，并责令其尽快送子女入学。

因此，孩子入学遇到哪方面的困难，就找哪方面的政府部门。

农民工子女进公办学校读书的优惠政策

农民工子女享受优惠政策的主要文件依据是国务院《进一步做好进城务工就业农民子女义务教育工作的意见》简称《意见》。该《意见》规定：

1.在评优奖励、入队入团、课外活动等方面，学校要做到进城务工就业农民子女与城市学生一视同仁。

2.流入地政府要制定进城务工就业农民子女接受义务教育的收费标准，减免有关费用，做到收费与当地学生一视同仁。

3.流入地政府财政部门要对接收进城务工就业农民子女较多的学校给予补助。城市教育费附加中要安排一部分经费，用于进城务工就业农民子女义务教育工作。

4.积极鼓励机关团体、企事业单位和公民个人捐款、捐物，资助家庭困难的进城务工就业农民子女就学。

5.要根据学生家长务工就业不稳定、住所不固定的特点，制定分期收取费用的办法。

6.通过设立助学金、减免费用、免费提供教科书等方式，帮助家庭经济困难的进城务工就业农民子女就学。

农民工随迁子女入学应办的手续

外地转入的学生应首先向转入地教育主管部门提交《转学申请书》，如户口已迁至转入地的，应出具户口迁移证明，若户口未迁至转入地，则出具父母工作调动函或外地经商工商营业执照、务工相关证明材料、委托监护相关证明材料等，到转出学校办理《转学联系审批表》，并交转入、转出学校及两校教育主管部门签字盖公章后即可办理转学手续。

农民工子女入学务工地学校不能收借读费

2010年12月24日，中国教育部公布《教育部关于修改和废止部分规章的决定》，删除了《小学管理规程》中第十二条中的"并可按有关规定收取借读费"。据了解，在《小学管理规程》中的第十二条，原本的条文内容为"小学对因故在非户籍所在地申请就学的学生，经有关部门审核符合条件的，可准其借读，并可按有关规定收取借读费"。删除"并可按有关规定收取借读费"，让小学收借读费没有了相关依据。

根据以上规定，如果遇到务工地学校收借读费的情况，可以找到教育主管部门，请其帮助解决；另外可以到当地发改委反映，请发改委监督；最后，可以通过信访，寻求相关部门答复。

农民工随迁子女家庭教育应注意问题

有些刚刚进城的农民朋友，由于各种原因不得不让孩子留在农村老家。很多人无暇顾及孩子，导致三成以上的"留守儿童"成了"问题儿童"，主要表现在：一、性格柔弱内向；二、自卑心理障碍；三、孤独无靠心理；四、产生怨恨父母的心理；五、老人没有文化，无法辅导管教孩子学习。

为避免留守儿童问题，在条件允许的情况下，建议将孩子接到身边，希望给孩子家庭的温暖，管教孩子。但是有许多人把孩子接过来后，却发现仍没有时间与孩子交流沟通，逐渐让孩子疏远了亲情；孩子做错了事情，也是因为时间紧张，一罚了事；至于孩子的学习辅导，更是无法顾及了。

父母是孩子的第一任老师，家庭教育是事关孩子们健康成长的重要教育渠道，因此，父母应努力履行起家庭教育的职责。在教育孩子的过程中，要注意那些问题呢？

1.注重与孩子的交流沟通。

2.尊重孩子的人格。

3.要注意父母言行的表率作用。

4.要注意营造和谐的家庭氛围。在健康和谐的家庭中，长辈之间应该相互尊重、相互关心、相互体谅，父母和子女之间应保持民主、平等的关系。父母要共同为子女的教育承担责任，不能相互推卸。父母对子女已做的事和欲做的事，要摆事实、讲道理，不能采用简单粗暴的方法。

5.父母要注意接受再教育。学习的渠道很多，比如与工友交流、从电视等媒体中获得，购买相关书籍等。

6.要注意培养孩子的自我意识，注意培养、发展子女自己的个性。

7.不要随波逐流。时下兴起的钢琴热、电子琴热、外语热、家教热……很多人自己舍不得吃穿，却拿出"重金"给孩子报兴趣班……这只能从一个侧面反映出家庭教育的一种从众心理。实践证明从众心理是有害无益的。每个家庭，孩子之间的文化背景，个性是千差万别的。只有结合自己家庭的实际情况，指导并发展自己孩子的爱好、情趣，这样才有利于孩子的健康成长。

8.让孩子参加劳动。让孩子从小认识到天上不会掉馅饼，好逸恶劳只能是长大后吃更多苦的种子。

9.奖罚分明，严格管教。孩子做得出色就给予鼓励和奖赏；孩子做错了，就要帮他"刹车"，给予一定的处罚。惩罚的手段要适中。

10.关心孩子学习，多与学校老师沟通。

安全购物的注意事项

1.购物时注意不要带太多现金，购买大宗商品尽量使用信用卡。购买物品用信用卡付账时，应先确认收据上的金额再签字，最好一次结清。

2.皮包皮夹不离手，即使上洗手间，也应随身携带，以免小偷趁机下手。皮包拉链拉好，以放在胸前为宜，背后背着的皮包更要注意防偷。

3.对于找回的现金，一定要先看清楚是否是假币，而且数额要当面点清。

4.切勿接受陌生人所提供的廉价商品。

5.货比三家不吃亏。购买高价物品时，宜多比较不同商店的价格。同时，购买后记住索取小票和完整的收据、发票。

6.在超市付款时，要核对价格是否与价签相符合。

7.在超市购买物品，需要的话可以到前台开发票；若是购买家用电器的话，必须到前台开具发票，那是得到售后的凭证。

正确识别防伪商标

对于有防伪标志的商品，要正确识别防伪商标：

1.温变型：防伪标志受热后，颜色会发生变化。如有些品牌的商标上有一凸形图案，用烟熏一下，图案就会由原来的淡黄色变成黑色。

2.荧光型：通过专用的防伪鉴别灯一照，防伪标志就会发亮。如北京市工商局发的营业执照，通过防伪灯照射，发亮的部分可清晰地看到隐含的文字，不照射就看不到。

3.激光全息型：将图案或人物从不同角度拍照后再重叠处理，产生不同颜色的变化。

退换商品应注意事项

购买商品，发生以下情况下有权要求退换：

1.质量问题。商品购买后在保修期内发现质量问题即可退换。

2.非质量问题。按照有关保护消费者的规定，尚品购买7天以内可以要求退货；7天以上、15天以内可以要求换货。

3.其他情况。如果某商品属于人为损坏，则不能要求退换。在办理退换货手续时，商品的外包装、原配件及赠品要完好无损，且要与商品一齐退回。在退换货时，工作人员要同时收回原发货单、收据或发票。

在更换商品时，原则上只可以选择同种或同类商品。

更换过程中出现差价，应按最终购买的商品价格为准，多退少补。

购物消费省钱有门道

生活中免不了购买东西，这里介绍几个消费省钱小窍门：

1.定点购买。这样做，一是可以保证质量，二是对价格心中有数。

日常柴米油盐等生活用品可以在超市购买，而且认定一种品牌沿用下去。碰上超市搞特价时，就多买一些，既新鲜又实惠，还不用怕短斤缺两。

家电类和穿戴类商品，可以在当地的商场或百货大楼购买，虽然价格贵一点儿，但售后服务好，质量有保证，经久耐用，还是划算的。

2.反季节购物。在商品热销时标的价格会略高一些，而非热销的反季节商品往往会便宜很多。例如，冬天买冰箱，夏天买羽绒服。

3.节假日购物。现在很多商场在节假日期间都搞促销活动，一般是打折和返还现金。很多商品，甚至是很时尚的商品在节假日购买，价格差异很大。只要处处留心，抓好时机，就能给自己带来实惠。

4.名牌效应。对价格相对昂贵的大件商品，可以买名牌。有些名牌商品虽然买的时候价格高，但确实耐用。市场上有些杂牌子，虽然购买时便宜，但因质量问题需要花费更多维修费，算算账，未必便宜。

5.如果在同一超市或百货大楼长期购物，还可以办一张会员卡，以便享受会员价。超市中有很多商品给会员打折，同时有积分，年底根据累计积分返还奖品。

6.参加团购，可以节省开支。

7.购买大件，要货比三家。

8.像卫生纸、肥皂、洗衣粉等日常用品且保质期较长的，可以整件批发。

"网购"——消费新理念

网上购物，通常简称"网购"，就是通过互联网检索商品信息，并通过电子订购单发出购物请求，之后通过支付、发货等一系列环节完成交易的网上购物形式。所以网购已经成为一种新的消费理念。

1.对于消费者来说，网购有以下优点：

（1）订货不受时间、地点的限制。

（2）获得较大量的商品信息，可以买到当地没有的商品。

（3）从订货、买货到货物上门无需亲临现场，既省时又省力。

（4）同一种商品的价格较一般商场的同类商品更廉价。

2.网上购物一般流程为：

（1）在购物网站选择想要购买的商品，确认出价金额和购买数量，然后点击"确认购买本商品"。

（2）进入"购买信息确认"页面后在"已购买的商品"页面，选择"现在去付款"按钮。

（3）核对商品购买信息和收货信息，如果没有填写收货信息需立即填写，确认无误后，点击"现在就去付款"按钮。

（4）如果个人账户中余额足够支付，直接输入账户的支付密码，然后点击"确认提交"。若个人账户中余额不足以支付，则需充值后才能继续操作。如果暂时没有支付平台的账户，可以选择一家银行通过网上银行支付，然后点击"确认提交"。

（5）支付成功后，确认信息即可。

（6）有些商家支持货到付款，拿到货后再付款，流程较简单。

安全设置网上购物账号

网络购物逐渐流行之时，某些人干起了偷支付账号抢钱的勾当，这类案件通常异地作案，金额不大，靠公案机关短时间内破案有难度，所以也只有提高自己的防范意识，安全设置支付账号。

1.要实名认证。

2.设置安全保密问题。

3.将账号与手机绑定在一起，若有大额支付，系统会发短信通知。

4.开通手机动态密码。

5.下载安全证书。

6.登录密码要和支付密码区分，不能相同。

7.账号应单独设置高强度密码（字母＋数字＋特殊符号）。

8.定期更换密码。

网购也需要防骗

相信很多网购的人都有与卖家纠纷的经历，以下方法可防骗：

1.先看有没有备案号，认准正规网站，进了钓鱼网站好比进了"黑店"，骗你没有商量。

2.一分价钱一分货，价格明显低于其他卖家的不选购。

3.不支持官方支付平台坚决不选购

4.有些商家声称是"海关罚没货"的产品，千万不要选购，你得不到东西的概率是很大的。

5.拒绝选购市场断货低价产品，那很可能是翻新，特别是那些当年流行走俏的商品。

6.别看卖家的几颗皇冠，几颗钻石，好评——这些可以作假，重要的看"中评"和"差评"，这个基本上能真正反映出这个店铺的真实信誉，成交次数比较多的卖家不可能不会碰到差评，但如果差评过多，那就得小心了。

7.要多咨询卖家，在聊天中尽量对商品了解透彻，一定要看到实物照片！这样可以增加安全度。另外，很多卖家出于免责考虑，都会把宝贝的实际情况在这里说明，越是轻描淡写的地方越要注意。

8. 如果卖家发给你带有附件的传输文件，发现此人信誉"为零"，又是没有经过淘宝认证的，里边很可能有盗账户的木马病毒！千万别点"接收"。

9. 千万别只顾商品的价格而忽略了运费，有些商家在商品上不赚钱，却在运费上加价不少！

10. 使用第三方支付平台，才能确保买家卖家双方的安全，绝不直接将款打到对方银行账户上进行私下交易。

11. 当着快递员的面检查一下商品，发现问题时可以拒签，并马上和对方联系，协商解决问题，有必要时可以进行投诉。

12. 在收到货并确认无问题后，再确认收货和付款。

13. 交易的过程中，保留证据，包括交谈记录、电话录音等。

网购索赔及退货须知

买到伪劣商品向卖家索赔，意味着其利益受损，信誉好、爽快的店主会很快赔付，但是大多数店家都不愿意赔付，这就需要你了解索赔的途径了，以争取自己的合法权益：

途径一，双方协商赔付。

途径二，双方协商无果，可以向网络平台客服投诉，等待处理结果。如果商家参加了假一赔三的话，那就要求商家除了退款外，还要按实际支付商品价款的二倍进行赔付，并承担所涉及商品的物流费用。如果商家参加了第三方质检的话，那就要求商家对商品所付款的一倍进行赔偿，并承担物流费用——这时候您保存的证据就派上了用场。

途径三，拨打12315，向消费者协会投诉。

途径四，向公安、工商部门报案。

途径五，向人民法院起诉。

国家相关规定，网络购物是无条件退货的，但需要双方事先协商好。

一般退款（货）的程序：首先由买家申请退款——双方沟通——卖家

必须要同意此退款协议——然后买家就会发货——发了以后把单号上传在此退款详情里——状态变为等待卖家收货——卖家收到了货后确认——退款完成。

在退货的过程中，还需要注意以下事项：

1.点击退款后选择"已经收到货""我需要退货"注意：你没有收到货请不要选择此项，不管对方什么理由也不要选择这个。如果在您实际没有收到货的情况下点击此按钮，将导致钱货两空！

2."我愿意向卖家支付"后面的框里需要给卖家支付多少钱就填多少，如果要求全部退款，不需要给卖家钱就填写"0"就可以了，然后填写退款说明。

3.买家申请退款后是退款协议等待卖家确认中，可以查看现在买家的退款状态。卖家有15天的时间来处理退款协议。如超时未处理，交易进入退货流程。

4.如果卖家同意退款协议，需选择退货地址，保存并通知买家退货，买家需及时填写发货方式及选择物流公司，完成退货。

5.退货前，甚至在购买的时候，就咨询退货发生的费用由谁承担。

6.退货时，要打好包装，最好拍照，免得发生物品损坏，双方说不清。

7.在商家退款之后，应及时查账核对退款金额。

收发快递注意事项

收发快递应注意以下事项：

1.快递公司的取件员总是频繁更换，所以通知快递取件时一定要拨打快递公司的电话，不要直接联系平时取件员。

2.遇到新派来的取件员一定要记得索要名片，以证实对方的身份，同时方便以后联系沟通。如果没有名片，要事后保存对方电话及签名。

3.填写发件单时一定要注意填写清楚寄件日期相关信息，不要嫌麻烦。

4.当您填写收件地址时，请尽量详细，电话号码多留几个，这样可以方便派件员及时派送。

5.让取件员亲笔签名并且将资费明确写到快递单上，一定要复写的。

6.易碎货品一定要包装好。

7.发件后将快递单据收好，及时查件，以免快递有问题延误时间。

8.收快递把握好重要的一条：那就是一定要在拆开前检查快件有无被拆封的痕迹，如果没有，要在打开包装验货后再签字。

快递公司的选择

在选择快递公司的时候，要考虑以下几个方面的信息：

1.营业执照。正规的快递公司，都会在工商部门备案，有营业执照，在进行合作前必须要亲眼看到他们的营业执照以及批号（复印件没有用），并且可以从工商所处了解到该快递公司的口碑。

2.规模。有些快递公司有营业执照，但规模很小，如果发件特别多，很容易造成快件被耽误，所以要详细了解快递公司的规模。同时，要考察快递的网络覆盖情况，免得快递公司送不到，"倒卖"给其他快递。

3.诚信。快递是服务行业，诚信很重要。如果快件被耽搁，业务受影响或快件被损坏、丢失、送错等问题出现就涉及赔偿的问题，如果快递费是按月结算的话，信誉就更重要了。

4.人员素质。在考虑了快递公司的各种硬件设施之后，也要注意看看快递员的个人素质，因为快件是需要快递员直接经手的，如果快递员的个人素质不高，或者道德有问题，那很可能导致贵重物品的丢失、钱财的丢失等问题。

5.服务质量。快递提供的服务讲究时效性，所以很多快件要求在非常短的时间里送到客户方，这就是考验快递公司服务质量的时候了。

6.价格。每家快递公司在不同重量的货物运输费用的定价都有所不同，在正规守信的几家公司内，比一比价格，可以省一些快递费用。

电视购物需谨慎

电视购物以方便快捷低廉的优势越来越吸引消费者，但这种购物形式存在的诸多问题也不断困扰着消费者，主要集中在：消费者选购商品的产品质量存在瑕疵，但无人负责售后服务；广告宣传不清或实际物品与宣传不符，经营者不履行其承诺等问题。由于电视购物为异地非现场交易，消费者票据不全或联系不便等原因为调解工作增加了难度。

在此提醒消费者朋友，注意以下问题，以维护自己的合法权益：

1.在选择电视购物时，一定要仔细查验该企业资质。目前全国各省和部分地区的工商部门都设立了网站，并有经营主体资格查询功能，可以先到这类网站上查询该企业的信誉度，再决定是否选择该企业的产品。

2.提防"隔山买牛"，即消费者拨打的订购电话是甲地，发货方是乙地，出现问题后所谓的"客服"电话又变成了丙地，通过设置重重障碍，搞得消费者最后筋疲力尽。慎信电视购物的广告宣传，不要被天花乱坠的表现迷惑，对不正常的低价和折扣要提高警惕。

3.不是自己必须需要的产品慎重购买，许多产品在当地也可买到。

4.有条件的情况下，消费者可以查询需要购买的产品的社会评价，提供产品的企业的资质、信誉度后再作决定。

5.选择电视购物应特别关注商品质量和售后服务。要选择向信誉好、实力强、售后服务有保障、有退货承诺的商家购买。

6.消费者在选择电视购物时，一定要记住电视购物广告播出的电视频道和播出时间，一旦发生纠纷，可向播放广告宣传的电视台所在地工商部门进行投诉。

7.尽量选择货到付款的购买方式，方便维权。如果遇到快递人员要求不交货款不能验货，可采取拒收或验货后才付款的方式。收货时，应注意核对货品是否与所订购商品一致，对存在瑕疵、损坏或功能不全的商品应予以拒收。若发现所送商品是"三无产品"，除拒收外还可向订购热线电话所在地工商行政管理部门进行投诉。

8.保留好相关证据，出现问题后及时向当地消委投诉或相关职能部门反映。

购物索要发票很重要

发票是指在购销商品、提供或者接受服务以及从事其他经营活动中，开具、收取的收付款凭证。它是消费者的购物凭证，是纳税人经济活动的重要商事凭证，也是财政、税收、审计等部门进行财务税收检查的重要依据。

其实购物索要发票既是权利又是义务。

1.发票可以帮助维护自己的合法权益，一旦发生商品质量或其他问题，可以通过相关部门维护自己的合法权益。另外，发票还是电器等商品的全国联保的凭证。

2.通过索要发票来维护国家税收，税收取之于民用之于民，作为财政支出，可以改善我们的生活。

对拒绝提供发票，偷逃国家税收行为，要积极地向税务机关举报，维护国家利益、社会利益和自己的合法权益。

打紧急求救电话注意事项

在我们的日常生活中难免会遇到一些紧急情况，一旦碰到，不要慌张，首先弄清楚知道自己所处的准确位置，然后拨打相应的电话寻求帮助。确保能够在最短时间内得到援助。

为了方便群众应对一些紧急情况，全国统一设有一些特殊电话，这些电话都是免费的。

"110"——民警电话。遇到紧急情况，如被盗窃、抢劫、打架等事件，可以拨打"110"，讲清楚发生了什么事情，准确报明事情的地点，请求警察帮忙。

"119"——火警电话。遇到"火灾"的情况，首先要拨打"119"，讲明火灾发生情况、地点，不能夸大也不能缩小事实，请消防队提供帮助。火警电话和报警电话都不能乱拨，否则要承担法律责任。

"120"——急救电话。遇到突发病，需要紧急送到医院，可以拨打"120"，讲明白病人发病的症状，如果知道病人得的是什么病，也要跟医院讲明，医院的急救车会以最快的速度前来提供帮助。

"999"——红十字会的急救电话。使用方法和"120"相同。

"122"——交通报警电话。遇到交通事故拨打"122"，讲明出事地点，交警会及时赶到出事地点处理问题。

到个人开办的话吧打电话须知

近年来，许多城市的电话亭逐渐被拆除了，到个人开办的公用电话亭打电话，比较受务工人员的欢迎。在此场所打电话，要注意张贴的价格，没有价格指示的要询问，确认后在拨打电话。

想提醒的是，千万不要在客运站、火车站附近使用公用电话！好多电话亭的老板做的就是一锤子买卖，坑骗顾客的情况较多，高价、虚报时间还不算，你给他零钱，他不要，他要一百的找你零，找来找去，蒙得你晕头转向，找回来的钱还剩下五十块钱就是好事了。

使用公用电话应注意以下事项：

1.打公用电话要速战速决。

在现代社会，公用电话实际上已经成了移动电话的补充，更多的是应急用。所以打电话者就不能用公用电话聊天，或者无关紧要的事说上好几分钟，切忌没完没了，要速战速决。

2.私密话、政务、商务话题都不适宜用公用电话拨打，以防泄密。

恋人尽量不要用公用电话来聊天否则在公共场所说就有些不雅，某种程度也是违背公德的。

3.打公用电话注意语气、态度。

　　既然是公用电话，那就一定是在公共场所。在公共场所打电话就要考虑到其他人的感受。旁若无人地高声说话，对其他人是一种噪声和干扰，以正常说话的语气、音量与对方交谈即可。当然如果总捂着嘴、声音低沉、一副怕人偷听的样子也会让周围的人感到不快。

打长途电话省钱窍门

　　打长途电话省钱窍门有：

　　1. 去电话亭打长途。在一些城市务工密集的地点，公用电话每分钟的电话费用都很低，电话亭明示通话费用，交费前核对通话时间是否正确。

　　2. 使用手机打电话移动为例，移动卡加拨17951，此号码为全国移动IP号码，部分地市有12593的优惠干线，建议你可以先拨打当地10086询问一下，通常工作人员都会介绍最便宜的拨打方式；有些移动号码可以设置亲情号码，长途费用也会大幅降低；部分省市的移动公司推出了长途卡，打长途比较实惠；还有些地方移动会推出特定时间段的优惠，具体要咨询10086客服。

　　3. 手机联通卡加拨17911，也可以得到实惠。

　　4. 10193为中国联通各省推出的IP长途接入号，即长途优惠新干线业务。联通手机在打长途电话时，在对方手机号码前加拨10193，比较划算。它开通时是否申请要视各省联通公司的情况而定。10193的业务资费是有区别的。有闲时和忙时之分。闲时：夜间21：00—次日9：00，资费为0.19元/分；忙时：白天9：00—夜间21：00，资费为0.29元/分关于开通10193，有两种方式。一种是通过短信开通，编辑KTXGX至10010开通；另一种是可以拨打10010，按语音提示进行相应操作即可开通。取消方式则为编辑QXXGX至10010，或拨打10010，按语音提示进行相应操作。总体来说，联通卡的资费要比移动的低些，但是偏远地区的信号不好。使用联通卡的朋友，建议咨询一下联通客服，打长途省钱的方式。

　　5. 固定电话（普通家用）可以绑定200、201等电话卡打电话。

6.电信的CDMA手机加拨17907、11808，资费一般都在每分钟两毛以下，具体要咨询电信客服了。

7.有条件上网的工友，可以考虑使用网络电话，网络电话的软件很多，比如移动就推出了自己的通话软件，也很便宜。

使用手机应注意事项

平时使用手机时应注意以下事项：

1.不要不分场合随便开机。加油站不能打手机，可能引起火灾。在物资仓库、引爆作业场地等易燃易爆场所，属禁止无线电发射的区域，不能开机。乘坐飞机、轮船，为防止干扰飞机、轮船的通信系统，也应关机。同理，在装有微机保护的继电保护室必需关机以免引起保护误动。

2.要远离使用中的电子电器。在电视机、收音机、助听器和心脏起搏器或个人电脑附近使用时，可能会引起干扰。

3.勿靠近强磁性。因手机内有磁铁，故不能将其放置于磁性存储媒体，如电脑磁盘、信用卡、电话磁卡等物件附近。

4.别碰撞。碰撞会导致手机内部元件损坏而失灵。

5.勿烘烤。高温不仅影响其整机性能，而且极易损坏元件。

6.防潮。手机一旦受水浸、雨淋或溅上饮料，其"灵性"全无，受潮后应及时送修。

7.清洗要得当。可用湿布加中性洗涤剂擦洗，不能用含酸碱性的清洗剂清洗，否则会腐蚀壳体及零件。

8.勿随意拆卸。因为手机内部是由微型电子元件组成的极易损坏。

9.使用时间尽可能短。长期长时间使用易引起头痛、困乏、白内障等病症。

10.不要紧贴耳朵。超短波对大脑有一定的影响，当听筒与头部保持4cm左右的距离时，影响将大幅度减小。

11.适度地使用您的移动电话，会让移动电话内部产生一定的温度，平时累积的水气借此可以蒸散。

12. 不要在走路或者开车及机器时打手机，打手机分散了自己的注意力容易出现交通事故或者机器伤人的现象。

13. 雷雨天不能使用手机，否则可能被雷电击中。

日常生活中常见的骗局

在城镇里生活可能会遇到各种骗人的把戏。骗术形形色色，各种各样，但其本质都是为了骗钱。农民工朋友，天生朴实的性格，初来乍到，在城里比较容易上当受骗。

遇到下面几种情况时要多加小心：

1. "炸药包"骗局。当你正在行走或骑车时，会忽然发现地上有一枚金戒指或其他装有贵重物品的包裹，你发现这个东西的时候，会有另外一个人走过来，说你们两个同时发现这东西，既然同时发现就都有份，但他会做出很大方的样子，说如果你给他多少钱，这东西就归你了。如果你觉得自己很合算，就中了他的圈套，实际上你得到的东西是假的，不值钱。

2. "碰瓷"骗局。当你走在路上，会有人突然撞你一下，而这个撞你的人可能怀里抱着什么贵重的东西，这一撞就把那个东西"撞坏"了，他就会说自己的东西如何珍贵，你必须赔。你不赔对方就要把你送到公安局等，用各种方法吓唬你，你一害怕，就可能乖乖地给人家赔钱。这种现象称为"碰瓷"。如果碰上了这种事情，不要怕，可以跟对方心平气和地说，或者一起到公安部门去，而且要敢于揭穿对方的骗局。

3. 中奖骗局。在火车上、长途汽车上，经常会有人喝饮料，突然说"我中奖了"，瓶盖上印了"5万元"或多少钱的奖，这时就会有人出钱买他中奖的瓶盖，而这些人其实是跟他一伙的，他们一起在演戏，准备骗别人的钱。最后就会有人出几百元甚至上千元购买了这个中奖的瓶盖，等人家下车走了，自己去兑奖，才发现这个瓶盖是假的。

4. "借打手机"诈骗。通常发生在饭店、网吧等休闲娱乐场所。以手机没电了为由，借事主电话一用，假装听不见声音，边打电话边走至门外溜走。

巧妙地对付骗子行骗的"三张牌"

1.日常生活中为了避免被骗，应注意以下几点：

（1）不图占小便宜。无论是什么样的骗术，都是利用人们的贪财、占小便宜、胆小怕事的心理。只要我们克服占小便宜的心理，这些骗术是可以识破的。

（2）防人之心不可无。不要轻信任何陌生人的话，即便他谎称是你朋友、同学，不能轻易相信陌生人对你说的每一件事情。

（3）要学会"听、观、辨"，即听其言、观其色、辨其行。

（4）通过网络、书籍、电视等媒体，更清楚地认识骗子的各种行骗手段。

（5）学会有警惕性，对于"初相识"者一定要小心、谨慎，同时要增强自我保护的能力。

2.巧妙地对付骗子行骗的三张牌：

（1）"馅饼牌"，即"鱼钩上诱饵"，承诺给你好处。

应对措施：对付"馅饼牌"，你发出"克制牌"，要知道没有不劳而获的好事。

（2）"亲情牌"，即给你套近乎。

应对措施：对付"亲情牌"，就给他出一张"冷漠牌"，要想一想，在城里哪有那么多亲友，不确定的一律是陌生人。

（3）"震撼牌"，即吓唬你，把你吓蒙了，不知所措。

应对措施：骗子打"震撼牌"，要临阵不乱，找自己的信任的知情人确定一下，拿出镇定牌，骗子很快就露馅了。

警惕短消息诈骗

在日常生活中，你的手机可能会收到以下令人惊喜的短消息：

"恭喜！你的手机号码已在美国戴尔公司抽奖活动中获得二等奖！"

"您在我们公司手机号码抽奖活动中获得二等奖，奖电脑一部、手机一部，价值两万捌仟元，请来领奖。"

……

短消息中会留下咨询电话，等你信以为真后，他们再以各种借口骗取钱财。

电话诈骗蔓延全国，现列举常见的几种诈骗手段，提醒大家小心电话诈骗，遇到这类情况，如发现有诈骗嫌疑，应该立即报警。

骗招1：以××银行的名义，提醒你在某地刷卡消费，消费的金额将于近期从您的账户中扣除。如果你按短信里的电话打去询问，就会一步步栽进不法之徒设好的圈套里。

支招：对这类诈骗信息不要理睬。

骗招2：打电话自称是国家税务局干部，帮您办理汽车或房屋退税事宜。

支招：请不要相信这类谎言。

骗招3：有人打电话称，你的孩子被绑架，并索要赎金，电话中甚至还出现了孩子的哭闹声音。

支招：如遇到这种事情，一定要冷静，先问问对方手中是男孩还是女孩，长什么样，穿什么样的衣服。如果对方所陈述的内容与孩子相符，尽快报警，以便公安机关查出事实真相。如果你所问的情况对方回答不上来或有误，那一定是有诈。

骗招4：有人打电话称，你的家人在某地生急病或发生意外，急需用钱，让你把钱打到××银行账号上。

支招：核实清楚事情的真相，不要轻易相信他人的话，以免不法之徒利用你对身边人的感情，实施诈骗。

骗招5："您好，您的朋友为您点播了一首××歌曲，以此表达他的思念和祝福，请您拨打×××收听。"

支招：不要回拨电话。在这种情况下，当你拨打收听时，那您的话费余额一定会直线下降。

骗招6："您好！我是××通讯公司工作人员，您在××市开户的固定电话××欠费2500元，请您到网点交费。"如果你表示没有在该市开设固定电话，对方则称有可能是被他人盗用身份或银行账户，建议马上报警，并称将电话转给"公安局"。然后直接冒充公安机关工作人员，强硬而直接地告知你个人信息被冒用，你已卷入经济案件中，需要立即将账户转账申请保护。此时，对方会要求你到ATM机将账户中的钱转入"警方"提供的"安全账户"中，从而骗走钱财。

支招：接到此类电话，应冷静分析，切勿轻信。任何政府部门或机构、公司都不可能提供所谓的"安全账户"对私人的钱财进行托管。

骗招7：当你接到陌生来电，对方亲切地寒暄："（直呼你姓名）×××最近怎样啊？连我的声音都听不出来啦……这是我的新号码，有时间多联系，再见！"对方言语间含糊不清却又显得极其熟络。当你把该陌生电话存入手机通讯录后，过几天对方会再次打电话过来，以自己嫖娼被抓、突发疾病、在火车站钱包被盗窃等急需用钱为由向你借钱。当你误以为对方是亲戚朋友，信以为真时，就会被骗钱财。

支招：接到此类电话时，在对方含糊其辞的情况下，一定要问清对方的详细情况，切勿轻易相信。

常见网络诈骗的形式

1. "无风险投资"网络诈骗。

一些陌生人或匿名发来的电子邮件许诺"以小笔投资又不用付出任何劳动却可以获得难以置信的利润"来吸引投资者，而事实上却是某些别有用心的人在利用这种欺诈模式吸纳资金。

2．"中奖"网络诈骗。

尽管人们都明白"天上不会掉馅饼"的道理，但当骗子将诱饵抛到面前时，还是有人被"馅饼"搞晕头脑。这类"人人中大奖"的骗子游戏主要有两种行骗方式，一是骗"邮资"，二是骗"缴税"。

3．"信用卡"网络诈骗。

一些网站允许你免费在线浏览成人图片，不过你必须提供信用卡号码以证明你已经满18岁。然而，当你打开它，却有一大堆你意想不到的东西是收费的。利用信用卡诈骗的形式主要有破解密码伪造并使用信用卡、伪造并冒用他人信用卡、与信用卡特约商户勾结冒用他人信用卡，等等。

4．"金字塔"网络诈骗。

其实就是网络传销。犯罪人可能打上这样的广告语"不需买卖商品，只需通过简单的注册，交50元会费，就可以在3个月内赚10万，一年内赚100万"。由于人们对传销的理念已有一定的认知，所以对传销致富仍然抱有幻想，加上50元会费投入很小，一些侥幸者会抱着试试看的心态汇出50元，结果"肉包子打狗，有去无回"。

5．"幸运邮件"网络诈骗。

以"幸运邮件"为名，在信中要求收信人寄出小额金钱给邮件名单中的人，即可享受幸运，否则便会惨遭不幸。一旦你寄出这笔钱后，再等着别人寄钱给你，那可能性就非常小了。

6．"预付款、定金"网络诈骗。

有些商家利用网络开骗人的网店，网上承诺特别好，网上的地址、电话等信息也很详细，公司的网页做得也非常精美。在感觉上是很正规的，但却是网络上的大骗子，他们利用表面上的东西获得消费者的信任，来骗取消费者的预付款或定金。

认识了以上常用的网络诈骗手段，在实际生活中，还需变通。因为骗子的手法是不断变化的。

避免网上诈骗

避免网上诈骗应注意以下事项：

1.为了避免网上诈骗，还是不要相信天上掉馅饼，不贪便宜不吃亏。

2.不要随便拨打网上留的咨询电话，免得使自己一步步上钩。

3.不过分依赖网络，遇到有借款，最好与别人说说，听听别人的意见。

4.购物要使用比较安全的支付宝、U盾等支付工具，不要使用直接汇款的方式。

5.凡是以各种名义要求你先付款的都不要相信。

6.提高自我保护意识，妥善保管自己的私人信息，如本人身份证号码，账号，密码等。

7.遇到网络骗局要镇定，不能乱了方才，不能给骗子可乘之机。

8.一旦发现对方可能是骗子，马上停止汇款，不再继续交钱，免得损失扩大。

9.发现被骗，要立即进行举报，可拨打官网客服电话，当地派出所电话或"110"报警电话向有关部门求证或举报。

我的城市我的家

来到城市务工，就成为了这个城市中的一员，就要热爱这个城市，爱护这个城市，为城市的建设添砖加瓦，还要注意保护环境卫生。

随着科技的进步，人们的生活水平有了很大提高，同时环境资源也变得逐渐减少，环境问题成为越来越严重的问题。目前，全球变暖、环境恶化也正在严重威胁着人类的生命、健康、财产和生活方式，越来越多的环境问题摆在了我们面前。

洪水、干旱等自然灾害频发，森林正在大面积减少、草原日益退化、日益严重的土地荒漠化正在造成农业严重减产和绝收，一直刮到台湾的沙尘天气造成了严重的空气质量恶化，在产煤大省山西，到处飘散着令人头痛的煤气……地球上几无净土，无论是农村、牧场，还是都市，人类已经到了一定要注意保护环境，节约资源的时代。

日常生活中一定要具有环保意识，从自己做起，从小事做起，最大限度地减少一切可能的能源消耗。如少开一次车，多乘坐公共交通工具，注意节省煤气，少抽一根烟，少吃一次肉，少买一件衣服，少换一部手机，不使用纽扣电池，不随意浪费水电，多做室外运动，注意垃圾分类，旧物二次利用……从细节入手，形成低能量、低消耗、低开支的"绿色"生活方式。

真诚地呼吁每一个人都能够负担起对地球、对城市、对人类、对自己、对子孙后代的责任，节能减排，遏制气候变暖、环境恶化的趋势，为我们自己、为整个人类、为我们的子孙后代留下一个空气更清新、天更蓝、山更青、水更秀的美好家园。

注意节约电、水、气

保护环境节约资源，在日常生活中就要从注意节约电、水、气做起。

1. 节约用电。

（1）空调省电要点。空调温度设定要合适，定期清洗空调，出门提前几分钟关空调。

（2）洗衣机省电要点。小件衣服不用洗衣机，用洗衣机集中洗衣服，洗衣机洗衣服可以先浸泡再洗涤，设定合适的洗衣时间。

（3）冰箱省电要点。冰箱应摆放在环境温度低且通风条件好的地方，少开冰箱门，放进冰箱的食物最好用袋装，肉类避免反复冷冻，冰箱要及时除霜。

（4）电视机省电要点。给电视加盖防尘罩并及时除尘，电视机音量不要开得太大，适当调低电视机的亮度。

（5）注意使用节能灯。

（6）各种电器不用要及进拔掉电源。

2. 节约用水。

（1）用水时水龙头不要开得太大，够用就行。

（2）少用流动水，用水盆接水洗脸，用杯子接水刷牙。

（3）尽量用淋浴喷头洗澡而不用用浴缸洗澡。

（4）不要用冲水马桶冲烟头和碎屑物，应丢到垃圾桶。

（5）可以收集家庭废水冲马桶。

（6）洗衣机预洗可省水，选低泡洗涤剂或适当少放洗涤剂。

3. 节约用气。

（1）购置高效节能的燃气灶具。

（2）给液化气装上节能罩或者高压阀

（3）正确安置灶具，调整好风门的大小。

（4）选择并正确使用节能锅，如高压锅，多层蒸锅。

（5）做饭时统筹安排，做好准备工作再开火。

生活垃圾的整理与分类

生活中要做好垃圾分类，关键是做好厨房与客厅的垃圾分类。

一般情况下，垃圾要至少分为厨余垃圾和可回收垃圾，有害垃圾和其他垃圾特殊处理。

因此，我们在厨房、客厅至少要备两个垃圾桶，一个投有机垃圾，一个投可回收垃圾。如果有在卧室吃东西的习惯，就最好在卧室也备两个垃圾桶。

另外，家中也可以准备不同的垃圾袋，分别收集废纸、塑料、包装盒、厨房垃圾等。

家庭产生其他垃圾应采用单独的垃圾桶存放。

在家中已分类的垃圾，到小区后要投到相应的垃圾桶内。

　　有了分类的垃圾桶，关键要养成分类的习惯。家庭成员有不习惯的，要督促监督。对于孩子，要从小教育他们养成垃圾分类的习惯。

合理选择和利用环保电池

　　目前国际通行的标准是将不含汞、铅、镉等严重污染环境的重金属元素的电池称为环保电池，因此一次性电池中的无汞电池和充电电池中的镍氢电池都可称为环保电池。在选购环保电池时应注意以下问题：

　　1.选购有"国家免检""中国名牌"标志的电池产品和地方名牌电池产品，这些产品质量有一定的保障。

　　2.注意电池的外观，应选购包装精致、外观整洁，无漏液迹象的电池。

　　3.电池商标上应标明生产厂名、电池极性、电池型号、标称电压等；销售包装上应有中文厂址、生产日期和保质期或标明保质期的截止期限、执行标准的编号。购买碱性锌锰电池时，应看型号有无"ALKALINE"或"LR"字样。

　　4.由于电池中的汞对环境有害，为了保护环境，在购买时应选用商标上标有"无汞""0%汞"、"不添加汞"字样的电池。

　　干电池可以排序循环使用，大件电器上用过的电池可以放在小件电器上继续使用。比加数码相机需要比较充沛的电量，在相机中使用电力不足需要更换的电池，如果放到耗电量小的收音机里，还可以用很长一段时间。等到电池不能维持收音机的正常工作时，还可以再将它们放到耗电量更小的电子表里。这样，两节电池就能在不同的电器里工作好几个月，在不同的电器里充分发挥"余热"。

第三篇

饮食生活

营养要全面

　　这个世界上任何有生命的东西都需要能量，人也是一样的，必须不断地从食物中摄取必需的营养物质，即蛋白质、脂肪、糖类（包括纤维素）、维生素、无机盐和水。利用这些营养物质来维持和满足身体的需求，才可以保证人体的正常运转，如果某些营养物质的摄入不足，就有可能导致身体出现各种各样的问题，当然也包括可能引起的胃肠道疾病。

　　"全面"指食物应多样化，种类越广泛越好。维持人体健康的必需营养素多达四十多种，这些营养素无法由人体自行制造，必需自外界摄取。只有充分利用自然界多种食物，通过互相搭配、合理组合的多种食物才可以满足机体的需要，因为只有多种营养元素才能保证机体的良性运转。

　　要做到营养全面，摄入的食物应包括以下各大类：

　　谷薯类。如米、面、玉米、甘薯等，主要含有碳水化合物、蛋白质和B族维生素，是人体最经济的能量来源。

　　蔬菜水果类。富含维生素、矿物质及膳食纤维。

　　动物性食物。如肉、蛋、鱼、禽、奶等，主要为人体提供蛋白质、脂肪和矿物质。

　　大豆及其制品。如豆腐、豆腐干等，含有丰富的蛋白质，无机盐和维生素。

　　纯能量食物。如糖、酒、油脂等，能够为人体提供能量。

食物要合理搭配

　　各类食物都有各自的营养上的特点，每个人所需的营养素绝不能单靠吃一二种食物就能满足，食物只有合理搭配，人体才能获得所需要的各种营养素。主要应注意以下几个方面的食物搭配。

1.主食与副食搭配。

小米、燕麦、高粱、玉米等杂粮中的矿物质营养丰富，而人体不能合成的物质，只能靠从外界摄取，因此不能只吃菜、肉，忽视主食。要保证身体健康，每个成年人每天应摄取以谷类为主的主食300～500克，蔬菜400～500克，鱼、蛋、肉125～200克，水果100～200克，奶制品100克，油脂小于或等于25克。

2.粗与精的搭配。

人体需要的营养是多方面的。因膳食求精导致膳食偏于简单化，实则有害无益，特别是对生长发育不利，偏食和食物过精易造成微量元素铁、锌、碘、矿物质元素钙和某些维生素的缺乏以及一些营养素的过剩。因此，除需注意食品色、香、味、形以外，更应提倡食品来源的多样化。古人说："杂食者，美食也！"著名营养学家李瑞芬教授曾谈到，为保持身体健康，每天要吃25～30种不同的食物。

3.酸性食物与碱性食物搭配。

酸性食物包括含硫、磷、氯等非金属元素较多的食物，如肉、蛋、禽、鱼虾、米面等；碱性食物主要是含钙、钾、钠、镁等金属元素较多的食物，包括蔬菜、水果、豆类、牛奶、茶叶、菌类等。酸性食物吃多了会让人感到身体疲乏、记忆力衰退、注意力不集中、腰酸腿痛，增加患病的几率，需要一定的碱性食物来中和。

4.干与稀的搭配。

不同食物在胃中停留时间的长短是不一样的，所引起的血糖反应也不相同。在正常情况下干稀混合食物可以在胃中停留4～5个小时，而流质食物由于体积大，刚吃完感觉很饱，但在胃中停留时间很短，其中营养成分来不及充分消化即被排出，上升的血糖水平也很快就低落下来，不能持久。只吃干食会影响肠胃吸收，容易形成便秘；而光吃稀的则容易造成维生素缺乏。因此，在食物的选择上一定要注意"干稀"平衡。

素食主义者的营养搭配方案

出于保健和瘦身等目的，"素食一族"越来越成为"时尚一族"。"素食一族"大致可分为全部食用植物制品的净素食、植物性食物与乳制品同食的乳素食、植物性食物与适量奶蛋同食的乳蛋素食等三种类型。如果注意合理搭配，素食者也能达到营养均衡。

现在针对素食主义者可能出现的营养素缺乏情况提出相应的措施：

1.应多补充含在种子里的植物蛋白。

素食者最容易缺乏的就是动物蛋白和脂肪，为了弥补这个不足，应补充更多含在种子里植物蛋白，如大豆、花生和红黑豆等。植物性蛋白质品质最好的是大豆，并且尽量将多种植物性食品同时搭配进食；不严格素食者，应注意多从蛋和奶中摄取蛋白质。如果素食者的食物注意选择，做到多样化并满足能量的需要，那么单单来自植物的蛋白就可以提供足够的氨基酸，可以保证体内有足够的氮的保存量和使用量。

2.注意补充钙。

奶蛋素食者的钙的摄入量与非素食者相当或比他们高。完全素食者的钙摄入量则比奶蛋素食者和杂食者都要低。应当注意到，由于总蛋白含量低和碱性强的食物有节约钙的效果，所以完全素食者对钙的需要量可能较低。所以素食者钙的摄入不会危及到身体的健康。

3.注意补充铁。

由于植物食品只包含非亚铁血红素的铁，它比亚铁血红素的铁对影响铁吸收的抑制因子和强化因子更敏感。由于人体对来自植物食品的铁的吸收情况较差，所以虽然素食的含铁量比荤食高，但素食者体内铁的存量却较低。但又由于素食中维生素C含量较高，可以改善铁的吸收，所以大量实践证明素食者和非素食者贫血的发病率是相似的，所以素食者铁存量低并不说明素食者就缺铁。

4.素食者为了避免钙、铁等矿物质的缺乏，还应该注意从菠菜、芝麻、核桃等植物中摄取补充铁、钙、锌等微量元素。

5.素食者如果发现自己有脚气病、夜盲症、牙龈流血等现象，就应该注意增加饮食的变化，也可每天补充一颗综合维生素和矿物质补充剂，就可以避免微量营养素的不足。

6.注意补充维生素B_{12}。虽然植物食品表面的残留土壤会含有维生素B_{12}，但这并不是素食者可靠的B_{12}来源。螺旋藻类、海生植物、大豆发酵食品和日本豆面酱所提供的维生素B_{12}是缺乏活性的B_{12}的类似物，而不是有活性的维生素。虽然奶制品和蛋类含有维生素B_{12}，但研究显示奶蛋素食者血液中的维生素B_{12}水平是低的。建议回避或限制动物食品的素食者使用维生素B_{12}补充剂或强化食品。因为维生素B_{12}的需要量不大，而且它在体内可以储藏和重复利用，所以缺乏维生素B_{12}的症状会推迟多年出现，因此建议所有的老年素食者补充维生素B_{12}。

水是最好的药

水是蛋白质、脂肪、碳水化合物，维生素和矿物质之外的另一类营养素，它在其他五大类营养素的体内代谢中必不可少，一旦水代谢失调，机体的其他主要代谢环节就都不能正常运行。

没有水或缺乏水，人体细胞不能正常工作，大脑不能正常思维，心脏不能正常跳动，肺不能正常呼吸，胃肠等内脏将不能正常消化，血液不能正常流通，人体内的废物就无法溶解排出体外，人体将失去体温调节的能力，导致体温不断升高而危及健康与生命……总而言之，要维持人体健康的生命活动，一刻也离不开水。缺乏水，就会引发出一连串的健康问题。

饮用水还是人体获得微量元素的一种极为有效的途径。所以一定要注意饮水，具体应注意以下几点：

1.不要忘了喝水。千万不要再因工作关系疏忽了饮水，或者以怕"常去厕所"为由而故意不喝水。膀胱和肾都会受损害，容易引起腰酸背痛。

2.水质必须是过滤后清洁的良质水。

3.不能用饮料完全代替水。因为一些饮料中含有糖，易造成不当的热量摄取，对于碳酸饮料中的气体容易引起胀气，并且各种饮料都含有化学物质添加剂，这些对身体都是不利的。有时为了方便，暂时饮用一些市场上卖的饮料也无可厚非，但如果用饮料代替白开水，或者根本就不喝白开水就没有必要了。

4.喝水要讲究水量：一个健康的人每天至少要喝8杯到10杯（240毫升/杯）水，运动量大或住在炎热地带，饮水量就更多，美国加州洛杉矶国际医药研究所提供的每天饮水量公式是：运动不多，每半千克体重需喝水15毫升，如果是运动员，每半千克的体重该喝水20毫升。

5.喝水宜少量多次，徐徐补充，不宜一次大量饮用。

6.喝水讲究最佳时刻。如有些人感觉非常渴的时候才喝水，为时已晚。当人感到口渴的时候，是机体严重缺水的信号，当身体特别想喝水时，身体的器官已经在一种极限情况下运行了，这时再去补充水分就很难改善缺水状态。因此盛夏要及时科学补水。应当在想喝水之前的很长时间就补充水分。

每天应该喝水的重要时刻包括：早晨起床后，一定要喝水，因为它是一天身体开始运作的关键。睡前喝水，因为在睡眠中血液的浓度会增加，喝水可以冲淡血液。

茶的养生妙用

茶叶所含有益人体健康的成分近400种，茶碱、黄酮类、糖类是其中的主要成分，维生素，微量元素，蛋白质含量也很丰富，它们都有抗癌、抗衰老作用。研究表明，喝茶对癌症有预防作用，茶叶中的生物碱对呼吸系统疾病有一定治疗作用。

1.常见的绿茶就有以下许多功效：

（1）抑制流感病毒，常饮绿茶可预防流行性感冒。

（2）减少心脏疾患。大量饮用绿茶能够降低胆固醇，减少心脏病的发病危险。

（3）降低血糖。绿茶中含有茶多酚能促进胰岛素的合成，从而有利于降低血糖。

（4）防止皮肤瘙痒。绿茶里含有丰富的微量元素锰，而锰能积极参与许多的酶促反应，促进蛋白质代谢并能促使蛋白质因分解而产生的一些对皮肤有害的物质排泄，从而减少皮肤的不良刺激。

（5）治疗粉刺。绿茶具有抗菌、消炎和减少激素活动的作用。

（6）溶脂美容瘦身。绿茶能瘦身是因为绿茶中的芳香族化合物能溶解脂肪、化浊去腻、防止脂肪积滞体内，维生素B_1、维生素C和咖啡因能促进胃液分泌，有助消化与消脂。

（7）绿茶可以清醒头脑，补充体力。茶里面所含的咖啡因如果吸收到一定的量，就会刺激体内的器官，特别是造成对中枢神经系统、心脏和肝脏的刺激。

（8）绿茶是人类抗癌的主要因素。绿茶及其CATECHIN成分被证实为是可以减少癌细胞的生长和繁殖的。

2.除了绿茶，一些花茶也有许多功效：

（1）百合花茶：百合花富含蛋白质、糖、磷、铁以及多种微量元素，具有极高的医疗价值和食用价值。泡茶时，每次取百合花2克～3克，用开水焖10分钟左右即可。茶沏好后色泽金黄，味甘微苦，可以安心去火、清凉润肺，是夏日里最好的解暑饮品。

（2）金盏花茶：金盏花性甘，能清除火气和湿热，冲泡时可加点冰糖或蜂蜜共饮。感冒了喝上一杯有利尿、退烧作用，对消化系统溃疡及淋巴结炎的治疗，以及缓解妇女痛经也有好处。但记住，孕妇不宜饮用。

（3）金莲花茶：金莲花泡茶，可以起到清热解毒、养肝明目、提神健胃的作用，对治疗口腔炎、咽炎、扁桃体炎均有明显疗效。取3～5克金莲花用开水冲泡5分钟即可饮用，也可加入金盏花2～3朵一起冲泡。金莲花茶味道偏苦，可适当加点冰糖调口味。

（4）桂花茶：桂花具有美白肌肤、排解体内毒素、止咳化痰、养生润肺的作用。夏天很多人觉得皮肤干燥，或由于上火而导致声音沙哑，在绿茶或乌龙茶中加点桂花，可起到缓解作用。

3.对于"电脑族"来说，常喝茶不但可以抗辐射，还可保护眼睛。

（1）菊花茶：菊花茶能明目清肝和防止眼部出现小细纹，还能够吸收荧光屏的辐射。

（2）枸杞茶：枸杞子含有丰富的维生素B_1、维生素C、钙、铁等，具有补肝、益肾、明目的作用。不管是泡茶或是像葡萄干一样当零食来吃，对眼睛酸涩、疲劳、近视加深等问题都有很大的缓解。

（3）决明子茶：决明子有清热、明目、补脑髓、镇肝气、益筋骨的作用，对治疗便秘很有效果。

（4）杜仲茶：杜仲具有补肾和强壮筋骨的作用，对于久坐引起的腰酸背痛有一定的疗效。

早饭吃好，午饭吃饱，晚饭吃少

我国人民一般习惯于每日三餐，以便食物在每餐之间充分消化，使消化器官得到休息。食物在全日各餐的分配比例要适应生理状态和工作劳动的需要。

早晨起床后不久，食欲较差，为了工作要摄入足够的热量，可选用体积较小而富于热量的食物，摄入全日总热量的30%～35%。

午餐前后都是工作时间，既要补足上午的能量消耗，又要为下午的工作做准备，应摄入全日总热量的40%。

晚餐后是休息时间，摄入的热量应稍低，占全日总量的25%～30%即可。

早餐和午餐可以选富含蛋白质和脂肪的食物，晚餐可以选含糖的食物、蔬菜和易消化的食物。

晚上还要从事工作的人可以不受晚饭吃少的约束，但应合理分配每餐的摄入量。总之，饮食宜定时定量，有规律，这样才能身体好。

远离垃圾食品

垃圾食品是指仅仅提供一些热量，别无其他营养素的食物，或是提供超过人体需要，变成多余成分的食品。日常生活中常见的垃圾食品包括：

1.加工的肉类食品。

加工后的肉类食品含有一定量的亚硝酸盐，可能有导致癌症的潜在风险。此外，由于添加防腐剂、增色剂和保色剂等，造成人体肝脏负担加重。还有，火腿等制品大多为高钠食品，大量进食可导致盐分摄入过多，造成血压波动及肾功能损害。

2.罐头类食品。

不论是水果类罐头，还是肉类罐头，其中的营养素都遭到大量的破坏，特别是各类维生素几乎被破坏殆尽。另外，罐头制品中的蛋白质常常出现变性，使其消化吸收率大为降低，营养价值大幅度"缩水"。还有，很多水果类罐头含有较高的糖分，并以液体为载体被摄入人体，使糖分的吸收率大为增高，可在进食后短时间内导致血糖大幅攀升，胰腺负荷大为加重。同时，由于能量较高，营养成分低，有导致肥胖之嫌。

3.腌制食品。

在腌制食品的过程中需要大量放盐，这导致此类食物钠盐含量超标，造成常常进食腌制食品者肾脏的负担加重，发生高血压的风险增高。还有，食品在腌制过程中可产生大量的致癌物质亚硝酸胺，导致鼻咽癌等恶性肿瘤的发病风险大为增高。此外，由于高浓度的盐分可严重损害胃肠道黏膜，故常进食腌制食品者，胃肠炎症和溃疡的发病率较高。

4.烧烤类食品。

世界卫生组织报告称，烧烤食品有强"毒性"——含有大量"三苯四丙吡"，这是三大致癌物质之首。

5.油炸类食物。

如油条、油饼、薯片、薯条等，

6.汽水、可乐类饮料。

汽水是一种由香料、色素、二氧化碳碳水合成的饮品，含大量碳酸；含糖量超过每天每个人正常需要；喝后因二氧化碳有胀感，刺激食欲。

7.饼干、糖果类食品。

这类食品食用香精和色素过多，易损伤肝脏；含热量过多，营养成分低，过多摄入糖会使胰脏负担过重，易导致糖尿病。

8.方便类食品。

如方便面，方便米线，盐分过高、含防腐剂、香精，易损伤肝脏。

避免饮食误区

常见的饮食误区有：

1.熬粥、烧菜时加碱。有人在熬粥时喜欢加点碱，为了使粥口感变好。在烧菜时放碱是为了蔬菜熟得快，保持蔬菜的绿色。其实这样做都是不科学的，碱容易破坏食物中的维生素。

2.晚餐太丰盛。傍晚时血液中胰岛素含量为一天中的高峰，胰岛素可使血糖转化成脂肪凝结在血管壁和腹壁上，晚餐吃得太丰盛，久而久之，人便肥胖起来。同时，持续时间较长的丰盛晚餐，还会破坏人体正常的生物钟，容易使人患上失眠症。

3.餐后吸烟。这样使烟中的有害物质更易进入人体。饭后吸1支烟，中毒量大于平时吸10支烟的总和。因为人在吃饭以后，胃肠蠕动加强，血液循环加快，这时人体吸收烟雾的能力进入"最佳状态"，烟中的有毒物质比平时更容易进入人体，从而更加重了对人体健康的损害程度。

4.保温杯泡茶。如果用保温杯长时间把茶叶浸泡在高温的水中，就如同用微水煎煮一样，会使茶叶中的维生素全部破坏，茶香油大量挥发，鞣酸、茶碱大量渗出。这样不仅降低了茶叶的营养价值，减少了茶香，还使有害物质增多。

5.水果当主食。造成人体缺乏蛋白质等物质，营养失衡，甚至引发疾病。

改善自己的饮食习惯

生活中很多不良习惯会对健康造成隐患，现列举出来：

1.不吃早餐，会造成整个上午的体力透支。

2.睡觉前吃东西和吃了晚饭就去睡觉，会使机体代谢减慢，摄入过多的热量，超出机体的需要，容易对于健康和体形都十分不利。

3.暴饮暴食会使脂肪代谢紊乱、内分泌异常，能量入超，造成营养过剩而导致肥胖，并因肥胖而引发其他恶性的连锁反应。同时还会引起肠功能紊乱，诱发各种疾病。如急性胃扩张、胃下垂等。

4.吃得太快容易加重胃的负担，发生胃炎和胃溃疡，由于咀嚼不细，必然导致食物消化吸收不全，导致各种营养素的流失。

5.过冷的食物会使肠胃因冷刺激而痉挛，产生腹泻，长期下去会使消化功能下降。

6.过热的食物易损伤舌头、口腔黏膜、食道等，对牙齿也可造成损害。食道烫伤会影响营养素的吸收。易发生某些癌症。

7.强迫进食。若是在情绪有起伏或身体不适的时候强迫自己吃东西，会食之无味，降低对一些食物的兴趣。

水土不服的应对办法

务工地与家乡相比，气候、水质、饮食等条件都可能会有变化，一些人往往不习惯，会出现头昏无力、胃口不好、睡眠不佳等现象，这是水土不服的表现。水土不服，以"腹泻"、"消化不良"最为常见，此时应注意：

1.不要紧张，要从心理上认识到这种身体不适是由于环境突变而引起的。有的人只要休息几天，让身体生理功能慢慢适应，不适症状就会渐渐消失。

2.睡前饮用蜂蜜。中医认为，水土不服与脾胃虚弱有关，而蜂蜜可以健脾胃，还有镇静、安神的作用；蜂蜜对治疗便秘有较好的效果。

3.多喝酸奶。酸奶中的乳酸菌有助于保持肠道菌群的平衡，能最大限度避免胃肠道紊乱诱发的腹泻、腹痛等。

4.常喝茶。茶叶能加速血液循环，有利于致敏物质排出体外，减少荨麻疹的发生；茶叶中所含的多种微量元素可以及时补充当地食物、水中所含微量元素的不足。

5.如果症状比较明显，长时间腹泻、消化不良，可以采取以下处理方法：

（1）可喝一些温热的米粥，加入少量的盐。

（2）可以服用一些含葡萄糖的口服液，以补充能量、水分及电解质，如果有必要可以到医院输液，以便早日恢复健康。

（3）使用消化剂来帮助消化。

6.如果出现鼻出血、便秘、口腔溃疡、咽喉疼痛等"上火"症状。应尽量保持原有的生活习惯；多吃清淡的果蔬及粗纤维食物，少吃辛辣刺激性食物，多喝水。

7.水土不服的症状非常严重，长久不消退，就应该及时到医院诊治。

剩菜剩饭的保存及食用方法

平时做饭时最好是吃多少做多少，尽量不要剩饭剩菜。因为剩饭重新加热后再吃不易消化，常食会引起胃病。剩饭较适合葡萄球菌生产繁殖而造成污染，吃后易引起食物中毒。如果偶尔饭做得多了，剩饭剩菜要经过以下科学处理：

1.将剩饭松散开，放在通风、阴凉的地方。

2.待温度降至室温时，加盖放入冰箱冷藏。

3.尽量不隔餐食用，早剩午吃、午剩晚吃，缩短保存时间。

4.食前彻底消毒。消毒方法包括：加热蒸、煮应从水沸时计时，需5~10分钟。如果用微波炉加热，一般需1~3分钟。

购买安全放心食品

为了保证购买到安全放心食品，应注意以下几点：

1.在选购食品时，应注意食品是否长毛、变色、变味，不能买腐败变质的食品。

2.买定型包装的食品时，应注意包装上注明的生产日期、保质期限等，不能买过期食品。

3.应当在有卫生许可证、健康证明和工商部门发放的经营许可证的场所购买食品，不要购买无证产品。

4.购买食品特别是儿童食品和冷饮等时，不要买色彩鲜艳的，这样的食品可能含有毒有害物质。

主食类 35 例

1.核桃木耳粥

原料　大米100克，核桃仁20克，黑木耳5克，大枣5枚。

调料　冰糖20克。

制作步骤

（1）将黑木耳放入温水中泡发、去蒂，除去杂质，撕成小瓣；大枣、核桃仁均洗净。

（2）大米淘洗干净，放入清水中浸泡2小时。

（3）将黑木耳、大米、大枣、核桃仁一同放入锅中，加入适量清水，先用旺火烧开。

（4）再改用小火炖熬，待黑木耳熟烂、大米成粥后，加入冰糖搅匀即成。

2.豆芽肉粥

原料　大米400克，牛肉、绿豆芽各300克，香菜末适量。

调料　葱花、精盐、生抽、胡椒粉、淀粉、白糖、植物油各适量。

制作步骤

（1）将大米洗净，用精盐拌匀，倒入沸水锅中煮成粥；绿豆芽洗净，用热油炒香，放入粥锅中同煮。

（2）将牛肉洗净，剁成肉泥，加入精盐、白糖、生抽、植物油、淀粉拌匀，团成丸子。

（3）待粥煮至将熟时，放入牛肉丸子同煮至熟，撒入香菜末、葱花和胡椒粉调匀，即可装碗上桌。

3.香甜八宝粥

原料　大米250克，莲子25克，木瓜200克。

调料　冰糖适量。

制作步骤

（1）将大米、黑米、腰豆、花生、绿豆、赤小豆、莲子、大枣分别洗涤整理干净，放入清水中浸泡6小时至软。

（2）坐锅点火，加入适量清水，放入大米、黑米、腰豆、花生、绿豆、赤小豆、莲子、大枣，用大火煮开。

（3）再改用小火续煮30分钟，然后加入冰糖煮至冰糖溶化，即可出锅装碗。

4.莲藕粥

原料　黑糯米200克，莲藕100克。

调料　砂糖适量。

制作步骤

（1）将黑糯米淘洗干净，放入清水中浸泡12小时；莲藕洗涤整理干净，切成薄片。

（2）锅中加入适量清水，放入泡好的黑糯米煮沸，再改用小火煮约40分钟。

（3）然后加入莲藕片续煮约20分钟至粥熟，再加入砂糖煮至溶化，即可出锅装碗。

5.冰糖五色粥

原料　嫩玉米粒100克，大米粥200克，香菇丁、胡萝卜丁、青豆各25克。

调料　冰糖100克。

制作步骤

（1）将玉米粒、香菇丁、胡萝卜丁、青豆分别下入沸水锅中焯烫至熟，捞出沥干。

（2）锅中倒入大米粥烧沸，再加入嫩玉米粒、香菇丁、胡萝卜丁、青豆、冰糖搅匀，即可出锅装碗。

6.人参鸡粥

原料　大米200克，净仔鸡1只，人参5克，鸡肝150克，山药10克。

调料　精盐适量。

制作步骤

（1）将鸡肝洗净，用开水烫过后切成薄片；仔鸡剖开，洗净，放入锅中，加入适量清水煮熟，取适量鸡肉撕成细丝，鸡汤留用；人参切成片（参须切成粒）；山药洗净，切块；大米淘洗干净。

（2）将人参、大米一同放入鸡汤锅中，用中火煮至六分熟，再加入山药，待米软时放入鸡肝片和鸡肉丝略煮，然后加入精盐调味，即可盛出食用。

7.燕麦小米粥

原料　燕麦200克，小米100克。

调料　冰糖适量。

制作步骤

（1）将燕麦、小米分别淘洗干净，放入清水中浸泡5小时。

（2）坐锅点火，加入适量清水，放入燕麦、小米用大火煮沸。

（3）再改用小火煮约30分钟至粥熟，然后加入冰糖煮至溶化，即可出锅装碗。

8.羊肝粥

原料　大米150克，羊肝100克。

调料　葱末、姜末、精盐、胡椒粉各适量。

制作步骤

（1）将大米淘洗干净，放入清

水中浸泡6小时；羊肝洗净，切成小片。

（2）铝锅上火，加入适量清水，先放入大米烧沸，再改用小火煮至粥成。

（3）再加入羊肝、葱末、姜末、精盐略煮，然后撒入胡椒粉，即可出锅装碗。

9.青菜粥

原料　大米100克，青菜250克。

调料　姜丝、精盐、味精、熟猪油各少许。

制作步骤

（1）将青菜择洗干净，切成粗丝；大米淘洗干净，放入清水中浸4小时。

（2）坐锅点火，加入适量清水，先下入大米旺火煮沸，再转小火煮至粥将成。

（3）然后加入青菜、姜丝、精盐、味精、猪油续煮至粥成，即可出锅装碗。

10.排骨汤面

原料　面条500克，猪排骨1000克，青菜200克。

调料　葱花、精盐、酱油、料酒、胡椒粉、面粉、植物油、清汤各适量。

制作步骤

（1）将青菜洗净，切成丝，放入沸水中烫熟，捞出；猪排骨洗净，剁成骨牌块，放入盆中，加酱油、料酒、精盐、胡椒粉腌渍10分钟，再加入面粉拌匀。

（2）锅中加油烧热，下入排骨块炸熟，捞出沥油。

（3）将面条用沸水煮熟，捞出冲凉，再放入沸水中烫热，捞出沥干，分装入两个碗中备用。

（4）另起锅，加入清汤、酱油、精盐、胡椒粉、葱花烧沸，浇入面碗中，再放上炸排骨和青菜丝即成。

11.牛肉炒面

原料　面粉300克，牛肉100克，青、红椒丝25克。

调料　葱丝、姜丝各10克，精盐1小匙，味精1/2小匙，料酒、酱油各2小匙，肉汤、植物油各适量。

制作步骤

（1）牛肉洗净，切成细丝；面粉用凉水加精盐1克和成硬面团揉匀，再擀成大片，折叠后切成面条。

（2）锅内加入适量清水烧开，下入面条煮熟，捞出投凉，沥去水分。

（3）锅中加入植物油烧热，放入葱丝、姜丝炒香，再下入牛肉丝略炒，然后加入料酒炒熟。

（4）再加入肉汤、精盐和酱油，最后放入面条、青、红椒丝炒匀，加入味精炒匀，出锅装碗即可。

12.回勺面

原料　熟面条550克，猪肉、海米、青菜各适量。

调料　葱丝、姜末、精盐、味精、酱油、香油、清汤、植物油各适量。

制作步骤

（1）将猪肉洗净，切成细丝；青菜择洗干净，切成丝；海米用温水泡透。

（2）坐锅点火，加油烧热，下入葱丝、姜末炒香，再放入猪肉丝、青菜丝炒至肉丝变色，然后加入酱油、精盐、味精、清汤烧沸，捞出猪肉和青菜。

（3）再下入熟面条，待面条熟透，淋入香油，分装入两个碗中，最后撒上猪肉丝、青菜丝即成。

13.素三鲜汤面

原料　面条400克，冬笋、豌豆苗各100克，鲜蘑菇50克。

调料　精盐、味精、胡椒粉、香

油、植物油各适量。

制作步骤

（1）将鲜蘑菇削去泥根、洗净，切成片；冬笋去除老硬部分、洗净，切成细丝。

（2）锅中加油烧热，下入冬笋丝、鲜蘑菇片、豌豆苗煸炒几下，再加入精盐炒熟，出锅待用。

（3）锅中加入清水烧沸，下入面条烧沸，放入炒好的冬笋丝、鲜蘑菇片、豌豆苗、味精烧沸，再撒上胡椒粉，淋入香油，即可出锅装碗。

14.羊肉烩面

原料　玉米面条200克，熟羊肉100克，黄花菜、韭薹段各25克，木耳15克，香菜段10克。

调料　葱花、姜丝各15克，料酒、酱油各2小匙，精盐、味精、羊骨汤、辣椒油、香油各适量。

制作步骤

（1）将羊肉切成小丁；黄花菜用沸水焯透，捞出沥干，切成段；木耳洗净，切成小片。

（2）锅中加入羊骨汤烧沸，下入玉米面条，用筷子轻轻拨散，加入料酒、酱油、精盐、木耳片烧开。

（3）待煮至玉米面条微熟，再下入羊肉丁、黄花菜、韭薹段煮至面条软熟，加入味精，淋入辣椒油、香油，出锅装碗，撒上香菜段、葱花、姜丝即成。

15.鲜虾云吞面

原料 挂面100克，馄饨皮10张，虾仁150克，猪肥肉50克，海米、紫菜各少许。

调料 葱花、姜末、精盐、味精、胡椒粉、鱼露、料酒、香油、胡椒粉、高汤各适量。

制作步骤

（1）将虾仁洗净、切段；猪肥肉洗净，切成丁，加入虾段、鱼露、料酒、香油、胡椒粉、姜末拌匀成馅料；取馄饨皮1张，包入馅料，制成"云吞"。

（2）锅中加水烧开，下入云吞、挂面煮熟，捞出装碗。

（3）另起锅，加入高汤、海米、紫菜，调入精盐、味精，见汤沸，倒入面碗中，撒上葱花即成。

16.爆炒面

原料 面粉150克，羊肉75克，青椒、菠菜各30克。

调料 蒜片10克，精盐、味精、五香粉各1/2小匙，料酒、酱油各2小匙，米醋1小匙，植物油40克。

制作步骤

（1）面粉加入少许精盐及适量清水和成面团，饧约10分钟，再擀成面片，切成片，下入开水锅中煮熟，捞出投凉，沥干水分。

（2）羊肉洗净，切片；青椒去蒂及籽，洗净，切成条；菠菜择洗干净，切成小段。

（3）锅中加油烧热，下入羊肉片煸炒，再放入蒜片、五香粉、料酒、酱油、青椒条、菠菜段、面片煸炒，加入精盐、米醋、味精炒匀，出锅装盘即成。

17.刀削面

原料 刀削面150克，鸡蛋1个，熟猪五花肉100克，油菜心、白菜、蒜苗各适量。

调料 葱段少许，精盐、味精各1/3小匙，高汤2杯，植物油1大匙。

制作步骤

（1）猪肉洗净，切成片；白菜、蒜苗洗净，切成段。

（2）铝锅上火，加入适量清水烧沸，下入刀削面煮6分钟至熟，捞出装碗。

（3）锅中加油烧热，磕入鸡蛋煎好一面，再下入猪肉片、葱段爆香,加入高汤、精盐、味精烧沸。

（4）然后下入油菜心、白菜、蒜苗,待汤汁再略滚时,离火,盛入面碗中即可。

18.长寿面

原料 手擀面200克,熟鸡蛋1个,红烧肉、香菇、韭黄、青菜各适量。

调料 葱末、姜末、精盐、鸡精各少许,酱油、料酒、陈醋各1大匙,高汤750克,植物油2大匙。

制作步骤

（1）将熟鸡蛋去皮后一切两瓣;香菇去蒂、洗净,切成片;韭黄、青菜分别洗净,切成段。

（2）锅中加水烧沸,下入手擀面煮熟,捞入碗中。

（3）锅中加油烧热,放入红烧肉略炒,再下入葱末、姜末爆香,然后加入高汤、精盐、鸡精、酱油、料酒、陈醋烧沸,下入香菇、韭黄、青菜、鸡蛋煮熟,出锅浇入面碗中即成。

19.京味打卤面

原料 手擀面500克,熟猪肉片100克,水发香菇片、水发黄花菜、水发木耳、口蘑各20克,鸡蛋50克。

调料 葱段、姜片、大蒜、精盐、花椒、水淀粉、鸡精、老抽、香油各适量。

制作步骤

（1）将香菇、黄花、木耳、口蘑分别用热水浸泡发开、洗净;鸡蛋磕入碗中搅散。

（2）锅中加入煮肉的原汤,再下入香菇片、猪肉、黄花、木耳、口蘑炖煮20分钟,再加入精盐、鸡精、老抽,用水淀粉勾芡,然后加入蛋液,制成卤汁。

（3）锅加油烧热,下入花椒、姜炸香,浇在面卤中。

（4）面条用沸水煮熟,捞入碗中,浇上面卤即成。

20.朝鲜冷面

原料 冷面500克,熟牛肉75克,熟鸡蛋1个,香菜25克,熟芝麻仁20克。

调料 味精1/2小匙,白糖4小匙,酱油、白醋、香油各2小匙,辣椒油2大匙。

制作步骤

（1）冷面放入温水盆内泡至回软;熟牛肉切成片;熟鸡蛋切成两瓣;香菜洗净,切成小段。

（2）凉开水中放入白糖、白醋、酱油、味精、香油对成凉汁。

（3）锅中加水烧开，下入冷面条煮熟，捞出投凉，放入碗中，放上牛肉片、鸡蛋，撒上香菜、熟芝麻仁，淋入辣椒油，浇上凉汁即成。

21.酸辣三丝面

原料 挂面150克，猪瘦肉、香菇丝、黄瓜丝各100克，青、红椒圈各适量。

调料 葱末、姜末、精盐、味精、胡椒粉、酱油、料酒、清醋、红辣椒油、高汤、香油、植物油各适量。

制作步骤

（1）猪肉洗净，切丝，放入热油锅中炒至断生，再加入葱末、姜末、酱油、料酒炒至入味，出锅装碗。

（2）铝锅上火，加水烧开，下入挂面煮约12分钟至熟，捞出装碗，码上"三丝"。

（3）另起锅，加入高汤烧沸，放入青、红椒丝、清醋、红辣椒油、精盐、味精、胡椒粉、香油调好口味，浇入面碗中即可。

22.珍珠面

原料 面粉150克，鸡蛋清2个。

调料 香葱花、料酒、胡椒粉各少许，精盐、味精各1/2小匙，鸡汤750克，植物油1大匙。

制作步骤

（1）将面粉加入蛋清和适量清水调和成面糊。

（2）铝锅上火，加入适量清水烧沸，用不锈钢漏勺的圆眼将面糊过滤，淋在沸水中，煮5分钟至熟，捞出装碗。

（3）坐锅点火，加油烧热，先下入葱花炝锅，烹料酒，再添入鸡汤，加入精盐、味精、胡椒粉，见汤沸，倒入面碗中即可。

23.家常炸酱面

原料 切面200克，肉馅50克，鸡蛋1个，水发香菇丁少许。

调料 东北大酱、酱油各1大匙，料酒、白糖各1/2大匙，味精、香油各1/3小匙，高汤500克，花生油、甜面酱各2大匙。

制作步骤

（1）将切面放入沸水锅中，加入少许精盐，煮约10分钟至熟，捞入面碗中，再添入煮沸的高汤。

（2）锅中加油烧热，将鸡蛋打散，下锅炒熟、盛出，再放入猪肉馅炒至变色，然后加入甜面酱、大酱、酱油、料酒、白糖、味精及炒好的鸡蛋炒至入味，待酱汁稠浓，淋入香油，出锅装入面碗中即可。

24.粉蒸排骨饭

原料 大米250克，猪排骨200克，荷叶1张，香菜段少许。

调料 葱花、白糖、料酒、味精、胡椒粉各少许，酱油1大匙，香油1小匙。

制作步骤

（1）将大米淘洗干净，放入砂锅中，用微火慢炒至米粒膨胀、变白，熟透后出锅。

（2）将排骨洗净，与大米、酱油、白糖、料酒、味精、胡椒粉、香油一起拌匀，腌制30分钟。

（3）将荷叶洗净，下入开水锅中烫软，取出冲净，铺入蒸笼内。

（4）将腌好的排骨和米饭放在荷叶上，用旺火蒸约调料40分钟，取出，撒上葱花、香菜，即可上桌食用。

25.菜包饭

原料 大米饭150克，西生菜、蛋皮丝、肉丝各适量。

调料 香葱粒、胡椒粉各少许，精盐、味精各1/3小匙，酱油、料酒、植物油各1/2大匙。

制作步骤

（1）将西生菜洗净，下入沸水锅中焯汤一下，捞出沥干水分。

（2）坐锅点火，加油烧热，先下入酱油、料酒和肉丝煸炒至熟。

（3）再下入大米饭和蛋皮丝，加入精盐、味精、胡椒粉炒拌均匀，然后撒入香葱粒，出锅，装在西生菜中即可。

26.扬州炒饭

原料 大米饭200克，虾仁50克，火腿丁15克，鸡蛋1个，青豆少许。

调料 葱花10克，精盐、味精、料酒、鸡蛋清、淀粉、胡椒粉各少许，植物油适量。

制作步骤

（1）将虾仁挑除沙线、洗净，用蛋清、料酒、精盐腌拌入味；火腿丁、青豆放入沸水中焯透，捞出沥干；鸡蛋打入碗中，搅成蛋液。

（2）锅中加油烧温，放入虾仁滑散，捞出沥油。

（3）锅留底油，放入蛋液炒散，加入葱花，放入米饭、火腿、虾仁、青豆、精盐、味精、胡椒粉炒匀即成。

27.叉烧酱油炒饭

原料 白米饭200克，叉烧肉50克，鸡蛋1个。

调料 香葱15克，酱油3大匙，料酒、白糖各1小匙，味精、胡椒粉各少许，植物油1大匙。

制作步骤

（1）将叉烧肉切成小菱形片；香葱洗净，切成葱花；鸡蛋磕入碗中，搅成蛋液。

（2）坐锅点火，加油烧热，先下入香葱花炒出香味，再烹入料酒，加入叉烧肉、酱油、白糖、味精、胡椒粉略炒一下。

（3）然后下入大米饭拌炒至均匀入味，待大米饭变色时，淋入鸡蛋液翻拌至定浆，即可出锅装盘。

28.咖喱炒饭

原料 大米饭100克，飞蟹1只，洋葱末少许。

调料 蒜末少许，精盐、味精、白糖、胡椒粉各适量，咖喱酱1/2大匙，牛油1大匙。

制作步骤

（1）将飞蟹用清水冲洗干净，放入锅中蒸熟，开壳取肉，留壳备用。

（2）锅中加入牛油烧热，先放入洋葱末、蒜末炒香，再加入咖喱酱、精盐、味精、白糖、胡椒粉及蟹肉翻炒均匀。

（3）然后放入大米饭拌匀，盛入蟹壳中，入锅蒸约10分钟，即可上桌食用。

29.辣白菜炒饭

原料 大米饭200克，熟五花肉150克，辣白菜100克。

调料 葱末、姜末各5克，精盐、味精、白糖各少许，酱油、料酒各1/2大匙，植物油1大匙。

制作步骤

（1）将熟五花肉切成薄片；辣白菜切成小段。

（2）炒锅上火烧热，加入底油，先放入葱末、姜末炒香，再下入五花肉、辣白菜煸炒片刻。

（3）然后加入酱油、料酒、精盐、味精、白糖、大米饭拌炒均匀，即可出锅装碗。

30.时蔬鸡蛋炒饭

原料 白米饭200克，香菇丁50克，胡萝卜、生菜丝各适量，鸡蛋1个。

调料 植物油1大匙，葱花2小匙，味精1小匙，精盐1/2小匙。

制作步骤

（1）将鸡蛋磕入碗中，搅成蛋液。

（2）将香菇丁和胡萝卜丁分别下入沸水中焯透，捞出沥干。

（3）炒锅上火，加入底油烧至六成热，先放入鸡蛋液炒至定浆。

（4）再下入葱花炒香，然后加入香菇、胡萝卜、白米饭炒匀，再放入精盐、味精、生菜丝炒至入味，即可装盘上桌。

31.素荤焖饭

原料 大米饭500克，青笋、萝卜、大白菜、红烧肉100克，水发香菇、水发木耳各少许。

调料 葱花、姜末、肉汤、精盐、酱油、味精、胡椒粉、植物油各适量。

制作步骤

（1）青笋、萝卜、大白菜洗净，改刀切成丁；水发香菇、水发木耳洗净，切成小块。

（2）净锅置火上，加入植物油烧热，下入葱花、姜末炝锅，放入红烧肉、香菇和木耳炒匀。

（3）再放入肉汤、精盐、酱油、味精和胡椒粉烧沸，倒入大米饭和蔬菜焖5分钟，出锅即可。

32.肉末菜饭

原料 米饭300克，猪肉馅100克，鸡蛋1个，豌豆、胡萝卜、卷心菜各少许。

调料 葱末、姜末、精盐、鸡精、胡椒粉、酱油、料酒、植物油各适量。

制作步骤

（1）将胡萝卜洗净，切成小丁；卷心菜洗净，切成丝；鸡蛋磕入碗内搅匀。

（2）锅中加入猪肉馅和少许清水炒至干酥，再加入酱油、胡椒粉、鸡精、料酒、精盐、胡萝卜丁炒匀。

（3）锅中留底油烧热，下入鸡蛋液炒匀，再加入米饭、豌豆煸炒，然后加入肉酥炒匀，加入葱末、姜末和卷心菜丝即可。

33.叉烧包

原料 面粉400克，面肥250克，泡打粉20克，藕粉10克，食用碱少许，叉烧肉300克，熟芝麻100克。

调料 精盐、味精各少许，白糖50克，老抽、生抽各1小匙，蚝油2大匙，鹰粟粉、淀粉、植物油各适量。

制作步骤

（1）食用碱化成碱水；叉烧肉切片；取少许面粉、鹰粟粉、淀粉调成糊状。

（2）锅中加油烧热，加入蚝油、老抽、生抽、清水烧沸，再放入叉烧肉翻匀，撒上芝麻拌匀成馅料。

（3）将面肥、白糖、面粉、食

用碱、泡打粉、藕粉揉匀，制成发面团，稍饧后下成剂，再擀成圆饼，包入馅料成生坯，入锅蒸8分钟即可。

34.混汤包子

原料　面粉200克，羊肉末150克，香菜段15克。

调料　葱头末50克，姜末10克，精盐、排骨精各1小匙，味精、料酒、酱油各1/2大匙，香油1大匙，鸡清汤550克。

制作步骤

（1）面粉放入容器内，用开水烫透，和成面团。

（2）羊肉末加入料酒、酱油、姜末、葱头末及精盐2克、味精1克、香油10克、鸡清汤25克搅匀成馅。

（3）面团搓成长条，下剂，擀成圆皮，包入馅料，捏成包子生坯，入锅蒸10分钟取出，撒上香菜段。

（4）锅内加入余下的鸡清汤、精盐、味精及排骨精烧至滚沸，倒入盛有包子的碗内，淋入香油即成。

35.发面蒸饺

原料　面粉400克，酵面100克，猪五花肉、芹菜各300克，水发粉条150克。

调料　葱末、姜末各10克，料酒、酱油各1大匙，精盐、食用碱、味精各少许，鲜汤、植物油各3大匙。

制作步骤

（1）面粉、酵面、食用碱放入碗内，加温水和匀。

（2）芹菜择洗干净，放入沸水锅中略焯，捞出沥干；猪五花肉、粉条、芹菜分别剁碎。

（3）肉末加入葱末、姜末、料酒、酱油、精盐、味精、鲜汤、植物油搅匀，再放入粉条末、芹菜末拌匀。

（4）面团搓成长条，揪成剂子，擀成薄皮，包入馅，捏成饺子坯，摆入蒸锅内蒸15分钟至熟，装盘即成。

炒菜类 46 例

1.炒白菜三丝

原料：大白菜300克，水发粉丝150克，胡萝卜、香菜各100克。

调料：葱丝、姜丝、精盐、味精、胡椒粉、花椒油、植物油各适量。

制作步骤

（1）白菜洗净，切成细丝；水发粉丝切成7厘米长的段；胡萝去皮、洗净，切成细丝，再放入沸水中焯烫一下，捞出沥干；香菜择洗干净，切成小段。

（2）锅中加入植物油烧热，先下入葱丝、姜丝炒香，再放入白菜丝略炒，然后加入精盐、味精、胡萝卜丝、粉丝炒匀，再放入胡椒粉、香菜段翻炒几下，淋入花椒油，出锅装盘即成。

2.苦瓜炒虾仁

原料：苦瓜500克，鲜虾仁100克。

调料：精盐1/2小匙，鸡精1/3小匙，酱油1小匙，植物油3大匙。

制作步骤

（1）将苦瓜洗净，切去两端，从中间剖开，再去瓤及籽，切成薄片。

（2）坐锅点火，加油烧至七成热，放入虾仁滑散、滑熟，捞出沥油。

（3）锅再上火，加入少许底油烧热，先下入切好的苦瓜略炒，再放入熟虾仁、精盐、鸡精、酱油速炒一下，即可出锅装盘。

3.酱爆四季豆

原料：四季豆400克，猪肉100克。

调料：葱末、姜末、蒜片各10克，味精、花椒粉各少许，黄豆酱2大匙，水淀粉2小匙，植物油适量。

制作步骤：

（1）将四季豆撕去豆筋、洗净，切成长段，再下入五成热油中炸至断生，捞出沥油；猪肉去筋膜、洗净，切成薄片。

（2）锅中留底油烧热，先下入葱末、姜末、蒜片炒香，再放入肉片炒至变色，然后加入黄豆酱、花椒粉、四季豆、味精炒至入味，再用水淀粉勾芡，淋入香油，即可出锅装盘。

4.豌豆炒腊肉

原料：豌豆荚300克，腊肉100克。

调料：精盐2小匙，味精1小匙，白糖1大匙，料酒2大匙，高汤100克，植物油3大匙。

制作步骤：

（1）将腊肉去皮，装入碗中，再放入蒸锅中蒸熟，取出晾凉，切成小长方片；豌豆荚择洗干净，沥干水分。

（2）炒锅置火上，加油烧至七成热，先下入腊肉片煸至出油，再添入适量高汤烧开，然后烹入料酒，放入豌豆荚翻炒均匀，再加入白糖、精盐翻炒2分钟，放入味精炒匀，即可出锅装盘。

5.白菜炒虾仁

原料：白菜750克，虾仁150克，鲜香菇1个。

调料：葱段、姜片、精盐、味精、生抽、料酒、香油、胡椒粉、水淀粉、熟猪油、上汤各适量。

制作步骤：

（1）虾仁从背部片开，去除沙线，洗净沥干；白菜洗净，切成长条，再放入沸水锅中焯烫一下，捞出沥干；香菇去蒂、洗净，片成大片。

（2）净锅置火上，加入熟猪油烧至七成热，先下入葱段、姜片炒香，再放入香菇片、白菜条略炒，然后加入虾仁、料酒、生抽、上汤、精盐、味精炒匀，再用水淀粉勾薄芡，撒入胡椒粉，淋入香油，即可出锅装盘。

6.香辣土豆丁

原料：土豆400克，红干椒20克。

调料：葱丝15克，姜末5克，精盐1小匙，味精、米醋各1/2小匙，肉汤300克，植物油800克（约耗100克）。

制作步骤：

（1）将土豆去皮、洗净，切成2厘米见方的小丁；红干椒洗净，切成小段。

（2）坐锅点火，加油烧至七成热，放入土豆丁炸至金黄色，捞出沥油。

（3）锅中留少许底油烧热，先下入葱丝、姜末炒香，再放入红干椒段略炸，然后下入土豆丁，添入肉汤，加入精盐、米醋翻炒至熟，再放入味精调味，即可出锅装盘。

7.芦笋炒里脊

原料：芦笋300克，猪里脊肉150克，鲜香菇50克，鸡蛋清1个。

调料：蒜片10克，精盐、味精各1小匙，酱油、水淀粉各2小匙，植物油500克（约耗50克）。

制作步骤：

（1）猪肉洗净，切成薄片，再放入碗中，加入酱油、鸡蛋清、水淀粉抓拌均匀，腌渍10分钟，然后下入五成热油中滑散，捞出沥油；芦笋去根、洗净，切成斜段；香菇去蒂、洗净，切成大片。

（2）锅中加适量底油烧热，先下入蒜片炒香，再放入肉片略炒，然后加入芦笋段、香菇片和适量清水翻炒至熟，再放入精盐、味精调味，即可出锅。

8.牛肉炒苋菜

原料：苋菜300克，牛肉150克，蟹柳50克。

调料：葱段15克，姜末、蒜片各10克，精盐、香醋各1小匙，味精、料酒、香油、花椒油各1/2小匙，水淀粉2小匙，植物油2大匙。

制作步骤

（1）将苋菜择洗干净，切成小段；牛肉洗净，切成薄片，再放入碗中，加入料酒、水淀粉拌匀上浆；蟹柳洗净，切成小段。

（2）坐锅点火，加油烧热，先下入葱段、姜末、蒜片炒香，再放入牛肉片炒至变色，然后加入苋菜、蟹柳略炒，放入精盐、香醋翻炒均匀，再淋入花椒油、香油，加入味精调匀，即可装盘上桌。

9.地三鲜

原料：土豆块、茄子块、青椒片、猪肉片各适量。

调料：葱末、姜末、蒜末各10克，精盐1小匙，味精、鸡精、白糖各1/2小匙，料酒、花椒水各2小匙，酱油、水淀粉各1大匙，老汤100克，植物油适量。

制作步骤：

（1）坐锅点火，加油烧热，分别下入土豆块、茄子块、青椒片炸至稍硬，捞出沥油。

（2）锅中留底油烧热，先下入肉片、葱末、姜末炒至变色，再加入料酒、酱油、花椒水、精盐、白糖、鸡精、老汤烧开，然后放入土豆、茄子、青椒略烧，加入蒜末、味精炒匀，再用水淀粉勾芡，即可出锅。

10.清炒荷兰豆

原料：荷兰豆350克。

调料：蒜瓣15克，精盐1小匙，味精1/2小匙，水淀粉1大匙，植物油2小匙。

制作步骤：

（1）将荷兰豆撕去豆筋，切去两端，放入加有少许精盐和植物油的沸水中焯透，捞出过凉，沥干水分；大蒜去皮、洗净，剁成蒜末。

（2）坐锅点火，加油烧至六成热，先下入蒜末炒出香味，再放入荷兰豆略炒一下，然后加入精盐、味精快速翻炒至入味，再用水淀粉勾薄芡，淋入明油，即可出锅装盘。

11.炒肉白菜粉

原料：大白菜250克，猪瘦肉150克，水发粉丝100克，香菜段、红干椒丝各少许。

调料：葱丝、姜末、蒜片各少许，精盐、白糖、味精各1/2小匙，酱油1大匙，胡椒粉1/3小匙，料酒、米醋各1/2大匙，植物油2大匙。

制作步骤：

（1）猪肉、大白菜分别洗净，均切成细丝；水发粉丝捞出沥干，剪成小段。

（2）锅中加油烧热，先用葱、姜、蒜、红干椒炝锅，再放入肉丝炒至变色，然后烹入料酒、米醋，下入白菜丝略炒，再加入酱油、白糖、精盐、味精、胡椒粉、粉丝炒匀，撒入香菜段，即可出锅装盘。

12.蒜蓉炒茼蒿

原料：茼蒿750克，大蒜50克。

调料：精盐1小匙，味精、鸡精各1/2小匙，植物油2大匙。

制作步骤：

（1）将茼蒿择洗干净，切成长段，再放入加有少许，精盐和植物油的沸水中焯烫一下，捞出冲凉，沥干水分。

（2）大蒜去皮、洗净，捣成蒜蓉。

（3）坐锅点火，加油烧热，先下入蒜蓉炒出香味，再放入茼蒿段，加入精盐、鸡精、味精翻炒至入味，即可出锅装盘。

13.西芹百合炒腰果

原料：西芹200克，鲜百合150克，腰果30克。

调料：精盐、味精各1小匙，水淀粉2小匙，高汤、植物油各1大匙。

制作步骤：

（1）将百合去黑根、洗净，掰成小瓣；西芹洗净，撕去老筋，切成菱形片。分别放入沸水锅中焯至断生，捞出沥干。

（2）坐锅点火，加油烧热，下入腰果炸至酥脆，捞出沥油。

（3）锅中留底油烧热，先下入西芹片略炒，再添入高汤，加入百合、精盐、味精炒至入味，然后用水淀粉勾薄芡，出锅装盘，撒上腰果即可。

14.树椒土豆丝

原料：土豆400克，干树椒15克，香菜少许。

调料：葱丝5克，精盐1小匙，

味精1/2小匙，米醋、花椒油各2小匙，植物油适量。

制作步骤

（1）土豆洗净、去皮，切成细丝，先放入沸水锅中焯烫一下，再捞入冷水中浸泡10分钟；香菜择洗干净，切成小段。

（2）坐锅点火，加油烧至五成热，先下入干树椒小火慢慢炸出香味，再放入土豆丝、葱丝翻炒均匀，然后烹入米醋，旺火翻炒至土豆丝黏锅，再加入精盐、味精、花椒油、香菜段炒至入味，即可出锅装盘。

15.小白菜炒猪肝

原料：小白菜300克，猪肝100克。

调料：葱末、姜末、蒜末各5克，精盐、味精各1/2小匙，料酒1/2大匙，胡椒粉、淀粉各1小匙，水淀粉1大匙，植物油400克（约耗50克）。

制作步骤

（1）猪肝洗净、切片，先拍匀淀粉，再下入温油中滑至八分熟，捞出沥油；小白菜洗净，一切两段。

（2）锅中加少许底油烧热，先下入葱末、姜末、蒜末炒出香味，再放入小白菜，烹入料酒，煸炒至

八分熟，然后加入精盐、味精，放入猪肝，用旺火快速翻炒均匀，再撒入胡椒粉，用水淀粉勾薄芡，淋入明油，即可出锅装盘。

16.胡萝卜炒木耳

原料：胡萝卜200克，水发黑木耳150克。

调料：姜末10克，精盐、鸡精、酱油各1小匙，白糖1/2小匙，料酒1大匙，植物油2大匙。

制作步骤

（1）将胡萝卜去皮、洗净，切成薄片；水发黑木耳去蒂、洗净，撕成小朵。分别放入沸水锅中焯烫一下，捞出沥干。

（2）坐锅点火，加油烧热，先下入姜末炒出香味，再放入胡萝卜片、黑木耳翻炒片刻，然后烹入料酒，加入精盐、鸡精、酱油、白糖炒熟至入味，即可出锅装盘。

17.香辣卷心菜

原料：卷心菜叶350克，红干椒15克。

调料：葱末10克，姜末、蒜末各5克，精盐、味精、白糖各1/2小匙，香油1小匙，植物油2大匙。

制作步骤

（1）将卷心菜叶洗净，切成大

片；红干椒去蒂、洗净，用清水泡软，切成细丝。

（2）炒锅置火上，加入少许底油烧热，先下入葱末、姜末、蒜末炒出香味，再放入红干椒丝煸炒片刻，然后加入卷心菜叶，放入精盐、味精、白糖，用旺火翻炒至入味，再淋入香油，即可出锅装盘。

18.素炒三丝

原料：青笋200克，猪瘦肉150克，水发黑木耳100克，鸡蛋1个。

调料：葱花、姜末、蒜片各10克，精盐、味精各1/2小匙，白糖、酱油、米醋、料酒、淀粉各2小匙，郫县豆瓣酱、水淀粉各1大匙，植物油3大匙。

制作步骤

（1）将土豆、青笋分别去皮、洗净，切成细丝；红椒洗净，去蒂及籽，切成细丝。

（2）坐锅点火，加入适量清水烧沸，分别放入土豆丝、青笋丝焯至八分熟，捞出沥干。

（3）净锅置火上，加油烧热，先下入葱花、姜末炒出香味，再放入青笋丝、土豆丝、红椒丝翻炒均匀，然后加入精盐、味精、米醋、料酒，快速煸炒至入味，再淋入明

油，即可出锅装盘。

19.炒肉白菜鲜蘑

原料：白菜300克，猪肉150克，鲜蘑100克。

调料：葱花15克，姜末5克，蒜片10克，精盐1小匙，酱油2小匙，味精、米醋、花椒粉各少许，水淀粉1大匙，植物油3大匙

制作步骤

（1）猪肉洗净，切成薄片；鲜蘑去蒂、洗净，撕成小块；白菜洗净，片成薄片。

（2）锅中加入适量清水烧沸，放入鲜蘑、白菜焯烫一下，捞出沥干。

（3）锅中加油烧热，先用葱、姜、蒜炝锅，再下入肉片略炒，然后放入鲜蘑、白菜、精盐、酱油、花椒粉、米醋、味精炒熟，再用水淀粉勾芡，即可出锅。

20.蛋黄炒南瓜

原料：南瓜500克，咸鸭蛋黄4个。

调料：香葱段10克，精盐、鸡精各1/2小匙，料酒1小匙，植物油1大匙。

制作步骤

（1）将咸鸭蛋黄放入小碗中，

加入料酒调匀，再放入蒸锅中隔水蒸8分钟，取出后趁热用小勺碾碎，呈细糊状。

（2）将南瓜洗净，去皮及瓤，切成小条。

（3）炒锅置火上，加油烧热，先下入香葱段炒出香味，再放入南瓜条煸炒2分钟至熟（边角发软），然后倒入蛋黄糊，加入精盐、鸡精翻炒均匀，即可出锅装盘。

21.干煸土豆片

原料：土豆500克，香菜50克，红干椒15克。

调料：蒜末5克，精盐1/2大匙，味精1小匙，白糖、花椒油、香油各1/2小匙，植物油适量。

制作步骤

（1）将土豆去皮、洗净，切成薄片，再放入七成热油中炸至金黄色，捞出沥油。

（2）香菜择洗干净，切成小段；红干椒洗净，去蒂及籽，切成细丝。

（3）锅中留少许底油烧热，先下入红干椒丝、蒜末炒出香味，再放入土豆片，加入精盐、白糖、味精，转小火翻炒约2分钟，然后撒入香菜段，淋入花椒油、香油，即可

出锅装盘。

22.醋熘白菜

原料：大白菜600克，黑木耳15克。

调料：精盐1/2小匙，白糖2小匙，米醋1/2大匙，水淀粉1小匙，香油少许，植物油2大匙。

制作步骤

（1）大白菜洗净，去叶留帮，切成小条，再加入少许精盐略腌一下。

（2）黑木耳用清水泡发，择洗干净，撕成小朵。

（3）炒锅置火上，加油烧至九成热，先下入白菜条爆炒一下，再加入精盐、白糖、米醋翻炒至五分熟，然后放入黑木耳炒至入味，再用水淀粉勾芡，淋入香油，即可出锅装盘。

23.家常爆酱瓜

原料：酱瓜100克，猪五花肉80克，青豆、胡萝卜各50克，鲜香菇、花生仁各30克。

调料：葱花、姜末、蒜片各5克，精盐、白糖、酱油各1小匙，胡椒粉、香油各1/2小匙，植物油2大匙。

制作步骤

（1）猪肉洗净，切成小丁；酱

瓜洗净、切丁，放入清水中浸泡；香菇去蒂、洗净，胡萝卜去皮、洗净，均切成小丁；花生仁放入清水中泡透，去除皮膜。

（2）锅中加油烧热，先下入葱、姜、蒜炒香，再放入五花肉、酱瓜、青豆、香菇、胡萝卜、花生仁翻炒均匀，然后加入精盐、白糖、酱油、胡椒粉炒熟至入味，再淋入香油，即可出锅装盘。

24.家常炒猪肚

原料：猪肚350克，白萝卜50克。

调料：红辣椒末5克，葱段、姜片、蒜末各少许，精盐、味精各1/2小匙，料酒1小匙，植物油2大匙。

制作步骤

（1）将猪肚洗涤整理干净，放入沸水锅中焯透，再捞出冲净，放入清水锅中，加入葱段、姜片、料酒煮熟，然后捞出晾凉，切成大片。

（2）白萝卜去皮、洗净，切成小丁，放入沸水中焯熟，捞出沥干。

（3）炒锅置火上，加油烧热，先下入蒜末、红辣椒末炒出香味，再放入猪肚片、白萝卜丁、精盐、味精翻炒至熟，即可出锅装盘。

25.火爆腰花

原料：猪腰250克，红泡椒5个，黑木耳10克。

调料：葱段、姜末、蒜片各10克，精盐、酱油、水淀粉、清汤、植物油各适量。

制作步骤

（1）将猪腰从中间剖开，片去腰膜，洗净沥干，再剞上花刀，切成小块；黑木耳放入清水中泡发，择洗干净，撕成小朵。

（2）锅中加油烧热，下入腰花、红泡椒冲炸至断生，捞出沥油。

（3）锅中加入底油烧热，先下入葱段、姜末、蒜片炒香，再放入腰花、黑木耳，加入精盐、酱油、清汤翻炒均匀，然后用水淀粉勾芡，即可出锅装盘。

26.熘肝尖

原料：猪肝300克，胡萝卜片、黄椒片各25克。

调料：葱末、姜末、蒜末各少许，精盐、味精、米醋各1/2小匙，白糖1/2大匙，酱油、料酒各1大匙，花椒油1小匙，淀粉1小匙，水淀粉2小匙，植物油300克（约耗50克）。

制作步骤

（1）猪肝洗净、切片，先用少许精盐、味精、料酒、淀粉抓匀，再下入五成热油中滑散，捞出沥油。

（2）料酒、酱油、白糖、味精、水淀粉调成芡汁。

（3）锅中加入底油烧热，先用葱、姜、蒜炝锅，再烹入米醋，放入胡萝卜片、黄椒片略炒，然后加入猪肝，泼入芡汁炒匀，再淋入花椒油，即可出锅。

27.鱼香小滑肉

原料：猪肉350克，水发黑木耳、水发玉兰片各50克，红泡椒20克。

调料：葱花15克，姜末、蒜末各10克，精盐1/2小匙，味精少许，酱油、料酒、米醋各1大匙，白糖、豆粉、高汤各2大匙，植物油3大匙。

制作步骤

（1）猪肉洗净、切片，用少许精盐、料酒略腌；木耳撕成小朵；红泡椒剁碎；碗中加入精盐、酱油、味精、白糖、米醋、豆粉、高汤调匀成芡汁。

（2）锅中加油烧热，先下入猪肉片炒至变色，再放入红泡椒、葱、姜、蒜炒香，然后加入黑木耳、玉兰片炒匀，再烹入芡汁炒至入味，即可出锅。

28.小炒兔

原料：兔肉350克，酸泡菜50克，红辣椒30克。

调料：葱花、蒜末各15克，姜末50克，精盐、酱油、料酒、香油各1小匙，味精、白糖各少许，米醋、甜酒汁各2小匙，鲜汤3大匙，植物油3大匙。

制作步骤

（1）兔肉洗净，切成小丁，加入精盐、料酒抓匀入味；酸泡菜洗净、切碎；红辣椒去蒂、洗净，切成碎末；甜酒汁、白糖、酱油、米醋、鲜汤调成味汁。

（2）锅中加油烧至六成热，先下入兔丁略炒，再加入酸泡菜、红辣椒、姜、蒜炒香，然后烹入味汁，加入葱花、味精，淋入香油炒匀，即可出锅装盘。

29.洋葱炮羊肉

原料：羊后腿肉400克，洋葱100克。

调料：葱花、蒜片各少许，精盐、味精各1/2小匙，白糖、米醋各1小匙，酱油、料酒各2大匙，香油1/2大匙，水淀粉适量，植物油750

克（约耗50克）。

制作步骤

（1）羊肉洗净，切成薄片，下入七成热油中滑散、滑透，捞出沥油；洋葱去皮、洗净，切成小片。

（2）小碗中加入酱油、米醋、白糖、精盐、味精、水淀粉调匀，制成味汁。

（3）锅中加油烧热，先下入洋葱略炒，再放入葱花、蒜片、羊肉翻炒均匀，然后烹入料酒，倒入调好的味汁，用旺火炒至入味，再淋入香油，即可出锅。

30.香辣肉丝

原料：猪里脊肉250克，青尖椒丝30克，香菜段20克，鸡蛋清1个。

调料：红干椒、葱丝、姜丝、蒜片各10克，精盐、味精、鸡精、白糖、料酒、辣椒油各1/2小匙，酱油、水淀粉各1小匙，香油、蚝油、清汤、植物油各适量。

制作步骤

（1）猪肉洗净，切成细丝，加入料酒、水淀粉、蛋清抓匀，再下入四成热油中滑散至熟，捞出沥油。

（2）锅中留底油烧热，先下入葱、姜、蒜、红干椒炒香，再烹入

料酒，加入精盐、味精、鸡精、酱油、蚝油、清汤、尖椒丝、肉丝略炒，然后用水淀粉勾芡，撒入香菜段，淋入香油、辣椒油炒匀，即可出锅。

31.熘肥肠

原料：熟猪肥肠300克，黄瓜片50克。

调料：葱末、姜末、蒜末各5克，精盐、味精、白糖、米醋、香油各1小匙，酱油、料酒各1大匙，水淀粉2小匙，植物油600克（约耗50克）。

制作步骤

（1）将熟肥肠切成斜段，下入沸水锅中焯透，捞出沥干，再放入七成热油锅中浸炸一下，捞出沥油。

（2）小碗中加入精盐、味精、酱油、白糖、米醋、料酒、水淀粉调匀成味汁。

（3）锅中加油烧热，先下入葱、姜、蒜炒香，再放入肥肠、黄瓜、味汁、香油炒匀，即可出锅。

32.川香回锅肉

原料：熟五花肉300克，油菜30克，黑木耳15克。

调料：红干椒20克，葱片15

克，精盐、味精各1/2小匙，白糖、辣椒酱、米醋各1/2大匙，料酒、酱油各1大匙，植物油750克（约耗50克）。

制作步骤

（1）熟五花肉切成大片，放入热油锅中滑透，捞出沥油；油菜洗净，切成小段；黑木耳用清水泡发，撕成小朵；红干椒洗净，去蒂及籽，切成小段。

（2）锅中加油烧热，先下入葱片炒香，再烹入料酒，加入精盐、味精、白糖、辣椒酱、米醋、料酒、酱油和少许清水烧沸，然后放入猪肉片、红干椒、黑木耳、油菜段翻炒至入味，即可出锅装盘。

33.爆炒排骨

原料：猪排骨350克，红辣椒30克，香菜20克。

调料：蒜片20克，姜片10克，八角1粒，鸡精1大匙，白糖2小匙，酱油、醪糟、香油各2大匙。

制作步骤

（1）将猪排骨洗净，剁成小块，先加入酱油、鸡精、八角腌渍入味，再下入热油锅中炸至熟透，捞出沥油；香菜择洗干净，切成小段；红辣椒洗净，去蒂及籽，切成小片。

（2）炒锅上火，加入香油烧热，先下入姜片、蒜片、红辣椒段炒香，再放入猪排骨、酱油、香菜段、醪糟、白糖及适量清水炒至收汁，即可出锅装盘。

34.青瓜虾仁炒蹄筋

原料：熟猪蹄筋250克，丝瓜150克，虾仁50克。

调料：精盐1/2小匙，料酒2小匙，水淀粉1大匙，鸡清汤100克，植物油300克（约耗30克）。

制作步骤

（1）将熟蹄筋切成小条；虾仁去沙线、洗净；丝瓜去皮、洗净，剖成两半，再去除瓜瓤，切成4厘米长、1厘米宽的条。

（2）炒锅上火，加油烧至四成热，放入丝瓜条烫至翠绿色，捞出沥油。

（3）锅中留底油烧热，先下入虾仁略炒，再放入猪蹄筋、丝瓜条炒匀，然后添入鸡清汤，加入精盐、料酒烧沸，再用水淀粉勾芡，即可出锅装盘。

35.生炒小排骨

原料：猪排骨500克，鸡蛋黄1个，熟芝麻10克。

调料：葱花、姜末、蒜片各5

克，花椒粒、八角、桂皮各10克，精盐、味精、白糖各1小匙，料酒2大匙，蚝油、香油各1/2小匙，植物油3大匙。

（1）将排骨洗净，剁成小段，加入花椒粒、八角、桂皮、料酒和少许精盐拌匀，腌渍20分钟。

（1）坐锅点火，加油烧热，先下入排骨段翻炒片刻，再转小火加盖焖煮2分钟，然后转旺火煸炒一下，加入葱、姜、蒜、精盐、味精、白糖、蚝油炒至入味，再淋入香油，撒入熟芝麻，即可出锅装盘。

36.家常牛肉丝

原料：牛肉500克，芹菜段150克，鸡蛋1个。

调料：红干椒丝、姜丝各10克，鸡精、米醋各1/2小匙，白糖少许，酱油、辣椒酱、料酒、淀粉、水淀粉、香油各1小匙，植物油500克（约耗50克）。

制作步骤

（1）牛肉洗净、切丝，加入蛋液、酱油、淀粉和少许植物油拌匀，再下入热油锅中滑熟，捞出沥油。

（2）料酒、香油、水淀粉、鸡精、米醋、白糖调成味汁。

（3）锅中留底油烧热，先下入红干椒、姜丝、辣椒酱炒香，再放入芹菜、牛肉、味汁，用旺火快速翻炒均匀，即可出锅装盘。

37.传统熘肉段

原料：猪肉300克，青椒、红椒各25克，鸡蛋1个。

调料：葱花、姜末、蒜末各5克，精盐、味精、鸡精各1/2小匙，白糖、米醋、料酒各1小匙，淀粉、鲜汤各适量，植物油500克（约耗50克）。

制作步骤

（1）猪肉洗净、切条，加入淀粉、蛋液、精盐、鸡精拌匀，再下入七成热油中炸至金黄色，捞出沥油。

（2）小碗中加入少许鲜汤、酱油、米醋、白糖、味精、淀粉调成味汁。

（3）锅中加油烧热，先下入葱花、姜末、蒜末炒香，再烹入料酒，放入青椒、红椒略炒，然后下入猪肉段，倒入味汁炒匀，再淋入香油，即可出锅装盘。

38.肉末炒粉丝

原料：猪五花肉200克，细粉丝50克。

调料：葱末15克，姜末5克，蒜

末10克，精盐1/2小匙，豆瓣酱、味精各1小匙，料酒1大匙，植物油2大匙。

制作步骤

（1）将猪肉洗净，剁成碎末；细粉丝放入沸水锅中煮软，捞入冷水中浸凉。

（2）豆瓣酱放入小碗中，加入少许清水调成酱汁。

（3）炒锅置火上，加油烧热，先下入猪肉末炒散至变色，再放入葱、姜、蒜炒香，然后烹入料酒，倒入调好的酱汁，加入粉丝、精盐、味精炒至收汁，即可出锅装盘。

39.孜然羊肉

原料：羊肉300克，冬笋片50克，鸡蛋清1个。

调料：精盐1/2小匙，白糖、料酒、水淀粉各2小匙，鸡精、胡椒粉、香油各少许，孜然1小匙，鸡汤100克，植物油3大匙

制作步骤

（1）羊肉洗净，切成薄片，加入鸡蛋清、水淀粉、料酒拌匀上浆。

（2）坐锅点火，加油烧至五成热，先下入羊肉片滑熟，捞出沥油，再放入冬笋片略烫，捞出沥干。

（3）锅中留底油烧热，先放

入精盐、白糖、鸡精、料酒、孜然、胡椒粉、鸡汤烧沸，再下入羊肉片、冬笋略炒，然后用水淀粉勾芡，淋入香油，即可出锅。

40.熟炒五花肉

原料：猪五花肉600克。

调料：姜块5克，八角1粒，精盐、糖色各1小匙，酱油1大匙，料酒、水淀粉各2小匙，红卤水2000克，植物油600克（约耗50克）。

制作步骤

（1）将猪肉洗净，放入清水锅中煮至五分熟，再捞入净锅中，加入红卤水和糖色煮至金黄色；姜块去皮、洗净，八角拍碎，一起剁细成"姜料"。

（2）锅中加油烧至七成热，将肉块皮面朝下，入锅炸制2分钟，再捞出沥油，切成长条块。

（3）锅中留底油烧热，先下入"姜料"炒香，再放入肉条翻炒至将熟，然后加入精盐、料酒、酱油炒至入味，再用水淀粉勾芡，即可出锅装盘。

41.风味鱼香肉丝

原料：猪肉250克，冬笋、黄瓜各50克，蛋清1个。

调料：葱末、姜末、蒜末各5

克，红泡椒10克，精盐、鸡精各1/2小匙，白糖2小匙，米醋1小匙，酱油、料酒各1大匙，淀粉2大匙，鲜汤80克，植物油适量。

制作步骤

（1）猪肉洗净、切丝，加入淀粉、蛋清、酱油拌匀，再下入四成热油中滑散、滑透，捞出沥油。

（2）小碗中加入料酒、鸡精、白糖、精盐、鲜汤和剩余的酱油、淀粉调匀，制成味汁。

（3）锅中留底油烧热，先下入葱、姜、蒜、红泡椒炒香，再放入猪肉丝、冬笋丝、黄瓜丝炒匀，然后倒入味汁炒至入味，再淋入明油，即可出锅。

42.椒盐小黄鱼

原料：小黄鱼450克，青椒粒、红椒粒、洋葱粒各15克，鸡蛋黄3个。

调料：葱花少许，精盐、椒盐粉、料酒各1/2小匙，味精、鸡精、胡椒粉各1/3小匙，吉士粉1小匙，淀粉2小匙，植物油600克（约耗50克）。

制作步骤

（1）小黄鱼洗涤整理干净，加入少许精盐、鸡精、味精、料酒、胡椒粉、吉士粉、蛋黄液拌匀，再拍上淀粉，下入热油中炸至金黄色、熟透，捞出沥油。

（2）锅中留底油烧热，先下入青椒、红椒、洋葱、葱花炒香，再放入炸好的小黄鱼略炒，然后加入椒盐粉、味精快速翻炒均匀，即可出锅装盘。

43.鲜贝炒冻豆腐

原料：冻豆腐800克，鲜贝肉100克，青椒片、红椒片各25克。

调料：葱段10克，姜片5克，酱油、鸡精、白糖、料酒、蚝油、辣椒油各1小匙，鱼露1/2小匙，水淀粉1大匙，清汤100克，植物油2大匙。

制作步骤

（1）将冻豆腐解冻，切成长条块，挤净水分；贝肉洗涤整理干净，放入沸水中焯烫一下，捞出沥干。

（2）锅中加油烧热，先下入葱、姜炒香，再加入料酒、酱油、蚝油、鱼露、白糖、鸡精炒匀，然后添入清汤，下入贝肉、冻豆腐炒至收汁，再放入青椒、红椒略炒，用水淀粉勾芡，淋入辣椒油，即可出锅。

44.滑菇炒小白菜

原料：滑子蘑300克，小白菜200克。

调料：蒜片5克，精盐1小匙，味精、鸡精各1/2小匙，料酒、水淀粉各2小匙，香油少许，植物油2大匙。

制作步骤

（1）滑子蘑洗净，放入沸水锅中焯透，捞出沥干；小白菜去根、洗净，用沸水略焯，捞出过凉。

（2）炒锅置火上，加油烧热，先下入蒜片炒出香味，再放入滑子蘑、小白菜翻炒均匀，然后烹入料酒，加入精盐、味精、鸡精炒至入味，再用水淀粉勾芡，淋入香油炒匀，即可出锅装盘。

45.宫保豆腐

原料：豆腐500克，猪瘦肉丁、胡萝卜丁、油炸花生仁各50克。

调料：葱花、姜末、蒜片各5克，精盐1/2小匙，味精少许，白糖2小匙，辣椒酱1大匙，淀粉2大匙，鲜汤100克，植物油1000克（约耗50克）。

制作步骤

（1）豆腐洗净、切片，先用热油炸至浅黄色，捞出切丁，再用淀粉拌匀，入锅炸成金黄色，捞出沥油。

（2）锅中留底油烧热，先下入

葱、姜、蒜、胡萝卜炒香，再加入肉丁、花生仁、辣椒酱、酱油、精盐、味精略炒，然后添入鲜汤，放入豆腐丁炒至收汁，再用水淀粉勾芡，淋入明油，即可出锅装盘。

46.干煸茶树菇

原料：茶树菇250克，青蒜段、洋葱丝各50克。原料

调料：精盐、味精、白糖各1/2小匙，辣椒油3大匙，植物油800克（约耗75克）。

制作步骤

（1）茶树菇洗净，用沸水焯煮片刻，捞出沥干，再下入八成热油中炸干水分，捞出沥油。

（2）锅中留底油烧至七成热，先放入洋葱丝炒香，再加入少许精盐、味精炒熟，盛入盘中垫底。

（3）另起锅，加入辣椒油烧至六成热，先下入青蒜段炒香，再放入茶树菇煸炒，然后加入白糖、精盐、味精翻炒均匀，出锅盛在洋葱丝上即可。

煲汤类 33 例

1.肉渣熬白菜

原料：大白菜500克，猪五花肉

300克，香菜末适量。

调料：葱段、姜丝、精盐、味精、胡椒粉、料酒、酱油、高汤、植物油各适量。

（1）将大白菜洗净，切成长条；猪五花肉洗净，切成梳背片，加入料酒、酱油、胡椒粉、精盐稍腌。

（2）锅中加入植物油烧热，放入五花肉片炸干，取出，再放入挤压器中压成肉渣。

（3）锅留底油烧热，先下入葱段、姜丝、大白菜煸炒，再加入高汤、精盐、肉渣，转小火炖至熟烂，然后调入味精，撒上香菜末，出锅装碗即可。

2.榨菜肉丝汤

原料：榨菜200克，猪里脊肉150克，香菜末少许。

调料：葱末、姜末、蒜末各少许，精盐、味精、香油各1/2小匙，植物油1大匙。

制作步骤

（1）将榨菜去根、洗净，切成丝，放入沸水锅中焯烫一下，捞出沥干；猪里脊肉洗净，切成细丝。

（2）坐锅点火，加入植物油烧热，先下入里脊肉丝炒散，再放入

葱末、姜末、蒜末炒香。

（3）添入适量清水烧开，然后放入榨菜丝，撇去浮沫，加入精盐、味精，淋入香油，撒上香菜末，出锅装碗即成。

3.白菜豆腐汤

原料：白菜200克，豆腐150克。

调料：葱花、姜片各3克，精盐1小匙，味精、胡椒粉、香油各少许，鲜汤500克，熟猪油5小匙。

制作步骤

（1）将白菜择洗干净，切成条；豆腐洗净，沥去水分，切成小方块。

（2）坐锅点火，加入熟猪油烧热，先下入葱花、姜片炒香，再放入白菜条炒软，滗出锅中的水分。

（3）然后添入鲜汤烧沸，放入豆腐块，用大火炖约8分钟，最后加入精盐续炖2分钟，调入味精、胡椒粉、香油煮至入味，即可出锅装碗。

4.东北汆白肉

原料：酸菜150克，猪五花肉80克，细粉条50克，海米10克。

调料：葱末5克，精盐、味精各少许，韭花酱、腐乳各2小匙。

制作步骤

（1）猪五花肉洗净，入锅煮熟，切成薄片；酸菜洗净，切成细丝，挤干水分；海米、细粉条泡软。

（2）将煮五花肉的汤汁烧沸，撇去浮沫，再放入五花肉片、酸菜丝、海米烧至酸菜熟透。

（3）然后放入细粉条煮熟，加入精盐、味精调味，出锅装碗，撒上葱花，带腐乳、韭花酱上桌即可。

5.菠菜猪肝汤

原料：菠菜350克，猪肝150克。

调料：姜丝少许，大葱1根，精盐适量。

制作步骤

（1）将猪肝洗净，切成片；菠菜择洗干净，从中间横切一刀；大葱去根、去老叶，洗净，切成段。

（2）锅置火上，加入适量清水烧沸，先下入猪肝片煮沸，撇去浮沫。

（3）再放入菠菜段、姜丝、葱段煮沸，然后加入精盐调味，出锅装碗即成。

6.酸菜一品锅

原料：酸菜400克，熟五花肉

片、冻豆腐各100克，河蟹1只，血肠、虾仁、蛎黄、水发粉丝各适量。

调料：葱段、姜丝各10克，八角2粒，精盐、味精、鸡精、胡椒粉、香油、熟猪油各适量，鲜汤1000克。

制作步骤

（1）酸菜洗净、攥干，切成细丝；冻豆腐化开，切成长条；血肠切片；河蟹剁去爪尖，去内脏，洗净。

（2）锅中加入熟猪油烧热，先下入葱段、姜片、八角炒香，再放入酸菜丝煸炒，倒入砂锅中，然后加入鲜汤、五花肉片烧沸，转小火炖20分钟。

（3）再放入虾仁、河蟹、冻豆腐烧沸，加入蛎黄、粉丝、血肠、调料烧至入味，出锅装碗即可。

7.胡萝卜土豆骨头汤

原料：胡萝卜2根，土豆1个，猪棒骨200克。

调料：精盐1小匙，胡椒粉、香油各少许。

制作步骤

（1）将猪棒骨洗净，敲断；胡萝卜、土豆分别去皮、洗净，均切成滚刀块。

（2）锅置火上，加入适量清水、猪棒骨烧开，煮约10分钟，撇去浮沫，再放入胡萝卜块、土豆块烧沸。

（3）转小火炖约20分钟，然后加入精盐、胡椒粉，淋入香油，出锅装碗即成。

8.百合南瓜羹

原料：南瓜150克，鲜百合100克，枸杞5克。

调料：白糖1小匙，冰糖、蜂蜜各1大匙。

制作步骤

（1）将南瓜去皮及瓤，洗净，切成大块，放入蒸锅中蒸至熟烂，取出晾凉，放入打汁机中，加入蜂蜜搅打成蓉状。

（2）鲜百合削去黑根，用清水洗净，掰成小瓣；枸杞洗净，用清水泡软。

（3）坐锅点火，加入适量清水，先放入枸杞、白糖、冰糖、百合烧沸，再转小火煮至熟透，然后倒入南瓜蓉熬至浓稠，出锅装碗即可。

9.小白菜粉丝汤

原料：小白菜1棵，粉丝50克。

调料：姜末10克，葱花5克，精盐2小匙，酱油1/2小匙，香油1小匙，植物油1大匙。

制作步骤

（1）将小白菜择洗干净，切成小段；粉丝用温水泡软，沥去水分。

（2）锅置火上，加入植物油烧热，先下入葱花炒出香味，再放入小白菜段、姜末和酱油翻炒均匀。

（3）然后加入适量清水，放入粉丝煮至熟软，最后加入精盐调味，淋入香油，出锅装碗即可。

10.西红柿炖牛腩

原料：西红柿300克，牛腩肉250克，香菜末10克。

调料：葱段20克，姜片、香叶各5克，精盐、味精、鸡精、香油各少许。

制作步骤

（1）将西红柿去蒂、洗净，切成块；牛腩肉洗净，切成小块。

（2）锅中加入适量清水烧开，先下入牛肉块煮沸，撇去浮沫，再放入葱段、姜片、香叶。

（3）然后转小火炖煮约1小时，拣出葱段、姜片、香叶，再放入西红柿块，加入精盐、味精、鸡精续煮2分钟，盛入碗中，淋上香油，撒上香菜末即可。

11.三鲜冬瓜汤

原料：冬瓜200克，虾仁、鱼丸、蟹足棒各50克，油菜心2棵。

调料：葱花、姜片各5克，精盐、味精各1小匙，胡椒粉少许，鲜汤500克。

制作步骤

（1）将冬瓜去皮及瓤，洗净，切成厚片；虾仁去沙线，洗净；蟹足棒洗净，切成段；油菜心洗净。

（2）锅置火上，加入鲜汤烧开，先下入冬瓜片、姜片略煮，再加入精盐，放入虾仁、鱼丸、油菜心烧沸。

（3）撇去浮沫，然后放入蟹足棒，加入味精、胡椒粉煮至入味，撒上葱花，即可出锅装碗。

12.冬瓜虾仁汤

原料：冬瓜1000克，虾仁50克，香菜段少许。

调料：精盐1小匙，味精、鸡精各2小匙，高汤适量。

制作步骤

（1）将冬瓜去皮及瓤，洗净，切成厚片；虾仁去沙线，洗净，放入沸水锅中焯透，捞出沥干。

（2）坐锅点火，添入高汤，放入冬瓜片烧沸，撇去浮沫，再加入

精盐、味精、鸡精调好口味。

（3）然后放入虾仁略煮，最后撒上香菜段，即可出锅装碗。

13.羊肉萝卜汤

原料：胡萝卜、羊肉各200克，白萝卜、香菜段各100克。

调料：葱段、姜片、味精、胡椒粉、辣椒油各少许，精盐1小匙，料酒适量。

制作步骤

（1）将羊肉洗净，切成4厘米长、1厘米粗的条，放入沸水锅中略烫，捞出；胡萝卜、白萝卜分别洗净，均切成长条，放入沸水锅中煮透，捞出沥干。

（2）砂锅置火上，放入羊肉条、料酒、胡椒粉、葱段、姜片和清水1500克烧沸，撇去浮沫，盖上盖。

（3）转中小火炖1小时，再加入精盐、味精、胡萝卜、白萝卜炖20分钟，撒上香菜段，淋入辣椒油即可。

14.冰糖银耳莲子羹

原料：银耳、莲子、大红枣各适量。

调料：冰糖适量。

制作步骤

（1）银耳用清水泡软，去蒂、

洗净，撕成小朵；莲子用清水泡软，洗净，去心；红枣洗净，去核。

（2）将银耳放入炖盅内，加入适量清水、冰糖，再码放上莲子、大红枣。

（3）蒸锅置火上，加入适量清水，放入炖盅，用中火隔水炖约1小时，即可取出上桌。

15.鲜菇肉片汤

原料：鲜平菇200克，猪瘦肉150克，丝瓜100克。

调料：姜片、精盐、味精、酱油、料酒、水淀粉、清汤各适量。

制作步骤

（1）将猪瘦肉洗净，切成薄片，放入碗中，加入酱油、精盐、水淀粉拌匀。

（2）鲜平菇去蒂、洗净，沥干水分，撕成条；丝瓜去皮、洗净，切成块。

（3）锅置火上，添入清汤烧沸，再加入酱油、料酒，放入丝瓜块、瘦肉片、平菇和姜片煮沸，撇去浮沫，然后加入精盐、味精调味，即可出锅装碗。

16.粉丝汤

原料：粉丝、熟白肉、菠菜各50克。

调料：葱末、姜末、精盐、味精、酱油、水淀粉、香油、高汤、熟猪油各适量。

制作步骤

（1）将粉丝用开水泡软，剪成段；菠菜择洗干净，切成3厘米长的段；熟白肉切成火柴棍粗细的丝。

（2）锅置火上，加入熟猪油烧热，先下入葱末炝锅，再加入高汤，放入粉丝、熟白肉、菠菜段烧沸。

（3）然后加入精盐、味精、酱油、姜末调味，撇去浮沫，用水淀粉勾芡，淋入香油，出锅装碗即可。

17.豆腐鱼片汤

原料：嫩豆腐1盒，青鱼肉150克，鸡毛菜30克，鸡蛋清1个。

调料：精盐、胡椒粉各1/3小匙，味精、鸡精各1/2小匙，淀粉、料酒、香油各1小匙，鲜汤1000克。

制作步骤

（1）将嫩豆腐取出，切成大片；鸡毛菜择洗干净，沥去水分。

（2）将青鱼肉洗净，片成片，加入精盐、料酒、味精、鸡蛋清、淀粉码味上浆。

（3）锅置火上，加入鲜汤，下入豆腐片，再加入调料烧沸，撇去浮沫，然后放入青鱼片、鸡毛菜煮熟，起锅倒入汤碗中即可。

18.花生煲猪脚

原料：猪蹄1只，花生仁50克。

调料：葱段、姜片各15克，精盐1/2小匙，胡椒粉1/3小匙，料酒2大匙，猪骨汤300克。

制作步骤

（1）将猪蹄洗涤整理干净，一切两半，放入沸水锅中焯透，捞出沥干；花生仁洗净、沥干。

（2）砂锅置火上，加入猪骨汤，放入猪蹄、花生仁、葱段、姜片烧沸，转小火煮约30分钟，再加入料酒、精盐、胡椒粉，用大火煮开，即可装碗上桌。

19.冬瓜炖排骨

原料：猪排骨500克，冬瓜350克。

调料：姜块10克，八角1粒，精盐1小匙，味精、胡椒粉各1/2小匙。

制作步骤

（1）将排骨洗净，剁成小块，放入清水锅中烧沸，焯煮5分钟，捞出冲净。

（2）冬瓜去皮及瓤，洗净，切成大块；姜块去皮、洗净，用刀拍破。

（3）锅中加入适量清水，先下入排骨段、姜块、八角用旺火烧沸，再转小火炖煮约1小时。

（4）然后放入冬瓜块煮20分钟，捞出姜块、八角，加入精盐、味精、胡椒粉煮至入味，即可出锅装碗。

20.干豆角炖排骨

原料：猪排骨500克，东北干豆角150克。

调料：葱段、姜片、蒜片各10克，精盐、白糖各1小匙，鸡精、花椒粉各1/3小匙，料酒、老抽、米醋各1大匙，植物油2大匙。

制作步骤

（1）干豆角用冷水泡发，洗净；猪排骨洗净，剁成块，焯水后捞出，再放入清水锅中煮熟，捞出。

（2）锅置火上，加入植物油烧热，下入葱段、姜片、蒜片和花椒粉爆香，加入白糖、老抽和料酒。

（3）再放入排骨块翻炒均匀，加入干豆角、米醋和适量煮排骨的原汤烧沸，然后转小火炖至干豆角熟透，加入精盐和鸡精调味，出锅装碗即可。

21.葱烧猪蹄汤

原料：猪蹄600克，当归3片。

调料：葱段15克，姜片5克，精盐2小匙，料酒1小匙。

制作步骤

（1）将猪蹄刮去残毛，洗涤整理干净，再放入清水锅中烧沸，焯烫一下，捞出沥干。

（2）炖锅置火上，加入适量清水、料酒，再放入猪蹄、当归片、葱段、姜片烧沸。

（3）转中火炖约40分钟至猪蹄熟烂，然后加入精盐调好口味，出锅装碗即可。

22.海带豆腐排骨汤

原料：猪排骨200克，大豆腐2块，海带结120克，黄豆芽80克。

调料：葱花15克，精盐2小匙。

制作步骤

（1）将猪排骨洗净，剁成小段，放入清水锅中烧沸，焯烫一下，捞出。

（2）海带结洗净，放入沸水锅中焯烫一下，捞出沥干；豆腐洗净，切成小块；黄豆芽洗净、沥水。

（3）坐锅点火，加入适量清水，先放入猪排骨段煮开，再转小火炖煮约30分钟。

（4）然后放入豆腐、海带结、黄豆芽煮熟，加入精盐调味，出锅装碗，撒上葱花即可。

23.海带炖牛肉

原料：牛外脊肉300克，水发海带200克。

调料：葱片、花椒、八角、小茴香各少许，精盐、味精各1/2小匙，料酒、酱油各2大匙，白糖1/2大匙，植物油750克（约耗50克）。

制作步骤

（1）牛外脊肉洗净，切成小块，放入七成热油锅中冲炸至变色，倒出沥油；海带洗净，切成象眼片。

（2）锅留底油烧热，下入葱片、花椒、八角、小茴香炝锅，烹入料酒，再加入酱油、白糖、精盐、清汤。

（3）然后放入牛肉块煮沸，撇净浮沫，转小火炖至八分熟，再放入海带片炖至熟烂入味，拣去花椒、八角，加入味精调味，即可出锅装碗。

24.清炖狮子头

原料：猪五花肉600克，排骨100克，猪肉皮50克，净菜心10棵，鸡蛋2个。

调料：精盐1/2小匙，味精1小匙，葱姜汁2大匙，淀粉、料酒各5小匙。

制作步骤

（1）猪五花肉洗净，剁成蓉泥，加入葱姜汁、料酒、精盐、味精、蛋清和适量清水搅拌均匀；淀粉用水调匀，手上沾上水淀粉，将肉蓉捏成10个肉圆。

（2）将排骨洗净，剁成小段，入锅焯水，捞出；猪肉皮刮洗干净，入锅焯水，捞出洗净。

（3）砂锅中放入肉圆、排骨、肉皮和清水烧沸，转小火炖约2小时，再放入菜心，加入精盐略焖即成。

25.蒜味排骨汤

原料：猪排骨300克。

调料：大蒜15瓣，当归、川芎、沙参、肉桂、甘草、小茴香、黑枣、丁香各10克，精盐2小匙，酱油1大匙。

制作步骤

（1）将猪排骨洗净，剁成段，放入清水锅中烧沸，焯烫一下，捞出沥干；大蒜去皮、洗净，与当归等中药材一起放入纱布袋中，扎紧袋口。

（2）压力锅置火上，加入适量清水，放入排骨段、中药包，加入精盐、酱油，用大火烧沸，再转小火压15分钟，熄火后焖10分钟，即可出锅装碗。

26.羊杂汤

原料：羊心、羊肺、熟羊肚、羊舌、羊腰子、羊肝各100克，香菜末25克。

调料：葱末、姜末各5克，精盐、味精、胡椒粉、花椒水、酱油各2小匙，羊肉汤500克。

制作步骤

（1）将羊肚切成薄片；羊腰、羊心、羊肺、羊肝、羊舌分别洗涤整理干净，均切成薄片。

（2）锅置火上，加入羊肉汤烧沸，先放入羊腰、羊心、羊肺、羊肝、羊舌略煮，再放入羊肚片烧沸。

（3）撇去浮沫，然后加入葱末、姜末、酱油、精盐、花椒水煮至熟嫩，盛入大碗中，撒上胡椒粉、味精、香菜末即可。

27.肉丸紫菜汤

原料：猪肉馅150克，香菇70克，紫菜25克，香菜少许。

调料：姜丝5克，精盐、胡椒粉各少许，鸡精、蚝油、淀粉各1小匙。

制作步骤

（1）香菇去蒂、洗净，剁成碎末；香菜择洗干净，切成碎末；猪肉馅中加入香菇末、少许鸡精、胡椒粉、蚝油、淀粉及适量清水搅匀上劲成馅料。

（2）坐锅点火，加入适量清水烧沸，先放入鸡精、精盐、胡椒粉调匀，再将馅料挤成小丸子。

（3）入锅煮至熟透，然后加入紫菜煮散，撒入香菜末、姜丝，即可装碗上桌。

28.全鸡清汤

原料：去鸡胸肉的鸡架1个，水发木耳25克。

调料：姜块、葱段、精盐、味精、料酒各适量。

制作步骤

（1）将鸡架用清水洗净，沥去水分；水发木耳去蒂、洗净，沥去水分。

（2）砂锅置中火上，加入适量清水，放入鸡架，再加入木耳、姜块、葱段、料酒烧沸。

（3）撇去浮沫，转小火煮约1小时，然后加入精盐、味精调味，转旺火稍煮，出锅装碗即成。

29.凤爪汤

原料：鸡爪12只，熟火腿片、香菇块各15克，净青菜少许。

调料：葱段、姜块各5克，精盐、味精各1/2小匙，料酒1小匙，熟鸡油2小匙。

制作步骤

（1）将鸡爪洗净，剁去爪尖，去除下肢骨及掌骨，放入沸水锅中略焯，捞出沥水，放入碗中。

（2）加入适量清水、葱段、姜块及少许料酒，入锅用旺火蒸熟，取出，拣出葱、姜，倒入汤锅中。

（3）汤锅置火上，加入料酒、精盐、青菜、火腿片、香菇块略煮，再加入味精调匀，淋入鸡油，即可出锅装碗。

30.鸡丝汤

原料：鸡胸肉、酸菜各150克，冬笋、豌豆各15克，鸡蛋清1个。

调料：葱丝、姜丝、精盐、味精、胡椒粉、料酒、水淀粉、鸡汤、熟猪油各适量。

制作步骤

（1）将鸡胸肉洗净，顺纹路切成丝，放入大汤碗中，加入鸡蛋清、水淀粉拌匀上浆。

（2）再放入沸水锅中氽熟，倒入碗内；冬笋洗净，切成丝；酸菜洗净，切成丝，挤出水分。

（3）锅中加入熟猪油烧热，下

入葱丝、姜丝炝锅，再加入料酒、鸡汤、酸菜、冬笋、豌豆、精盐、味精烧沸，放入鸡丝，撒胡椒粉，淋入香油，盛入碗中即成。

31.酸辣鸡蛋汤

原料：鸡蛋2个，红辣椒、香菜各15克。

调料：精盐、酱油各2小匙，米醋、水淀粉、香油各1小匙，清汤适量。

制作步骤

（1）将鸡蛋磕入碗中搅匀；香菜择洗干净，切成小段；红辣椒洗净，去蒂及籽，一切两半。

（2）锅置火上，加入适量清汤，放入红辣椒、精盐、米醋、酱油烧沸，撇去表面浮沫。

（3）用水淀粉勾薄芡，淋入鸡蛋液煮至定浆，起锅调料盛入汤碗中，撒上香菜段，淋入香油即可。

32.人参乌鸡汤

原料：乌鸡1只，鲜人参1根。

调料：姜片10克，精盐、味精各少许。

制作步骤

（1）将鲜人参用清水刷洗干净（不要把参须弄断）；乌鸡宰杀，洗涤整理干净，放入清水锅中烧沸，焯烫5分钟，捞出冲净，沥干水分。

（2）坐锅点火，加入适量清水，先放入姜片、乌鸡、人参烧沸，转中火煲约1.5小时。

（3）再加入精盐、味精，转小火续炖10分钟至鸡肉熟烂脱骨，即可出锅装碗。

33.银耳鸡汤

原料：银耳1大朵。

调料：精盐少许，白糖1/2大匙，鸡汤（或鸭汤）500克。

制作步骤

（1）将银耳放入温水中浸泡约20分钟，发透后去蒂，洗净、沥水，撕成小朵。

（2）砂锅置火上，先加入适量清水，放入银耳烧沸，再转小火炖煮约30分钟。

（3）然后添入鸡汤，加入精盐、白糖调好口味，续炖5分钟，出锅装碗即成。

第四篇

健康生活

面对社会调整心态最重要

外来务工人员大多，居住在条件极差的环境中，干着城里人不愿意干的脏、累、险的活，工资报酬不满意，工友间的人际关系紧张，无暇兼顾家庭带来的负罪感，职业发展前景不明造成的恐惧感，为生计而苦累发愁，被误解、被歧视……这样就容易产生消极的不良情绪，当消极的不良情绪无法释放，或超出了一个人的承受极限时，就容易产生心理问题并向恶性发展，甚至可能破坏公物，产生反社会的行为。

要想在这个城市里生活下去，又无法改变城市的大环境，那就必须学会适应城市。思维方式决定一个人的心态，而心态影响着一个人的能力，而能力又影响着一个人的命运。

1. 当我们养成了积极的心态，就会认识到生活中既有好的一面，也有不好的一面，积极朝好的方面努力，忽视那些不能改变的不好的方面，好运便会来到。

2. 心态往往决定着成功与失败，决定着痛苦与幸福。调整好心态，也就是调整好了自己的生活和自己的世界。心态好了，一切都会好起来。

3. 当遇到困难挫折，身处逆境的时候，不妨从积极的方向思考问题，这能使人的心理和情绪发生良性变化，使人战胜沮丧，从不良情绪中解脱出来。

4. 与其抱怨社会，与社会对抗，不如先反省自己身上的一些不适应环境的东西，改变自己性格中的一些因素，去适应新的环境。

降解理想与现实的冲突

走出家乡，在城市打工经商，免不了有很多苦恼和不如意的地方，很多时候都觉得和想象的城市打工生活相差太远。理想与现实形成了巨大的落差。这样就容易产生心理不平衡，产生失落感。面对理想与现实的这种冲突，应该改变自我，适应周围环境，降解理想与现实的冲突。

积极地调整心态，努力发现生活中美好的一面。

调整自己的欲望和期望值，根据自己的实际条件思考自己能干什么，然后再决定自己干什么。这就像取高处的东西一样，如果跳起来就能取到，应当是合理的；如果拼命跳跃，甚至拿出吃奶的劲儿也得不到，那就是不合理的。

从小处着手，由小做大。要像上台阶一样，从低到高，一个台阶一个台阶地上。

克服自卑心理，树立自信

城市里人才济济，无论在家多么优秀、多么能干，到了城市可能也显不出来。刚进城的务工者对城里人的生活方式还不了解，见识面窄，不自觉地会形成自卑心理。那么，如何摆脱自卑，获得自信呢？

1. 调整心态，积极地面对新生活。首先应该意识到初到城市，遇到困难在所难免。应该以积极的心态重新审视自己的生活，尽快调整自己，适应新的环境，以融合的态度和改变自己的决心，投入到新生活中。

2. 少与别人比，要与自己比。事实上，每一个人都有自己的长处和短处，重要的是，不要老是拿自己的缺点和不足与别人的优点相比，学会在日常工作中扬长避短，积极主动地去把握机会。

3. 结交新朋友，多做帮助他人的事情。你会因此得到他人的接纳、喜欢，从而结交不少新朋友；更重要的是，在帮助他人的过程中，你会重新感到自信心在增长，感到自己被需要就不会再怀疑自己的价值。

4. 可以先选择一件对自己来说比较有把握的工作去做，做成之后，再去找一个工作目标。这样，就可以不断收获成功的喜悦，并在成功的喜悦中不断走向更高的目标。

用理智战胜冲动情绪

1.当和别人吵嘴时，试着就事论事，千万不要扯出那些陈芝麻烂谷子、鸡毛蒜皮的小事，而且要对事不对人，为对方留条后路，不要让小小的争端毁了多年的交情和友谊。

2.要妥善控制情绪。身心都成熟的成年人，能够随着年龄的增长而逐渐增强自己在情绪方面的控制能力。

3.一定要控制冲动，不超越法律底线。不伤害自己，不伤害别人，永远不触法律底线。记住要控制自己的消极情绪，不要跟着感觉走。生气的时候不要作出任何决定，尤其是遇到不公平待遇时，首先要克制自己的情绪。当自己情绪冲动要爆发的时候，提醒自己，千万不要为了一时痛快，毁了自己和别人的一辈子。

4.要善于运用法律维护自己的权益。首先要善于保护自己，不要牺牲自己的前程甚至生命，只为出一口气，那就太不值了。

正确面对挫折

俗话说"人生不如意事八九"。人生之路，一路畅通者少，曲折坎坷者多。"八九"是生活中的苦难和挫折，"一二"是成功和快乐、如意的事情。

那么，应该如何应对生活中遇到的种种挫折和失败呢？

1.面对挫折和失败，要有乐观积极的心态，才是理性的选择。

2.增加自信，战胜自卑，便拥有了成功的一半。

3.常常想起自己的成功，就会坚定自己的信念，以一种坚忍不拔和豁达开朗的心态去超越挫折和失败。

4.要认识到挫折和失败，其实就是迈向成功所交的"学费"，"胜败乃兵家常事"。

5.冷静分析挫折，认真汲取失败教训，及时调整目标和改变策略，从而让自己早日走出困境。

6.正视现实，忍受痛苦，不气馁，要敢于东山再起，善于化压力为动力，把精力用到自己的成长的事业上。

7.在树立目标时，不妨设立多个目标，特别是条件不太好的人，更应该注意目标的多元化。有了多个目标，就不会因某一目标不能实现而绝望。

控制并合理宣泄不良情绪

打工者会遇到来自社会和家庭的种种压力，它们甚至像影子一样，你走到哪里，它就跟随到哪里，挥之不去。

面对压力，如果出现了不良情绪，我们该如何处理呢？

1.正确认识压力。"井无压力不出油，人无压力轻飘飘。"没有压力就没有动力。轻微的压力是有益的，它能让人用心思考，加倍努力。

2.不要一味压抑自己的情绪。否则，压力太大或持续时间太长，就会损害自己的身心健康。所以，最好在平时就把压力化解掉，不要等到问题太多时再解决。

4.该哭的时候就痛痛快快地哭一场，释放积聚的能量，可以调整身心的平衡。

5.遇到烦心、不痛快的事和无法解决的心理困惑，不要自己闷着，可以向自己的好朋友、家人和老师倾诉。

6.听取他人的意见和忠告，借助于他人的知识、经验、思维方式，使自己摆脱困境。只有妥善处理好了自己的情绪，才有可能集中精力去处理问题。

7.转移注意力，化解不良情绪。遇到愤怒烦恼的事情，可以分散自己的注意力，让自己想些愉快开心的事情，压力自然就暂时消失或永远消失了。

8.化解压力的最好办法就是放弃。很多人之所以压力大，就是欲望太多，放弃一些欲望，压力自然消失、减小。

9.不要把问题看得太严重，最终完不成任务或做不好又怎样，试想一下最坏的结局，可能不过如此。如果豁出去了，反倒感觉没什么压力了。

远离抑郁症

如果内心的压力、不健康情绪不能及时得到排遣，长时间压抑或积累就会影响神经的正常功能，严重了就会向抑郁症靠近。

如果您及您家中或周围有人患上了抑郁症，除了医生的治疗外，家人能够给予患者的最大帮助就是亲情。患者家属的作用很重要，可从以下几方面给患者以支持：

1.多谈心，勤交流，学会倾诉，尝试着多与人们接触和交往，不要自己独来独往。

2.培养亲情，加强相互间的信任，识别和纠正错误的想法，消极的念头，要看到生活的希望。

3.多回忆一些令人轻松愉快的事情，并从中获得良性的情感体验。

4.积极参加户外活动，运动能抗抑郁，改善情绪。

5.学会给自己的生活减压，学会减法。如果是同类的问题反复出现，我们可以用除法！如果是积极快乐的东西，我们可以用加法。如果同样做可以不断地带来快乐，我们可以用乘法！

6.好胜心不要太强，遇到力所不能及的事，最好请别人帮忙。

7.给自己定一个适当目标，如果目标太高，当自己能力达不到的时候，势必会产生一种挫败感。

远离传染病

预防传染病一般要注意以下几点：

1.培养良好的个人健康生活习惯。打喷嚏、咳嗽和清洁鼻子后要洗手；洗手后，用清洁的毛巾和纸巾擦干；不要与他人共用毛巾；注意均衡饮食；根据气候变化增减衣服；定期运动、充足休息。

2.确保室内空气流通。经常打开所有窗户，使空气流通；保持空调设备的良好性能，并经常清洗隔尘网；在传染病流行的季节，尽量避免前往空气流通不畅、人口密集的公共场所。

3.出现传染病症状要及时就医。与已患有传染病的病人要隔离。

预防乙型肝炎

预防乙型肝炎可采取如下三种措施：

1.注射乙型肝炎疫苗进行预防。目前接种乙肝疫苗是预防乙型肝炎病毒感染最安全有效的方法，也是最符合成本效益的方法。

2.切断传播途径，避免水平传染。避免不必要的输血、打针、血液透析、针灸、穿耳洞、刺青、共用牙刷、共用刮胡刀等水平传染途径。

3.意外接触乙肝病毒感染者的血液和体液后，可立即检测HBsAg、抗-HBs（乙肝表面抗体）、ALT（丙氨酸氨基转移酶）等，并在3个月和6个月内复查。

预防细菌性痢疾

细菌性痢疾（简称菌痢）是由痢疾杆菌引起的肠道传染病，发病率高，是夏秋季的常见病。预防细菌性痢疾应注意以下两个方面的问题：

1.注意饮水、饮食卫生。不喝生水，饭前便后要洗手，不宜生吃的食品必须做熟后再吃，慎吃凉拌菜，剩饭菜要加热后再吃，生、熟食物要分开，防止苍蝇叮爬食物，把住"病从口入"关。

2.加强环境卫生管理：做好"三管一灭"（管水、管粪、管饮食、消灭苍蝇），防止水源、食品污染。

预防艾滋病

艾滋病是一种病死率极高的严重传染病，目前还没有治愈的药物和方法，但可预防。艾滋病病毒主要存在于感染者的血液、精液、阴道分泌物、乳汁等体液中，所以通过性接触、血液和母婴三种途径传播。

预防艾滋病应注意以下几个方面

1.洁身自爱、遵守性道德是预防经性途径传染艾滋病的根本措施。避免非婚性交、多性伴、频繁更换性伴等危险性行为。

2.正确使用避孕套不仅能避孕，还能减少感染艾滋病、性病的危险。

3.做好性病患者家庭内部的清洁卫生，防止病原体对衣物等生活用品的污染，尤其要注意保护女童避免感染。包括患者内衣裤不要和小孩的混在一起洗，大人、小孩分床睡、分开使用浴盆，马桶圈每天擦洗等。

4.及早治疗并治愈性病可减少感染艾滋病的危险。正规医院能提供正规、保密的检查、诊断、治疗和咨询服务。

5.共用注射器吸毒也是传播艾滋病的重要途径，因此要拒绝毒品，珍爱生命。

6.避免不必要的输血、注射，避免使用没有严格消毒器具的不安全拔牙和美容等。要使用经艾滋病病毒抗体检测的血液和血液制品。

预防流行性感冒

预防流行性感冒应注意以下事项：

1.常洗手，勿摸脸。到公共场所应戴口罩，少到人口密集的地方。加强房屋通风，保持空气清洁。

2.预防接种流感活疫苗或减毒活疫苗。

3.中药预防。将板蓝根50克，野菊花、金银花各30克，四味中药同放入大茶缸中，用热开水冲泡，片刻后饮用。或者用贯众、板蓝根各30克，蒲公英15克，青茶5克，用开水冲泡后代茶饮。

4.巧用食醋消毒预防流感。具体方法有：

（1）洗漱口、鼻。将食醋与开水等量混合，在口腔及咽喉部含漱，然后用剩余的食醋冲洗鼻腔。每日早、晚各一次，流行期间连用5天，效果明显。

（2）空间消毒。将食醋与水等量混合，装入喷雾器，在晚间休息前紧闭门窗后喷雾消毒。新式房屋或楼房以每立方米空间喷雾原醋量为2～5毫升，老式房屋每间喷原醋量为50～100毫升，在流行严重期间或家中有病人的情况下每间喷原醋量为150～250毫升。这种方法可隔天消毒一次，共喷3次。

（3）熏蒸房间。将门窗紧闭，把醋倒入铁锅或沙锅等容器，以文火煮沸，使醋酸蒸气充满房间，直至食醋煮干，等容器晾凉后加入清水少许，溶解锅底残留的醋汁，再熏蒸，反复3遍；食醋用量为每间房屋150毫升，严重流行高峰期间可增加至250～300毫升，连用5天。

预防糖尿病

糖尿病是一种常见病，但如果能进行积极的预防，相信其发病率还是能得到一定的控制。在预防糖尿病时，应做到以下几点：

1.饮食清淡，避免贪食，少吃甜食、动物脂肪和精制食品，多吃粗粮、鱼类、蔬菜、豆制品和水果。

2.坚持适当的体育锻炼。

3.饭后应进行室外活动，不宜立即卧床或睡觉。

4.控制体重增加，防止肥胖。控制体重不宜提倡用节食的方法，而应采用少餐及运动等方法。

5.定期做有关糖尿病方面的检查，学习一些有关糖尿病方面的知识，做到早发现、早诊断、早治疗。

预防冠心病

预防冠心病建议在日常生活中做好以下几个方面的工作：

1.合理饮食，不要偏食，不宜过量。膳食中的总热量不宜过高，热量过高会出现肥胖，加重心脏的负担。少吃动物脂肪，不吃或少吃含胆固醇高的食品。注意吃些必要的高蛋白食物。饮食注意多吃豆类食品、蔬菜、水果等。提倡低盐饮食。

2.生活要有规律，避免过度紧张，保持足够的睡眠。睡眠可使大脑皮层、肌肉、骨骼处于休息状态、心脏活动减轻，但也不宜睡得过多。培养多种情趣，保持情绪稳定，切忌急躁、激动或闷闷不乐。

3.合理安排工作，保持适当的体育锻炼活动，增强体质。经常锻炼还可以减少脂肪的贮存，避免超体重和血管壁沉积脂肪。

4.不吸烟、不酗酒。烟可使动脉壁收缩，促进动脉粥样硬化；而酗酒则易使情绪激动，造成血压升高。

5.积极防治慢性疾病：如高血压、高血脂、糖尿病等，这些疾病与冠心病关系密切。

预防高血压

高血压病是一种顽疾，伴随患者的终生，而且经常随着生活、工作、情绪的变化起伏波动。高血压病是冠心病最主要的危险因素之一。防治高血压，对预防冠心病、减少冠心病病死率具有重要意义。具体方法如下：

1.定期测量血压是早期发现症状性高血压的有效方法。对有高血压家族史的人，从儿童起就应定期检查血压。

2.限盐。许多研究证明，摄盐量与高血压发生率成正相关。有高血压家族史的人，最好每天只吃6克盐。

3.戒烟。长期大量吸烟，可使小动脉持续收缩，久之动脉壁变性、硬化。

4.控制体重。超重给肌体带来许多不良反应。

5.积极参加体育锻炼，放松紧张情绪。缺乏体育锻炼易使脂肪堆积，体重增加，血压升高。

6.良好的心境。高血压病属心身疾病范畴，精神创伤、大悲、大怒、心理失衡、过度紧张，均可使血压升高。因此，应当学会自我心理调适，自我心理平衡，自我创造良好的心境。

7.及时控制临界高血压。当血压在140～160/90～95毫米汞柱时称为临界高血压，临界高血压多无症状，但必须予以重视。

预防高血脂

目前高血脂的发病率高，危害性大，同时又与一些不良生活方式和饮食习惯有关系，这意味着对其预防至关重要。

1.改善饮食结构，减少食品中的肥肉、黄油、鸡蛋的摄入，增加瘦肉、鱼、人造黄油等，能使人的血清胆固醇含量明显降低。

2.戒烟，吸烟可降低血清中高密度脂蛋白水平，促进动脉粥样硬化。该变化是可逆的，戒烟后血清中高密度脂蛋白水平可恢复至原来水平。

3.控制体重。肥胖者血清中胆固醇含量高，减肥可降低血脂。

4.加强体育锻炼。体育锻炼可使胆固醇下降。有氧运动每周至少三次，每次长于半小时。

预防中风

中风也叫脑卒中。分为两种类型：缺血性脑卒中和出血性脑卒中。它是以猝然昏倒，不省人事，伴发口角歪斜、语言不利而出现半身不遂为主要症状的一类疾病。预防中风应从以下几方面做起：

1.养成良好的生活习惯。

（1）保持情绪稳定。情绪不稳是诱发脑梗死性痴呆的重要因素之一。

（2）不过度劳累，不用力过猛。

（3）饮食正常，不过饱或过饥。

（4）气候突然变冷要注意头部保暖。

（5）不做突然弯腰、翻转等改变体位的动作。

（6）防止大便秘结，大便时不要用力过大。

2.控制好血压。

高血压是引起中风的最常见因素。因此，预防中风，定期进行体检，监测血压非常重要。

3.重视中风先兆。

部分中风病人在发病之前有一些前期征兆，如无症状的剧烈头痛、头晕或晕厥，有的突然身体麻木、乏力或一时性视物不清，语言交流困难、流口水等。特别是在有高血压、糖尿病、肥胖、吸烟、过度的饮酒、锻炼比较少等人群出现时更应重视。如果发生这些症状，建议立即到医院。

预防肺气肿

肺气肿是指终末细支气管远端，呼吸细支气管、肺泡管、肺泡囊和肺泡的气道弹性减退，过度膨胀、充气和肺容积增大或同时伴有气道壁破坏的病理状态。

预防肺气肿可采取的措施包括：

1.自我查验是否患了肺气肿的简便方法：将蜡烛点燃，拿起后将手臂伸直，昂首挺胸，背不能弓，如不能吹灭烛火，就说明肺有了问题，就应抓紧治疗。

2.多走动、锻炼、增加耐受力，经常在空气新鲜的地方做适度运动。

3.保持环境卫生，减少空气污染，远离工业废气；必要时用鼻呼吸，吸气时闭嘴深吸，吐气慢，嘴微开；少去公共场所，预防感冒；肺心病应及时入院治疗。

4.注意饮用品的消毒，勿随地吐痰，调剂营养，努力培养良好的兴趣爱好。保持身心健康。

5.饮食定量定时，戒烟、酒、赌等，避免过劳、剧烈运动，尤其要戒烟。

6.防治原发病。呼吸道感染是导致肺气肿发生的首要原因。已有慢性呼吸道疾病者应防止急性发作，以免加重肺功能的损害。气候变冷而受凉感冒是引起急性发作的基本诱因，约占60%～90%。所以要及时治疗感冒等上呼吸道感染疾病。

预防慢性支气管炎

慢性支气管炎中年常见的一种呼吸道的慢性疾病。预防慢性支气管炎应注意以下几点：

1.戒烟并避免被动吸烟。因为烟中的化学物质如焦油、尼古丁、氰氢酸等，可作用于自主神经，引起支气管痉挛，增加呼吸道阻力，损伤支气管黏膜上皮细胞及纤毛，使支气管黏膜分泌物增多，降低肺的净化功能，从而滋长病原菌在肺及支气管内的繁殖，致使慢性支气管炎发生。

2.注意保暖。在寒冷季节，要注意保暖，避免受凉。因为冷空气可降低支气管的防御功能，也可引起支气管平滑肌反射性收缩，黏膜血液循环障碍和分泌物排出受阻，引起继发性感染。

3.加强锻炼。在缓解期要做适当的体育锻炼，以提高机体的免疫能力及心肺功能。

4.预防感冒。注意个人保护，预防感冒发生，有条件者可做耐寒锻炼。

5.保持空气清新。尽可能保持避免烟雾、粉尘和刺激性气体对呼吸道的影响，防止因此而诱发慢性支气管炎。

预防骨质疏松

从青少年时代开始就应摄取充足的营养，包括充足的钙、少碳酸饮料、少盐、适量的蛋白质和丰富的维生素D、维生素C等。

多食用蛋白质和钙质含量高的食物，如海产品、瘦肉、动物内脏、甘蓝属蔬菜（花菜、卷心菜、茎蓝）。鲜牛奶中含有大量的钙，且易为人体吸收，应坚持早晚各饮一杯鲜奶。

特别妇女在年轻时要维持正常的月经周期，停经后的妇女要适当补充雌性激素。

骨痛较重者应到医院诊治，口服钙剂每日1～1.5克，小剂量服用维生素D。

不妨多晒晒太阳，接受阳光中的紫外线照射。紫外线的照射可使人体皮肤产生维生素D，而维生素D是骨骼代谢中必不可少的物质，可以促进钙在肠道中吸收，从而使摄入的钙更有效地吸收，有利于骨钙的沉积。

保持良好心绪，坚持适度体育锻炼。

要坚决戒烟。

预防关节炎

关节炎泛指发生在人体关节及其周围组织的炎性疾病，预防关节炎应从以下几方面做起：

1. 加强体育锻炼。适当的体育锻炼可以提高机体耐寒及抗病能力，并提高关节的柔韧性和灵活性，还可预防痛风发作，这种运动多指中等运动量的有氧运动，如散步、慢跑、骑车、健身操等。每次30分钟，每周3～5次为宜。

2. 搞好环境与室内卫生。居室宜通风、透光、干燥，并防寒、防湿，以避免受凉。天气晴朗时尽量到户外活动，多晒太阳。

3. 注意钙的补充。

4. 控制体重。保持理想体重，避免超重和肥胖可以减少关节承受的压力，从而减少关节的损伤。

5. 防止过度疲劳。劳动或运动后，不可满身汗就入水洗浴。

6. 避免过量饮酒。

7. 避免风寒邪湿侵袭。大部分类风湿性关节炎病人发病前或疾病复发前都有汗出当风、受凉、接触冷水等病史，所以要防止受寒、淋雨和受潮，关节处要注意保暖，不穿湿衣、湿鞋、湿袜等，不要卧居湿地。劳动出汗后，勿当风吹，内衣汗湿后应及时更换洗净。

预防龋齿

龋齿又叫龋病，俗称"虫牙"或"蛀牙"。龋齿是牙齿硬组织发生进行性破坏的一种疾病。表现为牙齿硬组织破坏，是人类最常见的疾病之一，严重地危害少年儿童的健康。

预防龋齿应注意：

1. 养成良好的口腔卫生习惯。早晚刷牙，饭后漱口，使用保健牙刷、含氟牙膏，掌握正确的刷牙方法。

2. 养成良好的饮食习惯。少吃甜食，少吃精细、松软、黏稠的食品，多吃五谷杂粮，多吃粗纤维和有适当硬度的食物。饮用洁净水和凉白开水以提高口腔自洁作用。

3. 定期进行口腔检查，每年一到两次（包括定期请牙医清洁牙齿）。

4. 采取有效的防龋措施。适当应用氟化物，如接受窝沟封闭剂防龋，可有效地防止窝沟龋的发生。

预防近视眼

近视眼是可以预防的，因其发生原因主要与后天的环境因素及不良用眼习惯有关，只要注意避免有关的不良因素，大部分近视眼可以预防，即使已得了近视，也应加强预防措施，因为只有通过预防，配合治疗，才能防止近视眼进一步发展，所以说近视眼的防治重在预防。

1. 合理用眼，纠正不良的用眼习惯，放松眼的调节。读书、写字姿势要端正。连续看书、写字一个多小时后，应休息片刻向远处眺望一会。

2.尽量不要看印刷字体太小或印刷字迹、书写模糊的书刊、报纸、讲义。

3.改善视觉环境，合理采光与照明；不要在光线暗弱及阳光直射情况下看书、写字。改善家庭中的采光照明条件。

4.加强眼保健操及其他眼功能训练，并且要认真地做，这对预防近视眼有很好的作用。

5.加强体育锻炼，注意饮食营养。

6.发现近视，应立即进行检查，验光佩戴合适的眼镜。

预防老年痴呆症

老年痴呆症是大脑细胞退化萎缩的器质性疾病，是老年人的常见病，与患者多年饮食不当、不良生活习惯有密切关系。其预防的方法是：

1.中老年人应常吃富含多种维生素和微量元素的清淡食物，少吃含糖、盐、油多的食物。

2.少饮或不饮烈性酒。酒精能使大脑细胞密度降低，功能下降，并使脑细胞萎缩。戒酒后脑细胞密度增加，智力改善，脑萎缩可好转。

3.常吃含胆碱丰富的食物。乙酰胆碱的缺乏是患老年痴呆的主要原因。胆碱有助于乙酰胆碱的生成，乙酰胆碱能增强记忆力：故有防痴呆的作用。含胆碱丰富的食物有黄豆及其制品，蛋类、花生、核桃、肝、燕麦等。

4.勿饱食。专家指出，如果长期饱食，势必导致脑血管硬化，出现大脑早衰和智力迟钝，形成痴呆。每餐七成饱，能防痴呆并益寿。

5.勤动脑。人类的大脑和思维功能严格遵循"用进废退"的基本规律。勤动脑.大脑接受信息刺激越多，脑细胞越发达，越有生命力，越能延缓脑细胞的退化萎缩。

6.护好牙齿多咀嚼。当人咀嚼硬物时，心脑排血量增加，脑血流量增加对大脑细胞有养护作用，可使脑细胞退化萎缩速度变慢。

7.经常活动手指。经常活动手指能给脑细胞以直接刺激，对延缓脑细胞衰老、健脑益智大有好处，双手空抓，练书法，绘画等对延缓脑衰老，防老年痴呆都有好处。

孩子应按时接种疫苗

每个孩子在出生时至6周岁，都可免费接种11种疫苗，这11种疫苗可有效地预防12种传染病的发生。接种后，在孩子的预防接种证上都会留有疫苗接种记录，证明孩子接种过疫苗。

按照国家免疫规划疫苗免疫程序，乙肝疫苗接种3剂次，儿童出生时、1月龄、6月龄各接种1剂次；卡介苗接种1剂次，儿童出生时接种；脊灰疫苗接种4剂次，儿童2月龄、3月龄、4月龄和4周岁各接种1剂次；百白破疫苗接种4剂次，儿童3月龄、4月龄、5月龄和18~24月龄各接种1剂次；白破疫苗接种1剂次，儿童6周岁时接种；麻风疫苗8月龄接种1剂次；麻腮风疫苗18~24月龄接种1剂次；乙脑减毒活疫苗儿童8月龄和2周岁各接种1剂次；A群流脑疫苗儿童6~18月龄接种2剂次；A＋C群流脑疫苗3周岁、6周岁各接种1剂次；甲肝减毒活疫苗18月龄接种1剂次。

弄清医院科室分类

现代医院医疗技术专业的划分其组织形式发生了很大变化，医疗专业的分科越来越细。医院科室划分大体有以下几种类型：

1.按职能分科：临床科、医技科等。

2.按诊疗手段分科：内科、外科、放射诊断、理疗科、导管室等。

3.按治疗对象分科：妇产科、儿科、老年病科等。

4.按病种分科：肿瘤、传染病、结核病、精神病、遗传病、糖尿病、风湿病等。

5.按人体器官分科：眼科、耳鼻喉、口腔、神经、呼吸、消化、内分泌等。

6.按系统综合分科：神经内科与神经外科组成神经科、消化科（包括内、外科，病理，放射等有关专业）等。

7.按技术中心划分科：功能检查中心、影像中心、检验中心、中心摆药室等。

自行护送急重病人应注意的事项

1.护送的车上，要多铺些棉絮等软的东西，车要开稳，防止颠簸，骨折的病人，要选硬板床，使脊柱始终保持平衡位。

2.运送时，脑出血病人应取平卧，头侧位，头高脚低；休克病人，宜取头低脚高卧位；四肢外伤，应使病人肢体抬高等。

3.对危重病人，要尽量减少搬动次数和幅度。切忌背、抢、拉、拖，一般应三四人平稳协调动作抬搬。

4.护送途中要做好监护，观察病人的脉搏、呼吸、血压，如发现呼吸、心跳停止时，应立即进行口对口人工呼吸或做胸外心脏按压，以免丧失抢救时机死在途中。如果出血绑扎，每隔20分钟松开1～2分钟，恢复患肢的血流。

向医生诉说病情应注意的事项

病史的采集对疾病的诊断、治疗起着至关重要的作用，隐瞒病史真相会影响医生对疾病及时正确的诊断。谎报病史比隐瞒病史更糟，对健康的危害更重。虚假的病史可将医生的思路引向歧途，容易做出错误的诊断，进而导致错误的治疗，后果不堪设想。

病人或其家属向医生诉说的病情、病史是医生了解、掌握病人病情的第一手材料，是非常重要的，千万不可轻视与马虎。

1.全面。

一般要告诉医生自己哪里不舒服，多久了，是否就过医，用过什么药，现在是否还在用药，做过什么检查，用什么药过敏，等等。注意切不可丢三落四，更不能自以为重要的就讲，而自以为不重要的就不讲，那样很容易使医生误诊。病人家属带小孩、老人看病时，还要向医生介绍其观察到的一些症状。

2. 准确。

向医生诉说病情，切不可模棱两可，含含糊糊，词不达意，否则易造成误诊。

3. 扼要。

目前，我国的医生与总人口比例差距很大，医院多是超负荷工作，医生接诊每一位病人的时间有限。最好就诊前准备一下向医生主要讲些什么。

4. 要真实。

要知道，问诊是医生正确诊断的重要手段，任何一个病人向医生诉说病情，夸大、缩小、不真实，受害的只能是自己。

得病一定不可乱投医

有病乱投医的结果往往是小病成大病，急性病成慢性病，以至于费时费神人财两空。为了做到得病而不乱投医，应注意以下几点：

1. 掌握自身病情。

病人对自己所患疾病应有所了解。对所患疾病治愈的可能性、慢性病的转归、并发症，要一清二楚，切莫跟着广告宣传跑。一般诊断明确的疾病，治疗办法大同小异，不必乱投医。

2. 选不同层次医院。

病人与家属应改变就诊观念。大医院病人多，忙乱，小病初发未必给你细心治；小医院医生也有相当医疗水平，能减少交互感染，就诊方便、花费少，这些对患者都是有益的。疑难病、诊断不明确的病，找名医、找专家也要辨真假，不可盲从偏信。要选择1～2家中小医院、一家大医院或专科医院，按病就诊，既方便、省钱，又不会乱投医。

3.选对医生。

自选医生，从服务态度、技术水平方面选好的。选好医生后要相对固定。医患双方都能互相了解，有利于疾病治疗。

不同检查项目分别应注意的事项

做CT检查前的准备和注意事项：

1.为了达到预期的效果，病人作CT检查必须携带有关的影像检查图像和化验结果以供扫描时定位和诊断时参考。

2.做腹部扫描，扫描前4小时应禁食，急诊除外；扫描前1周，不做胃肠造影，不吃含金属的药物；扫描前2天，不吃泻药，少食水果及蔬菜；检查盆腔者在检查前1小时洗肠。

3.腹部扫描检查前30分钟需口服3%泛影葡胺300～600毫升，检查前10分钟追加200毫升，使胃肠道充盈，胃肠道本身的CT检查亦可用水或脂类对比剂，可提高病变的显示能力。

做B超检查前的准备和注意事项：

1.注意禁食。做腹部的肝脏、胆囊、胰腺等器官的检查，头一天晚上8点以后到检查前不要吃东西。若吃了食物，尤其当吃的食物中含有蛋白质、脂肪等成分时，就会使这些器官发生变化，胆囊就会收缩，排出胆汁到小肠。收缩后的胆囊体积缩小，胆囊壁增厚，不利于反映胆囊的实质性变化；禁食后的胆囊，里面充盈了胆汁，能真实地反映出胆囊的情况。此外，还应当注意，不要吃一些容易产生气体的食物，如土豆、蚕豆、甘薯等，因为肠腔内有气体聚积，将使超声波的显像不清，影响器官成像的质量。

2.注意饮水。B超检查盆腔内的器官前需要大量饮水。盆腔内的器官包括膀胱、前列腺、子宫、附件等。在做B超时，必须依赖于充盈的膀胱作为超声透声的"窗口"。为了使膀胱能满意地达到充盈的程度，在检查前1小时左右应饮水500毫升，并且在有尿意时也不能将尿液排出体外，此时的检查最为理想。当然，为了排除肠内粪块的干扰，在做盆腔B超检查之前，也应及时排空大便。

做脑电图检查前的准备和注意事项：

1.病人在检查前三天停服镇静、安眠及兴奋药物。

2.检查前患者应进食，避免发生低血糖而影响正确诊断。

3.颞叶癫痫及有精神症状者，在检查过程中应有家属陪伴，以免发生意外。

4.检查前一天洗头，禁用发油，否则检查时可因皮肤电阻过大而产生伪差。

做心电图检查前的准备和注意事项：

1.检查前数小时不服用对心率、节律有影响的药物，以免影响结果判断。

2.做心电图检查时，病人应保持安静，活动后的患者应休息10分钟后再做检查。

3.做心电图运动试验时，应备好急救器材和药品，以免心肌缺血发生心绞痛时给予紧急治疗。

正确看懂处方内容

病人拿到医师开具的处方后，应先认真阅读，看懂了处方的内容，有利于正确用药，保证疗效和避免不良反应发生。阅读处方时，看看前记中的各项内容书写是否正确；正文是否清楚，是否有"遵医嘱"、"自用"等含糊不清字句，对规定必须做测试的药物是否注明过敏试验及结果的判定，中药饮片处方中药物调剂、煎煮的特殊要求（如布包、先煎、后下等）是否注明在药品之后上方并加括号，对药物的产地、炮制有特殊要求的，是否在药名之前写出；后记中是否有医师签名。如有疑问，可当场向医师咨询。

体检中应注意的事项

定期体检有助于疾病的早发现、早诊断、早治疗，体检时应注意以下事项：

1.体检前应向医生叙述一下自己以往和现在的健康状况。若以往和现在均健康无恙，即可一般健康检查。相反，如对健康有疑问，则应向医生说明自己以往或现在患有哪些疾病，现在有哪些症状（不适），当前的治疗情况。

不良嗜好或家族遗传病史也应告知大夫。这样有助于体检医生根据您的状况，在一般健康体检的基础上，再为您进一步"量身定做"，设计适合您需要的专项体检方案。当然，也可直接做专项体检。

2.在体检过程中应注意不要只看重器械检查，而轻视医生的体格检查。因为许多异常都是通过医生体检发现的，如甲状腺包块、直肠肿瘤、支气管炎或哮喘的肺部干湿罗音、心脏与大血管的杂音等，都是一般体检器械所查不出的。

3.在体检后应把所有的结果请医生进行分析和解读。

孕妇例检时应注意的事项

整个怀孕期间大约要做10～14次检查，尤其是孕中后期，每月一次的检查不可缺少。

5周左右：初步验孕，确认是否真的怀孕了。

5～6周：超声波检查，检查可能的先兆流产。

6～8周：开始害喜，观测妊娠反应有无病理危险。若孕妈妈家族本身有遗传性疾病，做绒毛膜采样。

12周：大多数孕妈妈在孕12周左右开始进行第1次正式产检。由于此时已经进入相对稳定的阶段，一般医院会给孕妈妈们办理《孕妈妈健康手册》。日后医师为每位孕妈妈做各项产检时，也会依据手册内记载的检查项目分别进行并做记录。

　　13～16周：第2次产检，做唐氏症筛检。

　　17～20周：第3次产检。

　　21～24周：第4次产检。

　　25～28周：第5次产检。

　　29～32周：第6次产检。

　　33～35周：第7次产检。

　　36周：第8次产检。

　　37周：第9次产检。

　　38～42周：第10次产检。

　　从38周开始，胎位开始固定，胎头已经下来，并卡在骨盆腔内，此时孕妈妈应有随时准备生产的心理。在未生产前，仍应坚持每周检查一次，让医生进行胎心监护、B超检查，了解羊水以及宝宝在子宫内的状况。

　　选择孕检医院时应注意：

　　首先，准生证开具单位一般要求在其指定医院进行一次检查，所以第一次产检可以在这家医院进行，可以节约重复产检的钱和减少一次拍X光的风险。

　　其次产检的医院最好就是将来分娩的医院，这样医生会更熟悉孕妈妈的情况。

　　异地分娩一定要带齐整个孕期的产检记录。

带孩子看病应注意的事项

　　孩子病了，或出现不正常的情况，应尽早带他到医院检查，以便及时发现问题，得到正确的诊断和治疗。为了提高诊断和治疗的效率，以下几点希望家长在带孩子看病时加以注意：

1.尽量就近就医。

小儿得的病，大部分是常见多发病，如上呼吸道感染、腹泻等，一般医院都能医治。如果有病就去大医院、儿童医院，势必病儿过分集中，不但候诊时间过长，而且极易互相交叉感染，使孩子的病程延长，增加痛苦。

2.别忘带与看病有关的所有材料。

首先不要忘记带孩子的医疗手册，以往在其他医院看病的医疗本、化验单及其他检查结果、诊断书等也要带着，必要时提供医生参考，并可避免不必要的重复化验。

3.遵守候诊秩序，减少交叉感染。

儿科候诊室是患儿集中的地方，为了避免或减少交叉感染，需大家遵守候诊秩序。

4.详述患儿病情，协助医生诊断。

在看病时，要把孩子的病情经过，主要症状和各症状发生的时间以及有关的其他情况告诉医生，以便协助医生做出正确诊断。

5.按医生意见做好护理及病情观察。

看完病、取完药后，要当时弄清楚药物的服用方法以及回家后在护理方面应注意的事项。

不要轻易动手术

当面临要不要动手术的问题时，不妨问问非外科系统的医生的意见。例如，腹部外科的医生建议您开刀，您可以去问消化内科医生的意见如何。遇到几个医生对手术有不同看法时，专家的建议是，选择以下几种方法解决：

1."少数服从多数"，按多数医生的意见和主张办。

2.一般而论，应听听级别高的或在该领域威望高的医生的意见。

3.要尊重手术科医生的意见，因为手术毕竟是外科医生做的，他们对手术指征、风险、预后、禁忌证比较熟悉。

4.对于难度大、风险高的手术，必要时医院会通过医院内外大会诊的方式予以解决。

5.凡事多与家人商量。

护理卧床不起的病人应注意事项

患有心脑血管疾病、截瘫、骨折的病人康复过程中卧床时间较长，需要家人的精心护理，使卧床病人的身心均得到满意的照顾，减少痛苦，利于康复。护理卧床不起的病人应注意以下事项：

1.做好口腔的护理。

自己能坐起来的病人，应让其自己像正常人一样刷牙、漱口。不能坐起但能自己漱口的病人，可借助软吸管用生理盐水或自配淡盐水自己漱口。如果病人嘴动困难或神志不清，可用消毒后的镊子夹住生理盐水棉球或用蘸了生理盐水的棉棒擦拭口腔，包括上下牙齿、软腭、硬腭、舌部和两颊部。

2.做好皮肤护理。

对病人一是勤更换内衣、内裤；二是经常进行洗浴。身体情况良好者，可由家属陪同洗淋浴或盆浴。卧床不起的病人，则要进行床浴擦洗。

3.做好头发护理。

行动能自理的病人，可在淋浴时洗发。若长期卧床病人，则要由家属帮助清洗。清洗时为防止水流入耳内，可用棉球塞入，洗毕取出。

4.预防褥疮。

为防止褥疮发生，要定期翻身，对瘫痪或昏迷的病人，应每2～3小时翻身一次，翻身时不要生拉硬拽，要将双手伸入病人肩下和臀下，将病人抬起挪动位置，翻身后对受压方进行适当按摩。

5.适当做肢体运动。

长期卧床的病人，肢体宜做被动运动，以防关节强直、肌肉挛缩。

6.加强心理护理。

经常坐在病人身边与他亲切交谈；收集一些同种病人治愈的消息，给病人以鼓励和关怀；进行生活护理时不能让病人产生依赖心理，应给病人提供自理的机会，增强病人的自尊感和自信心。

住院前应做的准备

住院是件大事，为便于医疗和休养，住院时应做好各种准备。住院前应做好以下准备工作：

1.如果病情允许，您事前最好能进行一些个人卫生清理，如理发、沐浴、修剪指（趾）甲及更衣等。

2.带上住院所需费用。

3.带上门诊病历卡。

4.不要忘记带上洗漱用具，简单的换洗衣服和日常用品。提前或临时购买碗、筷、匙、毛巾、香皂、牙刷牙膏、口杯、脸盆、梳子、热水瓶、卫生纸等生活用品。

出现落枕可采取的措施

落枕多是由于睡眠姿势不好、受凉、枕头高度不合适等原因引起，极为常见。如发生落枕可采用下列方法进行治疗：

1.热敷。采用电热手炉、热水袋、热毛巾及红外线灯泡照射均可起到止痛作用。注意温度不要过高，以免烫伤。

2.在小火上把一个较粗的擀面杖加热，然后在疼痛部位来回地擀；擀面杖凉了，再重新加热，做3次。注意热度以能忍受为限。

3.按摩。站在患者身后，用一指轻按颈部，找出最痛点，然后用拇指从该侧颈上方开始，直到肩背部为止，依次按摩，对最痛点用力按摩，以有明显酸胀感为宜，如此反复按摩2～3遍。再以空心拳轻轻叩击按摩过的部位，重复做2~3遍。反复上述按摩与轻叩，痉挛的颈肌很快便可松弛下来，从而达到止痛效果。

患了关节炎应注意事项

患关节炎之后应注意：

1. 急性期可以进行3周左右的短期休息，因长期休息，过度限制活动将造成肌肉萎缩、关节僵硬，反而于健康不利。

2. 在慢性缓解期，为了保持和增进病变关节的活动功能，从而防止畸形和强直，所以要加强关节功能锻炼。

3. 饮食要采取低脂肪食物，避免红肉、牛奶、糖制品、青椒、茄子、柳橙类水果、番茄、辣椒、马铃薯、烟草，维生素D会引起关节痛。

得了急性结膜炎应注意事项

急性结膜炎俗称"红眼"、"火眼"，是由于细菌或病毒所引起的传染性眼病。多见于春夏季节，发病急骤，以明显的结膜充血及黏膜脓性分泌物为其主要特点。一旦得了"红眼病"，要尽快请医生检查，明确病源微生物的类型，选择合适的抗生素药。得了急性结膜炎要注意以下事项：

1. 做好眼部清洁。

2. 少用眼，不要勉强看电视。

3. 不要与其他家庭成员共用脸盆和毛巾。患者的脸盆、毛巾、手帕要单独使用，用后煮沸消毒，以免再传染。

4. 眼部不可包扎或戴眼罩。这是为了使眼部分泌物能够顺畅排出，降低局部温度、不利于病菌繁殖生长。

5. 急性结膜炎初期时，眼部可以做冷敷，有利于消肿退红。

6. 点眼药水时，瓶口不要触及病眼及分泌物，以免发生交叉感染。

7. 可吃些冬瓜、枸杞叶、马兰头、苦瓜、西瓜、茭白、菊花脑、绿豆、香蕉等食物，以辅助治疗，这些食物具有清热利湿解毒功效。

8.忌食辣椒、韭菜、葱、大蒜、狗肉、羊肉等辛辣性刺激食物。

脚上长鸡眼的处理方法

鸡眼，就是在脚掌或脚趾部生长的圆锥形角质层增生物。因脚底皮层内，血管和神经部很丰富，所以走路时压迫鸡眼局部神经末梢，使人感到疼痛。脚上长鸡眼的处理方法有：

1.用鲜广柑皮浸泡在90%以上的酒精中密封，泡上15天后即可用，每天拿一块广柑皮摩擦鸡眼部位及周围，半小时左右，然后倒10毫升柑皮酒精兑500毫克温水浸泡脚底，2天左右即可治愈。

2.用10%～20%的盐水浸浴患部，每次30分钟，20次后可自行脱落。

3.将脚洗净，用电工用的绝缘布贴在鸡眼处外再用白胶布膏固定，一星期1～2次，一般15～20天左右痊愈。

4.每天数次将清凉油涂在鸡眼上，再用点燃的香烟把清凉油熔化渗透到鸡眼内，直到全部脱落止。

手足干裂的处理方法

到了冬季，寒冷和干燥的刺激，易使皮肤失去弹性，尤以手掌和足跟为重，产生大小深度不同的裂口或出血，这种情况就是手足干裂。手足干裂的处理方法有：

1.患了手足干裂，应当尽量去除引起干裂的原因，治好原有疾病，如有手足癣者，应及早治疗手足癣。

2.少用肥皂及碱性物质洗手。

3.天刚冷时每日用热水浸泡手足，然后涂搽防裂油、凡士林、甘油等，也能收到预防效果。已有干裂时，可外搽15%尿素脂或硫黄水杨酸软膏。

4.干裂口子较深，裂口处可试贴橡皮膏以暂时止痛。

正确开放急性病患者的气道

清除患者口腔、气道内分泌物或异物，有义齿者应取下。有利于呼吸道通畅。以下是开放气道的方法：

1. 托颈压额法：抢救者一手抬起患者颈部，另一手以小鱼际肌侧下按患者前额，使其头后仰，颈部抬起。头、颈部损伤患者禁用。

2. 仰头抬颏法：抢救者一手置于患者前额，手掌用力向后压以使其头后仰，另一手示指、中指置于患者的下颌骨下方，将颏部向前上抬起，使下颌尖、耳垂连线与地面垂直。注意手指勿压向颏下软组织深处，以免阻塞气道。

3. 托颌法：抢救者两手拇指置于患者口角旁，余四指托住患者下颌部位，在保证头部和颈部固定的前提下，用力将患者下颌向上抬起，使下齿高于上齿，避免搬运颈部。高度怀疑患者有颈椎受伤时使用。

对急性病患者实施人工呼吸

急性病发作后，口对口人工呼吸法为首选抢救方法。具体地说应该这样做：

1. 患者口鼻处盖一单层纱布。这样可以防止交叉感染。

2. 抢救者正常呼吸，用按压前额手的示指和拇指。捏住患者鼻翼，将口罩住患者的口，将气体吹入患者口中。每次吹气时间应持续1秒以上，潮气量500～600毫升，有效指标：胸廓起伏。

3. 吹气毕，松开捏鼻孔的手，抢救者头稍抬起，侧转换气，频率：成人10～12次/分（约5～6秒吹气1次）。

对急性病患者也可以实施口对鼻人工呼吸法，具体应该这样做：

用仰头抬颏法，抢救者用举颏的手将患者口唇闭紧，将口罩住患者鼻孔，将气体吹入患者鼻中，其他要点同口对口人工呼吸法。

适用于口腔严重损伤或张口困难等患者；防止吹气时气体从口唇部逸出。

发生心绞痛和心肌梗死的急救

当病人心绞痛发作时，应采取以下措施：

1. 立即让病人坐下或者躺下休息。如果是在户外，则应让病人原地蹲下休息。

2. 给病人口服硝酸甘油片或异山梨酯。

3. 如果一时无法很快找到急救药物，旁人可用拇指甲捏患者中指甲根部，使其有明显疼痛感，亦可一压一放坚持几分钟，可缓解症状。

对急性心肌梗死的患者应采取的急救措施有：

1. 根据病人情况，让其躺在床上或地板上就地休息。

2. 给病人含化硝酸甘油片。

3. 如果含化2次仍不见好转，可以换服镇静剂，同时应该与急救站或附近医院联系，待病情稳定后送医院。

如果患者迅速发生呼吸、心跳停止等现象，应该立即进行心肺复苏术。

心脏病发作时的应对措施

心脏病发作是一种急症，当患者出现胸口压迫性疼痛、呼吸困难、心跳不规则，并伴有焦虑、恐惧、眩晕、恶心呕吐且大量出汗，皮肤苍白青紫，口唇、甲床苍白及意识丧失等症状时，就有可能是心脏病发作。当确认是心脏病发作时，必须对其采取一系列的急救措施：

1. 立即拨打急救电话，请求医院的帮助。

2. 检查病人的呼吸、脉搏及心跳，如果呼吸、脉搏及心跳停止了，应立即采取心肺复苏等急救措施。

3.使患者保持平静、暖和，并解开其颈部、胸部、腰部等衣服较紧的部位。必要时可用衣服等盖其身体，以使其保持温暖。切勿摇晃病人，也不要使其饮水或进食。

4.要时刻注意其呼吸及脉搏，如发现停止，立即开始心肺复苏，并坚持进行，一直等到医生到来。这样才能使病人不致猝死，增大其获救可能。

出现脑出血的应对措施

脑出血是指自发性脑实质内出血。引起脑出血的主要原因有：高血压、脑肿瘤、动脉瘤、脑血管畸形、脑动脉炎、血液病等。如发生脑出血，须采取一定的急救措施：

1.立即拨打急救电话，请求医生出诊。

2.使患者躺在床上，并保持安静，尽量不要搬动患者。

3.解开患者衣领，使其头后仰，并及时清除其口腔呕吐物，使其呼吸保持畅通。如果出现窒息现象，立即进行人工呼吸。

4.如果患者在浴室、厕所等狭小空间发病，则应尽快想办法把他移到较宽敞的地方。

5.可为患者服用一些酚磺乙胺、氨甲苯酸、维生素K等常用的止血药，但药量不可过大，种类也不可过多。

6.对血压较高的脑出血患者，应使用一些药物调整其血压，如用硫酸镁10毫升深部肌肉注射或小量利舍平治疗。

突发中风的急救

中风的急救常识：

1.如果家中有人突然中风，要保持冷静镇定，千万不可抱着病人头部又摇又晃的，这样有可能使病人精神紧张，也可能使病人的病情加重。

2.如果病人摔倒在地，应就近对其进行处理，尽量不要移动，如必须移动，应使一人托其头部，使其与身体保持水平，并小心缓慢地移走。

3.尽快拨打急救电话，请求医院帮助，请医生前来抢救病人。

4.在医生到来前，要保持病人的呼吸道通畅，应立即解开病人衣领、裤带等较紧的部位，并及时清除口腔中的呕吐物，以减少对呼吸的阻力。

5.如果病人神志清醒，则应使其静卧，并以好言安慰，以免病人惊慌焦虑或过度悲伤。同时要将病人头部稍稍抬高，以减轻颅内压力。

6.如果病人已经昏迷，则应使其平躺，头部侧向一边，以易于口腔分泌物及呕吐物的流出。

7.时刻注意病人病情，如果病人呼吸停止，应立即采取人工呼吸。

急性胆囊炎的应对措施

急性胆囊炎多是在慢性胆囊炎的基础上发生的，也可由结石阻塞胆囊管而诱发。急性胆囊炎的主要症状是腹痛，多在食用了油腻的食物后出现，疼痛部位多位于上中腹部，呈持续性、阵发性加剧，可伴有恶心、呕吐、腹胀、厌食等症状。有时疼痛感可放射到右肩部或右腰部。按压腹部有明显的疼痛感，有时可摸到肿大的胆囊。如确认是急性胆囊炎的，应采取以下正确的措施：

1.在去医院检查前尽量不要吃东西或者喝水。

2.疼痛较轻的可口服阿托品以缓解疼痛，剧痛时可舌下含硝酸甘油0.3～0.6毫克。

3.如确认没有药物过敏史，可在医生的指导下使用一些抗生素，如庆大霉素、氨苄西林等。如不确认，请勿使用。

4.应尽快到医院检查诊治，行动不便的可拨打120。如病情严重，应及时手术。

消化性溃疡应注意事项

消化性溃疡是一种反复发作的慢性病，其病程可长达一二十年或更长。因此，消化性溃疡患者要学会自我调养。具体地说应注意。

1.保持情绪乐观，精神开朗，生活规律，劳逸结合；对某些伴有失眠、焦虑紧张等症状的患者，可短期使用一些安定剂或镇静药。

2.有规律地定时进食，以维持正常消化活动的节律，不可过饥过饱。

3.进食时要细嚼慢咽，避免急食。

4.饭菜要适口、易消化，饮食宜富含维生素和蛋白质。当病情严重时，以少吃多餐为宜，每天可进餐4～5次；但当症状得到控制时，应尽快恢复到平时的一日3餐。

5.忌过热或过冷食物；忌食咖啡、浓茶、酒、香料等刺激性食物；少吃白萝卜、生葱等易产气和地瓜、粗粮等易产酸的食物；少吃过咸或过甜的食物；戒烟。

6.参加适当的体育锻炼，以增强体质，调节神经内分泌功能，改善胃肠道的消化机能，有助于溃疡的愈合。

少量出血时，应进豆浆、牛奶、藕粉、米汤等无渣流质食物，但不要多加糖；出血停止后，逐渐改用面糊、稀粥、蛋羹等；大出血、胃穿孔、幽门梗阻则要禁食。

如果出现或反复呕吐、不能进食；或面色苍白、胃痛激烈、出冷汗；或心慌心跳；或疼痛规律改变，药物治疗无效等，应立即去医院治疗。

病毒性肝炎应注意事项

病毒性肝炎治疗应注意以下事项：

1.注意隔离与消毒。

（1）隔离的时间要从发病之日起不少于30天。

（2）患者的衣服、被褥、文具、纸张等，在室外暴晒4～6小时即可。

（3）患者用过的碗、筷、勺、水杯等用锅煮一下，待水开后煮沸30分钟以上即可。

（4）患者的呕吐物和粪便要撒上20%的漂白粉，搅烂后放置2小时后再倒掉。

（5）要注意消灭蚊蝇，它们既传播肝炎，又影响患者休息。

2.注意休息。

人体在卧床时肝脏血流量比站立时至少多40%，因此，平卧静养等于"自我输血"。因此患者要卧床休息，休息得合理，甚至胜过药物治疗。

3.注意饮食。

（1）采用少量多餐。

（2）充足的液体供给。适当多饮米汤、蜂蜜水、果汁、西瓜汁等，保证肝脏正常代谢功能及利于加速毒物排泄。

（3）摄入足够的蛋白质，特别应保证一定数量优质蛋白如动物性蛋白质、豆制品，以促进肝细胞的修复与再生，一般应占总热能的15%。

（4）保证充足的热量供给，一般每日以8400～10500千焦比较适宜。

（5）碳水化合物，一般可占总热能的60%～70%，应主要通过主食供给。

（6）保证维生素供给。维生素B_1、维生素B_2、烟酸等B族维生素以及维生素C，对于改善症状有重要作用。除了选择富含这些维生素的食物外，也可口服多种维生素制剂。

（7）因肝炎患者多有厌油及食欲缺乏等症状，不会出现脂肪摄入过多的问题，因此脂肪摄入一般可不加限制。

（8）肝炎患者绝对禁止饮酒，因为酒精可以直接损害肝脏，使肝细胞坏死。即便肝炎治愈后，也最好不要饮酒。

4.肝炎患者在肝炎恢复期应节制性生活；在转氨酶升高时，应禁止性生活。

糖尿病应注意事项

1.发现糖尿病后与医师配合，良好的控制糖尿病病情，满意的血糖水平、血压、血脂及体重，可以防止或延缓并发症的发生。定期检查血压、血脂、眼底、肝、肾功能及神经系统，如发现异常及早治疗。

2.多运动。患者要多做户外运动，以加速体液的循环和回流速度，将体内的糖分转化为热能消耗掉。

3.控制饮食。要按医生的要求严格控制饮食，坚决避免喝酒吃肉；尽量少吃、不吃加工食品；一定要吃以原生态方式存在的食品，以降低从外来食物中吸收的热量。更重要的是按血糖高低，调节好每天进食的蛋白质、糖类（碳水化合物）和脂肪的数量。

4.补营养。适当地补充以蛋白质粉为主的高品质的营养食品，以满足身体的需要。

5.疏经络。以拔罐、刮痧、按摩等传统中医经络方式进行治疗，激活机体的免疫机制，恢复身体组织细胞的活力，改善人体的代谢功能。

甲亢应注意事项

甲亢是常见内分泌疾病。它是甲状腺机能增高，分泌激素增多或因甲状腺激素在血循环中水平均高所致的一种。

甲亢患者在服药期间饮食上应注意：

1.忌食海味：海虾、海带、带鱼。

2.忌食辛辣食物：生葱、辣椒、生蒜。

3.忌烟酒、浓茶、咖啡。

褥疮的护理

褥疮常发生在长期卧床的病人，或比较衰竭、瘦弱病人的骨骼突出部位，比如肘部、髋部、骶尾部、耳郭、枕骨部、肩胛部以及足跟等部位。预防褥疮要做到"六勤"：勤观察、勤翻身、勤按摩、勤擦洗、勤整理、勤更换。对于褥疮患者的护理应注意以下几点：

1.保证病人营养：增加营养，才能避免褥疮的发生，吃高蛋白、高维生素、容易消化的食物，以增强机体的抵抗力和组织的修复能力。

2.水疱的处理方法。

（1）对未破的小水疱要减少摩擦，防止破裂，促进水疱自行吸收。

（2）对于大水疱，可不要随便把它弄破，而应在无菌操作下，即先消毒水疱及其周围的皮肤，然后用无菌注射器的针头刺破水疱，或抽吸水疱内的液体，最后在外面涂上消毒药水，并盖上消毒纱布。

3.破溃面较大时的处理方法。

（1）可用生理盐水或1∶5 000呋喃西林溶液清洗疮面，剪掉坏死组织。

（2）保持创面干燥，还可用60～100瓦灯泡烤，距离50厘米左右，每次烤20分钟，每日1～3次。

避孕的注意事项

1.使用杀精剂避孕应注意：

杀精剂是具有杀死精子或抑制精子运动，在阴道内使用的一类化学避孕制剂，其剂型包括药膜、片剂（泡腾片）、栓剂和胶冻。男女都可以使用，以女方使用效果较好。性交前5分钟将药膜揉成松软小团置阴道深处，待其溶解后即可性交。男用的方法是：将阴茎先插入阴道使之湿润，然后退出，将事先准备好的药膜一张包贴在阴茎头上，轻轻一次放入阴道深处，停留4～5分钟，待药膜溶解后即可性交。正确使用的避孕效果达95%以上。

2.利用安全期避孕应注意:

卵子自卵巢排出后可存活1～2日,而受精能力最强时间是排卵后24小时内,精子进入女性生殖道可存活3～5日。因此,排卵前后4～5日为易受孕期,其余的时间不易受孕视为安全期。月经周期中易受孕期可通过观察生育征象如宫颈分泌物和基础体温等方法确定。多数妇女月经周期为28～30日,预期在下次月经前14日排卵,排卵日及其前后5日以外时间即为安全期。这种方法的失败率为20%。

3.采取哺乳闭经避孕法必须完全符合下列条件:

(1)闭经;(2)完全或接近完全母乳喂养;(3)产后6个月以内,其可能的妊娠风险低于2%。

如果以上三个条件中的任何一个发生了变化,应该选用其他避孕方法。

4.口服避孕药应注意事项:

口服避孕药普遍应用的是含雌、孕激素的复方制剂。生育年龄无禁忌证的健康妇女均可服用。避孕药不能随便服用的。长期服用避孕药,会导致月经量减少。当服药后出现月经量减少时应立即停药,改用其他避孕方法。绝对不要拖到闭经后才停药。绝大多数女性可于停药后2至3个月内,最迟6个月恢复月经,故不必担心。停药3个月后,月经仍未来潮者,就应该去看医生了。

人工流产后应注意的事项

人工流产后应注意以下事项:

1.手术后可在医院休息一天,或乘车回家。

2.手术后的几天还要去医院接受观察和治疗。

3.一般人工流产后阴道出血量不多,不超过月经量,若阴道流血超过10～15天,出血量多,则可能是组织残留,应到医院检查寻找原因。

4.从手术的第二天开始,要保证充分的休息,只要不过度劳动和运动,一般不会导致不孕和后遗症。

5. 手术后不要喝酒。

6. 手术后未经医生许可也不要洗澡，因为洗澡有时可引发感染。

7. 手术后应避免性生活。个别女性希望在手术后马上进行性生活，这是非常愚蠢的想法。手术后10天到2周出血完全停止后才可开始性生活。因为手术过程中子宫受到损伤，此时进行性生活是很危险的，为此必须采取安全的避孕措施。以免卵巢在经前开始排卵后又会怀孕。人工流产后短时间内又怀孕，会由于子宫内膜恢复不好，营养不良，引起胎盘黏性连于子宫壁或胎盘植入，导致产后大出血。

对付女性痛经的妙招

痛经是指女性在经期及其前后，出现小腹或腰部疼痛，甚至痛及腰骶。每随月经周期而发，严重者可伴恶心呕吐、冷汗淋漓、手足厥冷，甚至昏厥，给工作及生活带来影响。

帮助女性减轻痛经的妙招有：

1. 让大脑紧张起来。研究发现大脑紧张会降低人体对疼痛的忍受度，因此痛经的严重程度与大脑紧张度成正比。通过看一部爆笑喜剧放松大脑，当全神贯注于影片时，体内产生大量内啡肽，能切断疼痛信号，暂时止痛；一旦感到愉悦，身体更释放出多巴胺，活化脑细胞膜发挥止痛功效。

2. 适当补充雌激素。处于经期时，体内雌激素降为最低，对疼痛的忍受度也降至最低，这使得经期的疼痛显得比其他任何时期的疼痛更让人难以忍受。利用天然食物补充雌激素，能增加对疼痛的忍受度。

3. 促进血管扩张。疼痛导致交感神经紧张、引起血管收缩，而血管收缩、血液运行不畅又进而加重痛经，形成恶性循环。通过喝热水、多穿衣服等方法加热身体，能扩张血管、加快血流、对抗子宫平滑肌收缩，进而减轻疼痛。

4. 改善子宫位置，促进经血排出。经血若不能畅快地从子宫颈流出，而是潴留在子宫内慢慢流出，就会造成盆腔淤血，加重经期疼痛和腰背酸痛。痛经时跪在床上、抬高臀部，保持这种头低臀高的姿势能改善子宫的后倾位置，方便经血外流、解除盆腔淤血，减轻疼痛和腰背不适症状。

5.保持大便通畅，减轻消化道蠕动。便秘引起的应激反应使消化道蠕动加快，刺激子宫紧张收缩，引发短时的剧烈疼痛或加重痛经症状。摄入清淡易消化的食物，保持大便通畅，就可以避免因消化道剧烈蠕动而加重经期疼痛症状。

月经不调的注意事项

月经不调常见于青春期的女青年和绝经期的妇女。它可由许多病理的和非病理的原因引起。主要表现为月经量异常（过多或过少）、经期不规则（一月几次或几月一次）或月经淋漓不尽等。严重者还有头晕、眼花、心悸等贫血症状。

治疗月经不调应该注意以下事项：

1.经期的用品必须干净，如卫生巾、卫生纸等，须选正规厂家生产的符合卫生标准的卫生巾，否则会引起细菌感染。在购买时还需注意仔细查看生产日期，已过期的卫生巾不可使用。

2.经期最好不穿紧身的衣裤。紧身衣裤不透风，很容易造成下身潮湿，细菌增生，过紧的衣裤还易限制子宫等生殖器官的正常发育，造成月经失调。最好穿纯棉内裤。

3.注意营养和休息。月经不调治疗期间需适当补充营养，饮食宜以清淡为主，注意补铁、维生素等。多吃水果，如苹果、梨、香蕉、柿子、杨梅等。另外还要注意休息，不可熬夜。忌油腻荤腥、辛辣等刺激性食物。

4.注意保暖，不可受凉，尤其是腹部不可受凉。

5.月经不调治疗需排阴毒。经后子宫阴道内可能有残留物的存在，形成阴毒。一般清洗或洗剂无法彻底洗净，可采用妇净丹专业排阴毒，既清排阴毒又同时养护内阴。

6.平均每天清洗下身一次，用流动的温水清洗即可。水温要适宜，不能太冷或太热。不需使用洗剂等。

7.心情要放松，不要过度恐慌，减轻生活上的压力，一般月经不调会调整好的，不会影响正常的生活和生育能力。

应对孕早期妊娠呕吐的措施

妇女怀孕后，在停经40天左右常可发生恶心呕吐、食欲下降、偏食、嗜睡等反应，持续到怀孕后60～70天，以后逐渐减轻、消失。严重者又反复呕吐，胃内容物、胆汁甚至小肠液都可吐出来。

妊娠剧吐不但能影响胎儿的生长发育和孕妇的健康，甚至会威胁孕妇的生命。因此，应及时请医生治疗。孕妇本身还要特别注意以下几点。

1.坚持休息，避免过度疲劳。

2.避免一切可能引起恶心、呕吐的不良刺激，如油、烟、异味等，尤其室内应保持空气新鲜。

3.保持情绪稳定，解除思想顾虑，做到精神愉快，多做些有利心情愉悦的事。

4.少吃多餐，可随时进食，而且饮食要清淡可口，易于消化。

5.必要时要输液，补充维生素。

6.如治疗无效，呕吐严重，出现脏器功能损害，如肝功、肾功能异常等，不应再盲目治疗呕吐，应及时终止妊娠，以保证孕妇的生命安全。

防治孕期贫血

防治孕期贫血应做到以下几点：

1.调节饮食，加强营养。每天都应吃瘦肉、鸡蛋或猪肝及新鲜蔬菜。

2.补充铁剂。孕中期服用硫酸亚铁0.3克，每日1～3次，同时可服维生素C0.1～0.2克，每日3次，以促进铁的吸收。服铁剂期间不要喝茶和牛奶，以免影响铁的吸收。

3.补充叶酸及维生素B_{12}。叶酸缺乏者可每次口服叶酸10～20毫克，每日3次；每日肌注100～200微克维生素B_{12}。

4.如重度贫血，特别是血容量不足时，可适当输血，以保证准妈妈和胎儿的身体健康。

孕期出现水肿应注意事项

女性怀孕6个月之后，一般都会出现腿部肿胀的现象，这是孕妈妈在怀孕后期出现的正常现象，但酸胀也会给孕妈妈带来一定不适。

孕期出现水肿应注意以下事项：

1.为减轻肿胀孕妈妈吃的食物不宜太咸，口味重的孕妈妈此时也要注意，多吃清淡食物，保持低盐饮食。

2.孕妈妈此时不宜走路太多，或站立太久，因行走和站立时间长了，会增加身体肿胀。

3.必须保证血液循环畅通、气息顺畅，所以不能穿过紧的衣服。

4.家人要多关心体贴，晚上睡觉前，最好能为孕妈妈的腿部进行按摩，可减轻孕妈妈酸胀的感觉。

5.孕妈妈睡觉的时候，腿脚部可稍微放高一点，这样有利于消除肿胀。

对付产后乳头皲裂的妙招

乳头皲裂是指乳头及乳晕部出现裂口、疼痛，揩之出血或流黏水。多因乳头皮肤纤弱，又受到机械性的刺激，或局部不清洁，或乳汁过少，乳头凹陷、过短，授乳方法不当，婴儿用力吮吸所致。此病不仅授乳困难，而且易为细菌侵入而引起化脓性乳腺炎、淋巴管炎等疾患。

对付产后乳头皲裂以外治方为主，具体来说有以下一些方法：

1.鱼肝油胶丸剪破，拌入珠黄散，涂于乳头。每日多次。

2.锡类散拌入麻油，涂于乳头。每日多次，授乳后使用。

3.老黄茄子放瓦上烘焦黄后研成粉，用麻油搅拌，喂奶后敷于乳头。

4.鸡蛋黄油涂于乳头，每日数次。蛋油制法：取2只熟蛋黄，放在非铁质盛具内，置火上翻炒，防焦。片刻后见油渗出，滤出此油即得。

5.白芨粉拌入猪油，涂于乳头。如分泌液多，先撒白芨干粉。

6.荸荠数枚捣取汁，加极少冰片涂患处。每日多次。

7.熟大黄粉拌少量麻油涂患处。每日多次。

遗精的防治方法

遗精是在无性交情况下发生的精液自出的一种病症，有梦遗和滑精之分，前者是有梦而遗精，后者是无梦而遗精，甚至是清醒时精液自出。

1.生活调养：正确认识遗精现象、杜绝手淫，保持精神愉快，排除杂念，脑体不要过于劳累，节制性欲，衣裤不要太紧。

2.饮食宜忌：忌食生冷、辛辣、烟、酒、浓茶。

3.注意生活起居，调整睡眠时间、学习有关知识合理安排性生活。

4.有病及时就医，勿乱医乱药。

5.注意阴茎卫生。

6.包皮过长与包茎要及时治疗。

7.可服用镇静药物，如安定、苯巴比妥、谷维素、氯氮、金锁固金丸。

早泄的防治方法

1.注意劳逸结合。

2.节欲，勿看性刺激性刊物。

3.不要纵欲，性生活适度。

4.禁烟酒。

5.男女双方都要正确认识性知识，了解男女正常性欲差异，相互配合，增进情感。

6.有病早治疗，但勿乱投医药。

7.用1%达克罗宁油膏，1～2%可卡因，1%丁卡因于性交前5～10分钟涂于阴茎头表面。

8.细辛、丁香各20克、95%酒精100毫升浸泡半月后使用，于性交前涂阴茎头，待3～5分钟可行房事。效果很好。

9.阴茎捏挤法（耐受性训练）：一般以女方提挤阴茎头部，反复进行而不使之射精，但又要使之达到阴茎勃起，一般进行一周后可恢复正常性功能，如尚不达效果，仍可反复捏挤直至康复为止。

阳痿的防治方法

阳痿指阴茎不能勃起进行性交，或阴茎虽能勃起，但不能维持足够的硬度以完成性交。阳痿的防治方法有：

1.便方。

每晚睡觉时按摩下腹部至有热感为止。

2.运动疗法。

（1）小便时踮起脚尖，有补肾壮阳的功效。

（2）提肛，臀、大腿夹紧，深吸气的同时提肛，屏气5～10秒，呼气。坐立进行均可，每日做2～3次，每次做20～30下。

3.其他方法。

（1）患者要适当锻炼。

（2）戒除手淫习惯。

（3）夫妻暂时分居以减少性刺激。

（4）妻子对丈夫的理解、关心、鼓励，对治疗阳痿有很大帮助。

（5）应从解除精神负担、调畅情绪入手，树立信心，如果情绪不佳，就不要勉强过性生活。

（6）切忌滥用药。

（7）改变性生活的环境。

（8）消除对性行为的惊恐。

食物中毒发生后的急救

食物中毒后会突然出现恶心、呕吐、腹痛、腹泻等症状，严重者可造成脱水。食物中毒发生后的急救方法有：

1.如果吃下去的时间是在1至2小时之内，可使用催吐的方法：

（1）立即停止供应、食用可疑中毒食物。

（2）立即即食盐20克，加开水200毫升，冷却后一次喝下。如果不吐，可多喝几次促进呕吐。

（3）也可以用鲜生姜100克，捣碎取汁用200毫升水冲服。

（4）如果吃下去的是变质的荤食品，可以服用十滴水来促使呕吐。

（5）也可以用手指、鹅毛或筷子等刺激咽喉，引发呕吐。

2.如果吃下去的中毒食物时间较长，已超过2至3小时，但患者精神状态较好，可服用些泻药，促使中毒食物尽快排出体外。

（1）一般用大黄30克，一次煎服。

（2）老年患者可选用元明粉用开水冲服，即可缓泻，对老年体质较好者，也可采用番泻叶15克，用开水冲服，达到导泻的目的。

3.如果是吃了变质的鱼、虾、蟹等引起食物中毒。

（1）可取食醋100毫升，加水200毫升，稀释后一次服下。

（2）可采用紫苏30克、生甘草10克一次煎服。

4.如果误食了变质的饮料或防腐剂，最好的急救方法是用鲜牛奶或其他含蛋白质的饮料灌服。

5.如果经过上述急救见效的话，此后要饮食清淡，注意休息。如果经过上述急救，仍未见好转，应尽快送医院抢救。

食物中毒后催吐应注意的事项

食物中毒后催吐的条件是患者意识必须清醒，而且催吐还应注意以下事项：

1.若中毒后已经发生剧烈呕吐，可不必催吐。

2.当呕吐发生时，病人头部应放低，危重病人可将头转向一例，以防呕吐物吸入气管，发生窒息或引起肺炎。

3.经大量温水催吐后，呕吐物已为较澄清液体时，可适量饮用牛奶以保护胃黏膜。

4.如在呕吐物中发现血性液体，可能出现了消化道或咽部出血，应暂时停止催吐。

5.严重心脏病、动脉瘤、食道静脉曲张、肝硬化、胃溃疡等患者禁忌催吐。

食物中毒后自行解毒的方法

患者可以采用以下几种方法自行解毒，减轻症状。

1.扁豆中含有皂素等有毒物，吃了不熟的扁豆可引发中毒。中毒者可用甘草、绿豆煎汤当茶饮，有一定解毒作用。

2.吃猪血汤。猪血汤的血浆蛋白，经过人体胃酸和消化液中的酶分解后，会产生解毒和滑肠作用。

3.经常食用黑木耳能有效地清除体内污染物质，清洁血液和解毒。

食物中毒后送医院治疗应注意的事项

食物中毒者当其出现神经系统症状，如头痛、怕冷发热、乏力，以及吞咽、说话及呼吸困难等，或因腹泻出现脱水现象时，都应及时送医院治疗，（尤其是儿童和老年人），否则有可能危及生命。送医院治疗应注意以下问题：

1.如果发觉患者有休克症状，如手足发凉、面色发青、血压下降等，送医院过程中应让病人平卧，下肢尽量抬高。

2.如果送医院过程中，患者一直处于昏迷状态，则需让其侧躺，以免自然呕吐时将呕吐物吸入气管里面。

3.送患者去医院过程中，应注意用塑料袋留好呕吐物或大便样本，带着去医院检查，有助于诊断。

酒精中毒后解酒的方法

酒精中毒后解酒并不难，主要方法包括：

1.蜂蜜解酒。将蜂蜜用水稀释，徐徐服下。蜂蜜水浓度要高一些。

2.食醋解酒。用食醋烧一碗酸汤，服下。食醋一小杯（20毫升左右），徐徐服下。食醋与白糖浸渍过的萝卜丝（一大碗），吃下。食醋浸渍过的松花蛋两个，吃服。

3.糖茶水解酒。糖茶水可冲淡血液中的酒精浓度，并加速排泄。

4.食盐解酒。饮酒过量，胸膜难受。可在开水里面加少许食盐，喝下去立刻就能解酒。

5.鲜橙解酒。鲜橙（鲜橘亦可）三五个，榨汁饮服，或食服。

6.柑橘皮解酒。将柑橘皮焙干、研末，加食盐1.5克，煮汤服。

7.生梨解酒。吃梨或挤梨汁饮服。

8.芹菜解酒。芹菜挤汁服下，可去醉后头痛、脑胀、颜面潮红。

9.绿豆解酒。绿豆适量，用温开水洗净，捣烂，开水冲服或煮汤服。

10.豆腐解酒。饮酒时宜多以豆腐类菜肴做下酒菜。因为豆腐中的巯乙胺酸是一种主要的氨基酸，能解乙醛毒，食后能使之迅速排出。

发生煤气中毒事故对患者的急救措施

发生煤气中毒事故对患者的急救措施有：

1. 发生煤气中毒时，救护人员应立即打开门窗通风，迅速将中毒者抬到空气新鲜的地方。

2. 立即松开中毒者的衣领、裤带，注意保暖。如果中毒者口腔内有黏痰和分泌物，应立即吸出，以保持呼吸畅通。

3. 如果中毒者的呼吸微弱或已经停止，应立即进行人工呼吸。当新鲜空气进入中毒者体内后，中毒轻者病情就会出现转机。

4. 患者如果能喝水，可以让他喝点糖茶水。

5. 如果病情严重，已陷入昏迷状态者，速请医生前来救治。

狂犬病应采取的措施

被狗咬伤后对伤口应做出如下的紧急处理：

1. 立即挤压伤口，排去带毒液的污血或用火罐拔毒，但绝不能用嘴去吸伤口处的污血。

2. 及时冲洗伤口，用20%的肥皂水或1%的新苯扎氯铵彻底清洗，因肥皂水可中和季胺类药物作用，故二者不可合用。再用清水冲洗20分钟，冲洗时要用手掰开伤口。

3. 用70%酒精消毒后，再用2%碘酒涂擦。

4. 冲洗之后要用干净的纱布把伤口盖上，速去医院打抗狂犬病血清或抗狂犬病免疫球蛋白，狂犬病疫苗的注射是越及时越好，最好是在受伤后4小时内注射。

5. 局部伤口原则上不缝合、不包扎、不涂软膏、不用粉剂以利伤口排毒，如伤及头面部，或伤口大且深，伤及大血管需要缝合包扎时，应以不妨碍引流，保证充分冲洗和消毒为前提，做抗血清处理后即可缝合。

6.可同时使用破伤风抗毒素和其他抗感染处理，以控制狂犬病以外的其他感染，但注射部位应与抗狂犬病毒血清和狂犬疫苗的注射部位错开。

家中有人患了狂犬病应注意以下事项：

1.及时把病人送到专业的医院进行治疗。

2.在与病人接触过程中一定要注意将暴露在外的面部、手、脚等都遮盖起来，尽量不要接触到患者的唾液。

3.只要护理得当，狂犬病一般不会通过人传人的方式传播。

家庭应常备的药品

为了应急，在家里储备着一些常用药非常必要。家庭备药应注意以下事项：

1.除了一些常用药，不需要大量储备，一般够三五日剂量即可，以免备量过多造成失效和浪费。

2.应该根据家庭人员的组成和健康状况来备药。要特别注意给抵抗力较弱的老人和小孩备药。如果家里有病人，治疗这些病的药物应常备不断。

3.尽量选择疗效稳定、用法简单的药物。尽量选择口服药、外用药，少选或不选注射药物。

4.选用新研制出的药品要谨慎。由于新药使用时间短，可能会出现一些意想不到的反应。

家庭常备药品推荐：解热镇痛药（阿司匹林、去痛片、吲哚美辛等），治感冒类药（扑感敏、感冒清热颗粒、速效伤风胶囊、强力银翘片、板蓝根冲剂、小儿感冒灵等），止咳化痰药（溴己新、喷托维林、蛇胆川贝液、复方甘草片等），抗菌药物（诺氟沙星、吡哌酸、环丙沙星、复方新诺明、乙酰螺旋霉素），助消化药（多潘立酮、多酶片、山楂丸等），通便药（大黄苏打片、甘油栓、开塞露等），止泻药（如洛哌丁胺、地芬诺脂、十六角蒙脱石等），抗过敏药（赛庚啶、氯苯那敏、苯海拉明等），外用消炎消毒药（酒精、碘酒、紫药水、红药水、高锰酸钾等），外用止痛药（风湿膏药、红花油等），还有创可贴、风油精、清凉油、消毒棉签、纱布、胶布等。

家庭用药的安全存放

为了安全，存放药品时应注意：

1.要把药品放在避光、通风干燥、阴凉的地方，以避免药物受到光、热、水分、空气、酸、碱、温度、微生物等外界条件影响而变质或失效。

2.受温度影响的药品，要根据季节气温的变化进行特殊的处理。

3.药品需存放在儿童接触不到的地方。

7.药品最好用原包装物包装，便于识别和掌握服用方法、剂量，如无原包装，就应选用干净的小瓶装药，并将药品的名称、规格、服法、剂量、有效期等写清楚贴在包装瓶上，以避免不良后果。

定期清理家庭小药箱

有必要对"家庭小药箱"要进行分类、定期清理，及时剔除过期或因储存不当而变质的药品，以保证药品真正发挥效力。

1.清理掉那些不常用的药。

2.清理掉那些极易分解变质的药品。如阿司匹林极易分解出刺激胃肠的物质，维生素C久置分解会失去药效。

3.清理掉那些有效期短的药物。如乳酶生片、胃蛋白酶合剂等。

4.清理掉那些缺乏良好包装的药物。

5.清理掉那些没有标明有效期的零散药物。

6.清理掉那些不知道作用与用途的药物。

家庭服药的科学知识

科学服药才会让药效发挥得更好。科学用药不仅要选药准确，还需要适宜的给药途径、时间间隔和剂量，使机体和机体特定部位的药物能达到有效浓度。

不用的药物对服用时间的要求不同。关于用药次数，除了特殊规定外，一般都采取均分给药法，也就是常见的1日1次、1日2次、1日3次、1日4次等。药物之所以分成不同间隔时间给药，是根据药物的性质决定的。

为了使药物达到最佳疗效，减少不良反应，有些药物在用药时间上也很有讲究。

1.饭前服。饭前10～30分钟内服药，胃及十二指肠内基本无食物，药物吸收干扰小、浓度高、吸收充分、作用迅速。

2.饭时服。饭前片刻服用，有利于与食物充分混合，发挥疗效。

3.饭后服。一般指饭后15～30分钟服用。当胃中有食物后，可减少药物对胃肠的刺激。药物说明中如无特殊说明，绝大多数药物都在饭后服用，对胃肠有刺激的药物更应在饭后服。

4.睡前服。这是指睡前15～30分钟服用，注意服用催眠药后切不可做易出危险的事情和躺在床上吸烟，以免发生意外。

处方药与非处方药的区别

所谓处方药，是指有处方权的医生所开具出来的处方，并由此从医院药房购买的药物。这种药通常都具有一定的毒性及其他潜在的影响，用药方法和时间都有特殊要求，必须在医生指导下使用。

所谓非处方药，是指患者自己根据药品说明书，自选、自购、自用的药物。这类药毒副作用较少、较轻，而且也容易察觉，不会引起耐药性、成瘾性，与其他药物相互作用也小，在临床上使用多年，疗效肯定。非处方药主要用于病情较轻、稳定、诊断明确的疾病。非处方药属于可以在药店随意购买的药品。

服用非处方药应注意事项

非处方药尽管给常见病、慢性病或轻症用药提供了方便，但需要强调的是，药物既然是用于治疗疾病的，就有毒副作用，只是程度不同而已。服用非处方药，要有限制，要注意以下几点：

1. 要对症吃药。对疾病没有作出正确判断不要盲目选购药物，学会辨别病症是用药的基础。

2. 要吃明白药。应详细阅读药品说明书，在全面了解的基础上正确选药，合理用药才能做到药到病除。

3. 用药讲科学。服法用量都要符合说明书，不同药物配合服用时避免出现不良反应。

4. 注意服药对象禁忌。孕妇、儿童用药最好请教医生。

5. 注意家用常备药的有效期。

6. 不要滥用药物，有必要时还是要去医院诊疗。

有些中西药不可同时服用

中药和西药同时服用可以从不同的角度治疗疾病，产生互补作用。大多数中西药是可以同时服用的，但有些中西药是不能同时服的，如：

1. 维生素B_1与五倍子、石榴皮、地榆不可同服。这些中药中含有大量的鞣质，会使维生素B_1失去作用。

2. 抗生素类药不能与含山楂、神曲、豆豉之类的中药同时服用。因为抗生素有抑制微生物及酶的作用。需要服用此类药时，要把时间错开，一旦有不良反应，立即停药。

3. 阿司匹林不可与甘草、鹿茸同时服用。或同时服用会使胃酸分泌增多，刺激胃黏膜，对消化道溃疡患者伤害很大。

4.阿托品与洋金花忌同服。洋金花中含有阿托品的成分如果同时服用就等于加大了药量，服用者会出现中毒现象。

合理使用抗生素药

很多人不知道抗生素如何起作用，也不知道如何服用抗生素药，在服抗生素药的过程中，一旦他们感觉好些，就停止服用抗生素。这不但让抗生素无法杀死本应能杀死的细菌，而且还让细菌有时间发生变异，对抗生素产生耐药性。所以服用抗生素药要注意以下几点

1.按照处方服用抗生素（吃饭时、晚上或无论何时）。要确信自己知道一天应服用多少片以及什么时候服用。忽略了这些只能使抗生素无法发挥效力，并且细菌也有时间发生变异。剂量加倍通常也是不允许的。

2.酒精、牛奶会影响抗生素的药力，一些食物也可减弱抗生素的药力，使其无法发挥作用。

3.不要因为感觉好了，就停止服用抗生素。你感觉好些是因为细菌正在死亡，但它们直到瓶中的药物被吃完才能完全死亡。也许你在服药后48小时内就会感觉好些，但是许多种抗生素需要一天服用几次，连服10天或更长，才能完成其使命。

4.注意抗生素的有效期，还要注意针对某些病的抗生素，抗生素药不可乱吃。

5.对抗生素的副作用要有所准备，抗生素还可杀死体内有益的细菌，引起阴道酵母菌感染。还可能发生恶心、腹泻、皮疹或其他一些副作用。抗生素还可能影响其他正服用的药物，降低其药效。

正确使用阿司匹林

阿司匹林在心脑血管疾病的预防中起着重要的作用，正确服用阿司匹

林应注意以下几点：

1.预防心脑血管疾病的每天剂量应在75～150毫克，每天使用50毫克以下的剂量是没用的。

2.睡前服用阿司匹林效果最好。晚上人体活动少，血液相对比较黏稠，对伴有高血压的心血管疾病患者更适合。

3.服用要有规律性，每天坚持服用一定剂量的阿司匹林，才能有效地抑制新生血小板的功能，发挥抗血栓的作用。

4.阿司匹林与别的药一样，具有副作用，会刺激消化道，破坏消化道黏膜，可以选用阿司匹林肠溶性和拜阿司匹林，并在医生指导下规范使用，而且服用时间最好在饭前。必要时还可以加用胃肠道黏膜保护剂。

读懂药品说明书

用药前仔细阅读和准确理解药品使用说明书，是避免您受到药物副作用伤害的最后一道关，是安全用药的前提。

一个完整的药品包装盒上或瓶签上应印有标签说明，在包装盒内有一份使用说明书。阅读药品说明书时注意：

1.先阅读药品名称，尤其是通用名，复方制剂和中药还要看成分，根据名称和成分可判断以前是否用过这种药品或同类药品，是否过敏或有过敏成分；如果是首次使用这种药品，则需要仔细阅读其他各项内容，认识到使用时需要特别注意观察疗效和可能出现的不良反应、其次要阅读药理作用、适应证和禁忌，从中了解药品的类别、作用和适应证，看该药品是否适用于自己的疾病。

2.要阅读注意事项、不良反应、药物相互作用。从中了解使用中需要注意的问题、可能出现的不良反应、与其他正在服用或可能要服用的药物是否有相互作用产生，做到使用时心中有数。

3.要阅读用法用量和规格包装、贮藏、有效期，以明确如何正确使用、使用时间和购买数量、保存时间和方法。

4.还应注意生产单位，尤其是经常服药的慢性病病人，尽可能购买同一药厂生产的药品，以防止因生物利用度的变化而使疗效增强或减弱。

一定要养成在服药前仔细阅读说明书的习惯，阅读说明书对于药品的禁忌证与注意事项，要逐条的阅读，如果有疑问，就要去咨询专业人士。

用药次数、用药时间、用药剂量的计算

自主用药前，确定好用药次数、用药时间、用药剂量非常重要。

1.用药次数。

要使药物在服用后不发生副作用，能取得好的治疗效果，就要注意用药次数和时间。用药次数和时间是根据药物在体内吸收、解毒、排泄快慢而决定的。应使药物在体内达到和保持一定的有效浓度，保证治疗效果。

2.用药时间。

用药时间，对药物的吸收和作用关系很大，必须适当掌握，才能起到良好的治疗效果。一般有空腹服、饭前服、饭后服、睡前服和需用时服等多种。

根据医生要求，或者按照药品标签和药品包装上注明的服用时间进行服药。在这里特别强调的是，不能把"一天2次或一天3次"理解为白天，正确的计算方法是一天按24小时计算，如果要求一天服药2次，则是每隔12小时服一次药。同样，如要求一天服药3次，则是指每隔8小时服用一次。依次类推。

对一些有特殊要求的药物，服药时间则要遵循服用该药的特殊要求。如催眠药应临睡前用；阿司匹林、红霉素等对胃有刺激作用的药应饭后服用；驱虫药则应空腹服用。

3.用药剂量。

平常所说的用药剂量，是指成人（18～60岁）一次的平均量，如果少于这个量，不能起到治疗作用。如果用量过多，就可能引起中毒，叫做中毒量；如果用量再增大，就可以致命，叫做致死量。药物的用量，各人

差异性很大，特别是老年人和18岁以下的少年儿童，用药剂量都比成人要少，具体计算方法如下：

老年用药剂量：60～80岁，用成人量的3/4～4/5；80岁以上，用成人量的1/2。

常见的用药方法

正确的服药方法是药物发挥预期疗效的必要条件，否则不仅达不到治疗效果，甚至会造成严重药物不良反应。常见的用药方法有：

1.内服法。

（1）直接服用：内服的液体剂型一般可直接服用。

（2）温开水或饮用水送服：内服的固体剂型一般均需温开水或饮用水送服。

（3）沸水冲服：颗粒剂（冲剂）、煎膏剂（膏滋）或流浸膏剂需用沸水冲开溶化或稀释后服用。

（4）沸水泡服：茶剂需用沸水浸泡取汁服，有时可能还需要加以煎煮。

（5）研服：对于儿童或吞咽困难者，可将丸剂、片剂掰开加水研成稀糊状服用。但要注意研服药物必须对胃部无刺激或少刺激，也不会因研服而迅速吸收引起不良反应。肠溶片不能采取这种方法服用。

（6）噙化：又叫含化。是将药物含于口中缓缓溶解，咽下或不咽下药汁，为口含片的服用方法。

（7）吸入：气雾剂给药，吸入鼻窍，或口吸以作用于咽、气管等。

2.外用法。

（1）涂敷：将药物直接涂敷于患处，是外用软膏剂、油膏剂或搽剂、油剂等剂型的用药方法。

（2）调敷：将药物用适当的液体调成或研成糊状敷于患处，是外用散剂或锭剂的用药方法。

（3）掺药：将药粉直接均匀地掺布于患处，或将药粉掺布于膏药或涂有药膏的敷料上，然后贴敷患处的方法。为外用散剂的用药方法。

（4）贴敷：将药物贴于皮肤患处，如膏药或橡胶膏。

（5）点敷：是指用消毒棉签等蘸取药粉，点药到患处的方法。

（6）点入：点眼药，滴鼻、滴耳等。

（7）洗浴：用较大量的药液或药物溶液洗浴患处。

（8）坐药：将栓剂塞入肛门或阴道的用药方法。

药物漏服时应掌握的补服时间

不同药物服用时，有不同的剂量和用药时间间隔要求，严格按其特定要求应用才能真正发挥药物的治疗作用。如抗菌消炎药漏服了，或拉长了用药间隔时间，都会使血药浓度在一段时间内低于有效的抑菌浓度，这不仅会影响疗效，还可加速病菌产生耐药性，所以一定要严格按医嘱或药品说明书明确的用法用量用药，不要漏服。如果漏服，切记不要随意补服，要视漏服的具体情况而定。

1.漏服时间若在两次用药间隔1/2长时间以内者，应立即按量补服，下次服药仍可按原间隔时间。

2.如漏服时间已超过用药间隔时间长的1/2，则不必补服，下次务必按原来的间隔时间用药。

3.发现漏服马上补上，下次服药时间依此服药时间顺延。此法较前法好些。

4.发生漏服后，切不可在下次服药时加倍剂量服用，以免引起药物中毒。

让孩子顺顺当当吃药

让孩子顺顺当当吃药的方法是：

1.给孩子喂药前，一定要记清楚医生的嘱咐，注意药袋上的说明。有的药需要空腹服用，有的药需要饭后服用，有的则要在进餐前服用。

2.最好是母亲给孩子喂药时，左臂怀抱孩子，左手抓住孩子的双手，双膝夹住孩子的双腿，然后用干净的手帕卷成手指大小，插入小孩口腔上、下齿之间，右手持小号金属勺将药液从口腔侧方喂入，等孩子有了吞咽动作，将金属勺从嘴边取出。喂完药后轻拍其背驱除胃里的空气。

3.对吃太难的孩子，可以先喂些糖水，然后将药液与糖水一并喂下。注意喂时不要过快过急。

4.把药片用少量温开水浸湿研细搅成褛糊后再溶于糖水中；也可以将较大的药片切成小块，放在盛有米粥或米面糊的金属勺里，给孩子服用，然后再喂点温水即可。中成药丸颗粒较大，味苦，服用前可将丸药弄碎，用温开水溶化成汤液，再给孩子喂服；如果是中药汤剂，要掌握少而浓的原则，先将药物用水浸泡1小时，再加入水熬30分钟后倒出药液，再加水熬20分钟，将两次药液合并，用小火浓缩成约20克左右汤药即可。

5.现在药店卖的药有的就带药物滴管，况且上面带有刻度。把量好的药放入药匙中，然后吸取一部分药液到滴管内。再把滴管放入宝宝的口腔里，并把药物挤进。这样一次又一次地滴药，直到把全部药液滴完为止。

自行服药出现异常情况应应急处理

自行服药出现异常情况时应该按以下提示应急处理：

1.出现严重的可能危及生命的不良反应，如过敏性休克、剥脱性皮炎等，必须立即停药，并及时拨打120呼救或向亲人和身边的人呼救。

2.有些药物的不良反应患者可能感觉不到，需要通过检查来发现，因此需要在用药过程中加以监测。

3.某些药物不良反应是由于所需药理作用的直接延伸，如使用过量、滴速过快造成，可通过调整剂量或调整滴速来纠正。

4.有些药物的副作用比较轻微，在患者耐受范围之内，一般不需作任何处理，停药后副作用就会消失。

5.对于因服用中药煎剂出现的问题应尽可能检查所使用的饮片是否正确，有批号的应注明。

6.对于中成药、西药应详细记录厂家、批号。

服药后呕吐应采取的措施

有些病人服药后会发生呕吐，这样不但达不到治疗目的，反而还会增加病人的痛苦。如果患者服药时呕吐，可采用以下方法：

1.服用水剂药呕吐，可将药液滴在温水中，使药液稀释后再服。

2.服用片剂药呕吐，可以把容易引起呕吐的片剂药物分多次少量服用。

3.服药前，口中先含少许生姜；或服药后马上漱口含糖，这样可减少药物对病人的刺激，也可避免呕吐。

需要停止服药的情况

停药时间对药物疗效的影响很大，经常随意停药会造成病情反复甚至加重。不同种类的药物停药时间是不一样的，主要有以下几类：

1.需长期服用的药物。

像高血压、糖尿病、心律失常以及精神病等疾病，目前尚无特效药，用药只能治其标而不能治其本，一旦停药，症状就会恢复。因此，这类疾病，大多需长期甚至终身服药，即使病情好转，也不能嫌麻烦而自作主张随便停服，否则会使症状反弹。

2.需逐渐递减缓慢停服的药物。

有些疾病病情复杂，治愈后容易复发，如胃及十二指肠溃疡、癫痫病、结核病、类风湿关节炎和某些慢性病等，这类疾病用药治愈后，为巩固疗效，防止复发，一般均需做一段时间的维持治疗。

3.需及时停服的药物。

因一般药物有一定的毒副作用，若不是疾病本身的需要，当达到预期疗效后，应及时停药。所谓"及时"，主要取决于疾病的疗程。一般而言，急性疾病疗程较短，而慢性疾病疗程较长，用药时间也长一些。任何疾病的药物治疗均应有足够的疗程，才能完全消除或抑制病原微生物和致病因子，帮助和促进脏器机能的恢复，达到痊愈。因此，为避免过早停药导致病原微生物的复活与繁殖，也为避免过晚停药导致毒副反应和耐药性，疾病治愈后再用药1～2天即可停药。

4.需立即停服的药物。

有一些疾病，如流行性感冒、病毒性肝炎、扁桃体炎等，用药目的是让症状减轻，使身体本身的抵抗力增加来消灭体内的病毒。对这一类疾病，一旦症状消失，即可立即停药。长期滥用，不仅是一种浪费，更重要的是会给肝脏增加负担，甚至产生许多不良反应。

常见的无效用药情况

1.头痛使用止痛药。

研究表明：几乎所有头痛都源于血管和肌肉，尤其是血管的牵拉。在情绪紧张、药物、酒精等因素引起偏头痛时，由于脑动脉血管收缩，随着每次心跳，动脉血管受到牵拉便会产生跳痛。因此，治疗头痛时，首选药物和最有效药物并不是止痛药而是作用于血管的药物。

2.流行性感冒使用抗生素。

流行性感冒是由流感病毒引起的一种上呼吸道感染，流感病毒有甲、乙、丙三型，常因变异而产生新的亚型引起流行。抗生素对流感治疗是无用的。只有当并发细菌感染时，方可考虑使用抗生素。

3.消化功能紊乱导致腹泻时使用抗生素治疗。

腹泻一般分为感染性腹泻和非感染性腹泻，前者当然应选用抗生素，而后者用抗生素则无效。消化功能紊乱可由饮食不当、食物过敏（对牛奶、鱼虾过敏等）、生活规律的改变、外界气候突变等原因引起，此类腹泻使用抗生素均无效，应当采用饮食疗法，或用一些助消化药物。

4.传染病滥用丙种球蛋白。

丙种球蛋白可预防部分传染病，如甲型肝炎、麻疹、风疹、脊髓灰质炎等，但对流行感冒、乙型肝炎、普通感冒、水痘及流行性腮腺炎等传染病，并没有治疗效果。

5.皮炎、瘙痒症用激素。

由于肾上腺皮激素具有抗过敏、抗炎作用，因而对某些皮肤疾病、瘙痒症有一定疗效，只有湿疹、接触性皮炎、药物性皮炎、牛皮癣等才选用激素。而其他大多数情况下使用是无益的，且长期使用或经常使用，还可能诱发感染，影响生长发育，甚至导致溃疡不愈。所以患皮肤病、瘙痒的病人不要滥用激素或激素制成的外涂药，应在医生指导下使用此类药。

常见的用药误区

1.自我判断为"老毛病"。

某些病人凭着自我感觉不适，或个别明显体征，自我判断是"老毛病"，便不假思索选用过去曾用的某种药。如此这样反复选用某种药，将会产生药源性疾病。老毛病复发，其诱发因素并非相同，某些临床体征并非完全一致，原来所用药物也难以兼治新出现的并发体征。长期反复使用某种药，还易产生耐药性，使某药用量要加大，但效果并不佳，毒副作用反而增强，导致病情恶化。

2.随意增减药物用量。

有些病人用药不能按时定量，疗程不分长短，忘服、漏服、乱服现象时有发生。有的病情稍有好转，不适感觉明显减轻时，就不想再用药；有的因工作忙或其他原因，用药不便而忘服；有的为治病心切，急于求成而乱服，使用剂量随意加大，或在短时间内频繁更换品种，这种不规范用药，尤其是抗生素类药物，易导致耐药菌种增多，二重感染等，使病情复杂化，给治疗带来困难。因此，使用非处方药，应该参照药物说明书上的规定，严格掌握用量和疗程，这样才能保证用药安全有效。

3. 自诊不明，模仿他人用药。

有的病人自诊不明确，感到某种疾病症状与他人相似，就模仿他人用药，却忽视了一人会有多种疾病共存，同一种疾病会有多种症状同时出现的可能性，即使疾病相同，人与人之间还存在个体差异和不同诱发因素等。根据其致病菌种，症状性质、急缓程度等不同情况，所用药物也就必然不同；还应该注意到同一药物对于不同的病人会产生不同的效果。因此，要因病、因人科学地使用非处方药物，才能达到预期的疗效。

4. 多药并用。

一部分医患双方都有这种心态，对一时难以确诊的疾病，采取多药并用，认为可达到防治兼顾，事实上无指征的多药并用，必定会搅乱人体正常防御功能，易引起药物与药物、药物与机体之间的相互作用，不良反应发生率明显增高，有时会产生并发症使病情加重，有时会掩盖病情症状，延误对疾病准确诊断和治疗的机会。所以对可用可不用的药物不要用，能用单一药物就不宜多药并用。

5. 家庭药品久备不常用现象。

有些人为备急用，总是多买些药作为家庭备用药，以便偶尔用之。由于病人缺乏对药物基本知识的了解以及家庭保存条件的限制，不能按药物的特性加以储存保管，有些药物因吸潮、霉变、过期而造成浪费。

警惕药物性胃炎

人的胃除了接受它本身胃酸的刺激外，还每时每刻接受来自外界食物，包括热的、冷的、酸的、甜的、硬的、软的刺激，但它始终都能保持其完整无损，其原因是胃黏膜具有强大的保护作用。

人到中年以后，尤其是高龄的老年人，往往都有多种疾病缠身，口服1～2种药物是非常多见的，有些人每天服药数十片也不罕见。绝大多数药物均要通过胃肠系统进行传递、消化和吸收，所以胃肠道首当其冲地受到某些药物的刺激及损害。

　　有些药物对胃黏膜有直接刺激作用，如阿司匹林、吲哚美辛、保太松、红霉素、四环素、呋喃奋啶等，就有可能引起胃炎。

　　药物引起的胃炎一是与医生处方有关，二是与病人服用方式有关。有胃炎史者，在医生开处方时尽量向医生讲明，让医生尽量选择肠溶性的药物，如肠溶阿司匹林、红霉素等；或改为注射药液，尽量不口服。服用非肠溶性药物的病人，一定要在饭后服药。长期服用有刺激性药物的患者，一定要同时服用保护胃黏膜的药物，还要控制剂量。

　　即便没有胃病，用药也不宜多、乱、杂。用药尽可能经医生处方，不要自选用药。

服用汤药应掌握用量

　　服汤药都习惯于早晚两次，有人煎一次服一次，随煎随服，也有人煎两次，掺和后，分次服用，这两种方法都可以。服药应根据病人的病情来决定，最好是在饭后1小时服药，急性病则不拘时间。补养药品宜空腹服，胃中空虚，容易吸收；润肠的泻药空腹服为好，易使积滞物泻出；助消化的药要稍进食后再服。

　　药液一般每次服150毫升，儿童的药要尽量少些，1岁以内儿童的服用量只为成年人的1/5，1～3岁为成年人量的1/4，4～7岁为成年人量的1/3，8～15岁用半量，15岁以上就可以用成人量了。

药酒的功效

　　中药的有效成分溶解在酒内，即成药酒。药酒有利于人体对药的吸收。人参酒、鹿茸酒、枸杞酒、灵芝酒等，都是久享盛名的药酒。

　　药酒的功效，取决于中药的成分，一般与组成药酒的中药功效相同，有时比同样的中药煎剂作用更强。如人参酒可大补，枸杞酒能明目祛风等。

很多药酒以一种或几种中药为主要成分，同时加入其他中药作辅助成分，这种药酒就像一剂中药，功效全面，作用显著。

用药同时注意食疗

对于家庭的病员来说，还可以从饮食调理中，帮助自己战胜疾病，恢复健康。所以，得了病后，在用药的同时还应注意食疗。

适当地进行食疗（包括食物性中药）调补，既营养丰富，增强体质，提高免疫功能；又鲜美可口，乐于服食；而且可以根据自身情况及爱好加以选择，更可以坚持日久而适当调整。

1. 食疗可以通过每日多元饮食来摄取营养，增强机体免疫力，建议在饮食宜清淡前提下做到：

（1）食谱尽可能地广泛。如多吃五谷杂粮、粗粮来吸收人体所需的碳水化合物、糖类及一些微量元素。多吃豆类食物，以摄取人体必需的植物蛋白、脂肪及铁、钙等微量元素。多吃水果、蔬菜，以润肺养阴生津，补充维生素可预防感冒。适当进食奶制品。肉类，鱼类，以保证人体对动物蛋白的需求。少食辛辣及肥甘厚腻之品，以免妨碍脾、胃的吸收功能。

（2）平衡膳食：为了防止营养不良（包括营养不足或营养过度），供给平衡膳食尤为重要，它是增进人体健康、增强体质、提高自身免疫能力的保证。

2. 食疗应根据不同体质进行。人体素质因先天禀赋和后天保养的不同，一般可分为气虚、阴虚、阳虚和血虚体质。进补时应根据气血阴阳的不同虚损情况而施用不同的食疗方法。

病人高热时的家庭退热方法

病人高热时，在吃药的同时，可以辅助采用一些物理降温的方法退热：

1.冷湿敷。

用小毛巾或干净的棉布放在冰水或冷水中浸湿，拧至半干敷在患者的头部，或放于腋下、颈部、大腿根部的大血管周围。但如出现寒战，皮肤发花时应停敷。

2.冰敷。将冰块砸成核桃大小，用水冲去锐利的棱角，装入冰袋、热水袋、双层塑料袋均可，放在前额、颈部、腋下或大腿根部。冷湿敷与冰敷均是通过传导而散热。但必须经常检查局部，注意皮肤颜色有无变化，防止冻伤。

3.温水擦浴。将澡盆内盛有30℃～40℃左右的温水，用毛巾擦洗头颈部、四肢，然后擦躯干，在颈两侧、大腿根部、腋窝等处擦洗时间长些。

4.酒精擦浴，用30%～35%的酒精或白酒加水1倍，用纱布或干净棉布浸湿后擦颈部两侧至手背，再由双腋下至手心，再由颈部向下擦背部。在颈部两侧、腋下、大腿根部等大血管处停留时间长些。对前胸、颈后项、腹部等部位不要擦洗，因这些部位对冷刺激敏感，以免引起不良反应。在擦浴过程中，如出现寒战、面色苍白、脉搏细弱等异常情况，应立即停止擦浴。

自己轻松贴膏药的妙招

膏药具有价格低廉、使用方便、疗效显著等优点，是家中常备药物。贴膏药看似一件简单的事，但其中学问却不少。贴膏药的正确贴法是：

1.贴膏药之前，应先用热毛巾或生姜片将穴位处或患处的皮肤擦净，待拭干后再贴。如果潮湿，会加速药物成分析出，增大过敏的几率。

2.如果患处有较长的毛发，应先剃去，以免影响膏药的粘贴牢度，或更换膏药时毛发被拉扯的很痛。

3.冬天气候寒冷时，由于橡皮类膏药不易粘贴住，此时可将膏药贴好后，再用热水袋热敷一下，以便粘贴牢靠，增加治疗效果。

4.使用黑膏药类膏药，应先将膏药放在热水壶或蜡烛、酒精灯的微火上烘烤化开，等烘烤后的膏药不烫皮肤时再贴于患处。注意不可直接在煤炉上烘烤。

5.选择位置，先摸准疼痛点，使膏药的中心贴于最痛处。

6.粘贴时，先将膏药与橡胶垫分开一部分，粘贴于最痛处附近，然后顺着痛点方向边粘边将胶垫撕去。

自用创可贴应注意的问题

"创可贴"是一种快速的止血膏贴，由于它具有使用方便、疗效显著等优点，目前已成为家庭常备药物之一，使用"创可贴"应注意以下事项：

1.掌握好适应证。"创可贴"主要用于一些小而浅的伤口，如刺伤、切割伤、皮肤擦伤等。对于烫伤、疖肿、化脓感染的伤口及各种皮肤疾病，使用"创可贴"不能起到良好的疗效。

2.清洗伤口。使用"创可贴"前要仔细检查伤口内是否有污染。若有污染，要将伤口清洗干净、擦干，再贴"创可贴"。

3.贴"创可贴"时应稍加压力，以起到压迫止血作用。

4.观察伤口变化。使用"创可贴"后，要注意观察伤口变化，定期更换，防止伤口感染化脓。如果贴用24小时后，伤口有分泌物渗出，或疼痛加重，应及时打开看，发现有毒液、红肿等感染现象，应及时找医生处理，不要再用"创可贴"，以免使感染加剧。

5.认真保护伤口。使用"创可贴"后，不要经常用手捏压伤口，防止挤撞伤口使伤口裂开；伤口部位要少活动、不着水，避免将其弄脏。

吃药过量引起中毒的急救措施

吃药过量引起中毒应采用下列方法解毒：

1.先进行催吐，尽量把进入胃内还没有被吸收的药物吐出来，注意当时的不良反应，避免意外伤害。

2.多喝水，促进药物代谢。

3.服用绿豆汤可以减轻因服药过量产生的毒性。

4.反应严重者要去医院就诊，根据情况进行输液、洗胃或者催吐等。

服安眠药中毒后的急救措施

发现服安眠药中毒后，可采取如下急救处理：

1.患者宜平卧，尽量少搬动头部。

2.在患者比较清醒的情况下让其尽量多喝水。

3.可刺激咽反射而致呕，如用汤匙压舌根促呕吐。

4.应速将中毒者送往医院诊治。

误服化学物的急救措施

胃对腐蚀性化学物质能够自我保护，因而不会引发呕吐。误服化学物后，也不要强迫患者呕吐，因为在吐出过程中会引起损伤。误服化学物应采取以下措施急救：

1.用水冲洗口腔。口腔内及口周可能会发红，用足量冷水冲洗口及唇，注意不要让患者咽下冲洗液。

2.使伤者安静，并请求医疗急救。让患者躺下休息，观察脉搏及呼吸。帮助医务人员辨别化学物。

中暑后的急救措施

中暑是由高温环境引起的体温调节中枢功能障碍、汗腺功能衰竭和（或）水、电解质丢失过量所致疾病，是以高热、无汗和意识障碍为临床特点的热射病。在高热环境下患者出汗过多和心血管功能紊乱，引起低血容量和低盐血症，临床表现主要为虚脱者，称热衰竭；临床表现主要为肌肉痉挛者，称热痉挛。

一旦发现中暑病人，应立即抬到阴凉通风处，如大树底下与林阴处，躺于竹床或石板上。解开衣扣，用草帽或扇子（电扇更好）扇风。

物理降温。在患者头部、腋窝、腹股沟处放置冰袋；给冷盐水静滴或将患者浸在水浴中，按摩四肢皮肤，使皮肤血管扩张和加速血液循环。

还应喂给患者微温的盐开水，鼓励多饮些温热的盐茶水，但不宜饮冰水或喝冰饮料，因为这对驱除暑热和治疗中暑毫无积极意义。

如果症状严重，特别是出现呼吸骤停以及昏迷等危重情况，应立即做人工呼吸，一边指压人中、合谷等穴位，一边急送医院抢救，不可延误，且越快越好。

出现虚脱的急救措施

出现虚脱后除了针对创伤出血给予包扎，止血，固定骨折外，还应采取一些简易疗法，注意事项介绍如下：

1. 紧急处理。将患者去枕平卧，头稍低，足高位，注意保暖，尽量少搬动，动作要轻。

2. 徒手疗法。

（1）指掐人中（人中沟上1/3处）、内关、十宣（两手十指尖端至指甲一分许，共十穴）。

（2）葱白炒熨脐，后以葱白适量捣烂，用酒煮灌病人，此方用于大吐大泻，四肢厥冷，不省人事。

（3）炒盐熨脐下气海取暖。

冻伤后的护理

1. 对易于发生冻疮的部位，有必要经常活动或按摩。

2. 若手脚有皲裂，可以用猪油与蜂蜜配制后，涂于裂口，帮助愈合。

3.若有冻伤现象，特别注意不可摩擦或按摩患处。

4.若有冻伤现象，应慢慢地温暖患处，以防止深层组织继续遭到破坏。可用纱布三角巾或软质衣物包裹或轻盖患部。

5.如果患者严重冻伤，应尽快将患者移往温暖的帐篷或屋中，轻轻脱下伤处的衣物及任何束缚物，如戒指、手表，可用皮肤对皮肤的传热方式，温暖患处，或以温水将患处浸入其中，冻伤的耳鼻或脸，可用湿毛巾覆盖，水温以伤者能接受为宜，再慢慢升高。如果在1小时内患处已恢复血色及感觉，即可停止"加温"的急救动作。

6.温暖后的患处不宜再暴露于寒冷中。

7.不要用"解冻"的脚走路。

8.如果已出现冻伤，不可以以辐射热使患处温暖，特别不宜立即烤火。

9.抬高患处可减轻肿痛。

10.除非必要，尽可能不要弄破水泡或涂抹药物。

11.严重冻伤时应尽快就医。

皮肤日晒伤后的护理

皮肤晒伤与紫外线和皮肤类型有关。一旦发生晒伤应立即治疗，治疗方法有：

1.冷敷有助于中和晒伤，冷敷时可以将毛巾或衣服放入冷水中，拧干，放在皮肤上。一天敷3～4次，每次半小时。

2.1%的氢化可的松乳液对晒伤疼痛也有帮助。疼痛部位一天涂3～4次，不要洗掉，重复涂抹。第一次涂抹时再配合冷敷效果更好。

3.吃止痛药。布洛芬和阿司匹林都能够缓解轻微晒伤的疼痛和发炎现象。严重的晒伤则需要药效更强的抗炎药物或皮质类固醇。

4.将脚抬高。下肢和脚踝的晒伤会引起肿胀。为了避免水肿，可将脚尽可能举高，最好能高过心脏。

5.小心洗澡。清洁时应用冷水和低过敏香皂，不要刮伤皮肤。如果是淋浴则要避免让水注直接喷到受伤的皮肤上。

碎片刺伤的急救措施

碎片刺伤可根据不同的情况采取不同的措施：

1.刺伤若在手臂，要立即取下手表、手链等佩戴物，然后抬起手臂，使其高于心脏，然后用纱布按压伤口。

2.刺伤如在腿上，除压迫伤口外，还要压迫大腿上部的动脉。通知医生或就近送往医院，千万慎用止血带，因为止血带会切断受伤部位所有血液供应，从而可能导致永久性损伤。

外伤止血的方法

1.清创及消毒：表皮外伤，用过氧化氢清创，红药水消毒止血。

2.止血及消炎：根据破裂血管的部位，采取不同的止血方法。

（1）毛细血管：全身最细的血管，擦破皮肤，血一般是从皮肤内渗出来的。只需贴上创可贴，便能达到消炎止血了。

（2）静脉：在体内较深层部位，比较粗的血管，静脉破裂后，血一般是从皮肤内流出来的。必须用消毒纱布包扎后，吃些消炎药。

（3）动脉：大多位于重要脏器周围，是全身最粗的血管。动脉一旦破裂，血是呈喷射状喷出来的，必须加压包扎后，急送医院治疗。

3.注意事项：

（1）较大较深的伤口不能使用红药水。

（2）红汞不能与碘合用，会产生碘化汞中毒。

（3）一个棉签只能使用一次。

（4）伤口不能碰水，以防细菌感染。

（5）小而深的伤口一定要去医院注射破伤风针剂，以防破伤风。

（6）伤口必须勤换包扎，以防粘住伤口。

眼里进入异物的急救措施

异物落在眼里，许多人都喜欢用手揉眼，想把它揉出来。这种做法是错的。本来附在浅表的异物，反而被揉到深部，嵌在组织内，同时容易把手上的脏东西带进眼里引起感染。应采取的正确措施应是：

1.首先要看清异物落在什么地方。

（1）落在结膜和角膜缘上的异物很容易被取掉，自己照着镜子取或者请别人取都可以。最好用消毒的棉签轻轻擦去，或用干净的纸巾擦去。要注意不要带进脏东西，以免造成感染。

（2）在上眼皮内侧的异物，要翻过眼皮来取。

（3）落在角膜上的异物不太好取，因为角膜知觉灵敏，一碰角膜眼球就转动。取异物不当容易擦伤角膜，应当找医生看病。

2.当取完深部的角膜异物后，第二天还要请医生复查。

耳朵里爬入虫子的急救措施

耳朵里爬入虫子时注意：

1.千万不可用掏耳勺乱掏，否则的话小虫受到刺激就会向里飞，这样容易损伤鼓膜。

2.可以利用某些小虫向光性的生物特点，可以在暗处用手电筒的光照射外耳道，小虫见到亮光后会自己爬出来，也可向耳朵眼里吹一口香烟，把小虫呛出来。

3.可侧卧使患耳向上，而后耳内滴入数滴食用油，将虫子粘住或杀死、闷死。当耳内的虫子停止挣扎时，再用温水冲洗耳道将虫子冲出。

有异物进入鼻孔的急救措施

鼻孔内进入异物，不能用手指抠鼻孔，也不能用探针之类的东西捅鼻孔，否则会把异物推向鼻孔深处，造成严重后果。

1.如果异物塞进一侧鼻孔，可用纸捻、头发等刺激另一侧鼻孔，使患者打喷嚏，鼻子里的异物会因此被喷出来。

2.用力吐气，吐出异物。利用气压吹出异物是最安全也是最简单的方法。具体的做法是：

（1）用力吸气。

（2）闭紧嘴巴，手指压住未塞住异物的鼻孔。

（3）用鼻孔吹气发出"哼"的声音。

（4）一次不成功，再反复2～3次。

（5）吹出一部分异物后，便可用手指试着取出异物。要小心不要将异物又塞回鼻中。

3.如上述方法无效，说明异物很大或堵塞很紧，须立即去医院诊治。

鼻出血时的急救措施

当血液从鼻部黏膜流出均称为鼻出血。鼻腔血管较表浅，尤以鼻中隔处黏膜下组织较薄，血管一时受损不易收缩，故轻微的损伤常会引起较多的出血。

1.病人体位：取坐位。上身前倾，使血液从鼻孔流出而不流入咽喉部，咽喉部的血液应立即吐出。

2.指压止血法：病人自己或急救者用拇指和食指紧捏两侧鼻翼5～10分钟。

3.局部止血法：用浸有1%麻黄碱，或0.1%肾上腺素的棉片塞入出血侧鼻腔5～10分钟。

4.冷敷法：冰块或冷毛巾敷于病人鼻根部和前额部。

5.填塞法：以无菌凡士林纱布、纱球作前鼻孔和后鼻孔填塞，一般在24～48小时后取出。

牙齿断裂或脱落的急救措施

如果将脱落的牙齿及时放回牙槽，有时牙齿可以存活或本身可以再植，或通过牙科方法定植。

1.如果找到了脱落的牙齿，应在牛奶中浸一下，再放入牙槽。注意此时应保持身体前倾，让血液从口腔流出，但不要清洗口腔。

2.用手扶住放回的牙齿，找专业医务人员就诊。

3.如果牙齿没有找到，应清洗口腔，并用纱布盖住牙槽，然后找专业的牙科医生处理。

肘关节扭伤后的急救措施

肘关节扭伤是因肘关节周围的筋膜、肌肉、韧带遭受过度扭曲或牵拉所引起的损伤。表现为肘部肿胀疼痛、屈伸困难、活动受限、局部有明显压痛。肘关节扭伤后可采取如下急救措施：

1.指压法。

第一步：取坐位，前臂略屈曲。以单手拇指指压患侧手三里（肘弯成直角，肘横纹外端，向前三横指处），持续治疗3～5分钟。手法的力度由小渐大，以能忍受为度，动作应略缓慢。

第二步：以单手拇指指压患侧曲池穴（屈肘成直角，当肘横纹外端与肱骨外上髁连线的中点），持续治疗3～5分钟。动作略缓慢。

第三步：以单手揉拿法治疗患处，持续治疗3～5分钟。手法应着实，动作应缓慢。

第四步：用双手掌面挟住患者肘关节，相对用力做快速搓揉，同时做上下往返移动。操作时双手用力要对称，搓动要快，移动要慢。

特别提示：

患侧上肢最好屈肘，使上臂与前臂约成90°，置于躯干之前，并贴近躯干。患侧上肢应避免负重，尽量少运动。

2.推拿疗法。

第一步：患者端坐，医者站其旁。用手掌在肘关节周围揉摩数次，然后用拇指在伤处做拨筋法数次。力量要轻柔，不宜过重。

第二步：一手按压肘部压痛点，另一手握其腕部进行屈伸、旋转活动数次，以改善肘的活动功能。

第三步：在腕关节、指缝及各手指做揉法、运动法，并配合做手指牵拨法，即一手握住腕部，另一手的食指和中指夹住患者的指间关节，令其放松，同时快速地向远端牵拉，此时可听到掌指关节发出的响声，每个手指牵拉一次。

第四步：用双手从肩部到上臂部做揉法，同时按压天宗、中府、曲池、手三里、外关，以及肘部阿是穴。

骨折后的家庭护理

骨折恢复期较长，特别强调在恢复过程中的护理，以缩短骨折愈合时间，减少并发症，尽可能恢复肢体的功能。

刚上好石膏后10～20分钟内，由于石膏还没完全硬，不要随便移动肢体，以免变动医生原先复位好的姿势而影响骨折的愈合和肢体功能的恢复。在24小时内，应注意观察石膏托或小夹板松紧是否合适。若是太紧，除了石膏压迫部位感到麻木和疼痛外，露出的手指或足趾也会发生肿胀、发冷，甚至发紫，这时应立即去医院请医生放松。若太松，不能达到固定的目的，也要重新调换。要抬高被固定的患肢，以利静脉血和淋巴液回流，减轻肢体肿胀。

夏天，患者应在凉爽处休息，防止出汗过多而积聚在石膏内，引起皮肤感染发炎。也应注意不让臭虫、蟑螂、蚊子、苍蝇等钻入。必要时可在石膏的两头边缘稍稍抹上一些樟脑粉，冬天应注意患肢保暖，可戴手套、袜子或包上毛巾。

在固定的时间内，督促患者进行非固定部位的功能锻炼，这有助于消肿及拆除夹板或石膏后，使肢体功能得到满意恢复。

拆除夹板或石膏后，为促进肢体迅速恢复功能，可用舒筋活血，疏风通络的中药熏洗。洗后可进行推拿按摩及功能锻炼。

肌肉痉挛的急救措施

肌肉痉挛（俗称抽筋）是肌肉不自主的强直收缩的表现。在体育运动中，最易发生痉挛的肌肉是小腿腓肠肌，其次是足底的屈拇肌和屈趾肌，在游泳运动中或在天气炎热的环境中长时间运动时发生肌肉痉挛的情况比较多见。

1. 反方向牵引痉挛肌肉。

不太严重的肌肉痉挛只要以相反的方向牵引痉挛的肌肉，症状一般可以得到缓解。牵引时切忌用力过猛，用力宜均匀、缓慢，以免拉伤肌肉造成二次损伤。

腓肠肌痉挛时，可伸直膝关节，同时用力将踝关节充分背伸，拉长痉挛的腓肠肌；屈拇肌和屈趾肌痉挛，可将足及足趾背伸。

（1）当脚趾抽筋时，连续用两手分掰再合拢脚趾，往下按压或向上扳，反复推按脚背。

（2）当手指抽筋时，可以突然握拳，然后用力张开，反复多次之后，就会见效果。

（3）当小腿抽筋时，如果是左小腿抽筋，可以用右手握住左脚脚趾，向脚背方向扳，左小腿尽量向前伸直；如果是右小腿抽筋，可以用左手握住右脚脚趾，向脚背方向扳，右小腿尽量向前伸直。

（4）当大腿抽筋时，如果是左大腿抽筋，可以使左大腿向前弯曲，与身体成一直角，然后用双手抱住左小腿，贴在左大腿上，做来回震颤，并

向前伸直、弯曲数次；如果是右大腿抽筋，可以使右大腿向前弯曲，与身体成一直角，然后用双手抱住右小腿，

2.对痉挛肌肉部位进行按摩、热敷。

在牵拉的同时可以对痉挛肌肉部位进行按摩，以揉捏、重力按压等手法为主；也可针刺或点掐委中、承山、涌泉等穴位；还可以使用热敷的方法来减轻疼痛。

3.局部用药。

严重的肌肉痉挛有时需要采用麻醉才能缓解，若肌肉抽筋的时间很长，则局部喷洒或擦一些松筋止痛的药水或药膏。

胸部穿通的急救措施

胸部穿通伤会使气体直接进入肋骨架与肺脏之间的空隙内，会导致气胸与肺萎缩。所以应尽可能早地急救，具体的急救办法是：

1.让患者坐下，保持安定，让其缓慢呼吸，以免深呼吸或喘气而恶化病情。

2.让患者用自己的手平压在伤口上，减少出血并预防空气进入胸腔。

3.将一片干净的塑料布或塑料袋盖在伤口上，当病人呼气时松开一角。

4.将一大块黏性敷料盖住伤口及塑料布，注意粘时要留出一角不粘。

5.寻求急症治疗，在医生到来之前保证患者安全。

腹部出现外伤的急救措施

腹部出现外伤时应注意：

1.第一时间打急救电话。

2.让患者平躺，在患者双膝下垫一物以使双膝抬高，减少腹壁肌肉和皮肤的拉力，让患者保持平静。

3.用纱布包住伤口并用绷带固定，在医务人员到来之前，不要随意移动病人。

出现刀伤的急救措施

出现刀伤的急救措施有：

1.尽早通知医务人员。

2.使患者平躺，保持一种不牵拉伤口的体位。

3.使刀子或引起刀伤的器械留在伤口内，而不要拔出，以免会进一步损伤。

4.清理伤口，让患者保持安定。

5.在伤口周围放置衬垫，固定伤口中的刀子，并按压以减少出血促进伤口闭合。用绷带包扎固定伤口。

6.监测患者的呼吸与脉搏，必要时要实施成人复苏术。

扎伤后的急救措施

被铁钉扎伤后的处理：

1.慢慢取出钉子，注意不要把钉子弄断。

2.把伤口中残留的锈等异物和血一起挤出。

3.洗净伤口，用75%酒精消毒。

4.包扎好伤口，送往医院治疗。

5.如果踩到断钉、针或其他异物断后残留体内时，应以拇指和食指将异物固定，将病人立刻送往医院治疗。

被玻璃扎伤后的处理

1.用大量清水冲洗伤口，将玻璃碎片冲掉。

2.如果碎片扎得表浅，可用镊子夹出。

3.如果伤口粘满细小碎片，可用消毒药水使之浮起。然后用自来水冲掉玻璃碎片。

4.消毒后，放置药布包扎，注意不要在伤口上涂软膏。

5.若伤情严重，应送医院治疗。

鞭炮炸伤的急救措施

鞭炮炸伤应采取的急救措施包括：

1.伤口清理、止血、包扎。

如果是手指受伤，先高举手指，然后用干净布片包扎伤口。浅表若有异物应立即取出。如果手部或足部出血不止且出血量多，要用止血带或粗布条捆扎住出血部位的上方（即近心端），抬高受伤部位。止血带应每隔30～60分钟松开一次，每次放松1～2分钟，以免受伤部位缺血、坏死。

2.止痛。

服匹米诺定或布桂嗪。眼伤者可点0.25%氯霉素眼药水以防感染。一只眼受伤仍应包扎双眼，减少眼球运动。叮嘱伤者不要挤眼、揉眼。

3.送医院。严重伤者尤其是爆炸性耳聋者应速送医院抢救。

触电事故的急救

触电事故的急救措施是：

1.发现有人触电后，应立即切断电源。

2.如不易切断电源时，救助者必须使用防止触电的物品如橡皮手套、橡皮长靴等使自己绝缘后再用干燥的木棒、竹棒等绝缘的东西将电线拉离触电者。

3.急救者千万不能用手去拉触电的人，以防自身触电。

4.离开电源后，把触电者移至安全场所，使其平静躺下。

5.如果触电者已失去知觉，接着要检查呼吸和脉搏，及进行必要的人工呼吸和心胸外按压，但有脉搏的昏迷触电者应平躺保持侧卧位。

6.如果触电者神志清醒，让其舒服躺下，保持安静。

7.触电后，伤者即使神志清醒或外观清醒健康，但触电可能已经损伤内脏，应送医院检查治疗。

火灾事件发生后的急救要点

初期灭火就是破坏火灾发生的燃烧条件。火灾事件发生后的急救要点是：

1.救人重于救火。打开救人通道，积极抢救被困人员。人员集中的场所发生火灾后，要有熟悉情况的人做向导，积极寻找和抢救被困人员。

2.安排人力和设备疏散物资。先疏散通道，后疏散物资。疏散物资时要先重点，后一般，先保护和抢救重要物资。疏散出的物资应堆放在上风向的安全地带，不得堵塞通道，并派人看护。

3.正确使用灭火器材。

酸碱灭火器适合用于扑救油类火灾。使用时倒过来稍加摇动或打开开关，药剂喷出。

泡沫灭火器适用扑救木材、棉花、纸张等火灾，不能扑救电气、油类火灾。使用时把灭火器筒身倒过来。

二氧化碳灭火器适用扑救贵重仪器和设备，不能扑救金属钾、钠、镁、铝等物质的火灾。使用时一手拿好喇叭筒对准火源，另一手打开开关即可。

干粉灭火器适用于扑救石油产品、油漆、有机溶剂和电气设备等火灾。使用时打开保险销，把喷管口对准火源，拉出拉环，即可喷出。

4.如果火势蔓延猛烈，应该重点控制火势蔓延。先控制，后消灭。

5.组织人力监视火场周围是否有飞火，如果发现应及时扑灭。

轻度烧伤可采取的措施

对于小范围的烫伤，处理的原则就在于冷疗，可以用冷水冲洗伤处半个小时以上。在人可以忍受的范围内，水温越低越好，并且尽量使用流动的清水。用冷水处理烫伤的好处就在于，一来可以减轻疼痛，二来可以减轻余热造成的肌肉深部组织损伤，三来可以使创面的一些毒性物质减少，从而减少创面的继发性感染机会。

也可以在烫伤处涂些烫伤膏、绿药膏等药物，一般会在3～5日后痊愈。

如有必要可以去医院在医生指导下涂擦药物治疗。

重度烧伤可采取的措施

如果在火场中被大面积烧伤，在医护人员到来之前，也应该自己先正确处理伤口，以免错过最佳的治疗时机。对于大面积的重度烧伤，处理的基本原则是散热和冷敷。

1."冲"，用流动的清水冲洗创面半个小时左右。

2."脱"，尽可能将烧着的衣服脱掉。如果衣服黏在了表皮上就不要强脱，这样容易拉坏表皮，但可以用剪刀剪开。

3."泡"，在冷水中浸泡创面半个小时到一个小时。

4."盖"，用干净的纱布或棉布覆盖伤口，避免灰尘使伤口感染。

5."送"，尽快送医院就医。

爆炸事故发生后的自救互救

爆炸事故发生后的自救互救措施有：

1.爆炸区的遇险人员应正确而迅速地进行自救互救，迅速撤离爆炸区。

2. 立即拨打120，同时组织救护人员全力抢救遇难人员。

3. 负责人要立即赶到事故现场，维持秩序，成立事故抢救指挥部。

4. 对爆炸进行侦察，发现火源立即扑灭，切断电源，防止发生二次爆炸，加强通风，迅速排除有害气体。

5. 将救出的受伤人员迅速运送到空气新鲜处。

6. 对烧伤人员应首先灭火，使其尽快脱离热源，搬运时要保护创面，防止污染和损伤。

7. 对于创伤人员，要进行止血和包扎，如发生骨折应进行临时固定。

8. 对于中毒窒息人员，应保持呼吸道通畅，并注意保暖、输氧或人工呼吸。

9. 如果伤员出现脉搏微弱、血压下降等循环衰竭症状和体征时，应注射强心剂、升压药物。

10. 伤员经急救处理后，应迅速送往医院救治。

踩踏事故发生后对伤者的急救措施

踩踏造成的挤压伤是外科中一种非常特殊的伤，往往会造成多个脏器的损伤。

1. 踩踏事件发生后，不要慌张，要尽快拨打120、110报警，等待救援。

2. 立即抓紧时间开展自救和互救。

3. 最重要的是根据心肺复苏原则救治濒临死亡的患者。

4. 首先检查伤者，如已失去知觉，又呈俯卧状，应小心地将其翻转。

5. 保持病人呼吸道畅通，使病人头后仰，防止因舌根后坠堵塞喉部。

6. 如果病人确已无呼吸，立即进行口对口人工呼吸。

7. 如果伤者在恢复呼吸后出现呕吐，一定要防止呕吐物进入气管。

8. 救护者一手放在病人额头上，使其维持头部后仰，另一手指尖轻摸位于气管或喉两侧的颈动脉血管，感觉有无脉搏跳动，如有则说明心跳恢复，抢救成功，如果没有，说明心跳尚未恢复，需立即做胸外心脏按压术。

煤矿发生瓦斯爆炸事故后的急救方法

1.当听到或看到瓦斯爆炸时，应面背爆炸地点迅速卧倒。

2.如眼前有水，应俯卧或侧卧于水中，并用湿毛巾捂住鼻口。

3.距离爆炸中心较近的作业人员，在采取上述自救措施后，迅速撤离现场，防止二次爆炸的发生。

4.瓦斯爆炸后，应立即切断通往事故地点的一切电源。

5.马上恢复通风。

6.设法扑灭各种明火和残留火，以防再次引起爆炸。

7.所有生存人员在事故发生后，应统一、镇定地撤离危险区。

8.遇有一氧化碳中毒者，应及时将其转移到通风良好的安全地区。如有心跳、呼吸停止，立即在安全处进行人工心肺复苏，不要延误抢救时机。

高处坠落后对伤者的急救方法

高空坠落一般可能造成骨骼、组织损伤。高空坠落时，足或臀部先着地，外力可沿脊柱传导到颅脑而致伤；由高处仰面跌下时，背或腰部受冲击，可引起腰椎前纵韧带撕裂、椎体裂开或椎弓根骨折，易引起脊髓损伤。高空坠落还可能会有昏迷、呼吸窘迫、面色苍白或表情淡漠等症状。

急救方法：

1.查看伤员是否清醒，伤情如何。

2.去除伤员身上的用具和口袋中的硬物。

3.采取止血、包扎、固定等救护措施。

4.保持昏迷伤员的呼吸道畅通，撤除义齿、组织碎片、血凝块、口腔分泌物等，松开伤者的颈、胸部纽扣。

5.在搬运和转送伤员过程中，怀疑脊柱骨折的，按脊柱骨折的搬运原则。切忌一人抱胸，一人抱腿。伤员上下担架应由3到4人分别抱住头、胸、臀、腿，保持动作一致平稳。

坍塌事故发生后对伤者的急救措施

坍塌事故发生后，急救时要遵循快速反应，以人为本，安全至上的原则。要正确应对，果断处置。在处置过程中，把人的生命安全放在第一位，迅速组织救治，最大限度地减少突发事件造成的人员伤亡和危害。

1.立即组织相关人员到达现场，开展救援。

2.了解人员伤亡情况，预测事故损失、坍塌面积。

3.事故现场如发现人员受伤或掩埋，应立即通知120到场。

4.重特大事故通过110报告社会救助体系；一般轻微事故报告上级主管部门，以便政府和上级主管作出等级救援响应。

5.疏散事故现场周边的不安全人员，实施现场警戒，积极救治伤亡人员。

6.解救被困人员，查找失踪人员，处理死亡人员。

7.清理物资。事故现场的设备、物资得到合理清理保护，力求把经济损失降到最低限度。

8.排除危险源。事故现场的水、电、气、火、化学危险品等危险源得到正确处理，严防其他安全事故的发生。

9.其他安全处理。要对事故现场进行全面检查，进行安全评估，防止第二次坍塌。

发生断肢事故后正确取下断肢、止血

1.快速取下断肢。

断肢后的急救处理应分秒必争，争取在最短时间内将断肢运送到能进行再植的医院，尽快恢复肢体的血液循环。

（1）如伤肢被机器卷入，应当即刻停机，把机器拆开，将肢体取出。

切不可用倒转机器的方法取出肢体，以防肢体再次遭受损伤。

（2）如果肢体有一部分组织扎在机器的齿轮与转轴中，不可急躁地将组织割开或撕下，以致造成无法弥补的损失。

（3）判断有无致命的合并伤。在严重的损伤中，有时不仅是肢（指）体离断，还可合并头、胸、腹等损伤，应快速判断有无呼吸道阻塞、心肺功能、血压等，并进行相应的急救。

2.用指压法止血。

（1）上肢止血时在锁骨上离凹陷处向下向后摸到搏动的锁骨下动脉，用拇指按压。

（2）前臂出血，在上臂肱二头肌中断内侧压迫肱动脉。

（3）手掌部出血，压迫手腕内外侧的尺、桡两动脉。

（4）下肢出血时在腹股沟韧带中点股动脉走行出，用拇指或手掌垂直压迫。

（5）足部出血，压迫踝关节外下侧的胫后动脉和足背的胫前动脉。

发生断肢事故后未断离伤残肢体的固定方法

对尚未完全断离的肢体，伤口包扎后应用夹板妥善固定，以免在搬运时增加病人的疼痛，引起再度损伤。夹板的形式不一，可就地取材，只要达到制动的目的即可。下肢有骨折时一般用直木板，上肢有骨折时可用直角夹板，维持肘关节屈曲于90°。

固定时注意事项：

1.应先进行有效止血和伤口包扎后再行固定。对戳出伤口的骨端不可送回。尽可能就地固定而不移动伤肢，以免增加伤员痛苦。

2.固定器材不能直接于皮肤接触，应用柔软的衬垫垫好，确保固定效果，避免损伤皮肤。

3.固定时注意捆扎松紧要适度，松则起不到固定作用，紧则影响血液循环。

冒顶事故紧急处理方法和自救方法

1. 冒顶事故的紧急处理方法。

（1）当发现局部小冒顶出现后，应立即先检查冒顶地点附近顶板支架情况，先处理好折伤、歪扭、变形的柱子。然后，沿煤的顶板掏梁窝，将探板伸入梁窝，在另一头立上柱子。

（2）发生局部范围较大的冒顶时，如伪顶冒落，且冒落已停止，可采用从冒顶两端向中间进行探板处理。如直接顶沿煤帮冒落，而且矸石继续下流，块度较小，采用探板处理有困难时，可采取打撞楔的办法处理。

（3）如上述两方法都不能制止冒顶，就要另开切眼躲过冒顶区。

2. 冒顶事故的自救方法。

（1）当发现采掘工作面有冒顶的预兆，而自己又无法立即逃脱现场时，应立刻把身体靠向硬帮或有强硬支柱的地方。

（2）冒顶事故发生后，伤员要尽一切努力争取自行脱离事故现场。无法逃脱时，要尽可能把身体藏在支柱牢固或块岩石架起的空隙中，防止再受到伤害。

（3）当大面积冒顶堵塞巷道，即矿工们所说的"关门"时，作业人员堵塞在工作面，这时应沉着冷静，由班组长统一指挥，只留一盏灯供照明使用，并用铁锹、铁棒、石块等不停地敲打通风、排水的管道，向外报警，使救援人员能及时发现目标，准确迅速地展开抢救。

（4）在撤离险区后，在可能的情况下，立即向井下及井上有关部门报告事故情况。

瓦斯积聚和引燃的预防

1. 防止瓦斯积聚。

瓦斯爆炸是一定浓度的甲烷和空气中的氧气在一定温度作用下产生的

激烈的氧化反应。瓦斯爆炸瞬间产生的高温高压会促使爆炸源附近的气体以极大的速度向外冲击，造成人员伤亡，破坏巷道和器材设施，同时扬起大量煤尘并使之参与爆炸，产生更大的破坏力。另外，爆炸后会生成大量的有害气体，造成在场人员中毒死亡。

那么，如何防止瓦斯积聚？

（1）平时一定要加强通风，使采掘工作面的进风风流中瓦斯浓度不超过0.5%，回风风流中瓦斯浓度不超过1%，矿井总回风风流中瓦斯浓度不超过0.75%。

（2）平时要及时检查各用风地点的通风状况和瓦斯浓度，查明隐患后要立即进行处理。

（3）对瓦斯含量大的煤层，要进行瓦斯抽放，降低煤层及采空区的瓦斯涌出量。

2.防止瓦斯引燃。

（1）禁止在井口房、瓦斯抽放站及主要通风机房周围20米内使用明火。

（2）瓦斯矿井下禁止打开矿灯，禁止携带烟草及点火工具下井。

（3）严格管理井下火区。

（4）严格执行放炮制度。

（5）严格掘进工作面的局部通风机管理工作，局部通风机要设有风电闭锁装置。

（6）瓦斯矿井的电气设备要符合《煤矿安全规程》关于防爆性能的规定。

（7）随着采矿机械化程度的提高，要防止机械摩擦火花引燃瓦斯。

高处坠落事故的预防

预防高处坠落事故的措施有：

1.在可能发生高处坠落危险的工作场所，应设置便于操作、巡检和维修作业的扶梯、工作平台、防护栏杆、安全盖板等安全设施。

2.梯子、平台和易滑倒操作通道的地面应有防滑措施。

3.设置安全网、安全距离、安全信号和标志、安全屏护和佩戴个体防护用品（安全带、安全鞋、安全帽、防护眼镜等）。

4.针对特殊高处作业（指强风、高温、低温雨天、雪天、夜间、带电、悬空、抢救高处作业）特有的危险因素，就有针对性的防护措施。

煤气中毒的预防

煤气中毒也就是一氧化碳中毒。煤及煤制品在燃烧过程中会释放出对人体有害的一氧化碳气体。冬季由于取暖、洗澡等门窗紧闭，当一氧化碳积聚到一定量时，便会发生煤气中毒。由于一氧化碳气体无色、无味，起初不易被人觉察，而人体吸入一氧化碳后，它便与人体血液内的血红蛋白结成特殊的"联盟"，使正常的血红蛋白失去了携氧的能力。时间一长，人就会因缺氧而失去知觉，直至引起死亡。

煤气中毒的预防措施有：

1.冬季取暖、洗澡用煤时切勿紧闭门窗，要检查排烟通道，防止一氧化碳在室内积聚。

2.煤气使用完毕切勿忘关阀闸，要经常检查皮管接头，防止泄漏。

化学品事故发生后及时撤离现场

化学用品泄露现场，按下面方法向无污染区撤离：

1.毒区内人员应紧急转移至无毒区域。首先应判断毒源与风向，沿上风或侧上风路线，朝远离毒源的方向迅速撤离。

2.在人群密集地撤离要保持秩序，不要拥挤，以免发生踩踏事故。

3.如果来不及撤离或在无个人防护器材的情况下，应迅速转移到坚固而密封性能好的建筑物内。

易燃气体运输时应注意的事项

常见易燃气体有正丁烷、氢气和乙炔。此类气体极易燃烧，与空气混合能形成爆炸性混合物。易燃气体运输注意事项：

1. 远离火种、热源，防止阳光直射。
2. 应与氧气、压缩空气、卤素、氧化剂等分开存放。
3. 运输时照明、通风设施应采用防爆型。
4. 搬运时轻装轻卸，防止钢瓶及附件损坏。

不燃气体运输时应注意的事项

不燃气体常见的有氮、二氧化碳、氙、氩、氖、氦等。此项还包括助燃气体氧、压缩空气等。不燃气体运输注意事项：

1. 远离火种、热源，防止阳光直射。
2. 与易燃气体、金属粉末分开存放。
3. 搬运时轻装轻卸，防止钢瓶及附件损坏。

有毒气体运输时应注意的事项

常见有毒气体有氯气、二氧化硫、氨气、氰化氢等。此类气体吸入后能引起人畜中毒，甚至死亡，有些还能燃烧。有毒气体运输注意事项：

1. 远离火种、热源，防止阳光直射。
2. 二氧化硫应与其他类危险物品分开存放，特别要与易燃、易爆的危险物品分开存放。
3. 氯气应与易燃气体、金属粉末、氨分开运输。
4. 氨气（液氨）应与氟、氯、溴、碘及酸类物品分开运输。
5. 搬运时轻装轻卸，防止钢瓶及附件损坏。

6. 平时要经常检查有否漏气情况。槽车运送时要灌装适量，不可超压超量运输。

7. 运输按规定路线行驶，勿在居民区和人口稠密区停留。

压缩气体和液化气体的安全运输

1. 包装要求。

包装外形无明显外伤，附件齐全，封闭紧密，无漏气现象，包装使用期应在试压规定期内，逾期不准延期使用，必须重新试压。

2. 运输注意事项：

运输时远离热源、火种，防止日光曝晒，严禁受热。周围不得堆放任何可燃材料。内容物互为禁忌物的钢瓶应分车运输。例如：氢气钢瓶与液氯钢瓶、氢气钢瓶与氧气钢瓶、液氯钢瓶与液氨钢瓶等，均不得同车混放。易燃气体不得与其他种类化学危险物品共同运输。运输时必须戴好钢瓶上的安全帽。钢瓶一般应平放，并应将瓶口朝向同一方向，不可交叉；高度不得超过车辆的防护栏板，并用三角木垫卡牢，防止滚动。

运输中钢瓶阀应拧紧，不得泄漏，如发现钢瓶漏气，应迅速打开库门通风，拧紧钢瓶阀，并将钢瓶立即移至安全场所。若是有毒气体，应戴上防毒面具。失火时应尽快将钢瓶移出火场，若搬运不及，可用大量水冷却钢瓶降温，以防高温引起钢瓶爆炸。消防人员应站立在上风处和钢瓶侧面。

钢瓶安全运输的注意事项

1. 钢瓶检验。

各种钢瓶必须严格按照国家规定，进行定期技术检验。钢瓶在使用过程中，如发现有严重腐蚀或其他严重损伤，应提前进行检验。

2. 钢瓶运输过程中的检查事项。

钢瓶上的漆色及标志与各种单据上的品名是否相符，包装、标志、防震胶圈是否齐备。钢瓶上的钢印是否在有效期内。安全帽是否完整、拧紧，瓶壁是否有腐蚀、损坏、结疤、凹陷、鼓泡和伤痕等；耳听钢瓶是否有"丝丝"漏气声；凭嗅觉检测现场是否有强烈刺激性臭味或异味。

3.钢瓶装卸。

装卸时必须轻装轻卸，严禁碰撞、抛掷、溜坡或横倒在地上滚动等，不可把钢瓶阀对准人身，注意防止钢瓶安全帽脱落。装卸氧气钢瓶时，工作服和装卸工具不得沾有油污。易燃气体严禁接触火种。

触电事故的预防

触电指电流流经人体，造成生理伤害的事故，包括触电、雷击伤害。如人体接触带电的设备金属外壳，裸露的临时线，漏电的手持电动工具；起重设备误触高压线，或感应带电；雷击伤害；触电坠落等事故。触电事故的预防措施有：

1.积极参加职工技术培训和安全知识培训，学习相关安全规章制度，提高业务素质和安全意识，杜绝违章行为的发生。

2.工作班成员要互相监督，严格执行《安全操作规程》的规章制度。

3.不得乱拉电线。

4.不要超负荷用电。

5.要经常检查电气线路。

6.防止老化、短路、漏电等情况。

7.不得用其他导线代替保险丝。

8.使用电器前应仔细阅读说明书，特别要注意使用电压，千万不要把36伏或24伏的低电压用电器接到220伏的电压线路上。

9.电器运行中，若发现有异味或冒烟，应立即断电，停机检查修理。

着火时应避免被烟熏

火场上，稠密的烟雾常含有各种有毒气体，人若过量吸入，往往会窒息死亡。那么着火时应如何避免被烟熏呢？

1.大量地喷水，降低浓烟的温度，抑制浓烟蔓延的速度。

2.关闭或封住与着火房间相通的门窗，减少浓烟的进入。

3.如果时间、条件允许的话，可用水蘸湿毛巾、衣服、布类等物品，折叠将其捂住口和鼻孔，尽量增大滤烟的面积。折叠层数要依毛巾的质地而异，一般毛巾折叠8层为宜，这样烟雾浓度消除率可达60%。

4.烟能随着热空气聚集在房间上部，而室内下部，能看清物品和方向，并且贴近地板2寸高的空气层通常是清洁的。因此，当烟不太浓时，应弯腰或蹲下疾走；若烟较浓，则可膝、肘着地，俯卧爬行。

5.高层建筑的电梯间、楼梯、通气孔道往往是火势蔓延上升的地方，要回避。

家庭失火应根据火势自行扑救

家庭失火应按照火势情况进行救助，量力而行：

1.火势开始不大时，可用干粉、砂子、毛毯、棉被等罩住火焰，同时浇水。并将燃烧点附近的可燃物或液化气罐及时疏散到安全地点。

2.火势难以控制、扑灭时，先将室内的液化气罐和汽油等易燃易爆危险物品抢出。

3.在人员撤离房间的同时，可将电视机、收录机等贵重物品搬出。

4.火已烧大，不可以因为寻钱救物而贻误疏散良机，更不能重新返回着火房间抢救物品。

身上衣服着火可采取的措施

火场上的人如果发现身上衣服着了火，可通过以下方法扑灭：

1. 不要盲目乱跑，也不能用手扑打，也不要呼喊，以免吸入火焰引起呼吸道烧伤。应该扑倒在地来回打滚，或跳入身旁的水中。

2. 如果衣服容易撕开，也可以用力撕脱衣服。

3. 营救人员可往着火人身上泼水，帮助撕脱衣服等，但不可以将灭火器对着人体直接喷射，以防化学感染。

楼梯着火楼上的人的逃生方法

楼梯上着火，楼上的人员逃生时注意以下事项：

1. 不要·下楼。

2. 关闭门窗。见到汹涌而来的烟气，最要紧的是紧闭门窗。楼下失火，烟道对烟气的抽拔力很大。若门窗敞着，就等于烟囱壁上被凿了洞，一部分烟气就会改道进入室内，所以楼下失火关闭门窗是非常重要的。

3. 不要跳楼。三层以上，不能贸然跳楼。等待救援，要向救援者发出求救信号，

4. 如果烟气开始进入房间，应赶紧撤到阳台上，将门窗反关。

5. 如果处于下风，有烟气来，可用湿毛巾当口罩扎堵在嘴上。

6. 积极进行自救。可用竹竿牢牢吊在阳台上，抓着滑下楼去。或用绳子；也可将被单撕成条做绳子。

家里防盗应注意的事项

年年防盗，夜夜防贼，对与自家有来往的人和家中物品的摆放应多加注意：

1. 不要让送报员、送奶工等外来服务人员进家门，更不要对其讲述家中情况。

2. 修理工、查水电表的人员必须进屋工作时，家里不要只有一个人，尤其不能只有一位单身女子在家。

3. 不是很熟悉的朋友，不要轻易带回家。

4. 夜里睡觉应提前关好门窗，尤其是厨房的窗户。

5. 家中的刀具不要放到明处，防止窃贼进家门后找到凶器伤人。

6. 家中不要摆设特别贵重的装饰品，以免招贼。

7. 保险箱、贵重物品等不要放置在客厅或门厅，以防不法分子从门口窥视到。

8. 不要把存折等贵重物品放在抽屉里和柜子里，这些位置是盗窃分子喜欢翻找的地方。应该把存折放到窃贼容易忽略的地方。

9. 家里不要放置过多现金，钱包里应少放现金。

10. 出门，只带当天要花的钱，不要露富。

11. 农村农忙时节，家中最好留有老人看门。

在门外发现贼已进屋可采取的措施

当我们回家时，如果发现房门被撬，家中有声音，并判定有抢匪进入家中，应按照以下办法行事：

1. 不要出声，以免惊动犯罪分子。

2. 不要进屋，应该赶快找邻居帮忙，并拨打110报警。

3. 若住的楼层较高，窃贼从大门进入室内盗窃，不要进门，迅速从门外用钥匙把大门和防盗门反锁，然后再去找人求救，并迅速报警。

应掌握的交通安全常识

1. 步行时应注意的安全常识。

在城市，交通事故已成为危及公众生命安全的"第一杀手"，交通事故一旦发生，有可能一下子吞噬几个甚至几十个人的生命。

对于初进城的人来说，横穿道路时，往往不习惯受红绿灯的指挥，看到红灯照样向前走，或者干脆跳越护栏，不愿意从斑马线过道路，经常惹得交通指挥人员和市民反感。更严重的是，还可能发生交通事故，被车撞死撞伤，这样的事例太多了，教训也太深刻了。

所以，我们有必要从以下方面预防交通事故：

（1）行人应在人行道内行走。

（2）没有人行道的，要靠右边行走。

（3）过马路要走斑马线，并且要遵守红绿灯的指挥。

（4）千万不要翻越、倚坐道路交通隔离设施。

（5）不准在道上扒车、追车、强行拦车或抛物击车。

2.骑自行车的安全常识。

（1）自行车的车型大小要合适，不要为了盲目追求自行车的另类、新潮而选择与自己身高、腿长等身体条件不符的车型。

（2）要经常检修自行车，保持车况完好。车闸、车铃是否灵敏、正常尤其重要。

（3）骑自行车要在非机动车道上靠右边行驶，不逆行。

（4）转弯时不抢行猛拐，要提前减慢速度，看清四周情况，以明确的手势示意后再转弯，不要和机动车抢道。

（5）经过交叉路口，要减速慢行，注意来往的行人、车辆。

（6）骑车时不要双手离把，不多人并骑或单手持物骑车，不互相攀扶，不互相追逐、打闹。

（7）骑车时不戴耳机影响注意力。

3.乘坐汽车的安全常识。

（1）不要在机动车道上招呼出租汽车。

（2）乘坐公共汽车，要排队候车，按先后顺序上车，不要拥挤。

（3）不要把汽油、爆竹等易燃易爆危险品带入车内。

（4）乘车时不要把头、手、胳膊伸出车窗外，以免被对面来车或路边树木等刮伤。

（5）不要向车窗外乱扔杂物，以免伤及他人。

（6）乘车时要坐稳扶好，没有座位时，要双脚自然分开，侧向站立，握紧扶手，以免车辆紧急刹车时摔倒受伤。

（7）乘坐货运机动车时，不准站立，不准坐在车厢栏板上。

（8）不要同司机攀谈，以免分散司机注意力。

（9）不要催司机开快车。

通过铁路道口时避免事故发生

铁路道口比较复杂，交通十分繁忙，行人、自行车、汽车、火车等都要从道口通过，为避免交通事故的发生，通过铁路道口时应注意以下事项：

1.车辆和行人通过铁路道口，必须听从道口看守人中和道口安全管理人员的指挥。

2.凡遇到道口栏杆关闭、音响器发出报警、道口信号显示红色灯光或道口看守人员示意火车即将通过时，车辆、行人严禁抢行，必须依次停在停止线以外，没有停止线的，停在距最外股钢轨5米以外，不得影响道口栏杆的关闭，不得撞、钻、爬越道口栏杆。

3.车辆在铁路道口停车等待通过时，要拉紧手制动器，以防车辆溜滑，导致意外事故的发生。

4.遇有道口信号红灯和白灯同时熄灭时，须停车和止步瞭望，确认安全后再通过。

5.车辆、行人通过设有道口信号机的无人看守道口及人行过道时，必须停车或止步瞭望，确认两端无列车开来时，方准通行。

6.机动车在铁路道口处，不准转弯掉头。在距道口20米以内的道路上，除停车观望或让行的情况以外，不准停留车辆。

7.通过电气化铁路道口时，车辆及其装载物不得触动限界架活动板或吊链；载高度超过两米的货物上，不准坐人；行人手持高长物件，不准高举。

8.载运百吨以上大型设备构件时，须按当地铁路部门指定的道口、指定的时间通过。

发生交通事故后的自救原则

发生交通事故后自救应遵循以下原则：

1.发生事故后，应马上报警，受伤时应第一时间拨打120电话向救护中心求救。

2.采取紧急的自救措施。

（1）若被挤压、夹嵌在事故车辆内时，应尽量想办法脱身，脱不了时应等待救援人员到来，切忌强拖强拉。

（2）受到伤害时，就地或附近休息，切忌随处移动身体，以免造成更大的伤害。

（3）事故发生后若出血应进行止血处理。应充分利用现场材料如衣服等进行包扎和压迫止血。

（4）若伤员有很多的呕吐物，应用手将其头偏向一侧，同时清除口腔内残留物。

（5）当伤员心跳、呼吸停止时，在医生未到之前可使用人工胸外按摩以及人工呼吸。

火车出轨后乘客的自救

1.火车脱轨发生时的自救。

火车脱轨发生时，应该在出轨时的短短几秒钟之内采取以下安全自救措施：

（1）迅速远离火车门窗或者趴下，就近找到火车上牢固的物体并紧紧抓住，防止被火车抛出车厢。

（2）如果火车出轨发生时正站在或坐在过道上，应立即侧身躺下，双腿屈膝，护住胸腹，双手抱住头部。在座位上的乘客应紧靠在牢固的物体上，低下头，下巴紧贴胸前，以防颈部受伤。

（3）如座位不靠门窗，则应留在原位，保持不动；若接近门窗，就应尽快离开。尽量将身体藏于隐蔽处，如座椅下面或者卧铺下面，要注意用手臂保护好头部。

（4）火车出轨向前冲时，千万不能跳车，否则还会发生其他危险。

2.火车出轨后的自救。

火车脱轨发生后，应采取以下措施进行自救：

（1）火车停下来以后，尽量保持冷静，不要慌张。如果被物件卡住手脚不能动弹，千万别挣扎而耗费体力，耐心等待救援。

（2）观察周围的环境是否适合站立和安全，如果安全，可将装在紧急物体箱内的锤子拿出，打破窗户爬出去或采取各种方式打碎玻璃逃离车厢。

如果爬不出来莫慌张，不要乱动，安静等待救援。发现救援人员时，尽力呼喊，以便争取最早时间被发现。

车辆遇险的处理原则

车辆遇险时，为减轻事故损失，应该遵循以下几个原则：

1.冷静原则。车辆遇险时驾驶员要保持清醒的头脑，及时判明情况，采取正确的紧急避让动作。如果不能及时采取正确的紧急避让动作，可以在事故后及时停车，可以减少一定事故损失，但不能不采取任何避让动作，眼睁睁地看着事故发生、蔓延。

2.先顾人后顾物原则。驾驶员在做紧急避让时，首先要考虑到避让车辆与物资相撞会不会伤害到人。如果避让会伤害到人，那么即使会损坏车辆或物资也不能躲让。车辆避让要向有物资的一侧，不能向有人的一侧，宁让物资受损失，也要保证人员不受伤害。

3.避重就轻原则。在前方突然出现障碍时，习惯性地向左打方向盘，这是不可取的。正确的做法是选择损失或危害较轻的一方避让，尽可能地躲开损失较重和危害较大的一方。

4. 先方向后制动原则。在出现险情时，往往车速较高，如果先采取制动，容易延误时机或造成车辆跑偏、侧滑等情况；而先转动方向盘，可以使车辆避开事故的中心位置，有时甚至能避免事故的发生。对于需要短制动距离的事故，最好是在打方向盘的同时采取紧急制动。

5. 先人后己原则。在事故发生后，应首先抢救处在危险中的乘客和受伤的群众，不能为保自身安全而弃车离开现场。当车辆起火或有爆炸危险时，司机应将危险车辆驶离人群、工厂、村镇，尽量减少事故车辆对人民生命财产造成的损害。

车辆坠河时乘客的自救

如果不幸遇到车辆坠河事故，车通常不会立刻下沉，应把握好下沉前一分多钟的时间从车门或车窗及时逃生，在此情况下可以采取以下措施进行自救：

1. 保持清醒，汽车刚落水后，在车内千万不要惊慌，迅速辨明自己所处的位置，确定逃生的路线方案。

2. 快速解开安全带，以免逃生时造成缠绕。

3. 调整呼吸，始终要将口鼻保持在水面之上，如果引擎在车头，进水后车尾就会翘起，赶快爬到后座或把头伸向有空气的地方呼吸。积极寻找尚存的一点点空气，保证自己的呼吸。

4. 如有时间，车辆下沉时关上车窗和通风管道，把前灯和车厢照明灯打开，以保留车厢内的空气和减慢进水速度。

5. 不要在水刚淹没车子的时候去开车门，因为在水下压力非常大，这时候打开车门几乎是不可能的，保持镇静，耐心等到车内快要全部满水时，做深呼吸，迅速打开车门逃生。

6. 不要在水压很大的时候去敲碎玻璃，因为玻璃一碎，水就会夹着碎玻璃冲向车内，对车内人员造成伤害。

7.从水下浮上水面时，要先慢慢呼出空气，如果不呼出过多的空气，会给肺脏造成伤害。

高速公路上发生交通事故的应急措施

如果车辆在高速公路上发生交通事故，应该采取以下应急措施：

1.冷静准确地进行判断。在前面车辆发生交通事故的第一时间内，驾驶员要快速作出准确的判断。同时要沉着冷静地对待处理，一定不能慌乱与紧张。最重要的是抓紧时间拨打电话报警。

2.及时停车并且带上手刹。一旦发现前方交通事故发生后，驾驶员应及时采取紧急措施实行安全停车。待车停稳后，应该立即带上手刹。

3.迅速转移司乘人员。停车后，及时组织和安排将乘客迅速转移到较为安全的地带，千万不能掉以轻心或抱着侥幸心理，更不要以为车停了就没事了。

4.赶紧投掷警示标志。驾驶员应马上向车后跑步100米或150米处，赶紧投掷警示标志，以避免追尾事故因此发生。

5.当好临时性交警。驾驶员应充当好临时性的交警。最好拿备用应急灯或其他明显的标志物，万一没有就以打手势的办法，及时向后面的车辆发出停车的紧急信号。

6.在协助抢救伤员的过程中，一定要劝阻好乘客不要前去围观和看热闹，以防止事故的再一次扩大。

乘地铁遇意外事故的应急要点

乘坐地铁遇到意外事故时应掌握以下应急要点：

1.在站台上候车时，须遵守禁止标志的提示，一定要站在黄色安全线以内，并尽可能后退、远离，当站台人群比较拥堵时注意观察四周情况，以免发生坠落或者被人挤下站台等意外。万一被挤下站台，首先要镇定，留意脚下以免触电。

2.遇到紧急情况时，迅速找到疏散导流标志和紧急出口指示，并按所示方向寻找安全出口。这些标志通常分布在站台的柱子底部、车站台阶、车站大厅及出入口处。

3.在乘坐地铁的过程中，要留意车厢内的报警装置，报警装置通常安装在一节车厢两端的侧墙上方。此外还要注意禁止标志和警告标志的提示，例如：地铁内禁止吸烟和携带危险品、禁止跳下站台和倚靠车门以及当心触电和夹手的标志，等等。

地铁里发生毒气泄露的应急措施

如果乘客在地铁站内或乘坐地铁时发生毒气泄漏，不要惊慌，应立即采取以下措施：

1.确认地铁里发生了毒气泄漏时，应当利用随身携带的餐巾纸、手帕、衣物等用品堵住口鼻、遮住裸露皮肤，如果手头有水或饮料的话，将餐巾纸、手帕、衣物等用品浸湿后捂住口鼻。

2.迅速判断毒源的方向，然后朝着远离毒源的方向逃跑，有序地跑到空气流通的地方或者到毒源的上风口处躲避。

3.到达安全地点后，马上用流动的水清洗身体裸露的部分。

地铁里发现危险物品的应急措施

如果乘客在地铁站内或车厢内发现危险物或可疑物品时，应立即采取以下措施：

1.立即报告工作人员，切勿自行处置。

2.在不明包裹在未确定其危险性前，最好远离该包裹。

3.工作人员到达后，将对可疑包裹进行应急处置，可疑物通常被放到防爆桶中处理。

4.如果爆炸已经发生,切勿慌乱,请迅速撤到另外的车厢,并按照司机的指挥进行疏散。

5.如果事故发生在站台上,请迅速在工作人员的指挥下疏散。

地铁候车不慎掉下站台的应急措施

地铁站台通常在上下班高峰期十分拥挤,如果乘客不慎掉下站台应立即采取以下措施:

1.如果掉下站台后看到有列车驶来,不要惊慌,马上紧贴里侧墙壁(带电的接触轨通常在靠近站台的一侧),身体尽量紧贴墙壁以免列车刮到身体或衣物。在列车停车后,由地铁工作人员进行救助。

2.看到列车已经驶来,千万不能就地趴在两条铁轨之间的凹槽里,因为地铁和枕木之间没有足够的空间使人容身。

3.如果发现有乘客意外掉下站台,赶紧大声呼救并向工作人员示意,工作人员将采取措施停止向接触轨供电,并及时提供救助。

地铁列车突然停电的疏散

乘客在站台等候列车或乘坐地铁时,如果遇到突然停电,陷入一片漆黑,千万不要惊慌,可以采取以下方法进行疏散:

1.如果停电发生在站台时,站台突然陷入一片漆黑,很可能是站台的照明设备出现了故障,在等待工作人员进行广播解释和疏散前,请在原地等候,不要走动,待站台启动事故照明灯后再有序疏散。万一照明不能立即恢复,正常驶入车站的列车将暂停运行,可以利用车内灯光为站台提供照明。同时可以通过收听站内广播,确认为大规模停电后,应该迅速就近沿着疏散向导标志或者在工作人员的指挥下抓紧时间离开车站。

2.如果乘客乘坐的地铁列车在隧道中运行时遇到停电,千万不可自做主张拉门离开列车车厢进入隧道，请耐心等待救援人员到来。待救援人员到达后，应按照救援人员的指挥顺次下到隧道中并按照指定的车站或者方向疏散。在疏散撤离时注意排成单行，紧跟工作人员沿着指定路线撤离。

飞机遇险时应采取的应急措施

飞机遇险时应采取如下应急措施：

1. 当机舱"破裂减压"时，戴好氧气面罩。

2. 保持稳定的安全体位：弯腰、双手在膝盖下握住，头放在膝盖上，两脚前伸并紧贴地板。

3. 听从工作人员指挥，迅速有序地由紧急出口滑落地面。

4. 舱内出现烟雾时，一定把头弯到尽可能低的位置，屏住呼吸，用饮料浇湿毛巾或手帕捂住口鼻后再呼吸，弯腰或爬行到出口。

5. 飞机下坠时，要对自己大声呼喊，并竭力睁大眼睛，用这种自我心理刺激避免"震昏"。

6. 飞机撞地轰响时，飞速解开安全带，朝机舱尾部朝着外界光亮的裂口逃跑。

7. 飞机在海上失事，应立即穿上救生衣。

飞机在水上迫降时正确利用救生衣

飞机在水上迫降时穿戴救生衣应注意以下事项：

1. 飞机要在水上迫降，撤离客机前必须穿戴好个人用救生衣，这一点空姐会事先向旅客打招呼

2. 救生衣就放在旅客座椅的下边。

3. 拿出救生衣后，撕开包装袋，按照救生衣使用说明，或按空姐预先的讲解，及时穿在身上，拉动气瓶拉手就可以给救生衣自动充气，从而保证你在落水后所需浮力。

4.当你将要从客机应急出口走向滑梯时，你就应该打开自动充气装置，以便在落水前使救生衣充足气。

5.如果自动充气装置打开晚了，入水后脸会朝下，但在5秒钟内，充气后的救生衣便会把你自动扶正，以保持脸朝上的正确入水姿态。入水后一定要脸朝上，并用双手抱住救生衣气囊，紧贴于胸前，形成稳定的浮游姿态。

6.穿救生衣入水后，除危险场合外，不要游动，避免消耗体力。

飞机在水上迫降撤离时应注意事项

飞机在水上迫降旅客撤离时应注意以下事项：

1.听从机上工作人员指挥，从就近安全出口撤离。

2.从机翼上方应急出口下来的旅客，要熟悉从这里撤离的滑梯放置情况，认真听空姐的讲解。

3.脱困后，应听从机务人员指挥，在指定地点集合。

乘船应注意的安全事项

船在水中航行时常常存在一些危险，为确保乘船安全，乘船时应注意以下事项：

1.不要乘坐无证或超载的船只，也不要乘坐人货混装船。

2.上下船要按次序进行，不得拥挤、争抢，以免造成挤伤、落水、翻船等事故。

3.不要把危险物品、禁运物品带上船。

4.上船后要留心通往甲板的最近通道和摆放救生衣的位置，且不能随意挪动。

5.如果遇到大风、浓雾等恶劣天气时，应尽量避免乘船。

6.到甲板上去时要注意抓牢扶手，以免掉入水中。

7. 不在船头、甲板等地打闹，以防落水。不要全部拥挤在船的一侧，以免船体倾斜，发生事故。

8. 不要乱动船上的安全设备，以免影响船只的正常航行。

9. 船只在夜间航行，不要用手电筒向水面、岸边乱照，以免引起误会或使驾驶员产生错觉而发生危险。

10. 一旦发生意外，千万不能惊慌，应听从有关工作人员指挥，不要自作主张跳船。

翻船后的自救方法

如果发生翻船事故，人被抛入水中，要尽量保持镇静，同时采取以下方法进行自救：

1. 如果是木制船，翻了以后一般不会下沉。这时应立即抓住船舷并设法爬到翻扣的船底上。如果船只离岸边较远，最好保持镇静，等待求助。

2. 如果是玻璃纤维增强塑料制成的船，翻了以后会下沉。这时不要再将船正过来，要尽量使其保持平衡，避免空气跑掉，并设法抓住翻扣的船只，以等待救助。

3. 如果在海上遇到事故需弃船避难时，首先要对浮舟进行检查，将备用品如打火机、指南针等装入塑料袋中，避免被海水打湿，同时还要培养自己节食的耐力。

4. 如果是长期在海上随风漂流，长时间坐在浮舟上要注意活动手脚，使肌肉得以放松。同时，应注意保暖，不要被海水打湿身体。

现场自制救生衣

如果不幸落入水中而且又没有现成的浮袋或救生衣，可以利用穿在身上的衣服制作救生衣和浮袋，方法如下：

1. 可以用来做救生衣和浮袋的材料有：大帽子、塑料包袱皮、雨衣、衬衣、化纤或棉麻的带筒袖的上衣等，甚至可以将高筒靴倒过来使用。为保持正常的体温，不要将衣服全部脱掉。

2.在踩水的状态下，用皮带、领带或手帕将衣服的两个手腕部分或裤子的裤脚部分紧紧扎住，然后将衣服从后往前猛地一甩，使其充气。

3.用手抓住衣服下部，或者用腿夹住，然后将它连接在皮带上，使它朝上漂浮。如果用裤子做浮袋，采用蛙泳将身子卧在浮袋上；如果穿着裙子，不要把它脱下来，尽量使裙子下摆漂到水面上，使其内侧充气。

水上遇难时正确使用信号工具

如果在水上不幸遇难时，有效利用信号工具进行求救的方法如下：

1.利用铁或闪光的金属物。将阳光反射到目标物上去。如果阳光强烈，反射光可达15千米左右，而且从高处更容易发现。

2.利用信号筒。信号筒有白天和晚上用两种，白天用的信号筒会发出红色烟雾，晚上用的会发出红色的光柱，燃烧时间约1～1.5分钟。夜间在20千米外都能看到，白天在10千米内才能看到。

3.利用防水电筒。这是一种小型的手电筒，可以在夜间发出信号，但最多只能照射2千米左右。

4.利用自制信号旗。将布绕在长棒的顶端作为信号旗使用。

5.利用海上救生灯。海上救生灯点着后靠海水来发光，将其浸入海水可连续发光15小时，在2千米远的地方就可以发现，该工具寿命为3年。

6.利用铝制尼龙布。铝制尼龙布的反光性强，从远处就能发现，而且也容易被雷达所发现。

地震时家中人员的防护措施

地震具有突发性，常使人措手不及，地震开始时，如果正在屋内可采取如下防护措施：

1.避震应选择室内结实、能掩护身体的物体下（旁）、易于形成三角空间的地方，开间小、有支撑的地方，可以暂避到承重墙墙角、卫生间、厨房等房间，或躲在桌子，床铺等下面。

2.身体应采取的姿势：蹲下或坐下，尽量蜷曲身体，降低身体重心；抓住桌腿等牢固的物体；保护好头部，在紧急情况下可利用身边的棉坐垫、毛毯、枕头等物盖住头部，以免被砸伤。

3.应立即切断电闸，关掉煤气，以防地震发生后引起新的危险。

4.地震发生时就地避震，等首震过后，要迅速撤离，以免余震发生时伤到自己。

地震时的逃生方法

1.地震时在平房的逃生方法。

（1）可以迅速跑到门外。

（2）来不及跑出户外时，可迅速躲在桌下、床下和坚固家具旁或紧挨墙根的地方。

（3）躲避时要避开大梁位置。

2.地震时在楼房的逃生方法。

（1）要保持清醒、冷静的头脑，及时判别震动状况，千万不可在慌乱中跳楼。

（2）迅速远离外墙及门窗，可选择厨房、浴室、厕所等开间小、不易塌落的空间避震。

（3）不要到阳台上去。

（4）在楼上的，原则向底层转移为好，但注意不要使用电梯。

（5）在搭乘电梯时遇到地震，将操作盘上各楼层的按钮全部按下，一旦停下，迅速离开电梯。

（6）万一被关在电梯中的话，请通过电梯中的专用电话与管理室联系、求助。

地震时车间工人的应急避险措施

地震时车间工人可采取如下措施：

1. 立即离开电源、气源、火源等危险地点。

2. 特殊岗位上的工人要首先关闭易燃易爆、有毒气体阀门，及时降低高温、高压管道的温度和压力，关闭运转设备。

3. 就近蹲在大型坚固的机床和设备旁边。

地震时井下作业工人的避险方法

地震时井下作业工人应注意：

1. 要马上停止作业。

2. 要关掉电源，切忌用明火，以防瓦斯爆炸。

3. 可以到有支撑的巷道躲避，千万不要站在井口、洞口，洞内交叉口、丁字接头断面和通道拐弯等部位。

4. 待地震停止后，应向单一巷道、竖井等地带撤离，要抢时间转移到安全巷道。

地震时在公共场所逃离应注意事项

发生地震时，如果正在商场、书店、展览馆、地铁等公共场所时应注意：

1. 在公共场所遇到地震时，需要镇静，定下心来寻找出口，不要乱跑乱窜。

2. 逃离时要听从现场工作人员的指挥，不要慌乱，不要拥挤，要避开人流，避免自己被挤到墙壁或栅栏处。

3. 无法找到出口时，应就地蹲在桌子或其他支撑物下面，用手或其他东西保护头部。尽量避开吊灯、电扇等悬挂物；还应避开玻璃门窗、橱窗和玻璃柜台以及高大、摆放不稳定的重物或易碎的货架；选择结实的柜台、商品（如低矮家具等）或柱子边，以及内墙角等处就地蹲下。

4.待地震过后，听从指挥，有组织地迅速撤离。

地震发生时乘客的应急措施

地震发生时乘客可采取如下应急措施：

1.用手牢牢抓住拉手、柱子或坐席等，以免摔伤、碰伤。

2.降低重心，躲在座位附近。

3.要避免行李掉下来伤人。座位上面朝行李方向的人，可用胳膊靠在前排椅子上护住头面部；背向行李方向的人可用双手护住后脑，并抬膝护腹，紧缩身体，作好防御姿势。

4.地震后，迅速下车向开阔地转移。

地震发生后等待救援时延长生存时间应注意事项

1.地震时被困为了延长生存时间，应注意以下几点：

（1）树立坚定的生存信念。

（2）不要大哭大叫，减少体力消耗。

（3）尽量注意休息，保存体力。

（4）寻找一切可以维持生命的食物和水，必要时自己的尿液也能起到解渴作用。

（5）设法包扎伤口，等待救援。

2.在等待救援时应注意事项。

地震发生时就近躲避，震后迅速撤离到安全地方，是应急避震的较好办法。但是如果地震后找不到脱离险境的通道，或者自己无能力脱离险境时，就要等待救援，在等待救援时应注意：

（1）保持镇静耐心等待。此时不要精神紧张、急躁，而最终导致在恐惧中死亡。

（2）注意保存体力。可以用石块敲击能发出声响的物体，向外发出呼救信号。不要大喊大叫，因为乱喊乱叫会增加氧的消耗，使体力下降，同时会吸入大量烟雾或灰尘，造成窒息。

（3）如果受伤，要想法包扎，避免流血过多。

（4）维持生命。如果被埋在废墟下的时间比较长，救援人员未到，或者没有听到呼救信号，就要想办法维持自己的生命，尽量寻找食品和饮用水，必要时自己的尿液也能起到解渴作用。

地震发生后互救的原则

地震发生后，为了最大限度地营救遇险者，互救时应遵循如下原则：

1.先多后少：即先救压埋人员多的地方。

2.先近后远：即先救近处被压埋人员，不论是家人、邻居，还是陌生人，不要舍近求远。

3.先易后难：即先救容易救出的人员。

4.先轻后重：即先救轻伤和强壮人员，使他们在救灾中发挥作用，扩大营救队伍。

5.如果有医务人员被压埋，应优先营救，增加抢救力量。

6.先救"生"后救"人"：即先保证尽可能多的人有生还的希望，再进行急救处理。

洪水到来时的自救措施

严重的洪水灾通常发生在江河湖溪沿岸及低洼地区，遇到水灾应如何自救逃生呢？

1.当洪水突然到来来不及转移时，也不必惊慌，可以登到高处暂避，等候求援人员营救。

2.如洪水继续上涨，暂避的地方已难自保，则要充分利用准备好的救生器材逃生，或者迅速找一些门板、桌椅、木床、大块的泡沫塑料等能漂浮的材料扎成筏逃生，如果一时找不到绳子、可用床单撕开来代替。

3.在爬上木筏之前，一定要试试木筏能否漂浮。收集食品、发信号用具（如哨子、手电筒、旗帜、鲜艳的床单）、划桨等是必不可少的。在离开房屋漂浮之前、要吃些含较多热量的食物，如巧克力、糖、甜糕点等，并喝些热饮料，以增强体力。

4.在离家出门之前，还要把煤气阀，电源总开关等关掉。时间允许的话，将贵重物品用毛毯卷好，收藏在楼上的柜子里。出门时最好把房门关好，以免家产随水漂流掉。

5.如果在家中被洪水围困，为防洪水涌入屋内，首先要堵住大门下面所有空隙，最好在门槛外侧放上沙袋、沙袋可用麻袋或布袋、塑料袋，里面塞满沙子、碎石。如果预料水还上涨，那么底层窗槛外也要堆上沙袋。

溺水时的自救方法

如果发生溺水，切莫慌张，应保持镇静，积极采取如下自救措施：

1.大声高呼救命，引起别人注意。

2.尽可能抓住固定的东西，避免被流水卷走或被杂物撞伤。

3.取仰卧位，头部向后，使鼻部可露出水面呼吸。呼气要浅，吸气要深。用嘴呼吸，避免呛水。

4.保持冷静，尽可能保存体力，争取更多的获救时间。不要将手臂上举乱扑动，这样会使身体下沉更快。

5.等待救援时如出现抽筋，分别采取如下措施：

（1）若是手指抽筋，则可将手握拳，然后用力张开，迅速反复多做几次，直到抽筋消除为止。

（2）若是小腿或脚趾抽筋，可先吸一口气仰浮水上，用抽筋肢体对侧的手握住抽筋肢体的脚趾，并用力向身体方向拉，同时用同侧的手掌压在抽筋肢体的膝盖上，帮助抽筋腿伸直。

（3）要是大腿抽筋的话，可同样采用拉长抽筋肌肉的办法解决。

对溺水者急救措施

把溺水者救出水面后应根据溺水者情况采取相应的急救措施：

1.迅速清除其口、鼻中的污泥、杂草，溺水者口腔内有义齿也要取下，解开衣扣、领口，以保持呼吸道通畅。如果意识丧失的话，应将其舌头拉出，以免后翻堵塞呼吸道。

2.及时排水。救护人员单腿屈膝，将溺水者俯卧于救护者的大腿上，头部向下，按压背部迫使呼吸道和胃内的水倒出。倒水时间不宜过长，因肺内水分一般多已吸收，残留不多。

3.如果溺水者呼吸心跳已停止，应立即进行人工呼吸。

4.心跳停止者应先进行胸外心脏按压。

5.当病人呼吸和脉搏再现时，将病人保持侧卧位，脱去病人身上的湿衣服，并盖上被单等物品取暖。

6.时时监测病人的脉搏，将患者送往医院急救，如果其肺部感染严重，应进行必要的药物治疗。

雪灾中御寒的穿衣策略

为了增强服装的御寒能力，穿衣时应注意：

1.衣服要宽松，保持服装的通气性。

2.多穿几层衣服。一件厚衣服不如多穿几层薄衣服为好，这样有更多的空气层，保温效果更好。

3.保持服装的干燥。淋湿或汗湿的衣服要及时烘干，衣服上的冰雪要及时抖掉。

4.选择保暖性好的鞋子。鞋的材料要选通气性好的，如帆布、皮革等。最好不要穿橡胶与塑料鞋，这些容易引起脚出汗，更易发生冻伤。

5.脚部出汗后要及时换袜子。

6.不要穿硬而紧的鞋子，否则的话会妨碍脚部的血液循环。

雪灾中防冻伤

雪灾中为防冻伤应做好如下防护措施：

1.外出时要尽量减少皮肤暴露部位，预防冻伤首先要为手耳鼻等暴露部分保暖，戴好帽子、围巾、手套和口罩，要注意着装保暖。

2.在外时尽量多活动一下手部或者足部，如搓手、跺脚等。

3.注意冻伤预兆——当脚趾有麻木感时，可做踏步运动，用温水泡脚，以促进血液循环。

4.不要在太冷或者潮湿的环境中逗留时间过久。

5.避免接触导热快的物品，如金属，否则会使热量加速丧失，引起局部冻伤。

雷击的预防措施

雷雨天气应关好门窗，防止球形雷窜入室内造成危害。

电视机的室外天线在雷雨天要与电视机脱离，而与接地线连接。

雷暴时，人体最好离开可能传来雷电侵入波的线路和设备1.5米以上。也就是说，尽量暂时不用电器，最好拔掉电源插头。

不要打电话。

要尽量离开电源线、电话线、广播线。

不要靠近室内的金属设备如暖气片，自来水管、下水管。防止这些线路和设备对人体的二次放电。

不要穿潮湿的衣服，不要洗澡。

不要靠近潮湿的墙壁，不要赤脚站在水泥地上。

雷电时正确选择避雨地点

为防雷击在选择避雨地点时应注意：

1. 不要在山顶和高地停留，不要站在空旷的田野里，要避开孤立高耸凹凸的场所。

2. 不要在电线杆附近、大树下避雨。

3. 不要在没有安装避雷针的高大建筑物下避雨。

4. 要远离铁塔和其他较高的金属物。

被雷击时的自救措施

雷电时如果有头发立起来或皮肤颤动的感觉，此时自己可能被雷击中，可采取如下自救措施：

1. 选择低洼处蹲下。

2. 尽量缩小暴露面，双脚并拢，双手抱头藏在两膝之间。

3. 为减少与地面的接触，不要平躺在地面上。

及时抢救被雷击伤的人

1. 被雷击烧伤或严重休克的人，身体并不带电，所以应该及时施救。

2. 应马上让其躺下，扑灭身上的火，并对他进行抢救。

3. 如果伤者虽失去意识，但仍有呼吸和心跳，则自行恢复的可能性很大，应让伤者舒适平卧，安静休息后，再送医院治疗。

4. 如果伤者已停止呼吸或心脏跳动，应迅速对其进行口对口人工呼吸和心脏按压，注意在送往医院的途中也不要中止心肺复苏的急救。

远离毒品

毒品是个恶魔，它能使吸食者快速上瘾，并有强烈的依赖性，进而能把人体内的骨髓吸干，它使多少人扭曲人格，铤而走险，违法犯罪！使多少幸福家庭破碎！最后走向罪恶深渊。

毒品使人类社会付出的代价实在太多、太沉重，几乎每一个吸毒者的家庭都记载着难以承受的悲剧。它使无数家庭和个人为此而付出了沉重的代价。

具体地说，毒品的危害包括：

1.毒品是死亡的催化剂。

（1）吸毒过量，中毒致死。

（2）引发细菌性心内膜炎。

（3）导致肺炎、肺气肿、肺结核、乙型肝炎、周围神经炎、化脓性脑膜炎、败血症、脑脓等并发症的发生。

（4）体质衰弱，因虚脱而死亡。

2.人格扭曲，危害社会。

长期吸食毒品者，毒品成为他生活中唯一的需求。有些人为获取、使用毒品，丧失道德，变得自私、好逸恶劳、不知羞耻。他们为获毒资不惜以身试法，丧失人性，偷盗抢劫，图财害命，给社会带来大量不安定因素。有的甚至入室盗窃杀人，抢劫银行。有的女性吸毒者，为获毒资，常常采用卖淫的手段，进而染上性病和艾滋病，加快了她们走向死亡的步伐。

3.一人吸毒，全家遭殃。

吸毒是一项持续性高消费行为。巨额的毒资使家资耗尽，甚至债台高筑。因吸毒夫妻反目者，往往以家庭破裂而告终；有的吸毒者弃父母、子女而不顾，其变态的人格使家人背上沉重的精神包袱。为挽救吸毒者，亲人往往耗尽钱财，心力交瘁，精神崩溃。

为了打击贩毒走私，强制吸毒者戒毒，政府每年要花费巨大的人力、财力、物力，采取各种措施，拯救他们。由此可见，吸毒既害己，又毁家，还为国家和社会造成危害，所以，在任何情况下都要远离毒品。

第五篇

理 财 生 活

认清攒钱和理财的关系

有句老话叫"你不理财，财不理你！"，每个人的一生都是在赚钱与花钱中度过的，人从独立生活起，就面临着理财的挑战。

随着社会保障体系的健全，每个人必须为自己的一生进行财务上的预算与策划。因此，个人理财的目标，是帮助每个人实现内心深处的真正渴望——拥有丰富的生活内容和美好的人生体验，使自己和所爱的人生命中充满快乐和安宁。通过个人理财达到财务自由的过程，就是自己一步步摆脱对金钱的恐惧、焦虑、担忧的过程。

现代意义的个人理财，不同于单纯的储蓄或投资，它不仅包括财富的积累，而且还包括了财富的保障和安排。财富保障的核心是对风险的管理和控制，也就是当自己的生命和健康出现了意外，或个人所处的经济环境发生了重大不利变化，如恶性通货膨胀、汇率大幅降低等问题时，自己和家人的生活水平不至于受到严重的影响。

要走出下面一些理财的认识误区：

1. 节俭生财。节俭本身并不生财，并不能增大资产规模，而仅仅是减少支出，这会影响现代人生活质量的改善。事实上，理财的关键是开源节流。

2. 有人认为，理财是富人、高收入家庭的专利。认为只有有足够的钱，才有资格谈投资理财。事实上，影响未来财富的关键因素，是投资回报率的高低与时间的长短，而不是资金的多寡。

3. 误解投机行为。投机是投机取巧，而投资是"以钱赚钱"的理性理财活动。当然，投资与投机就像孪生兄弟，相伴而生，有投资必有投机。

4. 不少人仍然坚持储蓄。习惯地认为储蓄理财最安全、最稳妥，但是鉴于目前利率（投资报酬率）处于很低的水平，把钱存在银行从短期看好像是最安全的，并不适合于作为长期理才方式。

家庭理财的方式

家庭理财方式包括：

1.低风险投资理财方式。

（1）储蓄。方便、灵活、安全，较保险、较稳健的投资工具。

（2）债券。利率固定，收益稳定。尤其是国债，有国家信誉作担保，风险小。企业债券和可转换债券的安全值得推敲，同时由于债券的投资时间较长，抗通货膨胀能力差。

（3）黄金。黄金是抵御中长期风险的最佳投资品。但投资黄金的风险低，其回报率也相对低。

（4）保险。可以用固定的、少量的保险支出换取家庭稳定的经济保障，使家庭在遭受到意外损失时，得到经济补偿。

2.中、高风险投资理财方式。

（1）外汇。应选择国际上较为坚挺的币种兑换后存入银行，这样获得收益较高的可能性就较大。外汇投资技术含量高，投资者应熟悉国际金融形势，以及国际政治形势的走向。

（2）股票。股票是高风险、高收益的投资方式。股票风险的不可预测性毕竟存在，这对股票投资者的心理素质、逻辑思维和判断能力要求较高。

（3）房产投资。投资房产，又可以获得按揭贷款，这些都有利于工薪家庭投资。但房产价格难于掌握，并且投资变现时间较长，交易手续繁多，房地产税大幅度增长，这些都要引起广大投资者的高度关注。

银行卡的申办

银行卡可以为人们日常生活和工作提供许多便利，如果想申办银行卡，申请人需携带本人有效身份证件到银行柜台办理有关手续，办信用卡需要收入证明或个人资产证明等材料。

1.正确申办银行卡。详细了解银行卡如何领用以及银行卡章程，如实填写申请表并提供个人真实资料，通过正规渠道办理申请手续，以防个人信息泄露，被他人冒用骗领信用卡。

2.领用银行卡。申请银行卡后应注意及时跟进了解办卡进度，在银行审批通过你的办卡申请后，如果你未能及时接到卡片，应拨打客服热线向发卡银行询问卡片是否寄出，并且核对寄发地址，避免邮寄途中卡片被盗领。

收到银行卡、密码信封时，如果信封有遭拆封或有重新黏合的痕迹，应立即与发卡银行联系，防止卡片信息泄露。

收到信用卡时应在其后的签名条上签名。

选择银行储蓄需要注意的问题

选择银行储蓄需要注意以下几个方面的问题：

1.合理选择储蓄种类。

在银行存款，不同的储蓄种类有不同的特点，不同的存期会获得不同的利息。活期存款灵活方便，适应性强；定期存款期限越长，利率越高，计划性较强；零存整取储蓄存款，积累性较强。

2.密码选择注重保密性。

最好选择不容易被他人知晓的数字，千万不要把自己家中的电话号码或身份证号码、工作证号码等作为预留的密码，也不要用自己的生日作为密码，更不要用简单的666，888，12345等数字作为密码。

3.大额现金分单存。

把大额现金分单存，以免有时因为需要使用少量现金，也得动用大额存单，结果造成很大的利息损失。

4.不要轻易提前支取。

在需要钱时，尽量不要提前支取定期存款，否则定期存款的利息全部按活期储蓄利率计算，造成很大的利息损失。除求助他人外，也可以用该定期存单作为抵押在银行办理小额抵押贷款业务，当然这还需要自己多想想，多算算怎么做更合算。

5. 定期存款到期要及时支取。

我国新的《储蓄管理条例》规定，定期存款到期不支取，逾期部分全部按当日挂牌公告的活期储蓄利率计息。所以要常检查存单，一旦发现定期存单到期就要赶快到银行支取，以免损失利息。

6. 存单存折要妥善保管。

最好把存单放在一个比较隐蔽的、干燥的地方，同时，不要将存单放在被小孩子或他人很容易拿到的地方。

活期储蓄的开户

活期储蓄存款是指开户时不约定期限，存款金额和次数不受限制，储户可随时存取的一种储蓄形式。活期储蓄存款具有方便、灵活，适应性强，流动性大等特点，深受广大储户欢迎。

活期储蓄的开户要经过以下几步骤：

1. 在存款单上填写存款日期、户名、存款金额、身份证种类及号码、联系方式的活期存款开户申请书和结算凭证，并将开户申请书和现金、身份证件交银行经办人员。

2. 银行经办人员审核后，办理开户手续，经您在存款凭条签字确认后，发给您存折，并退还证件。

3. 您若要求凭密码或印鉴支取，要在银行网点的密码器上自行按规定格式输入密码，或向经办人员提供两张印鉴卡片。

开户时密码的设置

1. 您若要求凭密码或印鉴支取，要在银行网点的密码器上自行按规定格式输入密码。

2.一般银行在做代发薪业务的时候会设置初始密码，各家都不同，有的是身份证号后六位，有的是六位相同数字。

3.存折开户时如果没设密码，取钱时也会要求你输密码。那是因为银行开户都是有初始密码的，你再取钱的时候告诉银行的柜员，你没有改初始密码，他们会告诉你该怎样操作的。

4.在开户存款时不要嫌麻烦，设置密码很有必要，起码对小偷多了一道障碍。否则，存折或银行卡丢失后，钱就可能被小偷取走。

5.储户在设置密码时，不可随随便便设一串简单易猜的数字。

6.密码第一位数不能为"0"。

活期储蓄取款应注意的事项

1.您持银行卡或存折到营业网点即可办理取款。

2.如果取款金额超过5万元，需要提前一天与取款网点预约。

3.若持银行卡在ATM机上取款，当天取款最高限额为5千元。

4.活斯存折不能异地取款，银行卡才可以。活期储蓄存折如果要在异地取款，可能需要持有效身份证件和存折回当地网点补办对应的灵通卡，然后使用灵通卡在异地取款。如果您不方便回开户地办理此业务，您可以与开户当地客服联系是否能办理异地托收业务。持银行卡异地取款要收异地取款手续费，最高50元。

定期储蓄的种类

1.整存整取定期存款。

整存整取定期存款是在存款时约定存期，一次存入本金，全部或部分支取本金和利息的服务。

起点金额与存期：整存整取定期存款50元起存，其存期分为三个月、半年、一年、二年、三年、五年。

2.零存整取定期存款。

零存整取存款是指客户按月定额存入，到期一次性支取本息的服务。

起点金额与存期：零存整取存款人民币5元起存，多存不限。零存整取存款存期分为一年、三年、五年。存款金额由客户自定，每月存入一次。

3.存本取息定期存款。

存本取息是指存款本金一次存入，约定存期及取息期，存款到期一次性支取本金，分期支取利息的业务。

起点金额与存期：存本取息定期存款5000元起存。存本取息定期存款存期分为一年、三年、五年。存本取息定期存款取息日由客户开户时约定，可以一个月或几个月取息一次；取息日未到不得提前支取利息；取息日未取息，以后可随时取息，但不计复息。

4.定活两便存款。

人民币定活两便储蓄存款是存款时不确定存期，一次存入本金随时可以支取的业务。起点金额：定活两便存款50元起存。

存款利率：存期不满三个月的，按天数计付活期利息；存期三个月以上（含三个月），不满半年的，整个存期按支取日定期整存整取三个月存款利率打六折计息；存期半年以上（含半年），不满一年的，整个存期按支取日定期整存整取半年期存款利率打六折计息；存期在一年以上（含一年），无论存期多长，整个存期一律按支取日定期整存整取一年期存款利率打六折计息。

5.通知存款。

通知存款是一种不约定存期，支取时需提前通知银行，约定支取日期和金额方能支取的存款。通知存款不论实际存期多长，按存款人提前通知的期限长短划分为一天通知存款和七天通知存款两个品种。一天通知存款必须提前一天通知约定支取存款，七天通知存款则必须提前七天通知约定支取存款。

6.教育储蓄。

教育储蓄是一种特殊的零存整取定期储蓄存款，享受优惠利率，更可获取额度内利息免税。

起存金额：50元，本金合计最高限额为2万元人民币。

存款利率：存款到期，凭存款人接受非义务教育（全日制高中、大中专、大学本科、硕士和博士研究生）的录取通知书或学校开具的存款人正在接收非义务教育的学生身份证明，可享受整存整取的利率。在存期内遇有利率调整，按开户日挂牌公告的相应储蓄存款利率计付利息，不分段计息。

适合对象：适用于在校小学四年级（含四年级）以上的学生。

储蓄预防冒领

为防止存款被人冒领，储户在存款时可采取一些措施，为存款"加密"。这些措施包括：

1.预留印鉴。

2.预留密码。

3.隐名储蓄。

4.预留地址和电话号码。

以上措施分别将印鉴、密码、姓名、地址、电话号码留在了储蓄机构的账户上，取款时必须提供与之相同的印鉴、密码、姓名、地址、电话号码才能取走款；不能提供或提供的印鉴，密码等与预留的不同，便取不走款。这样，即使自己的存单（折）丢失或被盗，由于得到自己存单存折的人不知道自己预留的印鉴、密码等，因此无法取走自己的存款。

存折保管与补办的方法

1.安全保管存折应注意以下事项：

（1）把存折上的账号抄记在另一个地方，如日记本上。如果存折丢失，有抄记的账号就便于挂失。

　　（2）存折不要和户口本、工作证、身份证放在一起。印鉴取款的，不要和印鉴放在一起。

　　（3）存折不要放在潮湿、易污染、易被虫蛀鼠咬的地方，也不要放在衣袋里，以免折破或随衣服洗坏。存折要妥善保管好，最好放在不经常翻动且较隐蔽的地方。

　　（4）开户时最好在银行，信用社留下工作单位或住址、电话号码，以便银行、信用社必要时与储户联系。

　　2.如果储蓄存折不慎遗失，不要慌乱，一定要在第一时间内准备好所需证件及信息到银行办理相关手续，但只有记名式的存折可以挂失，不记名存折不能挂失。办理挂失应注意：

　　（1）一定要在发现存折丢失后尽快到银行办理挂失手续，按照规定，储户未办理挂失，存款被提取或冒领，银行是不负责任的。

　　（2）办理挂失时需准备好以下证件和信息：本人身份证件、账户、户名、开户时间、金额、币种、期限等有关存款内容，以上信息必须准确，缺一不可。

　　（3）如客户不能亲自前往银行，可委托他人代办挂失，同时提供代办人身份证件。

　　（4）如果情况特殊，也可以口头或者函电形式申请挂失，但必须在5天内补办书面申请挂失手续，否则挂失不再有效。

　　（5）如在上机联网储蓄所开立的活期存折，可在任何一个联网储蓄所办理临时挂失手续，但正式书面挂失则须到开户行办理。

银行定期利息的计算方法

　　1.定期整存整取储蓄到期或过期支取，按原定利率计息。

　　提前支取，按实存天数的同档次利率计息。

　　部分提前支取，按支取金额计算利息，计算方法与提前支取相同。

　　如遇利率调整，按以下两种情况分别处理：

（1）在原订存期内调整利率，从调整日起照原订存期韵新利率计算。调低时，在原订存期内仍照原利率计算，过期部分按原订存期的新利率计息。

（2）如系过期以后调整利率，过期部分利息一律分段计算，调整日前照原利率计算，自调整日起照原存单所订存期的新利率计算。

2.存本取息储蓄的利息计算：

（1）按期取息。

开户时根据所存本金及所定存期利率，按约定取息期算出每次应支取的利息金额。填写在存折账卡上，于取息日凭以支付利息。

计算公式为：

每次支取利息金额＝本金×每次取息期×利率

（2）过期支取。

过期部分照实存本金实际存期，按原定利率计付过期利自息。

（3）提前支取。

支取时按实际存期计算，存期不满一年的按活期利率计息，存期满一年不满三年的按一年期利率计息，存期满三年不满五年的按三年期利率计息，同时应将已支取的利息全部扣回。

银行卡的种类

按是否给予持卡人授信额度分为信用卡和借记卡；而信用卡又分为贷记卡和准贷记卡；按发行主体是否在境内分为境内卡和境外卡；按发行对象不同分为个人卡和单位卡；按账户币种不同分为人民币卡、外币卡和双币种卡。

1.借记卡。

借记卡可以在网络或通过ATM机转账和提款，不能透支，卡内的金额按活期存款计付利息。消费或提款时资金直接从储蓄账户划出。借记卡在使用时一般需要密码。借记卡按等级可以分为普通卡、金卡和白金卡；按使用范围可以分为国内卡和国际卡。

2.贷记卡。

贷记卡，常称为信用卡，是指发卡银行给予持卡人一定的信用额度，持卡人可在信用额度内先消费，后还款的信用卡。它具有的特点：先消费后还款，享有免息缴款期（最长可达56天），并设有最低还款额，客户出现透支可自主分期还款。客户需要向申请的银行交付一定数量的年费，各银行不相同。

3.准贷记卡。

准贷记卡是一种存款有息、刷卡消费以人民币结算的单币种单账户信用卡，具有转账结算、存取现金、信用消费、网上银行交易等功能。当刷卡消费、取现账户存款余额不足支付时，持卡人可在规定的有限信用额度内透支消费、取现，并收取一定的利息。不存在免息还款期。

使用储蓄卡的注意事项

储蓄卡使用方便，快捷，但是也容易出现问题。在使用时尤其要注意：

1.用储蓄卡在自动柜员机（ATM）上取款，每一次的取款额度和一天最多的取款额度都是有限制的，如果数额较大最好到柜台办理。

2.在ATM机进行交易时，注意保留客户凭条，以备出现问题时进行查询、核对。

3.如果您连续3次输错密码或ATM机退出卡超过30秒不取，卡将被ATM机吞没。吞卡后，要在当日向网点声明，并于第2天持本人身份证、活期存折和客户凭条办理领卡手续。对于超过3天不取的卡按作废处理。

申办和使用信用卡注意事项。

银行存取款的注意事项

1.去银行存款应注意以下事项：

（1）填写存款凭条时，所填的户名、账户、地址等信息要保密，一旦被犯罪分子盯上，他们可能就会根据掌握的情况去冒领存款。对于填错或作废后的存款凭条不要随意丢弃，而应该撕碎后扔到垃圾桶。

（2）存单是存款人对存款机构债权的凭证。接到存单后要核实金额是否正确，姓名是否相符。有时由于存款人在填写存款凭条时字迹潦草或是工作人员的疏忽，难免出现存款人所填姓名与存单上所打印出来的姓名不同的情况，如果存单一旦丢失或被盗后果就不堪设想。当存款人进行挂失时，因为拿不出与存单户名一致的合法证件，存款机构就不会为存款人进行挂失；如果存单上无印章或是缺少印章就不是一份手续齐全、具有法律效力的有效存单，同样会为存款人带来风险。

2. 去银行取款应注意以下事项：

取款时，根据银行或邮局的有关规定，填写取款单或直接排队办理。活期储蓄可以随时支取；定期储蓄到期支取，若要提前支取，必须持身份证办理。

3. 不同银行利率不尽相同。

安全使用自动取款机

1. 进门时，提防假的刷卡器。很多自动提款机往往需刷卡才能进入，不法分子会利用人们对刷卡器的信任，将一个自制的"刷卡器"粘在自动提款机操作间门口，引诱持卡人刷卡，从而获得卡内的信息。真刷卡器安装牢固，而且不会要求"输入密码"，而假的"刷卡器"用胶粘在门缝上，不太牢固。

2. 输密码时，谨防"偷窥"。操作柜员机时，应避免陌生人靠近，用另一只手盖住密码键盘，以防密码被"电眼"、"肉眼"偷看。

3. 现在取款机也有吐出假钱的情况，取到钱后，迅速点一遍，若发现钱币有异常，对着柜员机的摄像头展示一下钱币，若没有问题，应该在收好现金及提款记录后立即离开。

4. 千万不要向任何来历不明的账户转款。

5. 不要相信任何所谓的"紧急通知"。不管机器是否真的发生故障，不要拨打"紧急通知"上的所谓"银行值班电话"，而应拨打银行客服电话或直接报警。

6. 有些不法分子制造假吞卡现象，遇到吞卡现象，不要立即走开。一般正常吞卡，机器会吐出吞卡凭条，屏幕也会提示吞卡，应耐心等待几分钟，判定确属吞卡后再与银行联系解决。

7. 遇到任何取款故障，不要轻易离开，而应通过电话联系银行工作人员，待其到场后，由其处置。

8. 取钱后，别忘记了也把自己的卡取出来。

汇款节省汇费的窍门

汇款业务是银行提供的一项收费服务，采用以下办法可以相对节省汇费：

1. 根据实际情况选择不同银行节省费用。各商业银行在办理异地汇款业务时向客户收取一定的手续费，但是在收费标准和服务上却呈现差异化。如工商银行柜台办理异地汇款收取手续费的标准是汇款金额的1%，最低收取1元，最高收取50元。建设银行的收取比例是0.5%，起点金额2元，最高50元封顶。交通银行的收取比例是1%，最低收取1元，最高10元封顶。

2. 注意银行的优惠消息。各银行针对客户办理业务手续费一般都有减免的优惠。例如交通银行1万元以下的跨行跨省转账在优惠期间只收取5.5元的手续费，而在非优惠期进行本行异地转账，却收取0.4%的手续费，即1万元要收取40元。

3. 选择使用农行的无卡存款。农行的无卡存款可以在自助柜员机上办理，手续费是汇款金额的0.5%，最低2元，最高50元。

4. 使用电话或网上银行，省时省钱。由于技术优势和成本的降低，一般通过网上银行和电话银行进行异地汇款和转账业务的手续费都有所优惠。

5. 农村汇款省钱有方。央行和中国银联推出了"亲情银行卡"，农民工平时攒钱存在这张卡内，回到家乡后在农村信用社网点可以就近支取。这种"亲情银行卡"的好处是可以节省60%的手续费用。

正确识别人民币的真假

识别人民币的真假，即使在没有验钞机的情况下，也能通过眼观、耳听、手摸，准确地进行。这里介绍几种识别方法：

1.看水印。水印位于票面正面左侧的空白处，迎光透视，可以看到立体感很强的水印。100元、50元纸币的水印为"毛泽东头像"图案，20元、10元、5元纸币的水印分别为荷花、月季花和水仙花图案。

2.看安全线。票面正面中间偏左有一条安全线。100元、50元纸币的安全线，迎光透视，分别可见缩微文字"RMB100"、"RMB50"微小文字；20元纸币是一条明暗相间的安全线。

3.看光变油墨面额数字。票面正面左下方的面额数字采用光变油墨印刷。将垂直观察的票面倾斜到一定角度时，100元券的面额数字会由绿色变为蓝色；50元券的面额数字则会由金色变为绿色。

4.看阴阳互补对印图案：票面正面左下方和背面右下方均有一圆形局部图案，迎光观察，正背图案准确对接并组合成一个完整的古钱币图案。

5.横竖双号码：票面正面采用横竖双号码印刷（均为两位冠字、8位号码）。横号码为黑色，竖号码为蓝色。

6.摸头像、盲文点、中国人民银行行名等处是否有凹凸感。正面主景为"毛泽东头像"，采用手工雕刻凹版印刷工艺，形象逼真、传神，凹凸感强，易于识别。

7.抖动钞票使其发出声响，根据声音来分辨人民币真假。人民币纸张是采用专用钞纸，具有耐磨、有韧度、挺括、不易折断，抖动时能听到清脆响亮的声音。

8.看胶印缩微文字。票面正面上方椭圆形图案中，多处印有胶印缩微文字，在放大镜下可看到"RMB"和"RMB100"字样。

在银行残币的兑换

中国人民银行残缺污损人民币兑换办法规定：

第一条 为维护人民币信誉，保护国家财产安全和人民币持有人的合法权益，确保人民币正常流通，根据《中华人民共和国中国人民银行法》和《中华人民共和国人民币管理条例》，制定本办法。

第二条 本办法所称残缺、污损人民币是指票面撕裂、损缺，或因自然磨损、侵蚀，外观、质地受损，颜色变化，图案不清晰，防伪特征受损，不宜再继续流通使用的人民币。

第三条 凡办理人民币存取款业务的金融机构（以下简称金融机构）应无偿为公众兑换残缺、污损人民币，不得拒绝兑换。

第四条 残缺、污损人民币兑换分"全额"、"半额"两种情况。

1.能辨别面额，票面剩余四分之三（含四分之三）以上，其图案、文字能按原样连接的残缺、污损人民币，金融机构应向持有人按原面额全额兑换。

2.能辨别面额，票面剩余二分之一（含二分之一）至四分之三以下，其图案、文字能按原样连接的残缺、污损人民币，金融机构应向持有人按原面额的一半兑换。

3.纸币呈正十字形缺少四分之一的，按原面额的一半兑换。

第五条 兑付额不足一分的，不予兑换；五分按半额兑换的，兑付二分。

第六条 金融机构在办理残缺、污损人民币兑换业务时，应向残缺、污损人民币持有人说明认定的兑换结果。不予兑换的残缺、污损人民币，应退回原持有人。

第七条 中国人民银行依照本办法对残缺、污损人民币的兑换工作实施监督管理。

债券投资的特点

1. 不论长期债券投资，还是短期债券投资，都有到期日，债券到期应当收回本金，投资应考虑期限的影响。

2. 在各种投资方式中，债券投资者的权利最小，无权参与被投资企业经营管理，只有按约定取得利息，到期收回本金的权利。

3. 债券投资收益通常是事前预定的，收益率通常不及股票高，但具有较强的稳定性，投资风险较小。

4. 国家（包括地方政府）发行的债券，是以政府的税收作担保的，具有充分安全的偿付保证，一般认为是没有风险的投资；而企业债券则存在着能否按时偿付本息的风险，作为对这种风险的报酬，企业债券的收益性必然要比政府债券高。但相对于其他投资而言，债券是相对安全的。

国库券的种类

国债就是国家为筹措资金而向投资者出具的书面借款凭证，承诺在一定的时期内按约定的条件，按期支付利息和到期归还本金。国债的种类繁多，根据券面形式可分为以下三大类：

1. 无记名式（实物）国债。这种国债票面上不记载债权人姓名或单位名称，通常以实物券形式出现，又称实物券或国库券。这种债券的特点是：不记名、不挂失，可以上市流通。

2. 凭证式国债。国家不印刷实物券，而用填制"国库券收款凭证"的方式发行的国债。这种国债从投资者购买之日起开始计息，可以记名、可以挂失，但不能上市流通。

3. 记账式国债。记账式国债又称无纸化国债，它是指将投资者持有的国债登记于证券账户中，投资者仅取得收据或对账单以证实其所有权的一种国债。这种国债可以记名、挂失，可上市转让，流通性好。具有成本低、收益好、安全性好、流通性强的特点。

投资国债多获利的策略

投资国债要根据自身实际情况进行：

1.如有短期的闲置资金，可购买记账式国库券。因为记账式国债和无记名国债均为可上市流通的券种，其交易价格随行就市，在持有期间可随时通过交易场所卖出。

2.如有3年以上或更长一段时间的闲置资金，可购买中、长期国债。一般来说，国债的期限越长则发行利率越高，因此，投资期限较长的国债可获得更多的收益。

3.要想采取最稳妥的保管手段，则购买凭证式国债或记账式国债。

4.加息后凭证式债券虽然低于相同期限的定期储蓄存款利率，但银行储蓄存款利息收入需缴纳20%的利息税，凭证式国债的利息收入则免税，因此，凭证式国债的实际收益仍然较银行利息收入高。

国债逾期利率怎么计算

国债逾期是不追加利息的。哪怕逾期日子再多，利息也不会多出一分钱，这和储蓄存款逾期未取将按活期利率追息的方法完全不同。因此，国债到期就应该马上把钱取出来，逾期不兑付，拖得越久，利息损失就越大。

企业债券的种类与识别

企业债券通常又称为公司债券，是企业依照法定程序发行，约定在一定期限内还本付息的债券。企业债券代表着发债企业和投资者之间的一种债权债务关系。债券持有人是企业的债权人。不是所有者，无权参与或干涉企业经营管理，但债券持有人有权按期收回本息。企业债券与股票一样，同属有价证券，可以自由转让。

1.企业债券按照不同标准可以分为很多种类：

（1）按照期限划分企业债券分为短期企业债券、中期企业债券和长期企业债券。根据我同企业债券的期限划分，短期企业债券是指期限在1年以内，中期企业债券期限在1年以上5年以内，长期企业债券在5年以上。

（2）按是否记名划分，企业债券可分为记名企业债券和不记名企业债券。

（3）按债券有无担保划分，企业债券可分为信用债券和担保债券。信用债券指仅凭筹资人的信用发行的、没有担保的债券，信用债券只适用于信用等级高的债券发行人。担保债券是指以抵押、质押、保证等方式发行的债券：抵押债券是指以不动产作为担保品所发行的债券；质押债券是指以其有价证券作为担保品所发行的债券。保证债券是指由第三者担保偿还本息的债券。

（4）按债券可否提前赎回划分，企业债券可分为可提前赎回债券和不可提前赎回债券。

（5）按债券票面利率是否变动，企业债券可分为固定利率债券、浮动利率债券和累进利率债券。

（6）按发行人是否给予投资者选择权分类，企业债券可分为附有选择权的企业债券和不附有选择权的企业债券。

（7）按发行方式分类，企业债券可分为公募债券和私募债券。

2.识别企业债券时，应看债券票面是否具有以下合法要素：

（1）企业的名称、住所。

（2）债券的票面额。

（3）债券的票面利率。

（4）还本期限和方式。

（5）利息的支付方式。

（6）债券发行日期和编号。

（7）发行企业的印记和企业法定代表人的签章。

（8）审批机关批准发行的文号、日期。

经过批准上市的企业股票、债券，其票面格式、内容要素、花纹纸质都必须和人民银行认可的票样完全一致，严禁任何涂改伪造。

金融债券的种类

金融债券是由银行和非银行金融机构发行的债券。

按不同标准，金融债券可以划分为很多种类。最常见的分类有以下两种：

1. 根据利息的支付方式，金融债券可分为付息金融债券和贴现金融债券。付息金融债券，指债券券面上附有息票，按照债券票面载明的利率及支付方式支付利息的金融债券。贴现金融债券，指债券券面上不附有息票，发行时按规定的折扣率，以低于债券面值的价格发行，到期按面值支付本息的金融债券。根据国外通常的做法，贴现金融债券的利息收入要征税，并且不能在证券交易所上市交易。

2. 根据发行条件，金融债券可分为普通金融债券和累进利息金融债券。普通金融债券按面值发行，到期一次还本付息，期限一般是1年、2年和3年。普通金融债券类似于银行的定期存款，只是利率高些。累进利息金融债券的利率随着债券期限的增加累进，投资者可在债券期限内随时兑付，并获得规定的利息。

此外，金融债券也可以像公司债券一样参见"企业债券的种类与识别1"。

买入卖出债券时应注意的事项

买入债券时应考虑如下三个因素：

1. 利率。利率是选债的收益指标。由于投资者在购入债券时利率已经锁定，在持有到期的情况下，投资者如果选择高利率的券种将获得较大的投资收益。即使是短线投资者，利率高的债券种的上涨空间一般也相对较大。

2. 流动性。流动性也就是债券每日的换手率的高低、成交量的大小。

换手率高、成交量大的债券容易变现。当投资者所持有的企业债数量较大时，流动性差的券种难以在市场上快速以市场价格变现。投资者在二级市场上选择券种时应充分考虑流动性因素，避免损失。

3.信用评级。信用评级是选股的安全指标。评级越高越安全。一般情况下评级公司会给出不同评级的违约概率以及转移矩阵，投资者可以根据这些数据计算出债券的违约概率。不过与国外不同的是，我国公司债在发行的前几年风险一般不大，即使违约也是发生在到期日附近，对保守型投资者来说，可以在公司债到期日前半年或1年时抛出债券，规避违约风险。

4.对于实物债券，在卖出之前应事先将它交给开户的证券结算公司或其在全国各地的代保管处进行集中托管，这一过程也可委托证券商代理，证券商在收到结算公司的记账通知书后再打印债券存折，便可委托该证券商代理卖出所托管的债券。

5.对于记账式债券，可通过在发行期认购获得，再委托托管证券商卖出。

降低债券风险的方法

根据债券风险存在的情况，采取不同的措施来降低风险：

1.利率风险。当利率提高时，债券的价格就降低，此时便存在风险。可以分散债券的期限，长短期配合。如果利率上升，短期投资可以迅速地找到高收益投资机会，若利率下降，长期债券却能保持高收益。

2.变现能力风险。如果投资者在短期内无法以合理的价格卖掉债券，就应该尽量选择交易活跃的债券，如国债等，便于得到其他人的认同，冷门债券最好不要购买。

3.经营风险。选择债券时一定要对公司进行调查，通过对其报表进行分析，了解其盈利能力和偿债能力、信誉等。由于国债的投资风险极小，而公司债券的利率较高但投资风险较大，所以，需要在收益与风险之间作出权衡。

股票投资的特点

股票投资有以下特点：

1. 从投资收益来看，股票投资收益具有较强的波动性。

2. 从投资风险来看，股票投资因股票分红收益的不确定性和股票价格起伏不定，成为风险最大的有价证券。

3. 从投资权利来看，股票投资者的权利最大，投资者作为股东有权参与企业的经营管理。

开设股票账户和资金账户的方法

1. 作为一个新入市的投资者，在进入股市进行股票交易之前，必须先申请开立上海和深圳的股东账户，开立证券账户手续在分设在各地的证券登记公司办理。在具体办理时，应注意以下办理程序：

（1）填写《上海（深圳）证券中央登记结算公司证券开户登记表》。

（2）本人亲自办理，提供本人中华人民共和国居民身份证原件和复印件或者（或户口簿）。由他人代办，还须提供代办人身份证及其复印件，和本人授权委托书。

（3）交纳一定的开户费用，个人账户每个账户50元。

2. 投资者办好股东代码卡后，即可在这一家证券公司营业部办理资金账户的开户手续，资金账户开户有以下几个步骤：

（1）到证券部规定的银行开立一个活期存折（原来已开立的活期存折仍然有效），存入若干人民币作为证券部开设交易账户的保证金。

（2）带本人身份证（若委托他人代办，还必须提供代理人身份证原件及复印件，个人客户授权委托书，委托书中明确代理权限。）、证券账户卡、活期存折到证券部。

（3）与证券部签署一式二份的《代理证券交易合约》及《指定交易协议书》。

（4）证券部发给股民交易账户卡。

（5）填写《保证金转入凭证》，将一定数量的保证金从活期存折转入自己的交易账户，取回存折。

办妥这些手续之后，就可以动用保证金来炒股了。

股票有风险　入市请谨慎

股票在交易市场上作为交易对象，同商品一样，有自己的市场行情和市场价格。由于股票价格要受到诸如公司经营状况、供求关系、银行利率、大众心理等多种因素的影响，其波动有很大的不确定性。正是这种不确定性，有可能使股票投资者遭受损失。价格波动的不确定性越大，投资风险也越大。因此，股票是一种高风险的金融产品。

每个人都想拥有大量财富，改善自己和家人的生活状况，但是若抱着暴富的心理去炒股，那就大错特错了！来城务工的朋友应该知道股市风云变幻莫测，进入股市的人没有一个是想亏的，每个人都想在股票市场上嫌更多的钱，但总是事与愿违！这些年来，不少人在股海中沉浮，轻者割肉出局，且把路钱当成交给"股市大学"的学费；重者伤筋动骨，从此一蹶不振。因为炒股票闹得倾家荡产、夫妻反目的也不是少数。

农民工朋友在外辛苦挣的钱，还是最好不要去炒股。这是因为：

1. 炒股是靠资金，如果钱少的话，只能随行就市。

2. 农民工朋友一般没有相关的信息渠道消息闭塞，不利炒股。

3. 农民工朋友整天忙着工作，没有专业的知识，不能娴熟地操盘。

务工在外，挣的都是"血汗钱"，因此"入市要慎重"！

股票交易的费用

我国的证券投资者在委托买卖证券时应支付各种费用和税收，这些费用按收取机构可分为证券商费用、交易场所费用和国家税收。

投资者在我国券商交易上交所和深交所挂牌的A股、基金、债券时，需交纳的各项费用主要有：委托费、佣金、印花税、过户费等。

委托费，这笔费用主要用于支付通讯等方面的开支。一般按笔计算，交易上海股票、基金时，上海本地券商按每笔1元收费，异地券商按每笔5元收费；交易深圳股票、基金时，券商按1元收费。

佣金，这是投资者在委托买卖成交后所需支付给券商的费用。上海股票、基金及深圳股票均按实际成交金额的千分之一向券商支付，上海股票、深圳股票成交佣金起点为5元；债券交易佣金收取最高不超过实际成交金额的千分之二，大宗交易可适当降低。

印花税，投资者在卖出成交后支付给财税部门的税收。上海股票及深圳股票均按实际成交金额的千分之一支付，此税收由券商代扣后由交易所统一代缴。债券与基金交易均免交此项税收。

过户费，这是指股票成交后，更换户名所需支付的费用。由于我国两家交易所不同的运作方式，上海股票采取的是"中央登记、统一托管"，所以此费用只在投资者进行上海股票、基金交易中才支付此费用，深股交易时无此费用。此费用按成交股票数量（以每股为单位）的千分之一支付，不足1元按1元收。

转托管费，这是办理深圳股票、基金转托管业务时所支付的费用。此费用按户计算，每户办理转托管时需向转出方券商支付30元。

开设股票账户和资金账户的方法

1. 作为一个新入市的投资者，在进入股市进行股票交易之前，必须先申请开立上海和深圳的股东账户，开立证券账户手续在分设在各地的证券登记公司办理。在具体办理时，应注意以下办理程序：

（1）填写《上海（深圳）证券中央登记结算公司证券开户登记表》。

（2）本人亲自办理，提供本人中华人民共和国居民身份证原件和复印件或户口簿。由他人代办，还须提供代办人身份证及其复印件，和本人授权委托书。

（3）交纳一定的开户费用，个人账户每个账户50元。

2.投资者办好股东代码卡后，即可在这一家证券公司营业部办理资金账户的开户手续，资金账户开户有以下几个步骤：

（1）到证券部规定的银行开立一个活期存折（原来已开立的活期存折仍然有效），存入若干人民币作为证券部开设交易账户的保证金。

（2）带本人身份证（若委托他人代办，还必须提供代理人身份证原件及复印件，个人客户授权委托书，委托书中明确代理权限。）、证券账户卡、活期存折到证券部。

（3）与证券部签署一式二份的《代理证券交易合约》及《指定交易协议书》。

（4）证券部发给股民交易账户卡。

（5）填写《保证金转入凭证》，将一定数量的保证金从活期存折转入自己的交易账户，取回存折。

办妥这些手续之后，就可以动用保证金来炒股了。

填写股票委托单

客户在办妥股票账户与资金账户后即可进入市场买卖，客户填写的买卖证券的委托单是客户与证券商之间确定代理关系的文件，具有法律效力。委托单一般为两联，一联由证券商审核盖章确认后交付客户，一联由证券商留存据以执行。委托单的填写应注意以下几项内容：

1.证券的名称和交易代码。

2.买进或卖出，以及买进或卖出的数量。

3.买进或卖出的价格。

在股票交易当中，如果委托没有全部成交，先前的委托仍可继续进行，直到有效期结束。在委托未成交之前，当事人可以变更或撤销委托。

股票的清算

清算是指证券买卖双方在证券交易所进行的证券买卖成交之后，通过证券交易所将证券商之间证券买卖的数量和金额分别予以抵消，计算应收、应付证券和应付股金的差额的一种程序。股票清算一般步骤如下：

1.证券交易所的清算业务按"净额交收"的原则办理，即每一证券商在一个清算期中，证券交易所清算部首先要核对场内成交单有无错误，为每一证券商填写清算单。

2.对买卖价款的清算，其应收、应付价款相抵后，只计净余额。对买卖股票的清算，其同一股票应收、应付数额相抵后，也只计净余额。

3.清算工作由证券交易所组织，各证券商统一将证券交易所视为中介人来进行清算，而不是各证券商和证券商相互间进行轧抵清算。

4.交易所在价款清算时，向股票卖出者付款，向股票买入者收款；在股票清算交割时，向股票卖出者收进股票，向股票买入者付出股票。

股票交割和过户的方法

1.所谓股票交割就是卖方向买方交付股票而买方向卖方支付价款。交割分为两个程序：

（1）证券商的交割。

在办理价款交割时，依下列规定完成交割手续：

应付价款者，将交割款项如数开具划账凭证至证券交易所在银行营业部的账户，由交易所清算部送去营业部划账。

应收价款者，由交易所清算部如数开具划账凭证，送营业部办理划拨手续。

在办理证券交割时，依下列规定：

应付证券者，将应付证券如数送至交易所清算部。

应收证券者，持交易所开具的"证券交割提领单"，自行向应付证券者提领。

（2）证券商送客户买卖确认书。

证券商的出市代表在交易所成交后，通知其证券商，填写买进（卖出）确认书。

买卖报告书应记载委托人姓名、股东代号、成交日期、证券种类、股数或面额、单价、佣金、手续费、代缴税款、应收或应付金额、场内成交单号码等事项。

2.股票过户是投资人从证券市场上买到股票后，到该股票发行公司办理变更股东名簿记载的活动，是股票所有权的转移。股票有记名股票与不记名股票两种。不记名股票可以自由转让，记名股票转让必须办理过户手续。

（1）投资人在买进股票后，携带购买的股票、成交单、身份证以及印鉴到发行股票的公司办理过户。

（2）要办理过户手续的股票，必须经由原股东在股票背面过户登记的出让栏加盖印鉴，表示业已卖出的可过户股。

（3）成交单上所记载的买进委托人的名字亦应与过户股东名字相同。成交单上所记载的股票名称、数量也应同过户股票相符。

办理过户手续能保证投资者买入股票后享有股东的应有权益。过户后的股票若发生破损或遗失，只要登报声明作废，即可向发行公司申请补发。

投资基金的好处

基金是指通过发售基金份额，将众多投资者的资金集中起来，形成独立财产，由基金托管人托管，基金管理人管理，从事股票、债券、外汇、货币等金融工具投资的一种利益共享、风险共担的集合投资方式。投资基金的方式具有以下5种好处：

1.专业管理。投资人时间和专业知识有限，多数不擅长规避风险、分析上市公司，而基金的操作均是由专业熟悉的基金经理或投资顾问进行，他们具有丰富的证券投资和实战经验，信息资料齐全，分析手段先进，投资绩效比一般投资人高。

2.风险分散。与个人直接进行股票投资相比，基金实行专业的管理，分散投资于各种股票或其他证券，有效降低了风险，不会因某种或几种股票的暴跌而招致致命的损失。

3.信息透明。为了使投资人了解基金的运作情况，各国监管机构都要求基金运作的相关机构必须提供完整及时的信息披露，包括净值、投资季报、半年报、年报等，最大限度地保护投资者的权益。

4.收益率高，长期增值。基金的收益空间较高，在牛市的环境下，基金的收益可能远远高出银行储蓄存款利率。愿意长期投资的客户，特别是愿意把存款放在银行2年的客户，投资基金可能获得意想不到的收益。

5.流动性强。封闭式基金可以在证券交易所或者柜台市场上市交易，开放式基金的投资者可以直接进行赎回变现。

基金的种类

1.根据基金是否可增加或赎回分类，投资基金可分为两种：

（1）开放式基金：指基金设立后，投资者可以随时申购或赎回基金单位，基金规模不固定的投资基金。

（2）封闭式基金：指基金规模在发行前已确定，在发行完毕后的规定期限内，基金规模固定不变的投资基金。

2.根据投资对象的不同分类，投资基金可分为以下几种：

（1）股票基金是指以股票为投资对象的投资基金。

（2）债券基金是指以债券为投资对象的投资基金。

（3）货币市场基金是指以国库券、大额银行可转让存单、商业票据、公司债券等货币市场短期有价证券为投资对象的投资基金。

（4）期货基金是指以各类期货品种为主要投资对象的投资基金。

（5）期权基金是指以能分配股利的股票期权为投资对象的投资基金。

（6）指数基金是指以某种证券市场的价格指数为投资对象的投资基金。

（7）认股权证基金是指以认股权证为投资对象的投资基金。

投资基金应遵循的法则和注意事项

基金以大众化、低风险、高收益的特点成为大多数人的理财首选。怎样才能让基金投资获得最大收益呢？

1.投资基金应遵循如下法则：

（1）量入为出，根据自身经济情况确定资金投入比例。投资人投资股票型基金的资金最好占全部存款的80%。

（2）明确基金具有一定投资风险，确定自己的风险承受能力。

（3）确定资金使用的期限，坚持长期投资的理念。投资人根据经济周期、生活情况变化等因素应坚持定期检查组合的收益情况。

（4）设定自身的投资目标和赎回标准。

（5）养成定期投资的习惯。在高位震荡的股市里，选择定期定投是取得较好收益的一个重要法宝。

2.投资基金像购买商品一样，也要挑选有品牌的公司。挑选基金公司需要注意以下事项：

（1）注意看公司的整体业绩。在选择基金前，基民需要了解基金公司的行业地位、整体业绩和资产规模，一两年的短期成绩难以说明问题，长期业绩才能反映基金公司的真正实力。

（2）注意看基金公司的团队稳定性。基金业绩主要依赖于基金公司的投资团队能力，稳定的投资团队是投资人选择基金的重要考察指标。

（3）注意看基金公司的品牌。投资人可以通过基民间的相传获得感性认识，也可以参考国内外著名评级机构的评测结果和主要证券媒体的评选结果。

（4）注意看基金公司操作风格。每家基金公司的投资风格各有差异，有些基金公司强调分散布局，涨势或跌幅都比较温和；有些基金公司强调超额利润、贴近大盘的操作方式。

3. 如何从种类繁多的基金中选择适合自己的基金，就必须从以下几方面考虑，权衡做出选择：

（1）风险和收益。投资人在期望获取高收益时首先要权衡自己的风险承受能力。风险承受度低、投资在收入中所占比重较大的投资人适合选择货币市场基金；风险承受能力稍强的投资人可以选择债券基金。承受风险能力较强且希望有更好收益的投资人可以选择指数增强型基金。有很好的风险承受能力的投资人最好选择偏股型基金。

（2）投资人年龄。年轻人家庭负担轻，收入大于支出，风险承受能力较高，偏股型基金是不错的选择；中年人生活和收入较稳定，但家庭责任比较重，风险承受能力处于中等，可以尝试多种基金组合；老年人收入来源单一，风险承受能力比较小，适合选择平衡型基金或债券型基金。

（3）投资期限。5年以上的长期投资，可以投资股票型基金，既抵御短期风险，又可获得长期增值；2～5年的中期投资，除了股票型基金，还要加入债券型或平衡型基金；2年以下的短期投资，重点选择在债券型基金、货币市场基金。

买开放式基金应注意事项

购买开放式基金应注意以下问题：

1. 切忌急功近利，树立长期投资的理念。开放式基金不是股票，不会有短期暴利。频繁申购和赎回会提高成本，减少收益。

2. 选择经营能力强、投资收益高的基金公司。

3. 妥善保管好基金交易信息。基金交易信息是基金资金账户和交易账户的载体，记录着客户基金交易资金及数量。

4. 及时获取开放式基金的信息。投资人购买基金后，应查看证券类报刊、登录基金公司、代理银行的网站和拨打基金公司、银行服务热线电话，及时掌握基金单位的净值和报告，保证投资获得收益。

5.根据自身经济情况和投资目标决定分红方式。投资人看好某基金，可以考虑选择红利再投；投资人需要现金收益应选择现金分红。

购买彩票的注意事项

买彩票与投资是两回事，买彩票应注意以下几个问题：

1.购买彩票前须了解彩票的游戏规则。游戏规则都是经国家财政部门批准的，购买了彩票就等于认同了游戏规则。

2.要抱有平常心态。彩票是机会游戏，不能等同于投资，中大奖永远只属于极少数人。中了奖，是意外之喜，而没中奖，也是对社会公益事业的奉献。

3.量力而行。虽然"机会只属于参与者"，但彩民应根据自己的经济状况量力购彩，对多数彩民而言，应尽可能用零花钱，花不多的钱购买彩票，而且贵在参与，贵在坚持。

4.不要相互攀比，不要借款购彩。购买彩票是一项有益的娱乐活动，彩民之间切不可相互攀比或因此借款购彩。

5.善于交流。彩民购彩票过程中要善于结交朋友，相互沟通交流，从而得到购买彩票的经验以及享受快乐。

6.莫忘兑奖。要防止遗失、遗忘、被盗。不同玩法兑奖期是不同的，过了兑奖期，你的利益就无法保障，这也是福利彩票中心所不希望的。

提高彩票中奖率的技巧

彩民都想以最小的代价取得最大的收益，以下介绍几个提高中奖率的技巧：

1.找内在联系。观察前两期中奖号码，找出各位置上数字的内在联系，如重号、奇偶对比、冷热号码等，注意上下期每个数字间的数量关系。同时注意高频数的出现呈周期性，由于一个周期大概是4期左右，而对高频数选号的最佳时期就在每一个周期中间。

2.定期定量买彩。每隔一段时间买一定量的彩票，放长线钓大鱼。

3.分期资金投注。将资金分成两部分，一是防御型部分，用以保本，可以购买债券、有奖储蓄等；二是进取型部分，用来购买风险较大、收益较高的彩票。各部分在投注总额中所占比例，可根据目标确定。

4.守株待兔。这是在信息不灵、屡搏屡败的情况下不得已采取的方法，看好一组号，再以其为基础做些改动，形成一组投注号码。

5.合股购彩。聚集一批彩友，在预测的范围内集中购买，统一分配，中奖几率显著提高。

自选彩票号码的方法

由于中500万大奖者多数用自选号码，因而自选彩票号码深受绝大多数尤其是长期买彩票者欢迎。自选彩票号码也是技术型老彩民惯用的方法。

自选的优点是能有选择性地设计投注号码，并可以在投注前反复推敲和不断修改。缺点是有些资料上介绍的选号法太多，而让人无所适从，加上人为因素考虑太多，到最后费尽心思反而写不出有水准的号码。其实，说是自选，主要是由自己选择号码，其次也参考彩友的意见，最后依据自行确定的号码去投注。

简单地说，自选彩票号码的方法有：

（1）人工数据分析法。

根据每一期彩票的号码特点，进行统计、数表分析，预测下一期彩票的中奖号码。选择自选方法投注的彩民，一般都热衷于研究中奖号码的走势。所谓走势，包罗万象，主要为中奖号码的重号、边号、连号、同尾数号、对望号等现象，以及中奖号码的奇偶比、区间比、大小比和AC值等指数。

（2）工具选号。

就是利用各种辅助工具来设计投注号码，而在具体投注的时候，可以适当运用一些策略，降低投机风险，提高中奖机会。

（3）软件选号。

市场上有些专门设计彩票号码的软件，理论上讲电脑设计的数字中奖率要高些，但由于设计软件者的水平不等，其软件的质量就有优劣之分，精通彩票软件的人不多，因而用此法的人较少。

投资家庭财产保险

投资型家庭财产保险产品是新兴的稳健型投资理财产品，最大特点是既有保障功能又有投资理财功能。消费者应注意以下问题：

1.注意为哪些财产投保财产险。既要看自身的保险需求，也要结合保险公司的要求。保险公司对可承保的财产和不保的财产都有明确的规定。

2.注意家庭财产险的保险责任。一般的家庭财产综合险只承担自然灾害和意外事故造成的损失，如果财产被偷，不是财产综合险的责任范围，所以投保人最好给财产投"保盗窃附加险"。投保人还需要了解除外责任、赔付比例、赔付原则、保险期限、交费方式、附加险种等内容，明确未来所能得到的保障。

3.注意及时按约定交保险费，妥善保存保险单。如果投保人没有遵照约定交费，保险公司可以不承担赔付责任。财产一旦出险，投保人应在积极抢救的同时保护好现场，及时向公安、消防等部门报案，向他们索取事故证明，向保险公司提供保险单、事故证明等必要单证。

4.投资家庭财产保险产品到期后，保险公司会提前同消费者电话联系，在确定收款账号没有更改的前提下，将本金和收益一次性汇入消费者指定的存折或信用卡账户。如果产品到期前，消费者指定账户或联系电话发生了变化，应及时通知保险公司。

第六篇

法 制 生 活

正规的劳动合同是维权的凭证

劳动合同是劳动者与用人单位确立劳动关系、明确双方权利和义务的协议。

打工者则可以依据劳动合同，避免自己的劳动权益遭受不法侵犯。

当用人单位与打工者发生纠纷时，劳动合同就成为处理双方争议的重要法律文件。

如果不签订劳动合同，一旦发生劳动争议，吃亏最大的往往是打工者本人。

《劳动法》规定：用人单位应当依法建立和完善规章制度，保障劳动者享有劳动权利和履行劳动义务。用人单位在与劳动者建立劳动关系时，必须签订劳动合同，并就合同的内容进行了详细的规定和说明。

因此，打工者如愿意到用人单位工作，不管是国有企业还是私人企业，都要签订正规的《劳动合同》。

签订劳动合同时应注意的要点

合同一旦签订即产生法律效应，所以签订劳动合同千万不能草率行事。签订劳动合同时应注意以下几个要点：

1. 如果对聘用自己的用人单位一点都不了解的话，就不要贸然与其签订劳动合同。

2. 为避免签订的合同不合法律、法规，成为无效合同。打工者在决定跨入某一行业之前，最好能对该行业相关的法律、法规进行一定的了解，特别是要认真研读《劳动法》的相关条款。

3. 当拿到一份劳动合同时，把不理解的或含糊不清的内容都弄清楚以后，再决定是否签订这份合同。

签订劳动合同时用人单位不能要求抵押物

如果在签订劳动合同时，用人单位要求抵押财物，如身份证、押金等，打工者有权拒绝。这不仅侵犯劳动者利益，而且是一种不合法的行为。

根据《劳动合同法》的规定，用人单位扣押劳动者居民身份证等证件的，由劳动行政部门责令限期退还劳动者本人，并依照有关规定给予处罚；用人单位以担保或者其他名义向劳动者收取财物的，由劳动行政部门责令限期退还劳动者本人，并以每人500元以上2000元以下的标准处以罚款；给劳动者造成损害的，应当承担赔偿责任。

用人单位必须签订劳动合同

许多打工者有一份工作，有了合适的工资就很满足了，至于签订劳动合同就是无所谓的事。用人单位提出签合同，他们就签，用人单位不提，他们也不提。

这是一种错误的思想，如果不签劳动合同，一旦遇到黑心老板，发生劳动争议，打工者就会空口无凭，也只能吃"哑巴亏"。

根据《劳动法》的规定，劳动者与用人单位建立劳动关系应当订立劳动合同，以明确双方的权利和义务。这说明，劳动者一旦被用人单位录用，双方就应当签订劳动合同，因为这时劳动者与用人单位之间已经建立了劳动关系。

试用期也需要签订劳动合同

试用期是用人单位和劳动者为了便于相互了解和选择，而约定的一定期限的考察期。虽然在试用期间，用人单位与劳动者的关系在一定程度上是不确定的。但是，"不确定"不代表不存在。所以，试用期也应当签订试用期劳动合同。

如果一开始就签订正式的劳动合同，可以在合同中约定试用期，也可以不约定。

一些用人单位为了避免与劳动者订立劳动合同，往往在招用劳动者时与劳动者签订一个单独的试用合同，在试用期合同期满后再决定是否正式聘用该劳动者。其目的往往是为了规避法律，在试用期使用廉价劳动力，方便解除劳动合同。

而《劳动合同法》规定：劳动合同仅约定试用期的，试用期不成立，该期限为劳动合同期限。

短期工也需要签订劳动合同

对于短期工来说，用人单位也必须与劳动者签订劳动合同，并尽量签订书面劳动合同。

只要单位对劳动者有管理行为，包括：统一规定上下班，并遵守单位的规章制度等要求，就要签订劳动合同，如果想回避签订劳动合同，可以采用劳务派遣的形式，劳动派遣形式下，劳动者的劳动合同与派遣公司签订，劳动者与用工单位只存在劳务关系，而不存在劳动关系。

未签订劳动合同的处理办法

如果用人单位没有与劳动者签订劳动合同，劳动者应当主动提出签订劳动合同的要求。

1.直接向用人单位提出签订劳动合同的要求。

2.如果用人单位有工会组织，劳动者也可以向工会反映情况，请工会出面向用人单位提出要求。

3.如果用人单位执意不肯签订劳动合同，劳动者可以向用人单位所在地区的劳动行政部门反映情况，由劳动行政部门督促用人单位与劳动者签订劳动合同。

《劳动合同》的必备条款

1.生效时间。

劳动合同具有法律约束力的生效时间，一般为劳动合同双方的签字时间，其终止时间为合同期限届满或当事人双方约定的终止条件出现的时间。

2.工作内容。

工作内容是用人单位使用劳动者的目的，也是劳动者通过自己的劳动取得劳动报酬的原因。它主要包括劳动者的工作岗位，以及该岗位应完成的生产任务、工作地点。

3.劳动保护和劳动条件。

劳动保护条件是指用人单位为了防止劳动过程中的事故，减少职业病害、保障劳动者生命安全和健康而采取的各种措施。

劳动条件是指用人单位为使劳动者顺利完成劳动合同约定的工作任务，为劳动者提供的必要的物质和技术条件。

4.劳动报酬。

劳动交换关系的表现就是劳动和货币的交换，因此，劳动合同必须明确劳动者的工资、奖金和津贴的数额和计发办法。

5.劳动纪律。

它是每个劳动者按照规定的时间、质量、程序和方法完成自己所承担的生产任务的行为规则。主要包括用人单位的规章制度和员工守则及其执行程序等。

6.劳动合同终止的条件。

除了期限以外其他由当事人约定的特定法律事实。这些事实一出现，双方当事人间的权利义务关系终止。

7. 违反劳动合同的责任。

为了保证劳动合同的履行，必须在劳动合同中约定有关违反劳动合同的责任条款，包括在一方当事人不履行或不完全履行劳动合同以及违反法定和约定条件解除劳动合同应承担的法律责任。

《劳动合同》中还可约定的条款

劳动合同的内容除以上必备条款外，劳动者与用人单位还可以在法律、法规允许的范围内，协商约定其他内容作为劳动合同的约定条款，如试用期限。

试用期包含在劳动合同期限内。劳动合同仅约定试用期的，试用期不成立，该期限为劳动合同期限。

在试用期中，除劳动者有《劳动合同法》第三十九条和第四十条第一项、第二项规定的情形外，用人单位不得解除劳动合同。

用人单位在试用期解除劳动合同的，应当向劳动者说明理由。

此外，还可就商业秘密的保护和补充保险、福利待遇等进行约定。

劳动合同期限的几种分类

劳动合同的期限，是指用人单位和劳动者约定产生劳动关系的时间，即劳动合同起始至终止的时间。

劳动者按照约定的劳动期限向用人单位提供劳动，用人单位按照约定在劳动合同的期限内给劳动者支付相关劳动报酬和相关福利待遇。

劳动合同期限通常分为3种：

1. 有固定期限劳动合同。指在订立劳动合同时，双方即明确约定了工作期限的劳动合同。

2. 无同定期限的劳动合同。指双方在劳动合同中，没有约定工作终止日期的劳动合同。通常来说，这种无固定期限的劳动合同，只要不出现约定的终止条件或法律规定的解除条件，用人单位一般不能解除或终止劳动者与用人单位的劳动关系。其劳动合同的终止日期可一直存续到劳动者的法定退休年龄。

3. 以完成一定工作为期限的劳动合同。这通常是一种以限定完成某种劳动项目、工作任务的劳动合同。一旦劳动项目或工作任务完成，该劳动合同自行终止。

合同期限，应由双方协商约定，用人单位不能强行设置劳动合同的期限。

订立无固定期限劳动合同的情况

订立无固定期限劳动合同有两种情形：

1. 用人单位与劳动者协商一致，可以订立无固定期限劳动合同。

订立劳动合同应当遵循平等自愿、协商一致的原则。只要用人单位与劳动者协商一致，没有采取胁迫、欺诈、隐瞒事实等非法手段，符合法律的有关规定，就可以订立无固定期限劳动合同。

2. 在法律规定的情形出现时，劳动者提出或者同意续订劳动合同的，应当订立无固定期限劳动合同。

只要出现以下几种情形，在劳动者主动提出续订劳动合同或者用人单位提出续订劳动合同，劳动者同意的情况下，就应当订立无固定期限劳动合同。

（1）劳动者已在该用人单位连续工作满十年的。

如有的劳动者在用人单位工作五年后，离职到别的单位去工作了两年，然后又回到了这个用人单位工作五年。虽然累计时间达到了十年，但是劳动合同期限有间断，就不符合在"该用人单位连续工作满十年"的条件。

劳动者工作时间不足十年的，即使提出订立无固定期限劳动合同，用人单位也有权不接受。

（2）合同的形式。

对于已在该用人单位连续工作满十年并且距法定退休年龄不足十年的劳动者，在订立劳动合同时，允许劳动者提出签订无固定期限劳动合同。如果一个劳动者已在该用人单位满十年，但距离法定退休年龄超过十年，则不属于本项规定的情形。

（3）续订劳动合同。

连续订立二次固定期限劳动合同，且劳动者没有用人单位可以解除劳动合同的情形下，如果用人单位与劳动者签订了一次固定期限劳动合同，在签订第二次固定期限劳动合同时，就意味着下一次必须签订无固定期限劳动合同。

试用期期限及待遇的规定

1.试用期期限。

劳动合同期限三个月以上不满一年的，试用期不得超过一个月。

劳动合同期限一年以上不满三年的，试用期不得超过两个月。

三年以上固定期限和无固定期限的劳动合同，试用期不得超过六个月。

同一用人单位与同一劳动者只能约定一次试用期。

以完成一定工作任务为期限的劳动合同或者劳动合同期限不满三个月的，不得约定试用期。

2.试用期待遇。

劳动者在试用期的工资不得低于本单位相同岗位最低档工资或者劳动合同约定工资的百分之八十，并不得低于用人单位所在地的最低工资标准。

可以拒绝签订劳动合同的情形

目前仍有不少打工者的法律意识比较薄弱，面对劳动合同总是盲目签字，一些合同条款不完备，或存在一些霸王条款，没能及时发现，导致自身利益被侵害。

如果用人单位提出侵害劳动者合法权益的违约责任条款，劳动者可以拒绝签订劳动合同。即使劳动者在劳动合同上签了字，也不说明愿意承担该项责任，发生劳动争议时，这种条款应被视为无效。

在当前实践中，有个别用人单位在劳动合同中规定，劳动者上班迟到，除了按规定扣发奖金外，还必须无偿为用人单位加班，这侵害了劳动者的休息权。还有些用人单位在劳动合同中规定劳动者提前终止合同须交纳巨额赔偿金，其金额甚至超过了劳动者全部劳动报酬的总和。这些条款都是无效的，应予以纠正。

总之，在规定违约责任时，双方当事人必须处于平等的主体地位。尤其是不得侵犯劳动者的合法权益。

因此，在签订合同时，一定要认真阅读合同内容，确定没有疑问后再签字，避免掉进劳动合同的陷阱。

劳动合同中常见的陷阱

1. 与非企业法人代表或授权委托人签订的合同。这类合同属于无效合同，不受法律的保护。

2. "押金合同"。用人单位以各种名目向劳动者收取风险基金、保证金、抵押金等，如果劳动者在合同期内离职，这笔钱通常都要不回来。

3. "生死合同"。有些如采矿、司机、高空作业等高风险工作，用人单位为了逃避责任，利用从业人员急于就业的心理，常常自行拟定劳动合同，并在其中加上"伤亡自理"或"死亡概不负责"的条款。

这一条款严重违反《劳动法》和《劳动合同法》，是一种无效合同，不受法律的保护，这样的合同不要签。

4. "备份合同"。有些用人单位为了逃避有关部门的检查，私下准备了至少2份合同，一份假合同，完全按照有关部门的要求签订，但实际上并不按此合同来执行，真正执行的却是另外一份合同。

在这种情况下，打工者一定要收藏好自己亲笔签订的劳动合同，作为日后维权的依据。

5.暗箱合同。有些企业与劳动者签订合同时，多采用已经写好了条款的格式合同，根本不与劳动者协商，不向劳动者讲明合同内容。在合同中，只从企业的利益出发规定用工单位的权利和劳动者的义务，而很少或者根本不规定用工单位的义务和劳动者权利。

6.卖身合同。一些用人单位与劳动者在合同中约定，劳动者一切行动听从用人单位安排。一旦签订合同，劳动者就如同卖身一样完全失去行动自由。在工作中，加班加点，被强迫劳动，有的单位连吃饭、穿衣、上厕所都规定了严格的时间，剥夺了劳动者的休息权、休假权，甚至任意侮辱、体罚、殴打和拘禁劳动者。

7.待遇不明确的合同。合同中没有明确农民工朋友享有的权益，只是口头说说而已。这种情况下，如果发生劳动纠纷，劳动监察机构很难取证，对打工者很不利。

8.合同后面附加有不合理内容的合同。

履行劳动合同规定

在履行劳动合同的实践中，常常会发生不能全面履行的情形。比如，劳动合同中规定，用人单位安排职工加班应当支付加班费，但企业却以调休的方式巧妙地逃避掉支付职工加班工资；再比如，劳动合同中约定服务期五年，有些劳动者仅干满三年就"跳槽"。如果用人单位或者劳动者不能全面履行劳动合同中确立的义务，劳动者或者用人单位就无法全面享受劳动合同确立的权利，就不能满足各自的要求，就失去了订立劳动合同的意义。

因而，《劳动合同法》在第二十九条规定："用人单位与劳动者应当按照劳动合同的约定，全面履行各自的义务。"根据本条的规定，劳动合同的履行，应当遵守全面履行的原则。所谓全面履行，就是合同双方对约定由自己承担的义务，都应当按照约定不折不扣地履行，而不能只履行其中一部分，不履行其中的另一部分。

1. 劳动合同的签订，标志着打工者与用人单位之间劳动关系的确立。

2. 用人单位变更名称、法定代表人、主要负责人或者投资人等事项，不影响劳动合同的履行。

3. 用人单位发生合并或者分立等情况，原劳动合同继续有效，劳动合同由承继其权利和义务的用人单位继续履行。

4. 在合同履行的过程中，用人单位与劳动者协商一致，可以变更劳动合同约定的内容。如果要结束这种劳动关系，可以通过解除或者终止劳动合同这两条途径来完成。

劳动合同的变更应该遵循的原则

劳动合同的变更是指在劳动合同开始履行但尚未完全履行之前，因订立劳动合同的主客观条件发生了变化，当事人依照法律规定的条件和程序，对原合同中的某些条款修改、补充的法律行为。

劳动合同的变更应遵循以下两个原则：

1. 平等自愿、协商一致的原则。

劳动合同的变更涉及双方权利义务的变化，因此，双方必须遵循平等自愿，协商一致的原则就变更的事项进行协商，直至形成一致的意见。一方当事人擅自将合同内容加以变更，强迫对方履行，这种行为是违反劳动法的，对方有权拒绝，并有权追究该方当事人的法律责任。但符合法律规定的一方变更情况除外。

2. 合法的原则。

劳动合同的变更要合法，否则不受法律保护。一般来说，变更只是对部分合同条款进行修改，增加或取消劳动合同变更后，未变更的部分仍然有效，应当继续履行。

劳动者可以解除劳动合同的情形

1.如果用人单位有以下情形之一的，劳动者可以提前30日以书面形式通知用人单位，与用人单位协商一致，解除劳动合同。如果单位不同意，在劳动者以书面形式通知用人单位30日后，也可以解除劳动合同。

（1）未按照劳动合同约定提供劳动保护或者劳动条件的。

（2）未及时足额支付劳动报酬的。

（3）未依法为劳动者缴纳社会保险费的。

（4）用人单位的规章制度违反法律、法规的规定，损害劳动者权益的。

2.有下列情形之一的，劳动者可以随时通知用人单位解除劳动合同：

（1）在试用期内的。

（2）用人单位以暴力、威胁或者非法限制人身自由的手段强迫劳动的。

（3）用人单位未按照劳动合同约定支付劳动报酬或者提供劳动条件的。

（4）用人单位违章指派、强令冒险作业危及劳动者人身安全的。

用人单位可以解除劳动合同的情形

1.劳动者有下列情形之一的，用人单位可以解除劳动合同：

（1）在试用期间被证明不符合录用条件的。

（2）严重违反劳动纪律或者用人单位规章制度的。

（3）严重失职，营私舞弊，对用人单位利益造成重大损害的。

（4）劳动者同时与其他用人单位建立劳动关系，对完成本单位的工作任务造成严重影响，或者经用人单位提出，拒不改正的。

（5）被依法追究刑事责任的。

2.有下列情形之一的，用人单位可以解除劳动合同，但是应当提前30

日以书面形式通知劳动者本人：

（1）劳动者患病或者非因工负伤，医疗期满后，不能从事原工作也不能从事由用人单位另行安排的工作的。

（2）劳动者不能胜任工作，经过培训或者调整工作岗位，仍不能胜任工作的。

（3）劳动合同订立时所依据的客观情况发生重大变化，致使原劳动合同无法履行，经当事人协商不能就变更劳动合同达成协议的。

用人单位不得解除劳动合同的情形

劳动者有下列情形之一的，用人单位不得解除劳动合同：

1. 从事接触职业病危害作业的劳动者未进行离岗前职业健康检查，或者疑似职业病病人在诊断或者医学观察期间的。

2. 患职业病或者因工负伤并被确认丧失或者部分丧失劳动能力的。

3. 患病或者负伤，在规定的医疗期内的。

4. 女职工在孕期、产期、哺乳期内的。

5. 在本单位连续工作满15年，离退休年龄不足5年的。

6. 法律、行政法规规定的其他情形。

可以终止劳动合同的情形

劳动合同终止的情形有：

1. 劳动合同期满的。

2. 劳动者开始依法享受基本养老保险待遇的。

3. 劳动者死亡，或者被人民法院宣告死亡或者宣告失踪的。

4. 用人单位被依法宣告破产的。

5. 用人单位被吊销营业执照、责令关闭、撤销或者用人单位决定提前解散的。

6.法律、行政法规规定的其他情形。

劳动合同终止后，原用人单位和劳动者之间存在的劳动关系也不再存在，双方劳动合同中的权利义务也随之消失。

要警惕无效的劳动合同

劳动部《关于贯彻执行〈中华人民共和国劳动法〉若干问题的意见》规定，用人单位与劳动者签订劳动合同时，劳动合同可以由用人单位拟定，也可以由双方当事人共同拟定，但劳动合同必须经双方当事人协商一致后才能签订，职工被迫签订的劳动合同或未经协商一致签订的劳动合同为无效劳动合同。

因此，并不是所有劳动合同只要双方签了字就是有效的。打工者不仅要重视签订劳动合同，也要有能力鉴别劳动合同是否有效。

《劳动法》第18条规定："无效的劳动合同，从订立的时候起，就没有法律约束力。确认劳动合同部分无效的，如果不影响其余部分的效力，其余部分仍然有效。"

对于部分无效的劳动合同，在确认该部分无效时，还应明确其余部分仍然有效，当事人对于有效部分仍有履行义务。

可以判定为无效劳动合同的情形

常见的无效合同有以下情形：

1.内容违反法律、行政法规的劳动合同。如约定试用期超过6个月，不购买社会保险等。

2.采用胁迫、乘人之危的手段，以损害生命、健康、荣誉、名誉、财产等强迫对方签订的劳动合同。如合同期满后强迫续订劳动合同。

3.采用欺诈的手段，故意隐瞒事实，使对方在违背真实意思的情况下订立的合同。如虚假承诺优厚的工作条件。

4.订立程序形式不合法的劳动合同。如双方当事人未经协商，或者未经批准采取特殊工时制度等。

5.违反劳动安全保护制度。如约定劳动者自行负责工伤、职业病，免除用人单位的法律责任等。

6.违反规定收取各种费用的劳动合同。如强制收取培训费、保证金、抵押金、风险金、股金等。

7.主体不合格的劳动合同。如招用童工、冒名顶替签订合同等。

8.侵犯婚姻权利的劳动合同。如规定合同期内职工不准恋爱、结婚、生育。

9.侵犯健康权利的劳动合同。如约定工作时间超过法律规定，损害劳动者正常休息休假。

10.侵犯报酬权利的劳动合同。如加班不支付加班工资，工资低于最低工资标准等。

11.侵犯自主择业权利的劳动合同。如设定巨额违约金限制职工流动。

因用人单位导致签订无效劳动合同的赔偿方法

由于用人单位的原因订立了无效合同，或者订立了部分无效的劳动合同，对劳动者造成损害时，劳动者可以解除劳动合同，用人单位应区分情况按以下办法赔偿：

1.造成劳动者工资收入损失的，按劳动者本人应得工资收入支付给劳动者，并加付应得工资收入25%的赔偿费用。

2.造成劳动者劳动保护待遇损失的，应按国家规定补足劳动者的劳动保护津贴和用品。

3.造成劳动者工伤、医疗待遇损失的，除按国家规定为劳动者提供工伤医疗待遇外，还应支付劳动者相当于医疗费用25%的赔偿费用。

4.造成女职工或未成年工身体健康损害的，除按国家规定提供治疗期间的医疗和待遇外，还应支付相当于其医疗费用25%的赔偿费用。

5.劳动合同约定的其他赔偿费用。

劳动者原因签订无效劳动合同的赔偿方法

如果是由于劳动者的原因造成劳动合同无效的，用人单位可以直接解除劳动合同，无须支付经济补偿。给用人单位造成损失的，劳动者应当承担对用人单位的生产、经营和工作造成的直接经济损失。

劳动合同是否无效，是全部无效还是部分无效以及由哪一方当事人承担过错责任、承担何种责任，均由仲裁委和人民法院确认和决定。

农民工违反劳动合同。给用人单位造成损失，应给予赔偿。

劳动者违反《劳动法》的有关规定或劳动合同的约定解除劳动合同，对用人单位造成损失的，农民工应赔偿用人单位下列损失：

1.用人单位招收录用其所支付的费用。

2.用人单位为其支付的培训费用，双方另有约定的按规定办理。

3.对用人单位生产、经营和工作造成的直接经济损失。

4.劳动合同约定的其他赔偿费用。

合同期内换工作的注意事项

1.在履行合同的过程中，打工者应尽职尽责地完成自己的工作任务。想换工作，最好等到合同期满后。

2.一个人勉强干一份自己并不喜欢的工作，那么他的事业也无发达的可能，劳动者想要换份更好的工作也无可厚非。人才流动是国家政策允许的，你完全可以通过法定程序解除聘任合同。只是不要忘了自己的工作责任，更不要不辞而别。

3.如果非要在合同期内辞职也要提前30天以书面形式通知用人单位。

4.在合同期内跳槽时，只有专项培训和竞业限制的两种情况，用人单位才能和劳动者约定由劳动者承担违约金。在实践中很多用人单位动辄在劳动合同中对劳动者约定高额违约金，以此来限制住劳动者，而不是通过适当的待遇和和谐的劳动关系留住劳动者。因此，劳动合同法规定："除本法第二十二条和第二十三条规定的情形外，用人单位不得与劳动者约定由劳动者承担的违约金"。

5.可以找领导坦诚地谈谈自己的想法。同时对领导所给予的目前这份工作和对你工作上的帮助表示真诚的感谢，让他们感到你是真正尊重他们。相信大多数领导都有同情心和宽容心，能心平气和地和你解除劳动合同，放你走。

6.找一些在本单位举足轻重的人物帮你，让他们在你的领导面前"吹吹风"，委婉地提醒领导，你去意已决，俗话说："强扭的瓜不甜"，即便你勉强留下来，对以后的工作开展也无益。相信你的领导得到这些信息之后也会在心里权衡利弊的。

7.道歉。因为提前解除劳动合同的是你，你应该向领导和单位道歉，要发自内心。这样，一般领导都会产生一种包容心，你就能实现"跳槽"的目的了。

劳动者违反规定解除劳动合同应承担责任

如果劳动者违反规定或劳动合同的约定解除劳动合同，对用人单位造成损失的，劳动者应赔偿相应的损失。一般有以下几种赔偿项目：

1.用人单位招收录用其所支付的费用。

2.用人单位为其支付的培训费，双方另有约定的按约定办理。

3.对生产、经营和工作造成的直接经济损失。

4.劳动合同约定的其他赔偿费用。

用人单位违反规定解除劳动合同也应承担责任

如果用人单位违反了劳动合同约定，给打工者造成损失时，打工者也有权通过合法途径究其责任，得到一定的经济补偿金。如以下情况：

1. 由于用人单位的原因，造成劳动合同无效。

2. 用人单位要解除劳动合同，但没有提前通知的。

3. 用人单位克扣或者无故拖欠劳动者工资的，以及拒不支付劳动者延长工作时间工资报酬的。

4. 用人单位支付劳动者的工资报酬低于当地最低工资标准的。

在未签订劳动合同的情况下，视为劳动关系成立的情形

如果劳动者被用人单位聘用时没有订立书面劳动合同，双方是不是就不存在权利与义务了呢？

当然不是，如果劳动者被用人单位聘用时没有订立书面劳动合同，只要劳动关系成立，双方也应当承担相应的责任、享受应有的权利。

1. 用人单位和劳动者符合法律、法规规定的主体资格。

2. 用人单位依法制定的各项规章制度适用于劳动者，劳动者受用人单位的劳动管理，从事用人单位安排的有报酬的劳动。

3. 劳动者提供的劳动是用人单位业务的组成部分。

劳动者与用人单位就是否存在劳动关系引发争议的，可以向有管辖权的劳动争议仲裁委员会申请仲裁。

有关工资标准的规定

1. 《劳动法》有关规定。

第三十五条 依法签订的集体合同对企业和企业全体职工具有约束

力。职工个人与企业订立的劳动合同中劳动条件和劳动报酬等标准不得低于集体合同的规定。

第四十八条　国家实行最低工资保障制度。最低工资的具体标准由省、自治区、直辖市人民政府规定，报国务院备案。

用人单位支付劳动者的工资不得低于当地最低工资标准。

第四十九条　确定和调整最低工资标准应当综合参考下列因素：

（一）劳动者本人及平均赡养人口的最低生活费用。

（二）社会平均工资水平。

（三）劳动生产率。

（四）就业状况。

（五）地区之间经济发展水平的差异。

2.《劳动合同法》有关规定。

第十一条　用人单位未在用工的同时订立书面劳动合同，与劳动者约定的劳动报酬不明确的，新招用的劳动者的劳动报酬按照集体合同规定的标准执行；没有集体合同或者集体合同未规定的，实行同工同酬。

第十八条　劳动合同对劳动报酬和劳动条件等标准约定不明确，引发争议的，用人单位与劳动者可以重新协商；协商不成的，适用集体合同规定；没有集体合同或者集体合同未规定劳动报酬的，实行同工同酬；没有集体合同或者集体合同未规定劳动条件等标准的，适用国家有关规定。

第二十条　劳动者在试用期的工资不得低于本单位相同岗位最低档工资或者劳动合同约定工资的百分之八十，并不得低于用人单位所在地的最低工资标准。

第二十八条　劳动合同被确认无效，劳动者已付出劳动的，用人单位应当向劳动者支付劳动报酬。劳动报酬的数额，参照本单位相同或者相近岗位劳动者的劳动报酬确定。

第五十五条　集体合同中劳动报酬和劳动条件等标准不得低于当地人民政府规定的最低标准；用人单位与劳动者订立的劳动合同中劳动报酬和劳动条件等标准不得低于集体合同规定的标准。

第六十三条　被派遣劳动者享有与用工单位的劳动者同工同酬的权利。用工单位无同类岗位劳动者的，参照用工单位所在地相同或者相近岗位劳动者的劳动报酬确定。

3.《劳动合同法实施条例》有关规定。

第十四条　劳动合同履行地与用人单位注册地不一致的，有关劳动者的最低工资标准、劳动保护、劳动条件、职业危害防护和本地区上年度职工月平均工资标准等事项，按照劳动合同履行地的有关规定执行；用人单位注册地的有关标准高于劳动合同履行地的有关标准，且用人单位与劳动者约定按照用人单位注册地的有关规定执行的，从其约定。

第十五条　劳动者在试用期的工资不得低于本单位相同岗位最低档工资的80%或者不得低于劳动合同约定工资的80%，并不得低于用人单位所在地的最低工资标准。

4.在劳动者提供正常劳动的情况下，用人单位应支付给劳动者的工资在剔除下列各项以后，不得低于当地最低工资标准：

（1）延长工作时间工资。

（2）中班、夜班、高温、低温、井下、有毒有害等特殊工作环境、条件下的津贴。

（3）法律、法规和国家规定的劳动者福利待遇等。

实行计件工资或提成工资等工资形式的用人单位，在科学合理的劳动定额基础上，其支付劳动者的工资不得低于相应的最低工资标准。

有关最低工资标准的规定

最低工资标准是一条强制性劳动标准，除法律规定的例外情况外，用人单位必须执行最低工资标准。为了更好地执行最低工资标准，国家对特殊情况下最低工资保障制度的执行也做了明确的规定：

1.在劳动合同中，双方当事人约定的劳动者在未完成劳动定额或承包任务的情况下，用人单位可低于最低工资标准支付劳动者工资的条款不具有法律效力。

2. 劳动者与用人单位形成或建立劳动关系后，试用、熟悉、见习期间，在法定工作时间内提供了正常劳动，其所在的用人单位应当支付其不低于最低工资标准的工资。

3. 因劳动者本人原因，给用人单位造成经济损失的，用人单位可按照劳动合同的约定，要求其赔偿经济损失。经济损失的赔偿，可从劳动者本人的工资中扣除，但每月扣除的部分不得超过劳动者当月工资的20%。若扣除后的剩余工资部分低于当地最低工资标准的，则按照最低工资标准支付。

4. 劳动者由于本人原因造成在法定工作时间内未提供正常劳动的，用人单位可以低于最低工资标准支付工资。

5. 职工患病或非因工负伤治疗期间，在规定的医疗期内由企业按照有关规定支付其病假工资或疾病救济费，病假工资或疾病救济费可以低于当地最低工资标准支付，但是不能低于最低工资标准的80%。

有关工资支付的相关规定

《劳动法》及《工资支付暂行规定》对用人单位支付工资的行为作出了具体规定：

1. 工资应当以法定货币支付，不得以实物及有价证券代替货币支付。我国用于流通的法定货币是人民币。

2. 用人单位应将工资支付给劳动者本人。本人因故不能领取工资时，可委托他人代领。

3. 用人单位可直接支付工资，也可委托银行代发工资。

4. 工资必须在用人单位与劳动者约定的日期支付。如遇节假日或休息日，应提前在最近的工作日支付。

5. 工资至少每月支付一次，实行周、日、小时工资的可按周、日、小时支付工资。

对完成一次性临时劳动或某项具体工作劳动者，用人单位应按有关协议或合同规定在其完成劳动任务后即支付工资。

6.劳动关系双方依法解除或终止劳动合同时，用人单位应在解除或终止劳动合同时一次付清劳动者工资。

7.用人单位必须书面记录支付劳动者工资的数额、时间、领取者的姓名以及签字，并保存两年以上备查。

8.用人单位在支付工资时应向劳动者提供一份其个人的工资清单。

用人单位在拖欠工资的情形

打工者时常会遇到克扣、拖欠工资的现象，尤其是一些小的用人单位更为普遍、严重，有时一拖就是几个月。

一般来说，用人单位拖欠职工工资有两种情况：

1.用人单位遇到了人力不能抗拒的灾害等原因，或者确实生产经营困难、资金周转困难，不能按时发放工资。在这种情况下，用人单位应该向职工说明情况，征得职工同意，延期支付工资。务工者应理解用人单位的困难，正常工作。

2.用人单位故意拖欠工资。

故意拖欠工资就是用人单位无正当理由，超过规定发工资的时间后而没有发放工资。这种情况下，职工应该与用人单位交涉，督促尽早发放工资。如果不能解决，可以向劳动行政部门申请争议仲裁。

用人单位无故拖欠工资的，按照《违反和解除劳动合同的经济补偿办法》的规定，除了支付务工者工资报酬外，还应加发相当于工资报酬25%的经济补偿金。

用人单位容易克扣劳动者的哪部分工资

拖欠工资已经让打工者很头痛了，克扣工资更让打工者感到无奈。用人单位克扣工资往往会找一些理由加以隐蔽，比如作押金、罚款、先扣部分年终再一并结算，等等。

克扣工资是指用人单位无正当理由扣减劳动者应得的工资。但不包括以下情况减发的工资：

1.国家法律、法规中有明确规定的。

2.依法签订的劳动合同中有明确规定的。

3.依法制定并经职工代表大会批准的。

4.公司规章制度中有明确规定的。

5.企业工资总额与经济效益相联系，经济效益下浮时，工资必须下浮的（但支付给劳动者的工资不得低于当地最低工资标准）。

6.劳动者请事假减发的工资。

不管用人单位以什么原因、理由拖欠或克扣打工者的工资，打工者都处于弱势地位。因此，为了避免或尽量减少自己的工资被拖欠或克扣，可以采取一些预防措施，比如选择有信誉的企业，与企业签订比较规范的劳动合同等。

如果拖欠或克扣工资已经发生，打工者也要保持冷静的心态，理智处事：

首先，要了解近期打工地制定的有关规范工资支付的规定。

然后，对照有关法规，判断用人单位付给自己的工资是否属于无故拖欠或克扣。确认自己的工资被用人单位无无故拖欠或克扣后，采取合法手段维护自己的权益。

在有劳动争议调解委员会的企业，可以提交职工代表、工会代表、和企业代表三方组成的调解委员会调解；调解不成的，再到劳动争议仲裁委员会申请仲裁，如对仲裁不服，还可以向人民法院提起诉讼。

无故克扣式拖欠劳动者工资应受处罚

《劳动法》以及《违反〈中华人民共和国劳动法〉行政处罚办法》等

规定，用人单位不得克扣劳动者工资。

用人单位克扣或者无故拖欠劳动者工资的，由劳动保障行政部门责令支付劳动者的工资报酬，并加发相当于工资报酬25%的经济补偿金，并可责令用人单位按相当于支付劳动者工资报酬、经济补偿总和的1至5倍支付劳动者赔偿金。

有关年休假的规定

2008年1月1日，国务院第198次常务会议审议通过的《职工带薪年休假条例》（以下简称《条例》）开始在全国实施，该《条例》明确规定：

1.机关、团体、企业、事业单位、民办非企业单位、有雇工的个体工商户等单位的职工连续工作1年以上的，享受带薪年休假。

2.单位应当保证职工享受年休假。

3.职工在年休假期间享受与正常工作期间相同的工资收入。

员工不再享受当年年休假的情形

员工有下列情形之一的，不享受当年的年休假：

1.员工全年事假累计20天以上，所在单位不扣工资和事假累计两个月及以上，单位扣发工资的。

2.累计旷工30天及以上的。

3.累计工作满一年不满10年的员工，全年请病假累计2个月以上的。

4.累计工作满10年不满20年的员工，请病假累计3个月以上的。

5.累计工作满20年以上的员工，请病假累计4个月以上的。

6.复员军人。新招工人和自谋职业回原单位工作的，工作时间未满一年的，不享受年休假。

关于正常工作时间的规定

根据《国务院关于职工工作时间的规定》，我国目前实行的是每日工作8小时、每周工作40小时的标准工时制。任何单位和个人都不得擅自延长职工的工作时间。

强迫劳动者延长工作时间应受处罚

《违反〈中华人民共和国劳动法〉行政处罚办法》（劳动部）规定，如果用人单位未与工会和劳动者协商，强迫劳动者延长工作时间的，应给予警告，责令改正，并可按每名劳动者每延长工作时间1小时罚款100元以下的标准处罚。

用人单位每日延长劳动者工作时间超过3小时或每月延长工作时间超过36小时的，应给予警告，责令改正，并可按每名劳动者每超过工作时间1小时罚款100元以下的标准处罚。

用人单位可以直接决定延长工作时间的情形

当出现可能危害国家、集体和人民生命财产安全的紧急事件时，用人单位可以直接决定延长工作时间，延长工作时间的长短根据需要而定，不受限制，并且不需要和工会及务工者协商。这些情况是：

1.发生自然灾害、事故或者其他原因，需要紧急处理的。例如地震、洪水、抢险、交通事故等。

2.生产设备、交通运输线路、公共设施发生故障，影响生产和公众利益，必须及时抢修的。例如自来水管道、下水管道、煤气管道泄露或堵塞的。

3.法律和行政法规规定的其他情形。如在法定节日和公休假日内工作不能间断，必须连续生产、运输或者营业的。

4.必须利用法定节日或公休假日的停产期间进行设备保修、保养的。

5.为了完成国防紧急生产任务的。

6.为了完成国家下达的其他紧急生产任务的。

加班费用的支付标准

在工作的过程中，加班加点是常有的事儿，对于那些在小公司工作的打工者来说，可以说就是家常便饭，而且多数都是义务劳动。

为维护劳动者的利益，国家对工作时间及超时工作的报酬都有明确规定，对此劳动者应该做到心中有数。

根据《劳动法》的规定，有下列情形之一的，用人单位应当按照下列标准支付高于劳动者正常工作时间工资的工资报酬：

1.安排劳动者延长工作时间的，支付不低于工资150%报酬。

2.休息日安排劳动者工作又不能安排补休的，支付不低于工资的200%的工资报酬。

3.法定休假日安排劳动者工作的，支付不低于工资的300%的工资报酬。

可依法讨回被拖欠工资

个别用人单位不同程度地存在着侵犯劳动者合法权益的现象，如恶意拖欠、克扣劳动者工资，要求劳动者加班却不支付加班费，支付的工资达不到最低工资标准等。使打工者的劳动得不到应有的报酬。

对此，为保障打工者的合法权益，国家相关部门采取一定的措施，要求用人单位必须以货币形式支付打工者工资，不得以任何名目拖欠和克扣。一些地方正积极开展专项检查，纠正渎职行为，打击不法企业主，帮助打工者追讨被拖欠工资。

对于打工者来说，如果无法从用人单位拿到自己应得的劳动报酬时，可以运用法律武器维护自身的合法权益。

不容乐观的是打工者常会碰到这样的情况，虽然总觉得自己是有理的，但在调解、仲裁或者到法院打官司的时候，却总是难以胜诉。这往往是因为打工者无法提供相关的有力证据。

要知道，法律是要靠证据来说话的，如果你手上没有过硬的证据，那自然要吃"哑巴亏"了。

所以，打工者在被用人单位录用时一定要签订劳动合同，在工作的过程中，要保存和搜集证据，以便与用人单位发生争议时，不至于有理说不清。

用人单位支付的工资低于最低工资标准须承担法律责任

1. 用人单位违反最低工资标准，应承担如下法律责任：

（1）由劳动保障行政部门责令用人单位限期支付劳动者工资低于当地最低工资标准的差额。

（2）由劳动保障行政部门责令用人单位按所欠工资的1~5倍支付劳动者赔偿金。

2. 如果用人单位违反了最低工资标准的规定，打工者可以通过以下途径解决。

（1）与企业进行协商。

（2）可以向当地政府劳动争议仲裁机构申诉，通过调解仲裁方式解决。

（3）向劳动行政部门劳动监察机构举报，由劳动行政部门依法对企业违法行为调查处理。

社会保障制度是劳动者最好的保护伞

如果劳动者由于老、弱、病、残、孕而丧失工作能力或失去工作机会，就无法通过劳动得到报酬，也就不能维持生活。当为数众多的劳动者面临这种风险和收入损失得不到及时救助时，就会形成一种社会不安定因素。

社会保险制度的存在，使劳动者可以获得基本的生活保障，从而在很大程度上消除社会不安定因素，同时缓解社会矛盾，促进社会稳定。

社会保障制度是在政府的管理之下，以国家为主体，依据一定的法律和规定，通过国民收入的再分配，以社会保障基金为依托，对公民在暂时或者永久性失去劳动能力以及由于各种原因生活发生困难时给予物质帮助，用以保障居民的最基本的生活需要。

社会保障制度通过集体投保、个人投保、国家资助、强制储蓄的办法筹集资金，国家对生活水平达不到最低标准者实行救助，对暂时或永久失去劳动能力的人提供基本生活保障，逐步增进全体社会成员的物质和文化福利，保持社会安定，促进经济增长和社会进步。

农民工也享有社会保障的权利

很多进城就业的农民工以为社会保险只是城市里职工的事，和自己无关，这种想法是错误的。

国务院发布的《全民所有制招用农民合同制工人的规定》对进城就业人员的社会保险作了较全面的规定。进城就业人员与城镇居民享有同等的社会保险待遇，其中包括：工伤保险、医疗保险、养老保险和失业保险。

参与社会保险的重要作用

进城务工时，不可避免地会遇到职业病和意外伤害，不仅影响身体健康，还影响了正常的劳动收入；如果因此而失业或到了年老退休时，劳动收入就会中断，从而影响劳动者及其家庭的生活质量。当这些风险不幸降临时，社会保险将拉起一个安全网，让劳动者可以获得必要的经济补偿和生活保障。

当劳动者年老、患病、生育、伤残、失业、残废，暂时或永久丧失劳动能力而不能获得劳动报酬，本人及供养亲属失去生活收入时，由政府向其提供物质帮助，这种社会福利制度叫社会保险，简称社保。凡是法律规定范围内的用人单位和劳动者必须依法参加社会保险。

社会保险的内容及含义

社会保险的内容包括：养老保险、失业保险、医疗保险、工伤保险和生育保险。

社会保险包含以下三层含义：

1. 社会保险是通过国家立法形式强制实行的一种社会保障制度，是采取保险形式的国民收入再分配手段。社会保险是一种有效的收入保障手段，它的保障水平是满足劳动者及其家属基本的生活需要。

2. 社会保险作为广义保险的一种，与商业保险一样，也是一种危险损失的分散机制。

3. 社会保险是一种实施社会政策的保险，它以解决社会问题、保障社会安定为目的。

劳动者可享受社会保险待遇

根据《劳动法》的规定，劳动者在下列情形下，依法享受社会保险待遇：

1. 退休。

2. 患病、负伤。

3. 因工伤残或者患职业病。

4. 失业。

5. 生育。

劳动者死亡后，其遗属依法享受遗属津贴。

看病时如何享受医疗保险待遇

1.基本医疗保险费由用人单位和劳动者共同缴纳，你的个人缴费全部划入个人账户，单位缴纳的费用30%也划入你的个人账户，个人账户的本金和利息归你个人所有，可以结转使用和继承。

2.参保期间，打工者发生的医疗费用由社会保险经办机构按规定支付。如果你的个人账户不够支付时，则由个人以现金支付。

3.打工者的个人账户主要用于支付因病诊疗时，需要个人负担的医疗费用，如门诊、急诊的费用，到定点药店买药的费用等。

参加医疗保险后如何看门诊

1.挂号就诊时，必须出示医保手册以证明自己是参加了医疗保险的病人。这样医生开处方的时候才会使用医疗保险专用的处方纸。

2.在定点医院就医。

3.就医后一定要保存好门诊处方、付费收据以便作为报销的依据。

4.由于医疗费用报销设有起付线，所以只有门诊医疗费用达到一定的额度以后，才能从医疗保险基金得到报销。

参加医疗保险后如何看急诊

参保人员因患急症不能到本人的定点医疗机构就医时，可以在就近的定点医疗机构就诊，注意要求医院开具急诊证明书。

如果需住院治疗的，一定要记住要求就诊医院开具《诊断证明》，待病情稳定后要及时转回本人定点医院。

在定点医院急诊留观前七天并收入院的，也必须开具《诊断证明》。

急诊处方、收据要加盖急诊章。

使用现金与医院结算。

将处方、收据交到单位，由单位汇总后向区经办机构结算。

收入院的前七天急诊留观费用，待出院后与住院费用累计结算，由统筹基金支付；未收住院的费用属普通门诊、急诊费用，按普通门诊对待。

参加医疗保险后住院时应注意的事项

在定点医院就医，医院开具住院证明。

医院需要确认患者单位是否足额缴费。个人交预付金后，办理住院手续。

出院时，医院与个人结清自费和自负部分金额，医院与医疗保险经办机构结算其余部分。

不能报销的医疗保险项目

发生以下情况无法从医疗保险基金得到报销：

1. 按照国家和本市规定应当由个人自付的。

2. 在非本人定点医院就诊（急诊除外）、非定点药店购药。

3. 未加盖医院外购章到定点药店购药。

4. 交通、医疗及其他责任事故，吸毒、打架斗殴造成伤害的，自杀、自残、酗酒等原因发生的医疗费用。

5. 国外或香港、澳门特别行政区以及台湾地区发生的医疗费，基本医疗保险及大额医疗互助基金均不予报销。

养老保险的适用范围

养老保险（或养老保险制度）是国家和社会根据一定的法律和法规，为解决劳动者在达到国家规定的解除劳动义务的劳动年龄界限，或因年老丧失劳动能力退出劳动岗位后的基本生活而建立的一种社会保险制度。养老保险是社会保障制度的重要组成部分，是社会保险五大险种中最重要的险种之一。

在城镇就业并与用人单位建立劳动关系的打工者，应当参加基本养老保险。

用人单位与打工者签订劳动合同时，应当明确打工者参保相关事宜。用人单位应按规定为打工者办理参保手续。

根据《社会保险费征缴暂行条例》第3条规定，基本养老保险的适用范围包括：国有企业、城镇集体企业、外商投资企业、城镇私营企业和其他城镇企业及其职工，实行企业化管理的事业单位及其职工。省、自治区、直辖市人民政府根据当地实际情况，可以规定将城镇个体工商户纳入基本养老保险的范围。

而2005年12月出台的《国务院关于完善企业职工基本养老保险制度的决定》第3条规定：扩大基本养老保险覆盖范围。城镇各类企业职工、个体工商户和灵活就业人员都要参加企业职工基本养老保险。当前及今后一个时期，要以非公有制企业、城镇个体工商户和灵活就业人员参保工作为重点，扩大基本养老保险覆盖范围。要进一步落实国家有关社会保险补贴政策，帮助就业困难人员参保缴费。

养老保险如何转移接续

打工者离开就业地时，原则上不"退保"，由当地社会保险经办机构（以下简称社保机构）为其开具参保缴费凭证。打工者跨统筹地区就业并继续参保的，向新就业地社保机构出示参保缴费凭证，由两地社保机构负责为其办理基本养老保险关系转移接续手续，其养老保险权益累计计算；未能继续参保的，由原就业地社保机构保留基本养老保险关系，暂时封存其权益记录和个人账户，封存期间其个人账户继续按国家规定计息。

养老保险待遇的计发

农民工参加基本养老保险缴费年限累计年满15年以上（含15年），由本人向基本养老保险关系所在地社保机构提出领取申请，社保机构按基本养老保险有关规定核定、发放基本养老金，包括基础养老金和个人账户养老金。

农民工达到待遇领取年龄而缴费年限累计不满15年，参加了新型农村社会养老保险的，由社保机构将其基本养老保险权益记录和资金转入户籍地新型农村社会养老保险，享受相关待遇；没有参加新型农村社会养老保险的，比照城镇同类人员，一次性支付其个人账户养老金。

享受基本养老保险待遇的条件

根据相关规定，满足以下三个条件的人员，均可享受基本养老保险待遇，按月领取养老金。

1.职工到达法定退休年龄。

我国的现行规定是：企业职工男年满60周岁、女年满50周岁，女干部年满55周岁即到达退休年龄。从事井下、高温、高空、特别繁重体力劳动或其他有害身体健康工作的，男年满55周岁，女年满45周岁可以退休。因病或非因工致残，由医院证明并经劳动鉴定委员会确认完全丧失劳动能力的，退休年龄为男年满50周岁，女年满45周岁。

2.履行了相关的退休手续。

达到退休年龄，应该按规定办理退休手续，没有办理退休手续仍然从事工作的，领取工资收入的不能领取养老金。

3.缴费累计满15年。

特别提示：这里指的是个人缴费和企业缴费都要满15年。如果企业按规定缴费并计入社会统筹账户，而个人没有按规定缴费并计入个人账户，也不能领取养老金。

失业保险费的征缴方法

失业保险是对劳动年龄内，有就业能力并有就业愿望的人由于非本人原因而失去工作，无法获得维持生活所必需的工资收入，在一定期间内由国家和社会为其提供基本生活保障的社会保险制度。

《失业保险条例》规定：城镇企业事业单位按照本单位工资总额的2%缴纳失业保险费；城镇企业事业单位职工按照本人工资的1%缴纳失业保险费；城镇企业事业单位招用的农民合同制工人本人不缴纳失业保险费。

领取失业保险金的方法

《失业保险条例》规定，具备下列条件的失业人员，可以领取失业保险金：

1.按照规定参加失业保险，所在单位和本人已按规定履行缴费义务满1年的。

2.非因本人意愿中断就业的。

3.已办理失业登记，并有求职要求的。

失业保险金领取期限的规定

失业人员领取保险金的期限与缴费年限有关。《失业保险条例》规定：

1.失业人员失业前所在单位和本人累计缴费时间满1年不足5年的，领取失业保险金的期限最长为12个月。

2.累计缴费时间满5年不足10年的，领取失业保险金的期限最长为18个月。

3. 累计缴费时间10年以上的，领取失业保险金的期限最长为24个月。

4. 失业人员在领取失业保险金期间重新就业的，缴费时间重新计算。如果再次失业，且符合领取失业保险金的条件，可以将前次应领未领的期限与新核定的发放期限合并计算，但最长不得超过24个月。

失业保险金的领取方式

失业保险金按月发放，由社会保险经办机构为失业人员开具领取失业保险金的单证，失业人员凭单证到指定银行领取失业保险金。

非因本人意愿中断就业的情形

1. 终止劳动合同的。

2. 被用人单位解除劳动合同的。

3. 被用人单位开除、除名和辞退的。

4. 因用人单位以暴力、威胁或者非法限制人身自由的手段强迫劳动，与用人单位解除劳动合同的。

5. 因用人单位未按照劳动合同约定支付劳动报酬或者提供劳动条件，与用人单位解除劳动合同的。

6. 法律法规另有规定的。

工伤、工伤保险的含义

工伤是职业伤害的简称，包括工伤事故和职业病两种情况。

工伤保险，是指劳动者因工作原因遭受意外伤害或患职业病而造成死亡、暂时或永久丧失劳动能力时，劳动者及其遗属能够从国家、社会得到必要的物质补偿的一种社会保险制度。

工伤保险对许多城镇职工来说并不陌生，可是不少从农村来的打工者并不清楚自己也能从中获益。其实，我国境内各类企业的职工以及个体工商户的雇工，均有依照《工伤保险条例》规定参加工伤保险、享受工伤保险待遇的权利，凡是与用人单位建立劳动关系的打工者，用人单位必须及时为他们办理参加工伤保险的手续，按时缴纳工伤保险费。

职工因工作遭受事故伤害或者患职业病进行治疗，享受相应待遇。

注意：工伤职工治疗非工伤引发的疾病，不享受工伤医疗待遇，按照基本医疗保险办法处理。工伤职工到签订服务协议的医疗机构进行康复性治疗的费用，符合规定的，从工伤保险基金中支付。

工伤保险中医疗费用的报销

职工治疗工伤应当在签订服务协议的医疗机构就医，情况紧急时可以先到就近的医疗机构急救。治疗工伤所需费用符合工伤保险诊疗项目目录、工伤保险药品目录、工伤保险住院服务标准的，从工伤保险基金中支付。

工伤职工因日常生活或者就业需要，经劳动功能力鉴定委员会确认。可以安装假肢、矫形器、假眼、义齿和配置轮椅等辅助器具，所需费用按照国家规定的标准从工伤保险基金中支付。

工伤保险中领取伙食补助的方法

职工住院治疗工伤的，由所在单位按照本单位因公出差伙食补助标准的70%发给住院伙食补助费。

经医疗机构出具证明，报经办机构同意，工伤职工到统筹地区以外就医的，所需交通、食宿费用由所在单位按照本单位职工因公出差标准报销。

停工留薪期间享受工伤医疗待遇

职工因工作遭受事故伤害或者患职业病需要暂停工作接受工伤医疗的，在停工留薪期内，原工资福利待遇不变，由所在单位按月支付。

停工留薪期一般不超过12个月。伤情严重或者情况特殊，经设区的市级劳动能力鉴定委员会确认，可以适当延长，但延长不得超过12个月。

工伤职工评定伤残等级后，停发原待遇，按照有关规定享受伤残待遇。工伤职工在停工留薪期满后仍需治疗的，继续享受工伤医疗待遇。

工伤保险中如何领取生活护理费

工伤职工已经评定伤残等级并经劳功能力鉴定委员会确认需要生活护理的，从工伤保险基金按月支付生活护理费。

生活护理费按照生活完全不能自理、生活大部分不能自理或者生活部分不能自理三个不同等级支付，其标准分别为统筹地区上年度职工月平均工资的50%、40%或者30%。

工伤保险待遇停止的情形

工伤职工出现以下情形的，停止支付工伤保险待遇：

1.丧失享受待遇条件的，如果工伤职工在享受工伤保险待遇期间情况发生变化，不再具备享受工伤保险待遇的条件，如劳动能力得以完全恢复而无需工伤保险制度提供保障时，就应当停发工伤保险待遇。此外，工伤职工的亲属，在某些情形下，也将丧失享受有关待遇的条件，如享受抚恤金的工亡职工的子女达到了一定的年龄或就业后，丧失享受遗属抚恤待遇的条件。亲属死亡的，丧失享受遗属抚恤金待遇的条件等其他情形。

2.拒不接受劳动能力鉴定。如果工伤职工没有正当理由，拒不接受劳动能力鉴定，一方面工伤待遇无法确定，另一方面也表明这些工伤职工并不愿意接受工伤保险制度提供的帮助，鉴于此，就不应再享受工伤保险待遇。

3.拒绝治疗。提供医疗救治，帮助工伤职工恢复劳动能力、重返社会，是工伤保险制度的重要目的之一，因而职工遭受工伤事故或患职业病后，有享受工伤医疗待遇的权利，也有积极配合医疗救治的义务。如果无正当理由拒绝治疗，就有悖于工伤保险条例关于促进职业康复的宗旨。

补偿不究过失原则的含义

补偿不究过失原则，是指劳动者在生产过程中遭受到工伤事故，不管他有没有责任，都有权得到工伤保险待遇。即使是工人违规操作机器，或是违背生产守则进行生产，完全是工人自己的过错导致的工伤事故，也是可以获得赔偿的。除非有证据证明，是工人故意或是犯罪行为导致的，才可以不负责赔偿。工伤待遇给付与责任追究分开，不会因为追究事故责任而影响到待遇给付的时间和额度。

工伤的认定

劳动者在工作或视同工作过程中因操作不当或其他原因造成了对人身的侵害，为了鉴定该侵害的主体而对过程进行的定性的行为。根据我国的相关规定，一般由劳动行政部门来确认。

工伤认定是劳动行政部门依据法律的授权对职工因事故伤害（或者患职业病）是否属于工伤或者视同工伤给予定性的行政确认行为。

1.属于具体行政行为。

2.属于行政确认行为。确认的结果有四种：是工伤，非工伤，视同工伤，不视同工伤。

3.属于须申请的行政行为。"不申请，不认定"是工伤认定程序的特点。

4.单位、职工或其直系亲属一方对工伤认定结论不服的，可以先申请行政复议，对复议结论不服的可以行政诉讼。行政复议属于前置程序。

以下情形可以认定为工伤：

1.在工作时间和工作场所内，因工作原因受到事故伤害的。

2.工作时间前后在工作场所内，从事与工作有关的预备性或者收尾性工作受到事故伤害的。

3.在工作时间和工作场所内，因履行工作职责受到暴力等意外伤害的。

4.患职业病的。

5.因工外出期间，由于工作原因受到伤害或者发生事故下落不明的。

6.在上下班途中，受到机动车事故伤害的。

7.法律、行政法规规定应当认定为工伤的其他情形。

工伤认定的申请

《工伤保险条例》第十七条　职工发生事故伤害或者按照职业病防治法规定被诊断、鉴定为职业病，所在单位应当自事故伤害发生之日或者被诊断、鉴定为职业病之日起30日内，向统筹地区劳动保障行政部门提出工伤认定申请。遇有特殊情况，经报劳动保障行政部门同意，申请时限可以适当延长。

用人单位未按前款规定提出工伤认定申请的，工伤职工或者其直系亲属、工会组织在事故伤害发生之日或者被诊断、鉴定为职业病之日起1年内，可以直接向用人单位所在地统筹地区劳动保障行政部门提出工伤认定申请。

按照本条第一款规定应当由省级劳动保障行政部门进行工伤认定的事项，根据属地原则由用人单位所在地的设区的市级劳动保障行政部门办理。

用人单位未在本条第一款规定的时限内提交工伤认定申请，在此期间发生符合本条例规定的工伤待遇等有关费用由该用人单位负担。

申请工伤认定需要提交的材料

1.一般情况下，申请工伤认定需要提交的材料：

（1）职工个人的工伤认定申请书。包括事故发生的时间、地点、原因以及职工伤害程度等基本情况。申请书劳动局有统一表格，到时自行填写即可。

（2）受伤害职工的有效身份证明。

（3）劳动合同文本复印件或者与用人单位存在劳动关系（包括事实劳动关系）的有效证明材料。

（4）用人单位事故调查报告书（个人申报的不必提供）。

（5）医疗机构出具的受伤后诊断证明书、初诊病历、住院病历，属职业病的提供合法有效的职业病诊断证明书或鉴定书。

（6）用人单位的营业执照副本

2.属于下列情形之一的，还应当提供以下相关证明材料：

（1）工作时间和工作场所内，因工作原因受到事故伤害死亡或工作时间前后在工作场所内，从事与工作有关的预备性或者收尾性工作受到事故伤害死亡的，应提交有关部门出具的死亡证明书及事故调查报告书。

（2）因履行工作职责受到暴力等意外伤害的，提交公安机关证明、人民法院的判决书或者其他有效证明。

（3）因工外出期间，由于工作原因受到伤害的，提交公安机关证明或其他有效证明；发生事故下落不明要求认定因工死亡的，提交人民法院宣告死亡的结论。

（4）由于机动车事故引起的伤亡事故，提交公安交通管理部门的交通事故认定书或相关处理证明。

（5）在工作时间和工作岗位，突发疾病死亡或者在48小时之内经抢救无效死亡的，提交医疗机构的抢救和死亡证明。

（6）属于抢险救灾等维护国家利益、公共利益活动中受到伤害的，按照法律法规规定，提交事发地县级以上有关部门出具的有效证明。

工伤认定申请人提供材料不完整的，劳动保障行政部门应当一次性书面告知工伤认定申请人需要补正的全部材料。申请人按照书面告知要求补正材料后，劳动保障行政部门应当受理。劳动保障行政部门应当自受理工伤认定申请之日起60日内作出工伤认定的决定，并书面通知申请工伤认定的职工或者其直系亲属和该职工所在单位。

职工或者其直系亲属认为是工伤，用人单位不认为是工伤的，由用人单位承担举证责任。

劳动保障行政部门工作人员与工伤认定申请人有利害关系的，应当回避。

可以认定为工伤的情形

可以认定为工伤的情形有：

1.在工作时间和工作场所内，因工作原因受到事故伤害的。

2.工作时间前后在工作场所内，从事与工作有关的预备性或者收尾性工作受到事故伤害的。

3.在工作时间和工作场所内，因履行工作职责受到暴力等意外伤害的。

4.患职业病的。

5.因工外出期间，由于工作原因受到伤害或者发生事故下落不明的。

6.在上下班途中，受到非本人主要责任的交通事故或者城市轨道交通、客运轮渡、火车事故伤害的。

7.法律、行政法规规定应当认定为工伤的其他情形。

可以视同工伤的情形

可以视同工伤的情形有：

1.在工作时间和工作岗位，突发疾病死亡或者在48小时之内经抢救无效死亡的。

2.在抢险救灾等维护国家利益、公共利益活动中受到伤害的。

3.职工原在军队服役，因战、因公负伤致残，以取得革命伤残军人证，到用人单位后旧伤复发的。

职工有前款第1、第2项情形的，按照《工伤保险条例》有关规定享受工伤保险待遇；职工有前款第3项情形的，按照《工伤保险条例》有关规定享受除一次性伤残补助金以外的工伤保险待遇。

不得认定为工伤或者视同工伤的情形

1.因犯罪或者违反治安管理伤亡的。

2.醉酒导致伤亡的。

3.自残或者自杀的。

工伤认定的标准

根据我国2004年1月1日实行的《工伤保险条例》，工伤一般包括因工伤亡事故和职业病，以下情形应当被认定为工伤：

《工伤保险条例》第十四条规定：职工有下列情形之一的，应当认定为工伤：

（一）在工作时间和工作场所内，因工作原因受到事故伤害的。（前提条件是"工作时间"和"工作场所"是两个必须同时具备的条件，同时还得是"因工作原因"而受到的负伤、致残或者死亡。事故伤害是指职工在劳动过程中发生的人身伤害、急性中毒事故等类似伤害。）

（二）工作时间前后在工作场所内，从事与工作有关的预备性或者收尾性工作受到事故伤害的。（"工作时间前后"是指非工作时间内，具体讲是开工前或收工后的一段时间，譬如上班时间为9点到12点然后又14点到18点结束一天的工作，但是职工提前在8点30分到岗或者下班后做完收尾工作时间到18点半等等，均可以认定为"工作时间前后"，但是有一点则特别重要，其目的必须是从事预备性或收尾性工作，比如为启动机器做准备工作，或者关闭机器后收拾与工作有关的机器、工具等。）

（三）在工作时间和工作场所内，因履行工作职责受到暴力等意外伤害的。（"工作时间"和"工作场所"必须同时具备，并且必须是在履行本职工作，这里受到的伤害是"非工作原因"，是来自本单位或者外界的"暴力、意外等"所致。打比方，有人在职工履行工作职责的时候蓄意对职工进行打击报复，对其人身进行直接攻击，致使职工负伤、致残或者死亡等。）

（四）患职业病的。（即指企业、事业单位和个体经济组织的劳动者在职业活动中，因接触粉尘、放射性物质和其他有毒、有害物质等因素而引起的疾病。）

（五）因工外出期间，由于工作原因受到伤害或者发生事故下落不明。（"因工外出期间"含因工出差以及因工临时外出办理业务等，同时必须是在发生事故时正在履行工作职责，即因工作原因外出，受到伤害或者发生事故时下落不明。）

（六）在上下班途中，受到非本人主要责任的交通事故或者城市轨道交通、客运轮渡、火车事故伤害的。（新工伤保险条例全文（2011年1月1日起施行）（"上下班途中"指从居住的住所到工作区域之间的必经路途，必要时间所发生的人身伤害事故。对于探亲访友时遇到的人身伤害事故，不能认定为工伤。）受到机动车事故伤害的，还应该增加关于非法驾驶的问题，这种问题一般驾驶二轮摩托车居多，对于非法驾驶（无证驾驶的）的，达到交通肇事程度的，不予认定工伤。

（七）法律、行政法规规定应当认定为工伤的其他情形。

劳动保障行政部门受理工伤认定申请的程序

工伤，又称为产业伤害、职业伤害、工业伤害、工作伤害，是指劳动者在从事职业活动或者与职业活动有关的活动时所遭受的不良因素的伤害和职业病伤害。工伤申请分为单位和个人两个部分：

1.企业（单位）申请程序。

企业（单位）（以下简称用人单位）发生员工伤（亡）事故后，应在24小时内口头或电话向属地参保或企业营业执照注册所在地的劳动保障局报告，并在15日内提交书面报告。用人单位应在发生员工伤（亡）事故后30日内提交《海东地区企业劳动者工伤认定申请书》申请工伤认定。用人单位办理工伤认定应向海东地区劳动保障局社保科提交以下材料：

（1）用人单位营业执照复印件（事业单位法人代码证复印件）。

（2）工伤事故发生情况的书面报告。

（3）《职工工伤认定申请书》。

（4）员工本人身份证复印件。

（5）员工与用人单位的劳动关系证明（如劳动合同等）。

（6）伤（亡）人员初次治疗的诊断书、病历原件及复印件。

（7）有关旁证材料（如目击证人书面证明材料现场记录、照片、口供记录等）。

（8）道路交通事故责任认定书、常住地址证明材料等（属上下班交通事故的）。

（9）工伤认定所需的其他材料。

2.个人申请程序。

用人单位员工发生伤（亡）事故后，若用人单位不按规定出具事故报告及申请工伤认定的，受伤员工本人或亲属可向属地参保或企业营业执照注册所在地劳动保障局提出工伤认定申请。同时，个人申请工伤认定须携以下材料：

　　（1）员工和用人单位有效的书面劳动合同或事实劳动关系证明。

　　（2）《职工工伤认定申请书》。

　　（3）员工本人身份证和工作证（或工卡）。

　　（4）员工或用人单位伤（亡）事故情况材料（如实叙述事故发生经过）。

　　（5）有关旁证材料（如目击证人书面证明材料现场记录、照片、口供记录等）。

　　（6）道路交通事故责任认定书、常住地址证明材料等（属交通事故的）。

　　（7）工伤认定所需的其他材料。

　　（8）受伤员工委托证明、亲属关系证明（属亲属提出工伤认定申请的）。

工伤发生后用人单位与劳动者之间易发生的争议

　　职工在工作中发生工伤后，用人单位与职工出于各自利益的考虑，很容易发生争议。

　　用人单位往往不会主动把事故认定为工伤，一旦认定为工伤，对用人单位来说会造成负面影响，其下一年度的工伤保险费率也会相应的被提高，从而增加了企业的成本。在处理工伤保险待遇时，用人单位倾向于将事故损失评价到最低，这样必然损害了工伤职工的权益，降低了他们本来应该得到的工伤保险待遇。

因工死亡职工的直系亲属可享受的待遇

　　如果打工者因工死亡，其直系亲属按照下列规定从工伤保险基金领取丧葬补助金、供养亲属抚恤金和一次性工亡补助金：

1. 丧葬补助金为6个月的统筹地区上年度职工月平均工资。

2. 供养亲属抚恤金按照职工本人工资的一定比例发给由因工死亡职工生前提供主要生活来源、无劳动能力的亲属。标准为：配偶每月40%，其他亲属每人每月30%，孤寡老人或者孤儿每人每月在上述标准的基础上增加10%。核定的各供养亲属的抚恤金之和不应高于因工死亡职工生前的工资。

3. 一次性工亡补助金标准为48个月至60个月的统筹地区上年度职工月平均工资。

因工下落不明职工的直系亲属可享受的待遇

如果职工因工外出期间发生事故或者在抢险救灾中下落不明的，从事故发生当月起3个月内照发工资，从第4个月起停发工资，由工伤保险基金向其供养亲属按月支付供养亲属抚恤金。生活有困难的，可以预支一次性工亡补助金的50%。职工被人民法院宣告死亡的，按照职工因工死亡的规定处理。

1. 工伤认定申请表填写要点

（1）用钢笔或签字笔填写，字体工整清楚。

（2）申请人为用人单位的，在首页申请人处加盖单位公章。

（3）受伤害部位一栏填写受伤害的具体部位。

（4）诊断时间一栏，职业病者，按职业病确诊时间填写；受伤或死亡的，按初诊时间填写。

（5）受伤害经过简述，应写明事故发生的时间、地点，当时所从事的工作，受伤害的原因以及伤害部位和程度。职业病患者应写明在何单位从事何种有害作业，起止时间，确诊结果。

2. 申请人提出工伤认定申请时，应当提交受伤害职工的居民身份证；医疗机构出具的职工受伤害时初诊诊断证明书，或者依法承担职业病诊断的医疗机构出具的职业病诊断证明书（或者职业病诊断鉴定书）；职工受伤害或者诊断患职业病时与用人单位之间的劳动、聘用合同或者其他存在劳动、人事关系的证明。

死亡赔偿金的领取

死亡赔偿金，又称死亡补偿费，是死者因他人致害死亡后由加害人给其近亲属所造成的物质性收入损失的一种补偿。

1.计算标准。

《最高人民法院关于审理人身损害赔偿案件适用法律若干问题的解释》对死亡赔偿金采取定型化赔偿模式，即赔偿数额按照"受诉法院所在地上一年度城镇居民人均可支配收入或者农村居民人均纯收入"的客观标准以二十年固定赔偿年限计算。这一计算标准既与过去的法律法规相衔接，又不致因主观计算导致贫富悬殊、两极分化。

2.权利主体的确定。

一般情况下应以受害人的近亲属作为权利主体。

（1）最高人民法院《关于审理名誉权案件若干问题的解答》之五有明确规定："近亲属包括配偶、父母、子女、兄弟姐妹、祖父母、外祖父母、孙子女、外孙子女。"

（2）最高人民法院关于贯彻执行《中华人民共和国民法通则》若干问题的意见（试行）第12条明确规定："民法通则中规定的近亲属，包括配偶、父母、子女、兄弟姐妹、祖父母、外祖父母、孙子女、外孙子女。"

3.分配原则。

（1）死亡赔偿金因司法解释采取继承丧失说，应当按照《继承法》第10条规定的法定继承顺序，由配偶、父母和子女作为第一顺序继承人共同"继承"。没有第一顺序继承人的，由第二顺序继承人"继承"。被继承人子女先于被继承人死亡的，由被继承人子女的晚辈直系血亲代位"继承"。

（2）同一继承顺序中，死亡赔偿金原则上按照继承人与被继承人共同生活的紧密程度决定分割的份额，而不适用《继承法》第13条规定的同一顺序一般应当均等的原则。

（3）死亡赔偿金原则上应由家庭生活共同体成员共同取得。当事人未请求分割的，人民法院不予分割。

劳动能力的鉴定

劳动能力是指人类进行劳动工作的能力，包括体力劳动和脑力劳动的总和。

1. 一般性劳动能力，多指日常所需的劳动能力，包括为自己服务的穿衣、吃饭等和为他人服务的简单体力及脑力劳动。

2. 职业性劳动能力，是指经过专业训练，具备专门知识的劳动能力（如工程师、教师等）。

3. 有些职业的专长性很强（如歌唱家、钢琴师等），又称为专门的劳动能力。

劳动能力鉴定是指劳动者因工或非因工负伤以及患病后，劳动鉴定机构根据国家鉴定标准，运用有关政策和医学科学技术的方法、手段确定劳动者伤残程度和丧失劳动能力程度的一种综合评定。它是给予受伤害职工保险待遇的基础和前提条件，也是工伤保险管理工作的重要内容。

设区的市级劳动能力鉴定委员会应当自收到劳动能力鉴定申请之日起60日内作出劳动能力鉴定结论，必要时，作出劳动能力鉴定结论的期限可以延长30日。劳动能力鉴定结论应当及时送达申请鉴定的单位和个人。

申请鉴定的单位或者个人对设区的市级劳动能力鉴定委员会作出的鉴定结论不服的，可以在收到该鉴定结论之日起15日内向省、自治区、直辖市劳动能力鉴定委员会提出再次鉴定申请。省、自治区、直辖市劳动能力鉴定委员会作出的劳动能力鉴定结论为最终结论。第二十七条 劳动能力鉴定工作应当客观、公正。劳动能力鉴定委员会组成人员或者参加鉴定的专家与当事人有利害关系的，应当回避。

自劳动能力鉴定结论作出之日起1年后，工伤职工或者其直系亲属、所在单位或者经办机构认为伤残情况发生变化的，可以申请劳动能力复查鉴定。

申请劳动能力鉴定应提交的材料

1. 申报劳动能力鉴定所需的常规材料及要求。

（1）填写《劳动能力鉴定申请表》，表上贴上本人的一寸近期免冠照片，若有单位负责则压照片盖上单位公章；个人申请需提供单位名称、单位详细地址、单位联系人姓名及电话，并且当场通知单位联系人。

（2）工伤认定决定书原件及复印件。

（3）携带被鉴定人本人身份证原件复印件。

（4）提供完整连续的病历材料

其中，住院的需要提供住院病志原件（持患者本人身份证到医院病案室复印病志，同时加盖医院病案管理专用章之后即病志原件），原件被鉴定中心保留，再用可以再去病案室再提。

未住院的需提供急诊或门诊的病志原件并复印件、诊断书及辅助检查报告单原件并复印件，审核原件保留复印件。

2. 特殊伤病情况需额外提供的申报资料及要求。

（1）精神疾病需额外提供由专门的精神病医院开具的《医学精神病鉴定书》原件及复印件。

（2）智能损伤需提供智商、记忆商测定报告。

（3）听力受损需提供电测听、带值听觉诱发电位检测报告。

（4）工伤职业病需提供指定医院出具的《职业病诊断证明》。

多处伤残劳动能力的定级方法

多处伤残劳动能力的定级方法包括：

1. 对于统一器官或系统多处损伤的职工，或一个以上器官同时受到损伤时，应先对单项伤残程度进行鉴定。

2.如果几项伤残等级不同，以重者定级。

3.两项以上等级相同，最多晋升一级。

容易患职业病的常见职业

职业病是指由工作环境及工作所引起的疾病。因工作关系而过分劳累、食无定时、压力极大和睡眠不足等，而引致胃痛、失眠、轻微神经衰弱等，这些都已经属于职业病。

长期以来，因粉尘、放射污染和有毒、有害作业等导致打工者患职业病死亡、致残、部分丧失劳动能力的人数不断增加。职业病像个隐形杀手，给打工者的健康及生命造成严重威胁。另外，职业病治疗和康复费用昂贵，给劳动者、用人单位和国家造成严重的经济负担。

所以无论是打工者还是用人单位都应高度重视这个问题，正确认识和判断作业场所有哪些有害因素，并有效地控制、减少和消除他们，从而将职业病的危害降到最低。

职业司机和高级行政人员常患有胃病。

警察、邮差及售货员等工作时需要长时间站立的人，普遍都会有脚部酸痛，严重者更可能出现小腿静脉曲张。严重的小腿静脉曲张可能需要动手术。

喷漆、纺织、汽车修理及在行车道上从事收费工作的人，以及在矿场，玻璃厂，地盘或玉石打磨工场工作的人最易患上肺病，其中最普遍的是肺积尘病，以及较严重的石灰肺病（也称硅肺病）及石棉肺病。一旦患上石灰肺病，肺部组织会纤维化，肺功能及抵抗力亦因而变弱，从而引发肺结核等肺部疾病。至于石棉肺病则是长时期接触石棉产品而引起的，可能会演变成肺癌。

从事放射治疗的工作人员由于经常接触放射性物质可能会引起皮肤癌及血癌，也有可能因此影响生殖能力。

　　绝大部分职业病都是日积月累所致，所以要在日常工作中多注意健康，增强预防意识。

　　工作环境空气混浊就佩戴上口罩。

　　如果出现身体不适，应及时就诊，并向医生说明工作环境因素，利于医生的准确诊断。

职业病的种类

　　根据我国的经济发展水平，并参考国际上通行的做法，我国卫生部、劳动保险部文件（卫法监发[2002]108号）"关于印发《职业病目录》的通知"，颁布的法定职业病名单，分10类共115种，分别是：

　　1. 尘肺13种。有硅肺、煤工尘肺等。

　　2. 职业性放射病11种。有外照射急性放射病外、照射亚急性放射病、外照射慢性放射病、内照射放射病等。

　　3. 职业中毒56种。有铅及其化合物中毒、汞及其化合物中毒等。

　　4. 物理因素职业病5种。有中暑、减压病等。

　　5. 生物因素所致职业病3种。有炭疽、森林脑炎等。

　　6. 职业性皮肤病8种。有接触性皮炎、光敏性皮炎等。

　　7. 职业性眼病3种。有化学性眼部烧伤、电光性眼炎等。

　　8. 职业性耳鼻喉疾病3种。有噪声聋、铬鼻病。

　　9. 职业性肿瘤8种。有石棉所致肺癌、间皮癌，联苯胺所致膀胱癌等。

　　10. 其他职业病5种。有职业性哮喘、金属烟热等对职业病的诊断，应由省级以上人民政府卫生行政部门批准的医疗卫生机构承担。

可以认定为职业病的条件

　　《中华人民共和国职业病防治法》（2011年12月31日施行）规定，职业病是指企业、事业单位和个体经济组织等用人单位的劳动者在职业活动中，因接触粉尘、放射性物质和其他有毒、有害因素而引起的疾病。

一般来说，凡是符合法律规定的疾病才能称为职业病。

《中华人民共和国职业病防治法》规定，职业病必须具备四个条件：

1.患病主体是企业、事业单位或个体经济组织的劳动者。

2.必须是在从事职业活动的过程中产生的。

3.必须是因接触粉尘、放射性物质和其他有毒、有害物质等职业病危害因素引起的。

4.必须是国家公布的职业病分类和目录所列的职业病。

以上四个条件缺一不可。

我国政府规定，确诊的法定职业病必须向主管部门和同级卫生行政部门报告。

凡属法定职业病的患者，在治疗和休息期间及在确定为伤残或治疗无效死亡时，均应按工伤保险有关规定给予相应待遇。

用人单位在职业病的防治中应尽的义务

1.用人单位与劳动者订立劳动合同时，应当将工作过程中可能产生的职业病危害及其后果、职业病防护措施和待遇等如实告知劳动者。

2.用人单位不得安排未成年工从事接触职业病危害的作业；不得安排孕期、哺乳期的女职工从事对本人和胎儿、婴儿有危害的作业。

3.用人单位应当对劳动者进行职业卫生培训，督促劳动者遵守职业病防治法律、法规、规章和操作规程，指导劳动者正确使用职业病防护设备和个人使用的职业病防护用品。

4.对从事接触职业病危害作业的劳动者，用人单位应当按照国务院卫生行政部门的规定组织上岗前、在岗期间和离岗时的职业健康检查，并将检查结果如实告知劳动者。

5.用人单位对从事接触职业病危害的作业的劳动者，应当给予适当岗位津贴。

6.用人单位应当为劳动者建立职业健康监护档案，并按照规定的期限妥善保存。

7.发生或者可能发生急性职业病危害事故时，用人单位应当立即采取应急救援和控制措施，并及时报告所在地卫生行政部门和有关部门。

8.用人单位发现职业病病人或者疑似职业病病人时，应当及时向所在地卫生行政部门报告；确诊为职业病的，还应当向所在地劳动保障行政部门报告。

9.给予职业病病人法定待遇义务。

10.用人单位发生分立、合并、解散、破产等情形的，应当对从事接触职业病危害的作业的劳动者进行健康检查，并按照国家有关规定妥善安置职业病病人。

用人单位应在劳动合同中告知存在职业病危害的工作

《中华人民共和国职业病防治法》（经2001年10月27日九届全国人大常委会第24次会议通过；根据2011年12月31日十一届全国人大常委会第24次会议《关于修改〈中华人民共和国职业病防治法〉的决定》修正。自2011年12月31日起施行。）第三十四条规定：

用人单位与劳动者订立劳动合同（含聘用合同，下同）时，应当将工作过程中可能产生的职业病危害及其后果、职业病防护措施和待遇等如实告知劳动者，并在劳动合同中写明，不得隐瞒或者欺骗。

劳动者在已订立劳动合同期间因工作岗位或者工作内容变更，从事与所订立劳动合同中未告知的存在职业病危害的作业时，用人单位应当依照前款规定，向劳动者履行如实告知的义务，并协商变更原劳动合同相关条款。

用人单位违反前两款规定的，劳动者有权拒绝从事存在职业病危害的作业，用人单位不得因此解除与劳动者所订立的劳动合同。

中华人民共和国职业病防治法》（2011年12月31日起施行）提高了部

分违法行为的罚款数额，如订立或者变更劳动合同时未告知劳动者职业病危害真实情况的，可以在警告外并处五万元以上十万元以下的罚款，而原来的标准是二万元至五万元。

用人单位与劳动者在职业病防治中的共同责任

《中华人民共和国职业病防治法》（经2001年10月27日九届全国人大常委会第24次会议通过；根据2011年12月31日十一届全国人大常委会第24次会议《关于修改〈中华人民共和国职业病防治法〉的决定》修正。自2011年12月31日起施行。）明确提出在职业病防治中建立用人单位负责、行政机关监管、行业自律、职工参与和社会监督的机制。

法律增加规定，用人单位应当依照法律、法规要求，严格遵守国家职业卫生标准，落实职业病预防措施，从源头上控制和消除职业病危害；用人单位应当保障职业病防治所需的资金收入，不得挤占、挪用，并对因资金投入不足导致的后果承担责任；用人单位的主要负责人对本单位的职业病防治工作全面负责。

法律进一步明确了用人单位提供职业病诊断材料的责任，规定"用人单位应当如实提供职业病诊断、鉴定所需的劳动者职业史和职业病危害接触史、工作场所职业病危害因素检测结果等资料；安全生产监督管理部门应当监督检查和督促用人单位提供上述资料。

法律还进一步明确了对用人单位违反规定的处罚。

职业病病人应享受的法定待遇

《中华人民共和国职业病防治法》（2011年12月31日起施行）第五十七条规定：用人单位应当保障职业病病人依法享受国家规定的职业病待遇。

1.用人单位应当按照国家有关规定，安排职业病病人进行治疗、康复和定期检查。

2.用人单位对不适宜继续从事原工作的职业病病人，应当调离原岗位，并妥善安置。

3.用人单位对从事接触职业病危害的作业的劳动者，应当给予适当岗位津贴。

4.职业病病人的诊疗、康复费用，伤残以及丧失劳动能力的职业病病人的社会保障，按照国家有关工伤社会保险的规定执行。

5.职业病病人除依法享有工伤社会保险外，依照有关民事法律，尚有获得赔偿的权利的，有权向用人单位提出赔偿要求。

6.劳动者被诊断患有职业病，但用人单位没有依法参加工伤社会保险的，其医疗和生活保障由最后的用人单位承担；最后的用人单位有证据证明该职业病是先前用人单位的职业病危害造成的，由先前的用人单位承担。

7.职业病病人变动工作单位，其依法享有的待遇不变。

《中华人民共和国职业病防治法》（2011年12月31日起施行）第七条规定：用人单位必须依法参加工伤保险。国务院和县级以上地方人民政府劳动保障行政部门应当加强对工伤保险的监督管理，确保劳动者依法享受工伤保险待遇。

劳动者享有的职业卫生保护权利

《中华人民共和国职业病防治法》（2011年12月31日起施行）第四条规定：劳动者依法享有职业卫生保护的权利。

用人单位应当为劳动者创造符合国家职业卫生标准和卫生要求的工作环境和条件，并采取措施保障劳动者获得职业卫生保护。

工会组织依法对职业病防治工作进行监督，维护劳动者的合法权益。用人单位制定或者修改有关职业病防治的规章制度，应当听取工会组织的意见。

《中华人民共和国职业病防治法》（2011年12月31日起施行）第四十条规定：劳动者享有下列职业卫生保护权利：

（一）获得职业卫生教育、培训。

（二）获得职业健康检查、职业病诊疗、康复等职业病防治服务。

（三）了解工作场所产生或者可能产生的职业病危害因素、危害后果和应当采取的职业病防护措施。

（四）要求用人单位提供符合防治职业病要求的职业病防护设施和个人使用的职业病防护用品，改善工作条件。

（五）对违反职业病防治法律、法规以及危及生命健康的行为提出批评、检举和控告。

（六）拒绝违章指挥和强令进行没有职业病防护措施的作业。

（七）参与用人单位职业卫生工作的民主管理，对职业病防治工作提出意见和建议。

用人单位应当保障劳动者行使前款所列权利。因劳动者依法行使正当权利而降低其工资、福利等待遇或者解除、终止与其订立的劳动合同的，其行为无效。

女性职工特殊保护的法律规定

中华人民共和国国务院令第619号《女职工劳动保护特别规定》已经2012年4月18日国务院第200次常务会议通过，并于2012年4月28日公布施行。

第一条 为了减少和解决女职工在劳动中因生理特点造成的特殊困难，保护其健康，根据劳动法，制定本条例。

第二条 中华人民共和国境内的国家机关、企业、事业单位、社会团体、个体经济组织等单位（以下统称用人单位）及其女职工，适用本条例。

第三条 女职工禁忌劳动范围由本条例附录列示。女职工禁忌劳动范围需要调整的，由国家安全生产监督管理部门会同国务院卫生行政部门提出方案，报国务院批准、公布。

第四条　用人单位应当采取措施改善劳动安全卫生条件，对女职工进行劳动安全卫生知识培训。

用人单位应当加强女职工特殊劳动保护，不得安排女职工从事禁忌的劳动，将本单位属于女职工禁忌劳动范围的岗位书面告知女职工。

女性职工权益受侵害时应提出申诉

《女职工劳动保护特别规定》（2012年4月28日公布施行）第十四条规定：

用人单位违反本规定，侵害女职工合法权益的，女职工可以依法投诉、举报、申诉，依法向劳动人事争议调解仲裁机构申请调解仲裁，对仲裁裁决不服的，依法向人民法院提起诉讼。

对女职工在劳动过程中的特殊保护

《女职工劳动保护特别规定》（2012年4月28日公布施行）

附：女职工禁忌劳动范围

女职工禁忌从事的劳动范围：

1. 矿山井下作业。

2. 体力劳动强度分级标准中第四级体力劳动强度的作业。（Ⅳ级体力劳动　8小时工作日平均耗能值为11304.4千焦耳/人，劳动时间率为77%，即净劳动时间为370分钟，相当于"很重"强度劳动。）

3. 每小时负重6次以上、每次负重超过20千克的作业，或者间断负重、每次负重超过25千克的作业。

女工经期保护的规定

《女职工劳动保护特别规定》（2012年4月28日公布施行）附：女职工禁忌劳动范围

女职工在月经期间禁忌从事的劳动范围：

1.冷水作业分级标准中规定的第二级、第三级、第四级冷水作业。

2.低温作业分级标准中规定的第二级、第三级、第四级低温作业。

3.体力劳动强度分级标准中规定的第三级、第四级体力劳动强度的作业。

女工孕期保护的规定

《女职工劳动保护特别规定》（2012年4月28日公布施行）附：女职工禁忌劳动范围

女职工在怀孕期间禁忌从事的劳动范围：

1.作业场所空气中铅及其化合物、汞及其化合物、苯、镉、铍、砷、氰化物、氮氧化物、一氧化碳、二硫化碳、氯、乙内酰胺、氯丁二烯、氯乙烯、环氧乙烷、苯胺、甲醛等有毒物质浓度超过国家职业卫生标准的作业。

2.从事抗癌药物、己烯雌酚生产，接触麻醉剂气体等易导致流产或者胎儿发育畸形的作业。

3.非密封源放射性物质的操作，核事故与放射事故的应急处置。

4.高处作业分级标准中规定的高处作业。

5.冷水作业分级标准中规定的冷水作业。

6.低温作业分级标准中规定的低温作业。

7.高温作业分级标准中规定的第三级、第四级的作业。

8.噪声作业分级标准中规定的第三级、第四级的作业。

9. 体力劳动强度分级标准中规定的第三级、第四级体力劳动强度的作业。

10. 在密闭空间、高压室作业或者潜水作业，伴有强烈振动的作业，或者需要频繁弯腰、攀高、下蹲的作业。

女工产期保护的规定

《女职工劳动保护特别规定》（2012年4月28日公布施行）关于女工产期保护的规定如下：

第七条　女职工生育享受98天产假，其中产前可以休假15天；难产的，增加产假15天；生育多胞胎的，每多生育1个婴儿，增加产假15天。

女职工怀孕未满4个月流产的，享受15天产假；怀孕满4个月流产的，享受42天产假。

第八条　女职工产假期间的生育津贴，对已经参加生育保险的，按照用人单位上年度职工月平均工资的标准由生育保险基金支付；对未参加生育保险的，按照女职工产假前工资的标准由用人单位支付。

女职工生育或者流产的医疗费用，按照生育保险规定的项目和标准，对已经参加生育保险的，由生育保险基金支付；对未参加生育保险的，由用人单位支付。

女工哺乳期保护的规定

《女职工劳动保护特别规定》（2012年4月28日公布施行）附：女职工禁忌劳动范围

女职工在哺乳期间禁忌从事的劳动范围：

1. 怀孕期间禁忌从事的劳动范围的第一项、第九项。

2. 怀孕期间禁忌从事的劳动范围的第三项。

3.作业场所空气中锰、氟、溴、甲醇、有机磷化合物、有机氯化合物等有毒化学物质的浓度超过国家职业卫生标准的作业。

第九条　对哺乳未满1周岁婴儿的女职工,用人单位不得延长劳动时间或者安排夜班劳动。

用人单位应当在每天的劳动时间内为哺乳期女职工安排1小时哺乳时间;女职工生育多胞胎的,每多哺乳1个婴儿每天增加1小时哺乳时间。

第十条　女职工比较多的用人单位应当根据女职工的需要,建立女职工卫生室、孕妇休息室、哺乳室等设施,妥善解决女职工在生理卫生、哺乳方面的困难。

用人单位违反女职工特殊保护规定应承担法律责任

《女职工劳动保护特别规定》(2012年4月28日公布施行)第六条第二款规定:

对怀孕7个月以上的女职工,用人单位不得延长劳动时间或者安排夜班劳动,并应当在劳动时间内安排一定的休息时间。

第七条第一款规定:

女职工生育享受98天产假,其中产前可以休假15天;难产的,增加产假15天;生育多胞胎的,每多生育1个婴儿,增加产假15天。

第九条第一款规定:

对哺乳未满1周岁婴儿的女职工,用人单位不得延长劳动时间或者安排夜班劳动。

第十三条　用人单位违反本规定第六条第二款、第七条、第九条第一款规定的,由县级以上人民政府人力资源社会保障行政部门责令限期改正,按照受侵害女职工每人1000元以上5000元以下的标准计算,处以罚款。

用人单位违反本规定附录第一条(女职工禁忌从事的劳动范围)、第二条(女职工在月经期间禁忌从事的劳动范围)规定的,由县级以上人民政府安全生产监督管理部门责令限期改正，按照受侵害女职工每人1000元以上5000元以下的标准计算，处以罚款。用人单位违反本规定附录第三条（女职工在怀孕期间禁忌从事的劳动范围）、第四条（女职工在哺乳期间禁忌从事的劳动范围）规定的，由县级以上人民政府安全生产监督管理部门责令限期治理，处5万元以上30万元以下的罚款；情节严重的，责令停止有关作业，或者提请有关人民政府按照国务院规定的权限责令关闭。

第十四条 用人单位违反本规定，侵害女职工合法权益的，女职工可以依法投诉、举报、申诉，依法向劳动人事争议调解仲裁机构申请调解仲裁，对仲裁裁决不服的，依法向人民法院提起诉讼。

第十五条 用人单位违反本规定，侵害女职工合法权益，造成女职工损害的，依法给予赔偿；用人单位及其直接负责的主管人员和其他直接责任人员构成犯罪的，依法追究刑事责任。

参加生育保险可以得到的待遇

根据《吉林省城镇职工生育保险办法》相关法律规定，只要职工依法参加了城镇职工基本医疗保险，无论是企业职工还是灵活就业人员，就等同于同时参加了生育保险。

《吉林省城镇职工生育保险办法》（2006年1月1日施行）第三章 生育保险待遇规定：

第十二条 用人单位女职工生育或中止妊娠，在下列休假时间内，享受生育津贴：

（一）女职工生育休假为90天；难产的，增加休假15天；多胞胎生育的，每多生育1个婴儿，增加休假15天；晚育的，增加休假30天。

（二）女职工怀孕8周以下（含8周）中止妊娠的，休假21天；怀孕8周以上16周以下（含16周）中止妊娠的，休假30天；怀孕16周以上28周以下（含28周）中止妊娠的，休假42天；怀孕28周以上中止妊娠的，休假90天。生育津贴标准按照女职工所在用人单位上年度职工月平均工资（有雇工的个体工商户按照所在统筹地区上年度职工月平均工资）计发，从生育保险基金中支付。生育津贴低于女职工本人工资标准的，差额部分由用人单位补足。

机关和财政全额拨款事业单位女职工生育或中止妊娠，不享受生育津贴，休假期间工资由用人单位照发。

第十三条　女职工在妊娠期、分娩期、产褥期内，因生育所发生的检查费、接生费、手术费、住院费、药费等生育医疗费用，从生育保险基金中支付。

女职工因生育引起并发症的，治疗并发症的医疗费用，或者休假期间治疗其他疾病的医疗费用，按照基本医疗保险有关规定执行。

生育保险基金支付生育医疗费用，实行定额补贴办法。统筹地区劳动保障部门应当会同财政、人口与计划生育、卫生等部门，对本条第一款所规定的医疗费用制定具体支付项目和定额补贴标准。

第十四条　职工实施下列计划生育手术所发生的医疗费用，从生育保险基金中支付：

（一）实施长效节育手术的。

（二）放置或者取出宫内节育器的。

（三）符合国家和省计划生育规定，实施长效节育手术后，又实施复通手术的。

（四）中止妊娠的，但违反国家和省计划生育规定无正当理由自行中止妊娠的除外。

因施行前款规定的计划生育手术引起并发症的，治疗并发症发生的医疗费，由施术单位承担。

职工生育或者实施计划生育手术，因医疗事故发生的医疗费用，胚胎移植的医疗费用，违反国家和省计划生育规定生育或者实施生育手术的医疗费用，生育保险基金不予支付。生育保险基金支付计划生育手术医疗费用，实行定额补贴办法。统筹地区劳动保障部门应当会同财政、人口与计划生育、卫生等部门,对本条第一款所规定的计划生育手术医疗费用制定具体支付项目和定额补贴标准。

第十五条 对符合《吉林省城镇计划生育家庭独生子女父母退休后奖励实施意见》规定的奖励对象条件的职工,所在单位参加生育保险并连续缴纳生育保险费的独生子女父母退休后应享受的一次性2000元的奖励费,从生育保险基金中支付500元。

第十六条 男职工的配偶无工作单位,符合国家和省计划生育规定,生育或者实施计划生育手术所发生的医疗费用,按照男职工所在统筹地区生育医疗费、计划生育手术费定额补贴标准的50%,从生育保险基金中支付。

童工、未成年工的概念

依照中国《劳动法》定义,童工是指未满16周岁,与单位或者个人发生劳动关系从事有经济收入的劳动或者从事个体劳动的少年、儿童。

未成年工是已满16周岁未满18周岁的劳动者。

国家严令禁止用人单位招用未满16周岁的童工。

如果用人单位非法招用未满16周岁的童工的,由劳动行政部门责令改正,处以罚款;情节严重的,由工商行政管理部门吊销营业执照。

使用童工的单位或者个人应承担经济责任

《禁止使用童工规定》(2002年12月1日起施行)规定:

第六条 用人单位使用童工的,由劳动保障行政部门按照每使用一名童工每月处5000元罚款的标准给予处罚;在使用有毒物品的作业场所使用童工的,按照《使用有毒物品作业场所劳动保护条例》规定的罚款幅度,或者按照每使用一名童工每月处5000元罚款的标准,从重处罚。劳动保障行政部门并应当责令用人单位限期将童工送回原居住地交其父母或者其他监护人，所需交通和食宿费用全部由用人单位承担。

用人单位经劳动保障行政部门依照前款规定责令限期改正，逾期仍不将童工送交其父母或者其他监护人的，从责令限期改正之日起，由劳动保障行政部门按照每使用一名童工每月处1万元罚款的标准处罚，并由工商行政管理部门吊销其营业执照或者由民政部门撤销民办非企业单位登记；用人单位是国家机关、事业单位的，由有关单位依法对直接负责的主管人员和其他直接责任人员给予降级或者撤职的行政处分或者纪律处分。

第七条　单位或者个人为不满16周岁的未成年人介绍就业的，由劳动保障行政部门按照每介绍一人处5000元罚款的标准给予处罚；职业中介机构为不满16周岁的未成年人介绍就业的，并由劳动保障行政部门吊销其职业介绍许可证。

第八条　用人单位未按照本规定第四条的规定保存录用登记材料，或者伪造录用登记材料的，由劳动保障行政部门处1万元的罚款。

第九条　无营业执照、被依法吊销营业执照的单位以及未依法登记、备案的单位使用童工或者介绍童工就业的，依照本规定第六条、第七条、第八条规定的标准加一倍罚款，该非法单位由有关的行政主管部门予以取缔。

第十条　童工患病或者受伤的，用人单位应当负责送到医疗机构治疗，并负担治疗期间的全部医疗和生活费用。

童工伤残或者死亡的，用人单位由工商行政管理部门吊销营业执照或者由民政部门撤销民办非企业单位登记；用人单位是国家机关、事业单位的，由有关单位依法对直接负责的主管人员和其他直接责任人员给予降级或者撤职的行政处分或者纪律处分；用人单位还应当一次性地对伤残的童工、死亡童工的直系亲属给予赔偿，赔偿金额按照国家工伤保险的有关规定计算。

第十一条　拐骗童工，强迫童工劳动，使用童工从事高空、井下、放射性、高毒、易燃易爆以及国家规定的第四级体力劳动强度的劳动，使用不满14周岁的童工，或者造成童工死亡或者严重伤残的，依照刑法关于拐卖儿童罪、强迫劳动罪或者其他罪的规定，依法追究刑事责任。

用人单位不得安排未成年工从事的劳动范围

针对未成年工处于生长发育期的特点，以及接受义务教育的需要，《未成年工特殊保护规定》（1994年12月9日 劳部发[1994]498号）制定了未成年工的特殊保护，其主要内容有：

第三条 用人单位不得安排未成年工从事以下范围的劳动：

（一）《生产性粉尘作业危害程度分级》国家标准中第一级以上的接尘作业。

（二）《有毒作业分级》国家标准中第一级以上的有毒作业。

（三）《高处作业分级》国家标准中第二级以上的高处作业。

（四）《冷水作业分级》国家标准中第二级以上的冷水作业。

（五）《高温作业分级》国家标准中第三级以上的高温作业。

（六）《低温作业分级》国家标准中第三级以上的低温作业。

（七）《体力劳动强度分级》国家标准中第四级体力劳动强度的作业。

（八）矿山井下及矿山地面采石作业。

（九）森林业中的伐木、流放及守林作业。

（十）工作场所接触放射性物质的作业。

（十一）有易燃易爆、化学性烧伤和热烧伤等危险性大的作业。

（十二）地质勘探和资源勘探的野外作业。

（十三）潜水、涵洞、涵道作业和海拔三千米以上的高原作业（不包括世居高原者）。

（十四）连续负重每小时在六次以上并每次超过二十千克，间断负重每次超过二十五千克的作业。

（十五）使用凿岩机、捣固机、气镐、气铲、铆钉机、电锤的作业。

（十六）工作中需要长时间保持低头、弯腰、上举、下蹲等强迫体位和动作频率每分钟大于五十次的流水线作业。

（十七）锅炉司炉。

未成年工患有某种疾病或具有某些生理缺陷（非残疾型）时，用人单位不得安排其从事的工种

《未成年工特殊保护规定》（1994年12月9日 劳部发〔1994〕498号）规定：

第四条 未成年工患有某种疾病或具有某些生理缺陷（非残疾型）时，用人单位不得安排其从事以下范围的劳动：

（一）《高处作业分级》国家标准中第一级以上的高处作业。

（二）《低温作业分级》国家标准中第二级以上的低温作业。

（三）《高温作业分级》国家标准中第二级以上的高温作业。

（四）《体力劳动强度分级》国家标准中第三级以上体力劳动强度的作业。

（五）接触铅、苯、汞、甲醛、二硫化碳等易引起过敏反应的作业。

第五条 患有某种疾病或具有某些生理缺陷（非残疾型）的未成年工，是指有以下一种或一种以上情况者：

（一）心血管系统

1.先天性心脏病。

2.克山病。

3.收缩期或舒张期二级以上心脏杂音。

（二）呼吸系统

1.中度以上气管炎或支气管哮喘。

2.呼吸音明显减弱。

3.各类结核病。

4.体弱儿，呼吸道反复感染者。

（三）消化系统

1.各类肝炎。

2.肝、脾肿大。

3.胃、十二指肠溃疡。

4.各种消化道疝。

（四）泌尿系统

1.急、慢性肾炎。

2.泌尿系感染。

（五）内分泌系统

1.甲状腺功能亢进。

2.中度以上糖尿病。

（六）精神神经系统

1.智力明显低下。

2.精神忧郁或狂暴。

（七）肌肉、骨骼运动系统

1.身高和体重低于同龄人标准。

2.一个及一个以上肢体存在明显功能障碍。

3.躯干四分之一以上部位活动受限，包括强直或不能旋转。

（八）其他

1.结核性胸膜炎。

2.各类重度关节炎。

3.血吸虫病。

4.严重贫血，其血色素每升低于九十五克（<9.5g/dL）。

用人单位违反未成年工特殊保护规定应承担的法律责任

《未成年工特殊保护规定》（1994年12月9日　劳部发[1994]498号）规定了用人单位对未成年工特殊保护应承担的法律责任：

第六条　用人单位应按下列要求对未成年工定期进行健康检查：

（一）安排工作岗位之前。

（二）工作满一年。

（三）年满十八周岁，距前一次的体检时间已超过半年。

第七条　未成年工的健康检查，应按本规定所附《未成年工健康检查表》列出的项目进行。

第八条　用人单位应根据未成年工的健康检查结果安排其从事适合的劳动，对不能胜任原劳动岗位的，应根据医务部门的证明，予以减轻劳动量或安排其他劳动。

第九条　对未成年工的使用和特殊保护实行登记制度。

（一）用人单位招收使用未成年工，除符合一般用工要求外，还须向所在地的县级以上劳动行政部门办理登记。劳动行政部门根据《未成年工健康检查表》、《未成年工登记表》，核发《未成年工登记证》。

（二）各级劳动行政部门须按本规定第三、四、五、七条的有关规定，审核体检情况和拟安排的劳动范围。

（三）未成年工须持《未成年工登记证》上岗。

（四）《未成年工登记证》由国务院劳动行政部门统一印制。

第十条　未成年工上岗前用人单位应对其进行有关的职业安全卫生教育、培训；未成年工体检和登记，由用人单位统一办理和承担费用。

进城务工者的基本权利和基本义务

1. 根据《中华人民共和国劳动法》（1995年1月1日起施行，2009年8月27日修正）的规定，劳动者享有以下权利：

第三条　劳动者享有平等就业和选择职业的权利（编者注：平等就业权是指劳动者在就业方面一律平等，不因民族、种族、性别、宗教信仰不同而受歧视。选择职业权是指劳动者在就业时，有权根据自己的兴趣和愿望来选择职业，不受外在力量的强迫。）、取得劳动报酬的权利、休息休假的权利、获得劳动安全卫生保护的权利、接受职业技能培训的权利、享受社会保险和福利的权利、提请劳动争议处理的权利以及法律规定的其他劳动权利。

第七条 劳动者有权依法参加和组织工会。

第八条 劳动者依照法律规定，通过职工大会、职工代表大会或者其他形式，参与民主管理或者就保护劳动者合法权益与用人单位进行平等协商。

2.进城务工者应履行的基本义务：

（1）遵守国家计划生育政策。

（2）遵守国家法律法规和城市管理条例。

（3）维护公共秩序，遵守社会公德。

（4）爱护公共财产，维护国家利益。

（5）依法纳税。

怎样避免自己的合法权益受到侵犯

一些法律意识淡薄的打工者认为，在单位上班，拿单位的工资，理应听单位的安排。即使有的打工者知道自己的权利受到侵犯，也不愿去维护，而是默默接受。他们总觉得自己在这陌生的城市，势单力薄，就算打官司也很难打赢，打官司过程中的一些繁琐事务及昂贵的费用更是让他们望而生畏。

如果劳动者不积极主动地维护自身合法权益，就会使自身的权益受到进一步的损害，甚至扩大。

要避免自己的合法权益受到侵犯，应注意以下几点：

1.学会用法律来协调人与人之间的关系。进城务工者尤其应该了解一些跟务工密切相关的法律知识，例如《劳动法》、《合同法》、《违反和解除劳动合同的经济补偿办法》等。这样才能清楚地了解应享有的权利和应承担的义务用人单位侵犯务工者合法权益后应承担的法律责任、如何处理劳动争议等内容。

2.未雨绸缪，做好防范，签订劳动合同。务工者应当按照劳动合同的必备条款与用人单位进行仔细协商，避免可能侵犯自己正当权益的条款，并兼顾双方利益，达成共识后再签字。

3.合同签订后要妥善保存，防止损坏和丢失。

用人单位侵犯农民工权益应承担的责任

1.用人单位侵害劳动者工资权益的行为：

（1）克扣或无故拖欠劳动者工资。

（2）拒不支付劳动者延长工作时间的工资报酬。

（3）低于当地最低工资标准支付劳动者工资。

（4）解除劳动合同后，未依照法律法规给付劳动者经济补偿等。

2.用人单位有上述侵犯行为的，应承担以下法律责任：

（1）用人单位应按下列标准支付劳动者工资报酬，并给予劳动者经济补偿：

用人单位克扣或无故拖欠劳动者工资的，以及拒不支付劳动者延长工作时间的工资报酬的除在规定时间内全额支付劳动者工资报酬外，还需加发相当于工资报酬的25%经济补偿金。

用人单位支付劳动者的工资报酬低于当地最低工资标准的，要在补足低于标准部分的同时，另外支付相当于低于部分的25%的经济补偿金。

用人单位解除劳动合同后，未依照法律法规给付劳动者经济补偿的，除全额发给经济补偿外，还须按经济补偿数额的25%支付额外的经济补偿金。

（2）劳动保障部门还可责令用人单位按相当于支付劳动者工资报酬、经济补偿总和的1—5倍支付劳动者赔偿金。

几种常见的维权途径

当自己的合法权益受到侵犯时，劳动者要能够勇于维护自己的合法权益。但是一定要走正规途径，采取合法手段，依靠法律解决自己的问题。千万不能一时冲动，采用过激的、违法的手段来讨说法、讨公道。

通常情况下，打工者在与用人单位发生劳动争议时，可以通过协商、调解、仲裁、诉讼等途径进行维权。此外，还可以通过电话、信访、上访等形式，向各级工会组织和劳动监察机构投诉、举报。

如果每位打工者都能在自己的权益受到侵犯时，勇敢地站出来进行维护，慢慢便会形成一个良好的社会风气，那些违法用人单位将再无容身之处。

关于维权时限的规定

打工者在通过法律途径维护自身权益，或者申请工伤认定、职业病诊断与鉴定时，一定要注意不能超过法律规定的时限。如果越过了法定时限，有关申请可能不会被受理，致使自身权益难以得到保护。

1.申请劳动争议仲裁的，应当在劳动争议发生之日（即你的合法权益被侵害的当天）起60日内向劳动争议仲裁委员会申请仲裁。

2.对劳动争议仲裁裁决不服提起诉讼的，应自收到仲裁裁决书之日起15日内，向人民法院提起沂讼。

3.申请工伤认定的，所在单位应自事故伤害发生之日或被诊断、鉴定为职业病之日起30日内，向统筹地区劳动保障行政部门提出工伤认定申请。遇有特殊情况，经报劳动保障行政部门同意，申请时限可以适当延长。用人单位未按规定提出工伤认定申请的，工伤职工或其直属亲属、工会组织在事故伤害发生之日或被诊断、鉴定为职业病之日起1年内，可以直接向用人单位所在地统筹地区劳动保障行政部门提出工伤认定申请。

工作中如何保留证据

在维权的过程中，如果打工者不能提供有力证据，事实就难以认定，可能在一定程度上影响自身的权益。因此，在平时的工作中，大家应注意保留下列证据：

1.注意保存"工作证"、"服务证"、考勤记录等工作证据。

2.注意保存你曾经填写过的用人单位招工招聘"登记表"、"报名表"等招聘录用的记录。

3.注意保存与用人单位签订的劳动合同、工资支付凭证或记录、缴纳各项社会保险费的记录。

4.注意保存职业中介机构的收费单据之类的来源于其他主体的证据。

5.注意保存来源于有关社会机构的证据，如发生工伤或职业病后的医疗诊断证明或者职业病诊断证明书、职业病诊断鉴定书、向劳动保障行政部门寄出举报材料等的邮局回执。

6.注意保存来源于劳动保障部门的证据，按劳动保障部门告知投诉受理结果或查处结果的通知书。

没有签订劳动合同权益受损的解决办法

1.用人单位招用劳动者，如果未订立书面劳动合同，但同时具备下列情形的，劳动关系成立：

（1）用人单位和劳动者符合法律规定的主体资格。

（2）用人单位依法制定的各项劳动规章制度适用于劳动者，劳动者受用人单位的劳动管理，从事用人单位安排的有报酬的劳动。

（3）劳动者提供的劳动是用人单位业务的组成部分。

2.除此之外，还可参照下列情况认定劳动关系：

（1）工资支付凭证或职工工资表。

（2）工作证、服务证等能证明身份的证件。

（3）登记表、报名表等招用记录。

（4）考勤记录。

（5）其他劳动者的证言。

3.《劳动合同法》相关规定：

第十条 建立劳动关系，应当订立书面劳动合同。

已建立劳动关系，未同时订立书面劳动合同的，应当自用工之日起一个月内订立书面劳动合同。

第八十二条 用人单位自用工之日起超过一个月不满一年未与劳动者订立书面劳动合同的，应当向劳动者每月支付二倍的工资。

第四十七条 经济补偿按劳动者在本单位工作的年限，每满一年支付一个月工资的标准向劳动者支付。六个月以上不满一年的，按一年计算；不满六个月的，向劳动者支付半个月工资的经济补偿。

哪些手段不能用来维护劳动者自身的合法权利

当自己的权益受到侵害，比如不能按时拿到工资、别人欠债不还等情况时，一定要依靠法律解决自己的问题。千万不能一时冲动，采用过激的违法手段去追讨。

例如，有的人为了讨要工资，以上塔顶、爬楼顶等不恰当方式，寻求解决问题，往往是问题得不到解决，还可能要受到治安管理方面的行政处罚。

更有甚者，有些法制观念淡薄的人采取绑架、非法拘禁、故意伤害等触犯刑法的方式寻求解决问题，殊不知上述行为都是严重的违法犯罪行为，要受到法律的严惩，使自己从一名受害人沦为罪犯。

工会的职能

工会是职工自愿结合的工人阶级的群众组织。中华全国总工会及其各工会组织代表职工的利益，依法维护职工的合法权益。

当前一些企业无视职工的劳动条件与安全，随意延长劳动时间、克扣职工工资、不提供劳动安全保护，甚至限制职工人身自由，严重侵犯了职工的合法权益，以致引发恶性安全事故和职工群体性事件，影响社会稳定。对此，工会有责任及时反映情况，并代表职工与企业方面就维护职工劳动权益的问题进行交涉，使企业予以纠正，避免矛盾进一步激化，维护改革发展稳定的大局。

工会主要有以下几方面的职能：

1. 维护职工合法权益是工会的基本职责。工会在维护全国人民总体利益的同时，代表和维护职工的合法权益。

2. 工会通过平等协商和集体合同制度，协调劳动关系；维护企业职工劳动权益。

3. 工会依照法律规定通过职工代表大会或者其他形式，组织职工参与本单位的民主决策、民主管理和民主监督。

4. 工会必须密切联系职工，听取和反映职工的意见和要求，关心职工的生活，帮助职工解决困难，全心全意为职工服务。

工会组织对务工者的常见社会救助

"职工有困难找工会"，"农民工有困难找工会"，是全总贯彻中央领导同志重要批示精神提出的口号。"有困难找工会"并不是说工会可以包打天下，一揽子解决职工、农民工所面临的各种困难和问题。工会对职工、农民工困难的受理和帮助，重在深入了解、及时掌握、积极反映，以期求得各级党政的重视，这也就是我们通常说的，要当好"第一知情人、第一报告人、第一帮助人"，使职工、农民工的合理诉求，通过正常的渠道最终走向得以解决的归宿，同时要极力做好法律援助、紧急救助工作。

劳动者有参加工会的权利和自由

在中国境内的企业、事业单位、机关中以工资收入为主要生活来源的体力劳动者和脑力劳动者，不分民族、种族、性别、职业、宗教信仰、教育程度，都有依法参加和组织工会的权利。任何组织和个人不得阻挠和限制。

阻挠职工依法参加和组织工会或者阻挠上级工会帮助、指导职工筹建工会的，由劳动行政部门责令其改正；拒不改正的，由劳动行政部门提请县级以上人民政府处理；以暴力、威胁等手段阻挠造成严重后果，构成犯罪的，依法追究刑事责任。

法律援助的含义

法律援助是国家对某些经济困难或特殊案件的当事人给予提供法律帮助并免收法律服务费用的一项法律保障制度，具体由县级以上人民政府设立的法律援助机构组织法律援助人员实施。

法律援助机构是负责组织、指导、协调、监督及实施本地区法律援助工作的机构，统称"法律援助中心"。司法部设立法律援助中心，指导和协调全国的法律援助工作。各级司法行政机关要积极向党委、政府报告，争取有关部门的支持，尽快设立法律援助中心，指导、协调、组织本地区的法律援助工作。未设立法律援助中心的地方，由司法局指派人员代行法律援助中心职责。律师事务所、公证处、基层法律服务机构在本地区法律援助中心的统一协调下，实施法律援助。其他团体、组织、学校开展的法律援助活动，由所在地法律援助中心指导和监督。

进城务工者请求支付劳动报酬时，因经济困难而没有委托代理人的，可以向支付劳动报酬的义务人所在地的法律援助机构提出申请，法律援助机构可以代理受援人参与调解或和解、仲裁活动。

法律援助的范围

公民有下列事项，因经济困难没有委托代理人或辩护人的，可以申请法律援助或由人民法院指定辩护：

1.依法请求国家赔偿的。

2.请求给予社会保险待遇或者最低生活保障待遇的。

3.请求发给抚恤金、救济金的。

4.请求给付赡养费、抚养费、扶养费的。

5.请求支付劳动报酬的。

6.主张因见义勇为行为产生的民事权益的。

法律援助的常见形式

法律援助的常见形式有：

1.刑事辩护和刑事代理。

2.民事、行政诉讼代理。

3.非诉讼法律事务代理。

4.公证证明。

5.法律咨询、代拟法律文书。

6.其他形式的法律服务。

申请法律援助需要提交的材料

申请法律援助需要提交以下材料：

1.居民身份证、户籍证明或暂住证。

2.街道（乡镇）、劳动部门和有关单位出具的申请人及其家庭成员经济状况证明。

3.申请援助事项的基本情况以及有关的案情材料。

4.法院或仲裁机构的立案通知书。

5.法律援助中心要求提供的其他材料。

在刑事诉讼中可以向法律援助机构申请法律援助的情形

1.犯罪嫌疑人在被侦查机关第一次询问后或者采取强制措施之日起，因经济困难没有聘请律师的。

2.公诉案件中的被害人及其法定代理人或者近亲属，自案件移送审查起诉之日起，因经济困难没有委托诉讼代理人的。

3.自诉案件的自诉人及其法定代理人，自案件被人民法院受理之日起，因经济困难没有委托诉讼代理人的。

4.公诉人出庭公诉的案件，被告人因经济困难或者其他原因没有委托辩护人，人民法院为被告人指定辩护时，法律援助机构应当提供法律援助。

5.被告人是盲、聋、哑人或者未成年人而没有委托辩护人的，或者被告人可能被判处死刑而没有委托辩护人的，人民法院为被告人指定辩护时，法律援助机构应当提供法律援助，无须对被告人进行经济状况的审查。

应当向哪个地方的法律援助机构申请法律援助

1.已立案的刑事、民事、行政等诉讼案件，由有管辖权的人民法院所在地同级法律援助中心受理。

2.不需经法院解决的非诉讼法律事务，由申请人所在地或工作单位所在地的法律援助中心受理。

3.两个或两个以上法律援助中心对同一案件均有管辖权的，由最先接受申请的援助中心管辖。

在哪里可以找到法律援助机构

法律援助机构按照国家、省、市、县（区）四级设置，目前大多数省的省、市、县（区）三级法律援助机构已经基本全部建立。法律援助工作网络已经覆盖到乡镇。需要法律援助的公民不仅可以到省、市、县（区）级的法律援助机构申请法律援助，而且可以就近在乡镇司法所法律援助工作站获得相关的法律援助。

劳动争议的概念

劳动关系当事人之间因劳动的权利与义务发生分歧而引起的争议，又称劳动纠纷。其中有的属于既定权利的争议，即因适用劳动法和劳动合同、集体合同的既定内容而发生的争议。有的属于要求新的权利而出现的争议，是因制定或变更劳动条件而发生的争议。

劳动争议按照不同的标准，可划分为以下几种：

1.按照劳动争议当事人人数多少的不同，可分为个人劳动争议和集体劳动争议。个人劳动争议是劳动者个人与用人单位发生的劳动争议；集体劳动争议是指劳动者一方当事人在3人以上，有共同理由的劳动争议。

2.按照劳动争议的内容，可分为：因履行劳动合同发生的争议；因履行集体合同发生的争议；因企业开除、除名、辞退职工和职工辞职、自动离职发生的争议；因执行国家有关工作时间和休息休假、工资、保险、福利、培训、劳动保护的规定发生的争议等。

3.按照当事人国籍的不同，可分为国内劳动争议与涉外劳动争议。国内劳动争议是指我国的用人单位与具有我国国籍的劳动者之间发生的劳动争议；涉外劳动争议是指具有涉外因素的劳动争议，包括我国在国（境）外设立的机构与我国派往该机构工作的人员之间发生的劳动争议、外商投资企业的用人单位与劳动者之间发生的劳动争议。

劳动者与用人单位发生劳动争议怎么办

　　劳动者与用人单位因订立、履行、变更、解除或者终止劳动合同发生争议的，可以依照《中华人民共和国劳动争议调解仲裁法》的规定向劳动争议仲裁机构申请仲裁。《中华人民共和国劳动争议调解仲裁法》已于2008年5月1日正式施行，劳动者与用人单位因订立、履行、变更、解除或者终止劳动合同发生争议的，既可以申请调解，也可以申请仲裁。

异地的劳动争议处理方法

　　劳动争议的地域管辖又称地区管辖，以行政区域作为确定劳动仲裁管辖范围的标准。地域管辖又分为三种：

　　1. 一般地域管辖。指按照发生劳动争议的行政区域确定案件的管辖，这是最常见的方式。

　　2. 特殊地域管辖。指法律法规特别规定当事人之间的劳动争议由某地的劳动争议仲裁委员会管辖，如发生劳动争议的企业与职工不在同一个仲裁委员会管辖地区的，由工资关系所在地的仲裁委员会管辖。

　　3. 专属管辖。指法律法规规定某类劳动争议只能由特定的劳动仲裁委员会管辖，如在我国境内履行于国（境）外劳动合同发生的劳动争议，只能由合同履行地仲裁委员会管辖；又如，一些地方规定外商投资企业由设区的市一级劳动仲裁委员会管辖。

劳动争议处理的主要程序

　　劳动关系当事人之间因劳动的权利与义务发生分歧而引起的争议，又称劳动纠纷。按照相关法律法规，主要程序如下：

1.劳动争议协商。

（1）劳动争议发生后，当事人可以和本单位进行劳动争议协商。

（2）协商不成，当事人可以向本单位劳动争议调解委员会申请调解。

2.劳动争议调解.

劳动者可以先向企业所在地的乡镇、街道办事处人民调解组织、劳动争议调解组织申请处理或向企业已设立的劳动争议调解组织申请处理。

劳动争议调解委员会调解劳动争议的步骤如下：

（1）申请。

（2）受理。

（3）调查。

（4）调解。

（5）制作调解协议书。

3.劳动争议仲裁。

调解不成，当事人一方要求仲裁的，可以向劳动争议仲裁委员会申请仲裁。仲裁也称公断，是一个公正的第三者对当事人之间的争议作出评断。

仲裁委员会应当自收到申诉书之日起7日内作出受理或者不予受理的决定。

仲裁委员会决定受理的，应当自作出决定之日起7日内将申诉书的副本送达被诉人，并组成仲裁庭。

决定不予受理的，应当说明理由，并自作出决定之日起7日内制作不予受理通知书送达申诉人。

仲裁庭在作出裁决前，应当先行调解。调解达成协议的，仲裁庭应当制作调解书。调解书应当写明仲裁请求和当事人协议的结果。调解书由仲裁员签名，加盖劳动争议仲裁委员会印章，送达双方当事人。调解书经双方当事人签收后，发生法律效力。调解不成或者调解书送达前，一方当事人反悔的，仲裁庭应当及时作出裁决。

4.劳动争议诉讼。

劳动争议诉讼是人民法院按照民事诉讼法规的程序，以劳动法规为依据，按照劳动争议案件进行审理的活动。

自收到仲裁裁决书之日起十五后不起诉的，裁决书发生法律效力。

当事人对发生法律效力的调解书、裁决书，应当依照规定的期限履行。一方当事人逾期不履行的，另一方当事人可以依照民事诉讼法的有关规定向人民法院申请执行。受理申请的人民法院应当依法执行。

劳动争议诉讼一般由这样几个阶段组成：

（1）起诉、受理阶段。

（2）调查取证阶段。

（3）进行调解阶段。

（4）开庭审理阶段。

（5）判决执行阶段。

劳动仲裁的概念

劳动仲裁是指由劳动争议仲裁委员会对当事人申请仲裁的劳动争议居中公断与裁决。在我国，劳动仲裁是劳动争议当事人向人民法院提起诉讼的必经程序。按照《劳动争议调解仲裁法》规定，提起劳动仲裁的一方应在劳动争议发生之日起一年内向劳动争议仲裁委员会提出书面申请。除非当事人是因不可抗力或有其他正当理由，否则超过法律规定的申请仲裁时效的，仲裁委员会不予受理。

申请劳动争议仲裁的条件

劳动争议调解达不成协议。可以申请劳动争议仲裁。当事人申请仲裁应具备以下条件：

1. 申诉人必须是与申请仲裁的劳动争议有直接利害关系的劳动者。

2. 申请仲裁的争议必须是劳动争议。如果不是劳动争议，而是民事、经济纠纷，或者是劳动保障行政纠纷，仲裁委员会将不予受理。

3. 申请仲裁的劳动争议必须属于仲裁委员会的受案范围。

4.必须向有仲裁权的仲裁委员会申请仲裁。

5.有明确的被诉人和具体的仲裁请求及事实依据。

6.除非遇到不可抗力或有其他正当理由，申请仲裁必须在规定的时效内。

7.申请书及相关材料备齐并符合要求。

当事人向仲裁委员会申请仲裁，申诉书应当载明的事项

仲裁申诉书是劳动争议当事人向仲裁机构申请解决劳动争议的书面凭证，是劳动争议仲裁委员会受理并处理劳动争议案件的依据。

因此，写好仲裁申诉书是能否得到劳动仲裁部门受理的重要条件。仲裁申诉书主要包括以下几方面内容：

1.申诉及被诉信息

（1）申诉人信息：姓名、职业、住址和工作单位。

（2）被诉人名称、地址，如被诉人是用人单位，应写明法定代表人姓名、职务。

2.申诉请求

3.仲裁请求及所依据的事实和理由。

（1）应当写明争议发生的时间、地点、原因、经过和结果等，并重点写明当事人之间权益争议的具体内容和焦点，说明被诉人应当承担的责任。

（2）依据法律规定分清是非，明确责任，论证所提要求的正确性、合法性。

注意：如果涉及的争议内容有几项，必须一一列出，漏写了的，不会受理。

4.证据、证人的姓名和住址。

证据包括书证、物证、证人证言、当事人陈述、被诉人答辩、鉴定结论、勘验笔录等。证人应该是能够证明劳动争议案件客观情况的人。一旦明确为证人，应劳动争议仲裁机构通知作证时，不能拒绝作证，不得作伪证。

5.申诉人本人署名或盖章,申诉日期。

写好一份仲裁申诉书并不难,关键是事实要清楚,理由要充分,证据要确凿。如果员工书写确实有困难,也可以在劳动仲裁部门的指导下完成。

发生劳动争议应向哪个部门申请劳动仲裁

《中华人民共和国劳动争议调解仲裁法》(中华人民共和国第十届全国人民代表大会常务委员会第三十一次会议于2007年12月29日通过,2008年5月1日起施行)第二十一条规定:

劳动争议仲裁委员会负责管辖本区域内发生的劳动争议。

劳动争议由劳动合同履行地或者用人单位所在地的劳动争议仲裁委员会管辖。双方当事人分别向劳动合同履行地和用人单位所在地的劳动争议仲裁委员会申请仲裁的,由劳动合同履行地的劳动争议仲裁委员会管辖。

劳动争议申请仲裁的时效的规定

《中华人民共和国劳动争议调解仲裁法》(已由中华人民共和国第十届全国人民代表大会常务委员会第三十一次会议于2007年12月29日通过,自2008年5月1日起施行)第二十七条规定:

劳动争议申请仲裁的时效期间为一年。仲裁时效期间从当事人知道或者应当知道其权利被侵害之日起计算。

前款规定的仲裁时效,因当事人一方向对方当事人主张权利,或者向有关部门请求权利救济,或者对方当事人同意履行义务而中断。从中断时起,仲裁时效期间重新计算。

因不可抗力或者有其他正当理由,当事人不能在本条第一款规定的仲裁时效期间申请仲裁的,仲裁时效中止。从中止时效的原因消除之日起,仲裁时效期间继续计算。

劳动关系存续期间因拖欠劳动报酬发生争议的,劳动者申请仲裁不受本条第一款规定的仲裁时效期间的限制；但是，劳动关系终止的，应当自劳动关系终止之日起一年内提出。

劳动争议仲裁的受理条件

劳动争议仲裁委员会受理的基本条件：

1. 申斥人与本案有直接利害关系。

2. 有明确的对方当事人及具体的申斥请求、理由和事实依据。

3. 申请仲裁的劳动争议属于《中华人民共和国企业劳动争议处理条例》规定适用范围。

4. 属于该仲裁委员会管辖范围。

5. 申斥的时间符合申请仲裁的时效规定。

劳动争议仲裁委员会做出裁决的时间

《中华人民共和国劳动争议调解仲裁法》第二十九条规定：劳动争议仲裁委员会收到仲裁申请之日起五日内，认为符合受理条件的，应当受理，并通知申请人；认为不符合受理条件的，应当书面通知申请人不予受理，并说明理由。

《中华人民共和国劳动争议调解仲裁法》第四十三条规定：仲裁庭裁决劳动争议案件，应当自劳动争议仲裁委员会受理仲裁申请之日起四十五日内结束。案情复杂需要延期的，经劳动争议仲裁委员会主任批准，可以延期并书面通知当事人，但是延长期限不得超过十五日。逾期未作出仲裁裁决的，当事人可以就该劳动争议事项向人民法院提起诉讼。

仲裁庭裁决劳动争议案件时，其中一部分事实已经清楚，可以就该部分先行裁决。

劳动争议仲裁裁决为终局裁决的情形

《中华人民共和国劳动争议调解仲裁法》相关规定：

第四十七条规定：下列劳动争议，除本法另有规定的外，仲裁裁决为终局裁决，裁决书自作出之日起发生法律效力：

（一）追索劳动报酬、工伤医疗费、经济补偿或者赔偿金，不超过当地月最低工资标准十二个月金额的争议。

（二）因执行国家的劳动标准在工作时间、休息休假、社会保险等方面发生的争议。

第四十八条规定：劳动者对本法第四十七条规定的仲裁裁决不服的，可以自收到仲裁裁决书之日起十五日内向人民法院提起诉讼。

第四十九条规定：用人单位有证据证明本法第四十七条规定的仲裁裁决有下列情形之一，可以自收到仲裁裁决书之日起三十日内向劳动争议仲裁委员会所在地的中级人民法院申请撤销裁决：

（一）适用法律、法规确有错误的。

（二）劳动争议仲裁委员会无管辖权的。

（三）违反法定程序的。

（四）裁决所根据的证据是伪造的。

（五）对方当事人隐瞒了足以影响公正裁决的证据的。

（六）仲裁员在仲裁该案时有索贿受贿、徇私舞弊、枉法裁决行为的。

人民法院经组成合议庭审查核实裁决有前款规定情形之一的，应当裁定撤销。

仲裁裁决被人民法院裁定撤销的，当事人可以自收到裁定书之日起十五日内就该劳动争议事项向人民法院提起诉讼。

第五十条规定：当事人对本法第四十七条规定以外的其他劳动争议案件的仲裁裁决不服的，可以自收到仲裁裁决书之日起十五日内向人民法院提起诉讼；期满不起诉的，裁决书发生法律效力。

对生效的仲裁调解书和仲裁裁决书强制执行

《中华人民共和国劳动争议调解仲裁法》第五十一条规定：

当事人对发生法律效力的调解书、裁决书，应当依照规定的期限履行。一方当事人逾期不履行的，另一方当事人可以依照民事诉讼法的有关规定向人民法院申请执行。受理申请的人民法院应当依法执行。

第四十四条 仲裁庭对追索劳动报酬、工伤医疗费、经济补偿或者赔偿金的案件，根据当事人的申请，可以裁决先予执行，移送人民法院执行。

投诉文书应当载明的事项

投诉文书应当载明的事项包括：

1.投诉人的姓名、性别、年龄、职业、工作单位、住所和联系方式，被投诉用人单位的名称、住所、法定代表人或者主要负责人的姓名、职务。

2.劳动保障合法权益受到侵害的事实和投诉请求事项。

劳动保障行政部门的主要职责

根据《劳动合同法》《劳动保障监察条例》等法律法规的规定，劳动行政部门对以下事项负有监督检查的责任：

1.用人单位制定直接涉及劳动者切身利益的规章制度及其执行的情况。

2.用人单位与劳动者订立和解除劳动合同的情况。

3.用人单位遵守国家关于劳动者工作时间和休息休假规定的情况。

4.用人单位支付劳动合同约定的劳动报酬和执行最低工资标准的情况。

5.用人单位参加各项社会保险和缴纳社会保险费的情况。

6.用人单位遵守禁止使用童工规定的情况。

7.用人单位遵守女职工和未成年工特殊劳动保护规定的情况。

8.职业介绍机构、职业技能培训机构和职业技能考核鉴定机构遵守国家有关职业介绍、职业技能培训和职业技能考核鉴定的规定的情况。

9.法律、法规规定的其他事项。根据以上规定，用人单位违法拖欠或者未足额支付劳动报酬，拖欠工伤医疗费、经济补偿或者赔偿金的行为，属于劳动行政部门合理使用行政资源，因此，对于劳动者的投诉，劳动行政部门应当依法受理并及时处理。

劳动行政部门合理使用行政资源运用行政手段处理用人单位的违法行为，充分发挥政府部门在监督法律实施、维护劳动者合法权益方面的作用，从而提升政府形象。

劳动保障行政部门受理投诉的条件

对符合下列条件的投诉，劳动保障行政部门应当在接到投诉之日起五个工作日内依法受理，并于受理之日立案查处：

1.违反劳动保障法律的行为发生在两年内的。

如果不符合此项规定，劳动保障行政部门应当在接到投诉之日起五个工作日内决定不予受理，并书面通知投诉人。

2.有明确的被投诉用人单位，且投诉人的合法权益受到侵害是被投诉用人单位违反劳动保障法律的行为所造成的。

如果不符合此项规定，劳动保障监察机构应当告知投诉人补正投诉材料。

3.属于劳动保障监察职权范围并由受理投诉的劳动保障行政部门管辖。

如果不符合此项规定，劳动保障监察机构应当告知劳动者向有处理权的部门反映。

劳动保障监察机构应为举报人保密，对举报属实，为查处重大违反劳动保障法律的行为提供主要线索和证据的举报人，给予奖励。

劳动保障行政部门实施劳动保障监察的事项

1.用人单位制定内部劳动保障规章制度的情况。

2.用人单位与劳动者订立劳动合同的情况。

3.用人单位遵守禁止使用童工规定的情况。

4.用人单位遵守女职工和未成年工特殊劳动保护规定的情况。

5.用人单位遵守工作时间和休息休假规定的情况。

6.用人单位支付劳动者工资和执行最低工资标准的情况。

7.用人单位参加各项社会保险和缴纳社会保险费的情况。

8.职业介绍机构、职业技能培训机构和职业技能考核鉴定机构遵守国家有关职业介绍、职业技能培训和职业技能考核鉴定的规定的情况。

9.法律、法规规定的其他劳动保障监察事项。

如何向劳动保障监察机构举报

劳动者可以采取下列方式举报投诉：

1.直接信访，投诉举报的人员可以直接到当地劳动保障监察机构反映情况。

2.寄书面投诉信：请按寄信要求，写清收件人的详细情况，以免误投或丢失。包括：收件人地址、单位、邮政编码等。

3.拨打服务热线进行咨询，全省统一电话12333。

4.来电或传真举报投诉。可以直接拨打当地公布的举报电话，不知道举报电话的，可通过当地12333或114查询。

来访举报投诉的，要认真填写举报投诉登记表，确保其真实性，以便劳动监察部门调查处理。如果能够提供被举报投诉单位涉嫌违法的相关证据材料，请尽可能地提供。如果有5人以上共同举报投诉的，请推选3人作为代表。

　　劳动监察部门鼓励署名举报。如果举报为查处重大案件提供了重大线索，还将对首个实名举报的人员按照规定发放奖励金，一次性奖金一般为二百至二千元。

对劳动保障行政部门做出的具体行政行为，可以申请行政复议的情形

　　根据劳动保障部《劳动和社会保障行政复议办法》（劳社部令第5号）第三条规定：公民、法人或者其他组织对劳动保障行政部门（包括具有行政管理职能的机构）作出的下列具体行政行为不服，可以申请行政复议：

　　（一）对劳动保障和行政部门作出的警告、罚款、没收违法所得、没收非法财物、责令停产停业、吊销许可证等行政处罚决定不服的。

　　（二）认为符合法定条件、申请劳动保障行政部门办理许可证、资格证等行政许可手续，劳动保障行政部门拒绝办理或者在法定期限内没有依法办理的。

　　（三）对劳动保障行政部门作出的有办许可证、资格证等变更、中止、取消的决定不服的。

　　（四）认为符合法定条件，申请劳动保障行政部门审批、审核、登记有关事项，劳动保障行政部门没有依法办理的。

　　（五）认为劳动保障行政部门侵犯合法的用人自主权、工资分配权等经营自主权的。

　　（六）申请劳动保障行政部门依法履行保护劳动者获取劳动报酬权、休息休假权、社会保险权等法定职责，劳动保障行政部门没有依法履行的。

　　（七）认为劳动保障行政部门违法收费或者违法要求履行义务的。

　　（八）对劳动保障行政部门认定的具体行政行为不服的。

　　（九）认为劳动保障行政部门作出的其他具体行政行为侵犯其合法权益的。

劳动保障部《社会保险行政争议处理办法》（劳社部令第13号）第六条规定：下列社会保险争议，公民、法人或者其他组织可以申请行政复议：

（一）认为社会保险经办机构未依法为其办理社会保险登记、变更或者注销手续的。

（二）认为社会保险经办机构未按规定审核社会保险缴费基数的。

（三）认为社会保险经办机构未按规定记录社会保险费缴费情况或者拒绝其查询缴费记录的。

（四）认为社会保险经办机构违法收取费用或者违法要求履行义务的。

（五）对社会保险经办机构核定其社会保险待遇标准有异议的。

（六）认为社会保险经办机构不依法支付其社会保险待遇或者对社会保险经办机构停止其享受社会保险待遇有异议的。

（七）认为社会保险经办机构未依法为其调整社会保险待遇的。

（八）认为社会保险经办机构未依法为其办理社会保险关系转移或者接续手续的。

（九）认为社会保险经办机构的其他具体行政行为侵犯合法权益的。

属于上述第（二）、（五）、（六）、（七）项情形之一的，公民、法人或者其他组织可以直接向劳动保障行政部门申请行政复议，也可以先向作出该具体行政行为的社会保险经办机构申请复查，对复查决定不服，再向劳动保障行政部门申请行政复议。

申请行政复议的方法

申请人申请劳动和社会保障行政复议，一般应当以书面形式提出，也可以口头形式提出。口头申请的，接到申请的劳动和社会保障机关应当当场记录申请人的基本情况、请求事项、主要事实和理由、申请时间等事项，并由申请人签字或者盖章。

什么情况下劳动者必须先提起行政复议；对复议不服的，才能提起行政诉讼

根据《行政复议法》、《行政诉讼法》和劳动保障部《劳动和社会保障行政复议办法》（劳社部令[1999]第5号）、《社会保险行政争议解决办法》（劳社部令[2001第13号]）的规定：

申请人与劳动保障行政机关或者社会保险经办机构之间发生属于人民法院受案范围的行政案件，申请人也可以依法直接向人民法院提起行政诉讼。

行政诉讼是解决行政争议的最终手段，申请人向人民法院提起行政诉讼，人民法院已经依法受理的，不得申请行政复议。

另外，在劳动保障领域，也有实行行政复议前置的情形。

《社会保险费征缴暂行条例》第二十五条规定：

缴费单位和缴费个人对劳动保障行政部门或者税务机关的处罚决定不服的，可以依法申请复议；对复议决定不服的，可以依法提起诉讼。

《工伤保险条例》第五十三条规定：有下列情形之一的，有关单位和个人可以依法申请行政复议；对复议决定不服的，可以依法提起行政诉讼：

（1）申请工伤认定的职工或者其直系亲属、该职工所在单位对工伤认定结论不服的。

（2）用人单位对经办机构确定的单位缴费费率不服的。

（3）签订服务协议的医疗机构、辅助器具配置机构认为经办机构未履行有关协议或者规定的。

（4）工伤职工或者其直系亲属对经办机构核定的工伤保险待遇有异议的。

这就是说，以上情形必须先提起行政复议，对复议结果不服才能提起行政诉讼。

当事人不服劳动争议仲裁委员裁决的哪些劳动争议可以依法向人民法院起诉

根据《最高人民法院关于审理劳动争议案件适用法律若干问题的解释》第1条的规定，劳动者与用人单位之间发生的下列纠纷，属于《劳动法》第2条规定的劳动争议，当事人不服劳动争议仲裁委员会作出的裁决，依法向人民法院起诉的，人民法院应当受理：

（1）劳动者与用人单位在履行劳动合同过程中发生的纠纷。

（2）劳动者与用人单位之间没有订立书面劳动合同，但已形成劳动关系后发生的纠纷。

（3）劳动者退休后，与尚未参加社会保险统筹的原用人单位因追索养老金、医疗费、工伤保险待遇和其他社会保险费而发生的纠纷。

根据《劳动法》第83条的规定，劳动争议当事人对仲裁裁决不服的，可以自收到仲裁裁决书之日起15日内向人民法院提起诉讼。根据最高人民法院的有关规定，劳动争议案件由各级人民法院的民事审判庭按照《民事诉讼法》规定的普通诉讼程序进行审理。

劳动争议当事人在诉讼阶段能否申请先予执行

先予执行，是指人民法院在作出判决之前，为解决原告人生活或生产上的困难或急需，而裁定一方当事人给付另一方当事人一定数额的款项或其他财物的一种临时性措施，以维持其生产、生活的正常进行。申请先予执行必须符合法定条件，即当事人之间权利义务关系明确，不先予执行将严重影响申请人的生活或者生产经营的，同时被申请人有履行能力。《民事诉讼法》第97条规定，对下列案件经当事人的申请，法院可以裁定先予执行：

1.追索赡养费、抚育费、抚恤金、医疗费用的。

2. 追索劳动报酬的。

3. 因情况紧急需要先予执行的。

劳动争议职工一方当事人或委托代理人在诉讼前认为确有必要的,可以向受诉人民法院申请先予执行,以保证职工当事人的基本生活。人民法院在作出先予执行的裁定之前,可以责令申请人提供担保,申请人不提供担保的,驳回申请。如果当事人败诉,应当赔偿对方当事人因先予执行遭受的财产损失。

当事人如何申请对仲裁裁决的强制执行

当事人向人民法院申请强制执行,应当在法定的期限内以书面形式提出,应当向人民法院提交已经发生法律效力的仲裁裁决书,并在申请强制执行的申请书上明确申请强制执行的内容和要求、申请强制执行的原因和理由等。对符合强制执行条件的申请,人民法院应当依法采取强制执行措施,维护当事人的合法权益。

人民法院对劳动争议案件的强制执行范围包括两个方面:

1. 劳动争议仲裁委员会作出的生效的仲裁调解协议书和仲裁裁决书。

2. 人民法院自己作出的生效的判决、裁定,由第一审人民法院执行。法律规定由人民法院执行的其他法律文书,由被执行人住所地或者被执行的财产所在地人民法院执行。

对方长期拖欠债务不还怎么办

直接去劳动部门申请仲裁或者是去法院起诉。

根据法律规定,如果有欠条可以不必去劳动仲裁而直接向法院起诉。

你首先需要搜集证据,证明你一直在主张权利,否则,对方将来可以以两年诉讼时效届满为由抗辩,你可能因此承担举证不能或者败诉的风险。

民事诉讼中被告人在审理期间死亡其造成的损害赔偿的情形

根据《中华人民共和国刑事诉讼法》第十五条的规定："被告人在案件审理期间死亡的，应当终止审理，不再追究其刑事责任。"

根据我国《刑法》第六十四条规定："犯罪分子违法所得的一切财物，应当予以追缴或者责令退赔。"

法律提示：

赔偿问题由主刑和附加刑共同决定：

1.可要求附带民事诉讼被告人承担民事赔偿责任的附带民事诉讼，原告人应当依法向法院提起单独的民事诉讼。

2.其刑事诉讼部分终止审理，附带民事诉讼部分，仍应当由原审判组织继续审理。原刑事附带民事诉讼被告人应当承担的民事责任应由其财产继承人在其所继承的遗产范围内承担，如被告人没有遗产，民事责任亦归于消灭。

消费者要敢于向消协投诉

当消费者向消费者协会投诉时，应注意以下事项：

1.应该向消费者协会书面投诉，有些消费者协会也可以接受传真方式的投诉。

2.应该有明确的投诉对象，即被投诉方，并提供准确的地址。

3.应该有明确的投诉理由，有自己明确的要求，确保事实真实。

4.投诉时要提供购买商品和接受服务的凭据的复印件和有关证明材料。

5.消费者投诉应留下便于联系的地址和电话。

医疗事故造成伤害如何进行索赔

《医疗事故处理条例》第二条规定："本条例所称医疗事故，是指医疗机构及其医务人员在医疗活动中，违反医疗卫生管理法律、行政法规、部门规章和诊疗护理规范、常规，过失造成患者人身损害的事故。"

只有医务人员或者护理人员违反医疗管理法规和诊疗护理规范造成患者人身损害的，才属于医疗事故的范畴，而且是否属于医疗事故，要经过法定的鉴定机构出具鉴定结论予以认定。

若欲以医疗事故为由要求医院承担责任，首先要做医疗事故鉴定。

我国《民法通则》第一百三十六条规定：身体受到伤害要求赔偿的，诉讼时效期间为一年，从知道或应当知道权利被侵害时起计算。

对于严重的医疗事故可以向医院所在地的医疗事故调停和赔偿地区委员会递交申请，程序是免费的，一般一年内可以得到赔偿。

身体受到伤害应要求赔偿哪些费用

《中华人民共和国消费者权益保护法》第四十一条规定："经营者提供商品或者服务，造成消费者或者其他受害人人身伤害的，应当支付医疗费、治疗期间的护理费、因误工减少的收入等费用，造成残疾的，还应当支付残疾者生活自助费、生活补助费、残疾赔偿金以及由其扶养的人所必需的生活费等费用；构成犯罪的，依法追究刑事责任。"

诉讼的管辖权很关键

根据《中华人民共和国民事诉讼法》地区管辖的规定：

1. 公民提起的民事诉讼，由被告住所地人民法院管辖；被告住所地与经常居住地不一致的，由经常居住地人民法院管辖。

2.同一诉讼的几个被告住所地、经常居住地在两个以上人民法院辖区的，各该人民法院都有管辖权。

3.下列民事诉讼，由原告住所地人民法院管辖；原告住所地与经常居住地不一致的，由原告经常居住地人民法院管辖：

（1）不在中华人民共和国领域内居住的人提起的有关身份关系的诉讼。

（2）下落不明或者宣告失踪的人提起的有关身份关系的诉讼。

（3）被劳动教养的人提起的诉讼。

（4）被监禁的人提起的诉讼。

关于被害人提起的民事诉讼时效的规定

《中华人民共和国民法通则》第七章诉讼时效规定：

第一百三十五条　向人民法院请求保护民事权利的诉讼时效期间为二年，法律另有规定的除外。

第一百三十六条　下列的诉讼时效期间为一年：

（一）身体受到伤害要求赔偿的。

（二）出售质量不合格的商品未声明的。

（三）延付或者拒付租金的。

（四）寄存财物被丢失或者损毁的。

第一百三十七条　诉讼时效期间从知道或者应当知道权利被侵害时起计算。但是，从权利被侵害之日起超过二十年的，人民法院不予保护。有特殊情况的，人民法院可以延长诉讼时效期间。

第一百三十八条　超过诉讼时效期间，当事人自愿履行的，不受诉讼时效限制。

第一百三十九条　在诉讼时效期间的最后六个月内，因不可抗力或者其他障碍不能行使请求权的，诉讼时效中止。从中止时效的原因消除之日起，诉讼时效期间继续计算。

第一百四十条 诉讼时效因提起诉讼、当事人一方提出要求或者同意履行义务而中断。从中断时起，诉讼时效期间重新计算。

第一百四十一条 法律对诉讼时效另有规定的，依照法律规定。

打官司要准备哪些材料

1.刑事自诉案，需提交：

（1）起诉书。

（2）自己的证据材料。

（3）损失证明。

（4）要求赔偿诉讼请求。

2.刑事附带民事诉讼，需提交：

（1）起诉书。

（2）损失证明。

（3）自己的诉讼请求。

3.民事诉讼，需提交：

（1）起诉书。

（2）诉讼请求

（3）证据材料。

怎样写民事诉状

《民事诉讼法》第一百一十条规定：

起诉状应当记明以下事项：

1.标题："民事诉状"或"民事起诉状"。

2.当事人基本情况：

（1）包括：原告和被告。

（2）列写要求：

①写明当事人姓名、性别、年龄、民族、籍贯、职业、工作单位和住址等项。

②当事人如系企业事业单位、机关、团体，则在原、被告项内，需写明单位名称和所在地，及其法定代表人的姓名、职务。

③当事人与被告人有数人时，按享受权利和应尽义务大小排列。

④若有诉讼代理人，在各当事人名下，写明诉状代理人的姓名、单位和职务。

⑤若有第三人参加诉讼，应在列写完当事人之后，写明第三人姓名和基本情况，并且根据案情需要，证明第三人与原、被告的关系。

3.正文：

（1）诉讼请求，即案由，包括：

①请求解决争议的权益和争议的事物，包括：损害赔偿、债务清偿、合同履行或者要求与被告离婚、给付赡养费、继承遗产等事项。

（2）事实和理由，包括：

①事实部分，要求：

a.围绕着诉讼目的，全面反映案件事实的客观真实情况。

b.叙事完整，要讲明民事案件案情事实的6个要素，即时间、地点、人物、事件、原因和结果。

c.叙事真实，必须实事求是，反映案件事实的本来面貌。

d.叙事明确，与争议事实有直接关系的事实，要详细叙述明白，与案情事实关系不重要的，但必须交代的，可简要概括。

用词准确，表达恰当。

②理由部分，要求：

a.列举证据，说明证据来源、证人姓名和住址。

b.根据事实，对照法律有关条款作理由上的论证。

c.诉状中所叙述主要事实，都需列举相应的证据。

d.根据事实和证据，按照法律有关规定，分析论证，分清是非曲直，明确权利义务关系，确认民事法律责任。

（3）结尾及附项，包括：

①致送机关。

②右下方写明：具状人×××（签名或盖章），以及年月日。

③附：

a. 本状副本×份。

b. 证物××（名称）××件。（要求：写明证据和证据来源，证人姓名和住所。）

c. 书证××（名称）××件。

怎样写答辩状

依照我国《民事诉讼法》规定："人民法院应当在立案之日起，5日内将起诉状副本发送被告或被上诉人，被告或被上诉人在收到之日起15日内提出答辩状。"

答辩状是当事人一项诉讼权利，不是诉讼义务；但被告人或被上诉人逾期不提出答辩状，不影响人民法院审理。

答辩状的内容有：

1. 标题："民事答辩状。"

2. 答辩人基本情况：

（1）写明答辩人姓名、性别、出生年月日、民族、职业、工作单位和职务、住址等。

（2）若答辩人系无诉讼行为能力人，在其后写明其法定代理人的姓名、性别、出生年月日、民族、职业、工作单位和职务、住址，及其与答辩人的关系。

（3）若答辩人是法人或其他组织的，应写明其名称和所在地址、法定代表人（或主要负责人）的姓名和职务。

（4）若答辩人委托律师代理诉讼，应在其项后写明代理律师的姓名及代理律师所在的律师事务所名称。

3.答辩缘由。写明答辩人因××一案进行答辩。

4.正文：

（1）答辩理由：

①要实事求是，要有证据。

②从实体方面针对上诉人的事实、理由、证据和请求事项进行答辩。

③全面否定或部分否定所依据的事实和证据，从而否定其理由和诉讼请求。

④一审被告答辩可从程序方面进行答辩：

a.提出原告不是正当的原告。

b.原告起诉的案件不属于受诉法院管辖。

c.原告的起诉不符合法定的起诉条件。

d.说明原告无权起诉或起诉不合法，从而否定案件。

（2）答辩请求：

①一审民事答辩请求主要有：

a.要求人民法院驳回起诉，不予受理。

b.要求人民法院否定原告请求事项的全部或一部分。

c.提出新的主张和要求，如追加第三人。

d.提出反诉请求。

e.如果答辩状中请求事项为两项以上，应逐项写明。

②对上诉状的答辩请求：支持原判决或原裁定，反驳上诉人的要求。

（3）证据：

有关举证事项，应写明证据的名称、件数、来源或证据线索。有证人的，应写明证人的姓名、住址。

3.结尾：

（1）致送人民法院的名称。

（2）答辩人签名。答辩人是法人或其他组织应写明全称，加盖单位公章。

（3）答辩时间。

（4）附项：应写明答辩状副本份数和有关证据。

委托律师打官司应注意的事项

委托律师打官司应注意以下事项：

1.注意查验该律师事务所是否持有由省级司法厅（局）颁发的执业许可证，并查验是否有当年的年审记录。

2.注意查验受案律师是否持有我国《律师执业证》，此证一般由省级司法厅（局）签发，并验看该证是否有当年的年审记录，无年审记录则该人员不具有律师执业资格。

3.注意查验受案律师的《律师执业证》上标明的律师事务所与所签订之委托合同或协议书上的律师事务所名称是否一致。

4.委托代理合同书等有关合同或协议应与律师事务所签订，不得与律师个人签订；律师费应由律师事务所收取，并出具财政部门审核准许的收据或税务部门制发的发票，律师个人不得收取任何费用。

5.应向律师提供与委托事项相关的一切证据材料、证人姓名、地址、工作单位及证据线索，并如实陈述事实，不得隐瞒。

6.委托人可以要求律师事务所指派自己指定的律师办理。

7.应注意与受案律师及律师事务所交换联系方法，以便于律师办理业务。

委托人应特别注意的是，没有取得律师执业证书或者虽持有律师执业证书但未有当年年审记录的人员。不得以律师名义执业，不得为牟取经济利益从事律师业务。

如何委托诉讼代理人

根据我国《民事诉讼法》的规定，可以委托诉讼代理人代为诉讼。律师、当事人的近亲属、有关的社会团体或者所在单位推荐的人，经人民法院许可的其他公民，都可以被委托为诉讼代理人。

委托他人代为诉讼，须向人民法院提交由委托人签名或盖章的授权委托书。授权委托书必须明确委托事项和权限。诉讼代理人代为承认、放弃、变更诉讼请求，进行和解，提起反诉或者上诉，必须有委托人的特别授权。

进行撤诉的步骤

撤诉是诉讼的活动中处分原则的具体体现。我国《民事诉讼法》第十三条规定："当事人有权在法律规定的范围内处分自己的民事权利和诉讼权利。"

撤诉有两种：一是申请撤诉，二是按撤诉处理（包括一审程序中原告撤回起诉和二审程序中上诉人撤回上诉）。

撤诉的法定程序是：

1.原告或上诉人申请撤诉时，必须向人民法院提出书面或口头的申请，必须自愿，必须在人民法院宣告判决前提出，必须由人民法院审查后，做出准许或不准许撤诉的裁定。

2.由于原告或上诉人不遵守诉讼秩序，经人民法院两次合法传唤，无正当理由拒不到庭，或者未经法庭许可中途退庭，即按撤诉处理。

3.接到法院通知，逾期不交诉讼费的，除有规定的情况外，也按撤诉处理。

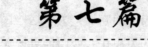

第七篇

文 化 生 活

国学经典赏析

《诗经》

1.在中国历史上的地位。

《诗经》是我国最早的诗歌总集，共收入自西周初期至春秋中叶约五百年（约前11世纪到前6世纪）的诗歌311篇，其中6篇仅存题目而无内容，所以又称《诗三百》，与《尚书》《礼记》《周易》《春秋》合称为五经。西汉时被尊为儒家经典，始称《诗经》，并沿用至今。《诗经》的作者较多，成分也比较复杂，产生的地域也很广。除了周代掌管音乐的官员制作的乐歌外，还收集了许多流传于民间的歌谣。关于这些民间歌谣收集方式有很多种说法主要为：汉代学者认为周代有专门的采诗人，到民间搜集歌谣，以了解政治和风俗的盛衰利弊；另一种说法是：这些民歌是由各国乐师搜集的。乐师是掌管音乐的官员和专家，他们以唱诗作曲为职业，搜集歌谣是为了丰富他们的唱词和乐调。"诸侯之乐"献给天子，这些民间歌谣便汇集到朝廷里了。一般认为《诗经》是孔子删定的。

2.作者简介。

作者无定论。

3.主要内容。

《诗经》分为三大部分、《风》160篇、《雅》106篇、《颂》40篇，它们都得名于音乐，"风"的意义就是声调，古人称之为《秦风》《魏风》《郑风》等；"雅"是正声的意思，周代人把正声叫做雅乐，有一种尊崇的意味；"颂"表示用于宗庙祭祀的乐歌。诗经开创了我国古代现实主义诗歌创作的先河。

4.关于《诗经》。

《诗经》的六义

诗经六义指的是风、雅、颂、赋、比、兴，前三者指的是内容，后三者指的是手法。

"风"是相对于"王畿"——周王朝直接统治地区而言的。它是带有地方色彩的音乐，就是不同地区的音乐，古人所谓《秦风》《魏风》《郑风》，就好比现在我们说陕西民歌、山西民歌、河南民歌。

"雅"是"王畿"之乐，周朝直属地区的音乐"雅"和"夏"古代通用。雅又有"正"的意思，当时把王畿之乐看做是正声——典范的音乐。

"颂"是专门用于宗庙祭祀的舞曲歌词。《毛诗序》说："颂者美盛德之形容，以其成功告于神明者也。"这是颂的含义和用途。王国维说："颂之声较风、雅为缓。"这是其音乐的特点。

"赋"在古代是一种文体。按朱熹《诗集传》中的说法，"赋者，敷也，敷陈其事而直言之者也"。赋是直接铺陈叙述，是最基本的表现手法。如"死生契阔，与子成说。执子之手，与子偕老"，即是直接表达自己的感情。

"比"，用朱熹的解释，是"以彼物比此物"，也就是比喻的意思。《诗经》中用比喻的地方很多，手法变化很多。如《氓》用桑树从繁茂到落叶的变化来比喻爱情从甜美到凄凉；《鹤鸣》用"他山之石，可以攻玉"来比喻别国的贤才可以为本国效力；《硕人》将"蒹葭"比喻美人之手，"凝脂"比喻美人之肤，"瓠犀"比喻美人之齿等，用诸多比喻刻画的人物更加鲜活。

"兴"则是《诗经》乃至中国诗歌中比较独特的手法，即借他物引出此物的方法，类似于象征修辞手法。"兴"字的本义是"起"，因此又多称为"起兴"，往往用于一首诗或一章诗的开头。《诗经》中的"兴"，朱熹的解释是"先言他物以引起所咏之辞"，也就是借助其他事物为所要表达的内容作铺垫。

"兴"又兼有了比喻、象征、烘托等较有实在意义的用法。但正因"兴"最初没有具体意义，原本是思绪无端地飘移和联想而产生的。即使有了比较实在的意义，也不是那么固定僵板，但很多因时代的差异而无法让现代人所理解。如《关雎》开头的"关关雎鸠，在河之洲"，原是诗人借眼前景物而引起下文"窈窕淑女，君子好逑"的。但关雎和鸣，原本指的是名叫的水鸟，也可认为比喻男女求偶只是它的喻义不是很明确。"兴"是一种比较自由的表现手法，后来喜欢含蓄委婉韵致的诗人，对此也就特别有兴趣，方式多样，翻陈出新，构成中国古典诗歌的一种特殊韵味。

5.《诗经》的现实意义。

《诗经》中的乐歌，多取自民间。原来的主要用途：一是用于国家大典礼仪的乐曲，二是人们的娱乐，三是表达对社会的看法。但到后来，《诗经》逐渐成了贵族教育中普遍使用的文化教材，学习《诗经》成了贵族必需的文化素养。这种教育方式具有美化语言的作用，特别是在外交场合，常常在叙事或摆明立场前先引用《诗经》中的诗句，引出自己需要表达的意思。这叫"赋《诗》言志"，《左传》中多有记载。《论语》中有记录孔子的话说："不学《诗》，无以言。""诵《诗》三百，授之以政，不达；使于四方，不能专对，虽多亦奚以为？"可以看出学习《诗经》对于上层社会的人，具有何等重要的意义。很多准备进入上层社会的人，势必将《诗经》作为登堂入室的起点。另一方面，《诗经》中也有很多处世哲学，治世之道，也有较为重要的意义。

《论语》中，孔子也说学了《诗》可以"远之事君，迩之事父"，弟子们怎么不学诗呢？诗可以激发情志，可以了解社会，可以结交朋友，可以发泄不平。近可以侍奉父母，远可以侍奉君王，还可以知道很多自然界的知识。

秦代焚书坑儒，焚毁了包括《诗经》在内的所有儒家典籍。但由于《诗经》是易于记诵、世人普遍熟悉的书，到汉代又得以流传。汉初传授《诗经》的共有四家，也就是四个学派：齐之辕固生，鲁之申培，燕之韩婴，赵之毛亨、毛苌，简称齐诗、鲁诗、韩诗、毛诗。

6.原文赏析。

《关雎》

关关雎鸠，在河之洲。窈窕淑女，君子好逑。

参差荇菜，左右流之。窈窕淑女，寤寐求之。

求之不得，寤寐思服。悠哉游哉，辗转反侧。

参差荇菜，左右采之。窈窕淑女，琴瑟友之。

参差荇菜，左右笔之。窈窕淑女，钟鼓乐之。

分析：《关雎》

《关雎》是《风》的第一篇，也是《诗经》第一篇。古人把放在三百篇之首，足见对它评价很高。从《关雎》的具体表现看，它是一首情歌，描写一个男子爱上了一个女子，梦里都在思念她、追求她。其声、情、文、义俱佳，堪称三百篇之首。孔子说："《关雎》乐而不淫，哀而不伤。"（《论·八佾》）。因此，后人称《关雎》，"折中于夫子"。说明《关雎》的深远影响。

郑玄（东汉末年经学大师，为诗经作注）从文义上将全文分为五章，每章四句。第一章雎鸠和鸣于河之洲上，美丽贤淑的女子，是君子的理想的配偶。妙处在于舒缓平正之音，并以音调领起全篇，形成全诗的基调。以"窈窕淑女，君子好逑"统摄全诗。第二章的"参差荇菜"承"关关雎鸠"而来，也是以洲上景物即景生情。"求"字是全篇的中心，整首诗都在表现男子对女子的追求过程，描写男子的相思之苦，直率地表达爱慕之心。第三章抒发求之而不得的忧思，再次道出了相思之苦。这是一篇的关键，最能体现全诗精神。姚际恒《诗经通论》评云："前后四章，章四句，辞义悉协。今夹此四句于'寤寐求之'之下，'友之'、'乐之'二章之上，承上启下，精彩全在此处。"第四、第五章写求而得之的喜悦。"琴瑟友之"、"钟鼓乐之"，都是既得之后的情景。

这首诗的主要表现手法是"兴"。这是一种委婉含蓄的表现手法，但又生动真实。如此诗以雎鸠之"挚而有别"，兴淑女应配君子；以荇菜流动无方，兴淑女之难求；又以荇菜既得而"采之"、"笔之"，兴淑女既得而"友之"、"乐之"等。这种手法的优点在于寄托深远，能产生文已尽而意有余的效果，让读者产生共鸣。

这首诗多处采用双声叠韵的联绵字，以增强诗歌音调的和谐美和描写人物的生动性。如"窈窕"是叠韵；"参差"是双声；"辗转"，既是双声又是叠韵。用这类词修饰动作，如"辗转反侧"；模拟形象，如"窈窕淑女"；描写景物，如"参差荇菜"，无不活泼逼真，声情并茂。

用韵方面，这首诗采取偶句入韵的方式。这种偶韵式引导着我国古典诗歌谐韵的形式两千多年。而且全篇三次换韵，又有虚字脚"之"字不入韵，而以虚字的前一字为韵。这种在用韵方面的变化，极大地增强了诗歌的节奏感，配以音乐，美不胜收。

《论语》

1.在中国历史上的地位。

《论语》是儒家学派的经典著作之一，由孔子的弟子及其再传弟子编撰而成。通行本《论语》共二十篇。

《论语》是儒家学派的经典著作之一，它是记录孔子言行的典籍，由孔子的弟子及门人编撰。它以语录体和对话文体为主，集中体现了孔子的政治主张、论理思想、道德观念及教育原则等。与《大学》《中庸》《孟子》《诗经》《尚书》《礼记》《易经》《春秋》并称"四书五经"。

《论语》在汉代有三种传本：《鲁论》，为鲁国人所传，共二十篇；《齐论》为齐国人所传，共二十二篇；《古论》为古文本，共二十一篇。汉代张禹以《鲁论》为基础，结合《齐论》的说法，去掉这两个版本中有问题的地方，又去掉了《齐论》中的《问王》和《知道》两篇，作成《张侯论》，共二十篇。汉末郑玄又以《张侯论》为基础，参考《齐论》和《古论》作注解，魏朝的何晏又集合孔安国、包咸、周氏、马融和郑玄的说法，著成一本《集解》，也就是《论语》。

2.作者简介。

孔子及其门人

孔子（前551—前479），名丘，字仲尼，春秋时期鲁国人，中国历史上伟大的思想家、教育家，儒家学派的创始人。孔子曾经周游列国，创立私学，弟子众多，早期有曾参、子路、冉耕、冉有、子贡、颜回等。孔子回到鲁国以后，受到鲁国全国的尊敬，但始终没有实现自己的政治抱负。

孔子晚年生活不顺，但仍坚持整理文献和继续从事教育，删定了《诗经》《尚书》，订正了《周礼》《乐经》，编修了《春秋》，为《易经》作传，为中国古代文化的保存与传承作出了重要贡献。论语里有很多孔子弟子的言论，足见论语的作者不只是孔子的弟子，还应有孔子的再传弟子。孔子被后世统治者尊为孔圣人、至圣、至圣先师、万世师表等，被联合国教科文组织评选为"世界十大文化名人"之首。

3. 主要内容。

《论语》的语言精辟见解，含义深远，其中有很多言论至今仍被世人视为至理，足以说明其历史价值。《论语》集中体现了孔子的政治主张，伦理思想，道德观念以及教育原则。《论语》的各篇之间看似没有任何关联，而且篇名都没有实际意义，一段话自成一章，但其核心就是，孔子的中庸思想、"仁"的思想。

《论语》内容十分广泛，涉及人类社会诸多问题，对中华民族的心理素质及道德行为起到过重大影响。它是儒家一部最伟大的经典之作。宋代的名相赵普说："半部《论语》治天下。"足见《论语》对中国古代社会影响之大。

4. 孔子及其思想。

孔子是春秋末期鲁国人，远祖本是宋国贵族，殷王室的后裔。他的六世祖孔父嘉在宋国内乱中被杀死，其曾祖父孔防叔为了逃避追杀，从宋国逃到了鲁国。孔子的父亲是鲁国的防邑大夫。孔子的父亲名纥，字叔，又称叔梁纥，为一名武士，以勇力著称。但因孔子父亲不是鲁国贵族，因此终其一生只能在中低级官僚中徘徊。孔子三岁时父亲去世，十七岁时，他的母亲又在贫病交加中去世。

孔子自二十多岁起，渴望能走上仕途，所以对天下大事非常关注，经常思考如何治理国家的诸多问题，并有自己独到的见解。孔子三十岁时，已小有名气。鲁昭公二十年，齐景公出访鲁国时召见了孔子，与他讨论如何看待秦穆公称霸的问题，孔子由此结识了齐景公。鲁昭公二十五年，鲁国发生内乱，鲁昭公逃往齐国，孔子随后也到了齐国，他受到齐景公的赏识和厚待。齐景公甚至准备把尼溪一带的田地封给孔子。鲁昭公二十七年，齐国的大夫想加害孔子，孔子听说后向齐景公求救，齐景公说："吾老矣，弗能用也。"齐景公的意思是"我已经老了，没有用了"。孔子只好仓皇逃回鲁国。当时的鲁国，政权实际掌握在大夫的家臣手中，被称为"陪臣执国政"，因此孔子虽有过两次从政机会，却都放弃了，直到鲁定公九年被任命为中都宰，此时孔子已五十一岁。在任职初期，孔子取得了一些政绩，但后来由于鲁定公沉迷于歌舞酒色当中，孔子非常失望。后来，孔子离开了鲁国，为了寻找出路，也为了实现自己的政治抱负，他开始了自己周游列国的旅程。

孔子带着弟子先到了卫国，卫灵公开始很尊重孔子，按照鲁国的俸禄标准发给孔子，但并没给他实际官职，孔子也就无法参与国家的政治。孔子在卫国住了约十个月，因有人在卫灵公面前进谗言，卫灵公对孔子起了疑心，派人公开监视孔子的行动，于是孔子带弟子离开卫国，打算去陈国。路过匡城时，还被人围困了五日，逃离匡城后，到了蒲地，又碰上卫国贵族公叔氏发动叛乱，再次被围。逃脱后，孔子又返回了卫国，卫灵公听说孔子师徒从蒲地返回，非常高兴，亲自出城迎接。孔子先后几次离开卫国，又几次回到卫国，这一方面是因为卫灵公对孔子的态度多变，另一方面是因为孔子离开卫国后，没有更好的去处。

鲁哀公二年（前493年），孔子五十九岁，他离开卫国经曹、宋、郑至陈国，在陈国住了三年，恰遇吴国攻打陈国，孔子于是带弟子离开，楚国人听说孔子到了陈、蔡交界处，派人去迎接孔子。陈国、蔡国的大夫们知道孔子对他们的所作所为有意见，怕孔子到了楚国被重用，对他们不利，于是派服劳役的人将孔子师徒围困在半道，绝粮七日。最后还是子贡找到楚国，楚国派兵迎接孔子，孔子师徒才免于一死。孔子六十四岁时又回到卫国，六十八岁时在其弟子冉求的努力下，被迎回鲁国，但仍是被敬而不用。孔子于是致力于整理文献和继续从事教育。在公元前479年，孔子病逝，享年七十三岁。

"仁"的思想

"仁"是孔子的核心思想。关于"仁"的学说,孔子在《沦语》中有系统地阐述。

在《沦语·雍也》中,孔子首先对"仁"加以确切定义:"夫仁者,己欲立而立人,己欲达而达人。能近取譬,可谓仁之方也已。"对"仁"这一核心范畴下定义,将"己欲立而立人,己欲达而达人"作为"仁"的普遍标准加以界定。《论语·颜渊》中有这样的记载:"樊迟问'仁'。子曰:'爱人'。""颜渊问'仁'。子曰:'克己复礼,为仁。一日克己复礼,天下归仁焉。为仁由己,而由仁乎哉?'""仲弓问'仁'。子曰:'出门如见大宾;使民如承大祭;己所不欲,勿施于人;在邦无怨,在家无怨。'"在孔子看来,"爱人"与"克己"并不矛盾,

通过克制自己的过分欲念而达到中庸协调的境地,在"己所不欲,勿施于人"平等的观念下,恪守社会礼仪并达到"爱他人"的"仁"的境界。

孔子在《论语·阳货》中,分别用五种品德来说明"仁"的性质:"孔子曰:能行五者于天下为仁矣。请问之,曰:恭、宽、信、敏、惠。"也就是说,单单能达到其中一项,并不能成为"仁"人,而只有达到"恭、宽、信、敏、惠"这五种综合性指标,才能称之为"仁人"。

在《论语·雍也》中,孔子说:"知者乐水,仁者乐山。知者动,仁者静。知者乐,仁者寿。"在孔子看来,只有进入"仁"的层面,才能获得最大的快乐。而"仁"既是个人道德修养目标,又是社会道德的理想。为了实现这个社会理想,个人必须从具体的事情做起,从自身的"仁"德开始培养,克服自我欲念,使之合乎社会的法度礼仪,然后扩展开来。君主修行"仁"更可以为实行政治上的"仁德"和"仁政"打下基础。

总的来说,孔子的"仁"的核心是"仁者爱人",其内容包涵甚广,但最基本的含义就是指对他人的尊重和友爱。他第一个把整体的道德规范集于一体,形成了以"仁"为核心的伦理思想结构,包括孝、悌、忠、恕、礼、知、勇、恭、宽、信、敏、惠等内容,对后世产生很大的影响。

5.原文赏析。

有子曰："其为人也孝悌，而好犯上者，鲜矣；不好犯上，而作乱者，未之有也。君子务本，本立而道生。孝悌也者，其为仁之本与？"

——《论语·学而》

含义：孔子说："做人孝敬父母、尊敬兄长，却喜欢触犯上级的，这种人已经很少了；不喜欢触犯上级，却喜欢造反的，这种人从来没有。做人首先要从根本做起，基础打牢了，就能建立正确的人生观。孝敬父母、尊敬兄长，就是做人的根本吧！"

分析：孔子认为，只有父慈子孝、夫唱妇随、兄弟友爱才能组成一个完美幸福的家庭。如果没有"孝悌"，家庭就会乱；没有"孝悌"，就没有了上下尊卑。人不能孝敬父母、尊敬兄长，又怎么会对他人"仁"呢？儿女一定要记住养育之恩。孔子从伦常出发，奉劝人们先孝敬父母、友爱兄弟，然后再扩大为国家、为社会而奉献。也就是说古语"忠臣必出孝子之门"，如果不孝顺父母，就很难做到爱国了。如果人人尽孝，天下必然安定。孔子思想的核心是"仁"，所谓"人之初，性本善"。孔子说："孝悌也者，其为仁之本与！"并不是说"孝悌"就是"仁"，"仁"是事物的本质，"孝悌"是事物的表象。"孝悌"，是还原人本来面目的方法之一，而且是走向"仁"的境界的基本方法。所以孔子说："君子务本，本立而道生。"一个人在生活中做到了"孝悌"，那么他就能够站稳脚跟了，终究会达到很高的境界。

如果一个人一生追求"仁"，并且有很高的造诣，即使不识一个字，在孔子看来也是大学问家。孔子希望自己的弟子在实践中认识真理，在实践中追求"仁"的境界。所以，他提出就是从自己做起，从家庭的小事做起。那就是首先在家里要做到对父母尽孝，与兄弟友好相处。所以，孔子说："孝悌也者，其为仁之本与！"

子曰："人而无信，不知其可也！"

——《论语·为政》

含义：孔子认为："一个人如果没有信用，不知他还能做什么，凭什么立身处世！"

分析：人无信则不立，一个人生活在社会之中，诚信是其基本的道德品质。诚信是一种智慧，是一种处世哲学，不论企业或个人，诚信可以凝聚成强大的力量，汇集成庞大的财富。这个力量可以是直接的也可以是间接的，这个财富可以是有形的也可以是无形的。可以说，诚信是人发展的根本。诚信贵在坚持，贵在长久。那些经得起时间的考验，事件的考验，能始终如一坚持诚信品格的人或团体才会得到他人的信任，并将被社会所铭记，并将走向另一高度，有机会取得更伟大的成就。

子贡问曰："有一言而可以终身行之乎？"子曰："其恕乎？己所不欲，勿施于人。"

——《论语·卫灵公》

含义：子贡向他的老师孔子问道："有一句话可以终身奉行吗？"孔子说："那应该是'宽恕'吧，那自己不想要的，也不要强加于人。"

分析：孔子强调和重视"恕"字，是因为它可以调整人与人之间的关系，使之合理化。恕，有两个标准，高标准是"己欲立而立人，己欲达而达人"；低标准才是"己所不欲，勿施于人"。为人处世的道理有很多，各人的看法不同，终生都可以照此标准去做的，孔子就讲出这个"恕"。"恕"是一种推己及人的情怀，是一种超然的境界。一个内心怀有"仁德"的人，遇事不能帮助别人，也不会给他人制造障碍和麻烦；自己不愿意做的事，不会推到别人身上；凡事设身处地地替别人想一下。能够做到这一点，并且能够坚持，就可以算得上是有"仁义"了，这能让自己在做事问心无愧，活得光明正大，活得舒心坦然。"己所不欲，勿施于人"，无论在生活中还是在工作中，都要以此作为待人接物的准则。

子曰："君子和而不同，小人同而不和。"

——《论语·子路》

含义：君子与小人的区别在于，君子与他人讲究和谐而不人云亦云，小人只求与人相同而不考虑原则。

分析：君子在与他人保持和谐融洽的关系，但是有自己的见解不盲从，小人与他人不能保持和谐融洽的关系，盲从附和而没有自己的见解。孔子倡导"和为贵"，主张"和而不同"，强调心心相印和不同事物之间的和谐统一。他说："君子和而不同，小人同而不和。"在他看来，社会保持个性的矛盾统一才算得上是真正的"和"，而简单的盲从附和、绝对的同一则不利于事物的发展，也就不为君子之"和"。因此，能够真正做到"和而不同"才是真正的君子境界，才能在更加融洽相处的同时也保持自己独特的风格；反之，则为小人。

《孟子》

1. 在中国历史上的地位。

《孟子》是中国儒家典籍中的一部，对儒家哲学的发展具有卓越的贡献。它记录了战国时期思想家孟子的治国思想和政治策略，是孟子和他的弟子记录并整理而成的，在文学、历史方面具有深远的意义。《孟子》在儒家典籍中占有很重要的地位，为"四书"之一。《孟子》曾经被划为"子书"，并不受重视。自唐代韩愈说孟子继承了孔子的"道统"思想之后，《孟子》一书逐渐受到推崇，宋代开始将它列入经部，与《论语》并称。至于《孟子》一书的作者，也有人认为是孟子本人。

2. 孟子其人。

孟子（前372～前289），名轲，字子舆，山东邹城人，战国时期儒家代表人物。孟子继承并发展了孔子"仁"的思想，将"仁"与政治结合起来，创立了"仁政"学说。后人称孟子为"亚圣"，将他与孔子并称为"孔孟"。也因他们有相同的"仁"思想，他们的理论也被称为"孔孟之道"——虽然他们思想之间有较大区别。

孟子曾仿效孔子，带领门徒游说各国。但是和孔子的境遇一样，不被当时各国所接受，于是孟子退隐与弟子一起著书立说。现存的关于孟子思想的著作有七篇，篇目为《梁惠王》上、下，《公孙丑》上、下，《滕文公》上、下，《离娄》《万章》上、下，《高子》上、下，《尽心》上、下。

3. 主要内容。

孟子认为人性本善，他从性善论的角度出发，主张"仁政"、"王道"，提出"民贵君轻"的民本思想。总结战国时期政治经验，提出"得民心者得天下，失民心者失天下"，"民心"对于国家的治乱兴亡具有重要意义，因此《孟子·尽心下》里有"民为贵，社稷次之，君为轻"的理念。

《孟子》一书共七篇，二百六十章，三万四千多字，在那个将文字刻到竹简上的记载时期，是相当浩大的工程。之所以它成为今天研究先秦儒学的重要资料，就因为在绵延的历史长河中能够较为完整的保存下来。

子学

"子学"是"诸子学"的简称，"诸子学"就是研究诸子的学问，《孟子》一书从开始就被归结为子学。

"诸子"原来指春秋战国时期，也就是诸子百家的学术思想。当时出现了众多卓越的思想家，创立了很多颇具影响的哲学思想，不断传授门徒，形成自己的学派。这些思想具有极大的创造性，对后世历代学术影响很大。

"子"原指男子，后来作为男子的美称。古代士大夫的嫡子以下，都称为夫子。从孔子起，开始有私人讲学活动，孔子的门人尊称孔子为"夫子"，简称"子"。后来，学生对老师或有道德、有学问的人都称"子"，弟子记录老师言行思想的书便以"子"为称呼，这便是子书命名的由来。这一类的书很多，古代的史学家、目录学家为了记录的方便，就概括称为"诸子",例如东汉班固《汉书·艺文志》中有"诸子略"。

先秦诸子的思想,到了战国末期,只有儒家、道家、法家尚存,而墨家已接近失传。秦朝推崇法家思想,汉初改行黄老之术。所谓黄老之术,是指法家与道家思想融合在一起的统治方法。魏晋之际,战乱不断,这个时期的学术以玄学为主。隋唐推行佛学。宋元明三代推行理学,理学是以儒学为本体,吸收了道家、佛家学说所创立的一种新的学说。到了清代,义理、考据、辞章之学有了较大发展。

经学

儒家思想的基本典籍就是经书,原本是泛指各家学说要义的学问,但在中国汉代独尊儒术后为特指研儒家经典。究我国有文字之后,流传最早的儒家典籍,就是《诗》《书》《礼》《易》《春秋》,也就是五经。这五本书是战国以后才被称为经的。从《庄子》的《天运》开始,有了六经的名称,就是五经基础上加上《乐》。自唐以后,又有七经、十经、十三经等多种不同的名称。

儒家命名的由来

儒家又称儒学、儒家学说,或称为儒教,是中国古代最有影响的学派。《说文解字》对"儒"的解释是:"儒,柔也,术士之称。"《周礼注》上说,"儒"是古代执掌教育的人,是学者兼教育家,具备崇高的品格和相当的学问。"儒学"形成学派是孔子以后的事。

根据《韩非子·显学》篇中记载,孔子死后有八种儒学的分支,即"子张之儒"、"子思之儒"、"颜氏之儒"、"孟氏之儒"、"漆雕氏之儒"、"仲良氏之儒"、"公孙氏之儒"、"乐正氏之儒"。《汉书·艺文志》著录了三十一家先秦儒家的著述,不过后人提到先秦儒家,还是以孔子、孟子、荀子为代表人物。

4.原文赏析。

孟子曰:"鱼,我所欲也,熊掌亦我所欲也;二者不可得兼,舍鱼而取熊掌者也。生亦我所欲也,义亦我所欲也;二者不可得兼,舍生而取义者也。生亦我所欲，所欲有甚于生者，故不为苟得也；死亦我所恶，所恶有甚于死者，故患有所不辟也。如使人之所欲莫甚于生，则凡可以得生者，何不用也？使人之所恶莫甚于死者，则凡可以辟患者，何不为也？由是则生而有不用也，由是则可以辟患而有不为也，是故所欲有甚于生者，所恶有甚于死者。"

——《孟子·告子上》

含义：孟子说："鱼是我想要的，熊掌也是我想要的；如果两者不能同时得到，便舍弃鱼而要熊掌。生命是我想保护的，义也是我想拥有的；如果两者不能同时拥有，便舍弃生而保全义。生命本是我想保护的，但我想要的还有比生命更重要的东西，所以我不会做为了保存生命而不择手段的事；死亡本是我所厌恶的，但是我所要躲避的东西比死亡更令人厌恶，所以有的祸害我必须面对。如果没有比生命更值得拥有的东西，那么为什么不用尽一切手段谋求生存呢？如果所厌恶的东西没有比死亡更可怕的，那么为什么不想尽一切办法躲避危险呢？而有的人，明明可以保护生命，却舍弃生命不要；有的人可以躲开危险，却不去躲避。可见，还有比生命更值得拥有的东西，也有比死亡更令人讨厌的东西。"

分析："舍生取义"是孟子关于人生观和价值观的看法。孟子的舍生取义论是儒家生死观的集中表现。其核心思想是："义"作为生命存在的价值高于生命本身。因而，对这种价值的追求与珍惜应是至上的。在"生"与"义"不可兼得，必须做出抉择时，就不能苟活于世，只能"舍生取义"。"死"当然为人所恶，但却有比死更令人可怕的，就是失"义"。与其失义而生，不如取义而死。如孟子云："死亦我所恶，所恶有甚于死者，故患有所不辟也。"孟子认为，这是做人的根本，如果丢弃这种根本，"此之谓失其本心"。孔子曾云："志士仁人，无求生以害仁，有杀身以成仁。"孟子的舍生取义论正是对孔子杀身成仁论的继承和发展。成仁、取义是儒家以至中华民族传统人生价值观中的重要理念。

"伯夷、伊尹于孔子，若是班乎？"曰："否！自有生民以来，未有孔子也。""然则有同与？"曰："有。得百里之地而君之，皆能以朝诸侯，有天下；行一不义，杀一不辜，而得天下，皆不为也。是则同。"

曰："敢问其所以异。"曰："宰我、子贡、有若，智足以知圣人。汗，不至阿其所好。宰我曰：'以予观于夫子，贤于尧、舜远矣。'子贡曰：'见其礼而知其政，闻其乐而知其德，由百世之后，等百世之王，莫之能违也。自生民以来，未有夫子也。'有若曰：'岂唯民哉？麒麟之于走兽，凤凰之于飞鸟，泰山之于丘垤，河海之于行潦，类也。圣人之于民，亦类也。出于其类，拔乎其萃，自生民以来，未有盛于孔子也'。"

孟子曰："以力假仁者霸，霸必有大国；以德行仁者王，王不待大。汤以七十里，文王以百里。"

——《孟子·公孙丑上》

含义：公孙丑问："伯夷、伊尹与孔子，都一样伟大么？"孟子答道："不，自有人类以来，没有比得上孔子的。"公孙丑又问："那么，在这三位圣人中，有什么相同的地方吗？"孟子答道："有。如果得到方圆一百里的土地，而以他们为君王，他们都能够使诸侯来朝觐，都能够统一天下。如果叫他们做一件不合道义的事，杀一个没有错误的人，从而得到天下，他们也都不会干的。这就是他们三人相同的地方。"

公孙丑说："请问，他们有哪些不同的地方呢？"孟子说："宰我、子贡、有若三人，他们的聪明才智足以了解圣人的思想，即使他们再不好，也不至于偏袒他们所爱好的人。宰我说：'以我来看老师，比尧、舜都强多了。'子贡说：'看见一国的礼制，就了解它的政治；听到一任何一个君王都不能违离孔子之道。自有人类以来，没有人能够比得上他老人家的。'有若说：'难道仅仅人类有高下的不同吗？麒麟对于走兽，凤凰对于飞鸟，泰山对于土堆，河海对于小溪，何尝不是同类？圣人对于百姓，也是同类，但他们的品德、学识远远高出他们那一类人。因此自有人类以来，还没有比孔子更伟大的'。"

孟子说："凭借实力然后假借仁义的名义来征战讨伐的，可以称霸诸侯，称霸一定要凭借国力的强大、依靠道德来实行仁义的，才可以使天下归服，这样做不必以强大国家为基础——汤就仅仅用他方圆七十里的土地，文王也就仅仅用他方圆百里的土地实行了仁政，而使人心所向。"

分析："以力假仁者霸，以德行人者王。"这短短的十二个字概括出了中国古代君王统治两种不同的格局，同时也映射出社会生活中的两种做人方式。"王道"和"霸道"的区别是十分明显的。在孟子的眼里，三皇五帝的政治才是纯正的王道，三代以下则多为霸道。"用武力征服"，还是"用道德感化"，在庶民那里，还会产生两种根本不同的态度。孟子认为，理想的选择当然是"王道"和"仁政"。

《三字经》

1. 在中国历史上的地位。

《三字经》是中华民族宝贵的文化遗产，也是我国古代三大国学启蒙之一。它短小精悍、讲究韵律、朗朗上口，内容涉及历史、天文、地理、道德以及一些民间传说。《三字经》难免有其历史局限性，但仍掩盖不了它的历史意义及文化价值。

2. 作者简介。

相传为南宋著名的学者、教育家、政治家王应麟（1223—1296）所著。

王应麟字伯厚，号深宁居士。博学多才，对经史子集、天文地理都有研究，他中过进士，历任过秘书监、吏部侍郎等诸多官职。南宋灭亡以后，他闭门谢客，著书立说。王应麟曾担任过扬州教授、沂靖惠王府和皇帝侍讲之职，对教书有一定的研究，晚年为了教育本族子弟读书，他编写了这本中国文化经典读物《三字经》。

3. 内容简介。

《三字经》全书共一千七百多字，每一句均以三个字组成，内容广泛、言简意赅。它将为人处世的道理、文字的读写以及历史知识融为一体。

《三字经》由人性开始谈起——"人之初，性本善"，主张人性本善，在不良的环境中人才会慢慢的变坏。举例说明教育的重要性，阐述伦理亲情和国学知识。从历史故事中给人以启示，书中描写了一些成功人士的经典故事，给后人予以借鉴。

4.经典故事。

（1）孟母三迁

"昔孟母，择邻处。"说的是孟子的母亲为了让孟子有一个良好的教育环境，两次搬家，给孟子换了三个学习的地方，可谓煞费苦心。孟子（约前372—前289），名轲，邹（今山东邹城东南）人，战国时期的思想家、政治家、教育家，是战国中期儒家的代表，后世将其与孔子并称为"孔孟"。他曾游历于宋、魏、齐等国，阐述他的政治主张，还曾在齐为卿。晚年退而著书，传世有《孟子》七篇。孟子维护并发展了儒家思想，提出了"性善"论和"仁政"学说。

孟子三岁时就没了父亲，由其母亲（简称孟母）抚养长大。孟子小时候很调皮，有一次，在孟家附近有一块墓地，送葬的队伍经常从家门口经过。孟子常常模仿送葬队伍哭啼的样子。孟母对儿子这样的做法非常生气，认为在这个地方的环境不利于孟子读书，于是把家迁到了城里。

开始的时候，孟子的家住在城中的集市旁边。到了这里，孟子又和邻居的小孩，学习商人做生意的样子。一会儿欢迎客人、一会儿招待客人、一会儿和客人讨价还价，而且学得有模有样。孟母认为这个地方不能让孟子集中心思读书，于是又将家搬到了学堂的对面。在那里，孟子开始变得守秩序、懂礼貌、喜欢读书。孟母认为这才是孩子应该居住的地方，就不再搬家了。

孟母对孟子的学习要求非常严格。一次，孟子因为不用功读书而逃学回家。孟母立刻拿起剪刀，把织布机上正在编织的布剪断了，并且对孟子说："求学的道理，就和我织布的道理一样，要一丝一丝的织上去，才能织成一块有用的布。读书也是一样，要努力用功，经过长时间的积累，才能有成就。像你这样不用功，怎么能够成就大业呢？"孟子听了非常惭愧，从此发奋读书，终于成为一代圣贤。也就是《三字经》里说的"子不学，断机杼"。

"孟母三迁"这个故事说明了社会环境对一个人、特别是青少年的成长影响很大。同时也说明家庭教育对子女成长起着重要的作用，家长的态度有时会直接影响孩子的未来。

（2）孔融让梨

《三字经》上说："融四岁，能让梨。弟于长，宜先知。"讲的是汉代人孔融的故事，也就是成语"孔融让梨"。孔融四岁时，就知道把大的梨让给哥哥吃，说明尊敬和友爱兄长是每个人从小就应该知道的。故事是这样的，孔融四岁时，有一天，有人送来一篮梨子，父亲让他们兄弟几人吃梨。他的哥哥们都挑大梨子，只有他挑了一个小梨子。父亲问他为什么，孔融回答，自己最小，所以应该吃小的，大的给哥哥吃。

这个故事告诉人们，凡事应该懂得谦让，应该明白长幼有序的道理。这些道德常识需要从小培养。看来古人对道德常识非常重视，也是启蒙教育的基本内容，融于日常生活、学习中。

孔融（153—208）东汉文学家，"建安七子"之首，字文举，鲁国（今山东曲阜）人，"建安七子"之首。曾任北海相、少府、大匠等职。为人刚直不阿，不屈强权。

（3）黄香温席

"香九龄，能温席。孝于亲，所当执。"说的是"黄香温席"的故事。

据说在汉朝有一个叫黄香的孩子，江夏人。黄香小时候，家中生活贫苦，但他非常懂事，非常孝敬父母。在他九岁那年，母亲病重期间，他经常守护在病床前侍候母亲。母亲去世后，他对父亲更加关心、照顾。在夏天天气热的时候，他就给父亲的蚊帐扇风，驱蚊降温，即使满头大汗。当冬天天气寒冷的时候，他先钻进父亲的被窝里，用自己的体温暖被，之后才招呼父亲睡下。夜里他还经常给父亲铺好被子。

这个故事告诉我们孝顺父母,都应该从小事做起。孝敬父母是中华民族的传统美德,是做人的根本。

5.经典名句。

人之初,性本善。性相近,习相远。

含义:人生下来的时候性情都是善良的,随着各自生活环境、学习环境的不同,每个人的性情就有了差异,也就是有了好与坏的差别。这句话告诉人们,人生下来原本都是一样的,但如果不好好教育,善良的本性也会变坏。总体来说,人还是向善的。

苟不教,性乃迁。教之道,贵以专。

含义:如果从小不好好教育孩子,其善良的本性就可能会变坏。为了避免孩子变坏,最重要的方法就是要专心致志地去教育孩子。这句话也告诉我们:教育是头等重要的大事,最重要的一点是坚持不懈,防微杜渐。时刻注意对孩子的学习,不能放松。

养不教,父之过。教不严,师之惰。

含义:如果父亲仅仅是养活孩子是不够的,而不好好教育孩子是父亲的过错。如果老师仅仅是传授学生知识,而不能严格要求学生就是老师的懒惰了。这也告诉人们,教育孩子要从父母做起,严格教导学生要从老师做起。

玉不琢,不成器。人不学,不知义。

含义:玉如果不经过打磨雕刻,就不会成为精美的器物。人如果不学习,也不会懂得礼仪,不能成才。从而告诉人们"人"和"玉"一样,不经过锻炼就不能成为有用之才,有用之玉。

子不学,非所宜。幼不学,老何为。

含义：小的时候不好好学习是不对的，如果小的时候不学一些东西，长大了又能做些什么呢？这告诉人们，学习要从小做起，长大后才会有所作为。

诗书易，礼春秋。号六经，当讲求。

含义：《诗》《书》《易》《礼》《乐》及《春秋》，合称六经，这是中国古代儒家的重要经典，应当仔细阅读。后因《乐》经失传，其他五本书也称五经。

日春夏，曰秋冬。此四时，运不穷。

含义：春、夏、秋、冬叫做四季。这四个季节不断变化，春去夏来，秋去冬来，循环往复，永不停止。这是对自然界的一种认识，也是孩子自然知识的启蒙。

风俗礼仪

报喜

在中国的传统民俗中有报喜的礼俗。早在先秦时代，生男孩叫"弄璋"之喜，生女孩叫"弄瓦"之喜。"璋"是朝臣佩带的美玉，"瓦"是纺织机上的器件，以此表达对生男生女的祝愿。在湘西地区，女婿要备上酒、肉、糖、鸡到岳父家报喜。如果提公鸡，表示生男；提母鸡表示生女；双鸡则表示双胞胎。生孩子除报喜之外，还要在自家门口挂出生子的标志。在晋北地区，生男孩在门外贴一对红纸剪的葫芦，生女则贴一对梅花剪纸。东北满族人家生子后，生男在门口悬挂小弓和箭，祝孩子长大精于骑射；生女挂红布条，象征吉祥。

满月

婴儿出生一个月后，要为婴儿举行满月礼，又叫弥月礼。生子满月，值得庆贺；产妇出月，电是应该纪念。在民间，满月礼多有馈赠，一般是婴儿女性长辈送礼，并多是小孩的礼物。在清代的宫廷和民间曾有礼仪叫"添盆"，到满月的时候，亲戚和宾客盛集. 在盆中烧了香汤，撒钱于汤水，这是一种独具特色的馈赠礼仪。在绍兴一带，外婆家送的礼物中必有圆镜、关刀和长命锁，"圆镜照妖，关刀驱魔，长命锁锁命"。

百日礼

婴孩出生一百天，要做百日礼。明代沈榜《宛署杂记》说："一百日，曰婴儿百岁"。现今在西北、中原一些地区称百日礼为"过百岁"，而在北京城则称之为"百禄"。举行百日礼在设宴请客方面与过满月基本是一样的，不过最有特点的是"百家衣"和"百家锁"。百家衣是集各种颜色的碎布头连缀而成的，百家锁是金或银、镀金或镀银的佩带物，上面有文字或图案，文字多是"长命富贵"一类祝福的吉语。和百家衣一样，百家锁是集百家金银打造或是由许多人家集体送的，都是祝福婴孩长命百岁的象征物。

抓周

抓周也叫"拈周"、"试周"。其方法是在小孩周岁这天，摆好各种象征物品。随其抓取，以此来试验小儿将来的志趣、喜好等。这种以象征物来测卜孩子的志趣、前途和将来的事业的方法，并没有什么科学的道理，可信度也相当低，但注重这种传统的父母家人，对婴儿所选择的物件，还是比较在意的。

抓周的仪俗最早出现在南北朝时期。抓周是周岁礼的主要内容. 在一些其他地区还要在孩子周岁时祭祀祖先和神灵，亲戚朋友送礼。

喜喜（双喜字）

人们在结婚的时候，都会贴上大红的双喜字——囍。那么，这个囍字是如何出现的呢？

相传，囍字是王安石发明的。王安石是北宋时期著名的文学家。他年轻时上京城赶考，路过马家镇时，看见马员外家门外的走马灯上写着这样一句上联："走马灯，灯走马，灯熄马停步"，王安石不禁拍手叫好，却一时想不出下联。到了京城考试完后，主考官面试考生。轮到王安石时，主考官指着厅前的飞虎旗念道："飞虎旗，旗飞虎，旗卷虎藏身"，要王安石对出下联。王安石脑子一转，"走马灯，灯走马，灯熄马停步"脱口而出。主考官听后连声赞好。赶考回来，王安石特地去马员外家拜谢。马员外闻听大喜，当即将女儿许配给王安石，原来那走马灯上的对联是马员外女儿的选婚联。王安石新婚大喜之日，正巧也传来金榜题名的好消息。喜上加喜，王安石提笔就在纸上写下"囍"字。从此，人们结婚的时候，为了表示对新人的祝愿和增加喜庆的气氛，都会用红纸写上大大的"囍"字贴在门墙上。

新娘蒙红盖头的由来

新娘蒙盖头的习俗，源自神话传说。天下最初只有女娲兄妹二人。为了繁衍人类，兄妹只得配为夫妻。女娲为了遮盖羞颜，"乃结草为扇以障其面"。扇与苦同音。苦者，盖也。以扇遮面，终不如丝织物轻柔、简便、美观。因此，执扇遮面就逐渐被盖头蒙头代替了。

花轿

轿子大约从唐朝开始出现和使用。南宋孝宗曾为皇后制造一种"龙肩舆"。这种舆上面装饰着4条走龙，用朱红漆的滕子编成坐椅、踏子和门窗，内有红罗茵裤、软屏夹幔，外有围幛和门帘、窗帘。可以说，这是最早的"采舆"（即花轿）。这以后，历代帝王都为后妃制造采舆，而且越来越华丽。

用轿子娶亲这种仪式出现在宋代，并逐渐发展成为民俗。这时，婚礼中的亲迎已改在早晨进行，新郎要披红插花，所以新娘坐的轿子也改成鲜艳的花轿。

寿面

生日吃寿面的习俗源于西汉年间。相传，汉武帝崇信鬼神又相信相术。一天，汉武帝与众大臣聊天，在说到人的寿命长短时．他说："《相书》上讲，人的人中长，寿命就长。若人中1寸长，就可以活到100岁。"大臣东方朔听后大笑起来。众大臣莫名其妙，都怪他对皇帝无礼。汉武帝问他笑什么，东方朔解释说："我不是笑陛下，而是笑彭祖。人活100岁，人中1寸长，彭祖活了800岁，他的人中就长8寸，那他的脸有多长啊？"众人闻之也大笑起来。看来想长寿，靠脸长是不可能的，但可以想个变通的办法表达一下自己长寿的愿望。

脸即面，那"脸长即面长"，于是人们就借用长长的面条来祝人长寿。渐渐地，这种做法又演化为生日吃面条的习惯，称之为吃"寿面"。这一习俗一直沿袭至今。

鞭炮的由来

鞭炮古称"爆竹"或"庭燎"。之所以称为爆竹，是因为在古代，先人们为了驱除"恶魔鬼怪"，常在除夕之夜烧起竹筒，借其发出的"啪啪"响声来驱"鬼怪"。后来，火药发明后，便改用纸制，但名称未变。宋代有用硫黄制作爆药。称作爆仗。爆仗内装着药线，点火舌，响声连绵不绝，鞭炮就是由此而来。

春联

贴春联，也称贴对联。是民间庆祝春节的第一件事情。每到大年三十，家家户户都在大门两边贴上崭新的春联．红底黑字，稳重而鲜艳。表达一家一户对新年的美好愿望。

张贴春联的来由已久。对联源于古代的桃符。五代时后蜀宫廷开始在桃符上题写联语。后主孟昶曾题道："新年纳余庆，佳节号长春"，据说，这是我国最早的一副春联。明太祖朱元璋建都南京后，曾令各家贴对联。清代，贴春联的习俗更为盛行。桃符为大红纸张所书写的春联所取代了。

"福倒"

每到过年的时候，家家户户除了要贴春联、门神外，还要在门、窗上倒着贴几个大大的红"福"字，图个喜庆、吉利。"福"字倒贴还有这么一个来历呢。

有一年春节前夕，清朝的恭亲王府正忙着布置府院，准备迎接新年。王府的大管家像往年一样，写了几个大大的"福"字，让人张贴到门上。可是，有一个下人不识字，竟然把"福"字贴倒了。恭亲王福晋看见后，觉得十分晦气，很生气，要惩罚那个下人。大管家是个能说会道的人，见势不妙，赶紧跪在地上讨好地说："奴才经常听人们说起恭亲王福晋的福大，您瞧，今天福真的到（倒）了。福倒福到，这是天意，乃吉祥之兆啊！"恭亲王福晋听到如此一说，不由转怒为喜，当然也就免去了他们的惩罚。

后来，这个风俗就逐渐流传开来，人们都将"福"字倒着贴。

守岁

在中国，每逢春节，有除夕"守岁"的习俗。人们把每年农历最后一天的夜晚叫除夕，并把它作为长一岁的界日（指虚岁），而这个晚上又是旧岁辞去，新年到来的一夜。人们举家吉庆，彻夜不眠，围坐守岁，辞旧迎新，以求新的一年里大吉大顺。这一习俗即谓除夕"守岁"。据记载，在公元前2000多年的尧舜时代，就有了庆贺新年的风俗，"守岁"也随之应运而生。南北朝时期的诗人徐君倩曾留下这样的诗句："帘开风入帐，烛尽炭成灰。勿疑鬓钗重。为待晓兴催。"北宋时期的苏轼也说过："酒食相邀为别岁，至除夕夜达旦不眠为'守岁'。"

在除夕之夜，还有不少文人墨客以"守岁"为题材即兴赋诗，抒发感慨。其中，唐代诗人高适的七绝《除夜作》颇为有名。诗云："旅馆寒灯独不眠，客心何事转凄然。故乡今夜思千里，霜鬓明朝又一年。"

压岁钱

在我国历史上，很早就有压岁钱。最早的压岁钱也叫"压胜钱"，或叫"大压胜钱"，这种钱不是市面上流通的货币，是为了佩带玩赏而专铸成钱币形状的"避邪品"。

唐代，宫廷里"春日散钱"之风盛行。当时春节是"立春日"，是宫内相互朝拜的日子，民间并没有这一习俗。《资治通鉴》第二十六卷记载了杨贵妃生子，"玄宗亲往视之，喜赐贵妃洗儿金银钱"之事。这里说的洗儿钱除了贺喜外，更重要的意义是长辈给新生儿的避邪去魔的"护身符"。宋元以后，正月初一取代立春日，称为春节。不少原来属于立春日的风俗也移到了春节。"春日散钱"的风俗就演变成为给小孩压岁钱的习俗。清富察敦崇《燕京岁时记》是这样记载压岁钱的："以彩绳穿钱，编作龙形，置于床脚，谓之压岁钱。尊长之赐小儿者，亦谓压岁钱。"到了明清时，压岁钱大多数是用红绳串着赐给孩子。民国以后，则演变为用红纸包一百文铜元，其寓意为"长命百岁"。给已经成年的晚辈压岁钱，红纸里包的是一枚大洋，象征着"财源茂盛"、"一本万利"。货币改为钞票后，家长们喜欢选用号码相连的新钞票赐给孩子们，因为"联"与"连"谐音，预示着后代"连连发"。

贺年片

贺年片在我国已有上千年的历史了，它是从名片演变而来的。古时候把名片叫三"名刺"。东汉王充所著《论衡·骨相篇》就有记载："韩生谢遣相工，通刺倪宽，结交膝之友……"其中所说的"通刺"即是名片。到了宋代，互赠贺年片就很盛行了。贺年片发展到清代康熙年间，开始用红色硬纸片制作。当时将贺年片装到锦囊中拜年时送给对方，以示庄重。

现代贺年片上印着精美的图文，则是受国外的影响。

舞龙

舞龙来源于对图腾的崇拜。龙是古代传说中的神异动物。它蛇身、鹿角、鹰爪、马脸，浑身金灿灿，两鬓宛若飘带。在民间传说中，它是消灾降福的"龙王"；雕刻在宫殿建筑上，它是帝王政权的象征；在工艺图案中，则是一种美丽的装饰。

舞龙有悠久的历史。在宋人吴自牧著的《梦粱录》中，记述了南宋临安（今杭州）元宵灯节的情景："……草缚成龙．用青幕遮草上，密置灯烛万盏，望之蜿蜒如双龙之状。"以此算起，舞龙距今也有800多年的历史了。人们所以要舞龙，与古代劳动人民在农业生产中对自然现象缺乏科学认识有关。他们认为龙是管雨的，就用舞龙来祈求神龙，以保风调雨顺、五谷丰登。

踩高跷

在原始社会。人们为采摘树上野果，在腿上绑两根木棍增加身高，这是跷技的最初形式。

春秋战国时，喜玩跷技的艺人游走各国，高跷已发展成一项杂技艺术。宋代的高跷技艺又有发展。《武林旧事》记载，两宋时期的踏跷（即高跷）技艺高超，动作惊险，扣人心弦。后来，高跷又发展为一种民间舞蹈，称高跷秧歌。高跷秧歌在紧锣密鼓中配演小戏，即高跷戏，在春节和元宵节演出，很受人们喜爱。

握手的由来

"握手"的产生可追溯到人类还在"刀耕火种"的原始年代。那时，在狩猎和战争时，人们手上经常拿着石块或棍棒等武器。如果遇见陌生人，大家都无恶意，就要放下手中的东西，并伸开手掌，让对方抚摸手掌心，表示手中没有藏着什么武器。这种习惯一直延续下来，并演变成在分别、会晤或有所嘱托时以示亲近。

剪彩的由来

剪彩起源于20世纪初的美国。美国商人有一种古老的习俗：新店开张前，清晨打开店门并横系一条布带。这样既可防止开张前被闲人闯入，又可引人注目、招徕顾客。布带取走，宣告商店正式开张。1912年有个叫威尔斯的商人在美国圣安东尼奥市的华狄密镇开了一家大百货公司。按照传统风俗，清早便在门前横系一条布带，等待正式开张的时刻。威尔斯的小女儿牵着一条狗匆匆走出店门，无意中碰断了布条。顾客以为公司已经开张，于是蜂拥而入，争先恐后地购买货物，给开张之日迎来了大吉大利。在第二家百货公司开张时有意让其幼女碰断布带，果然开张大吉。于是人们互相仿效，大为推广。后来，布条被五彩缤纷的彩带取而代之，人们在开张时刻用剪刀郑重地剪断彩带，"剪彩"因而得名。

订婚戒指

世界上第一个把戒指用作订婚信物的人是奥地利王麦士米尼。1477年，麦士米尼在一次公开场合认识了一位叫做玛丽的公主。她的美丽容貌和优雅的举止使麦士米尼为之倾倒。麦士米尼虽然知道玛丽早已许婚于当时的法国王储，但是为了赢得她的爱情，他命人专门打造了一枚珍贵的钻石戒指，送给玛丽。面对这只精雕细刻、闪闪发光的钻石戒指和麦士米尼的热烈追求．玛丽终于改变了初衷，与麦士米尼幸福地结合了。

从此，以钻石戒指作为订婚信物，便成为西方人士的一种传统。

蜜月

公元6世纪时的爱尔兰有个叫克尔特郡的部落。部落首领有个女儿爱丽丝，她天生丽质，既美丽又大方，王公贵族的公子们纷纷向她求婚。爱丽丝爱吃蜜糖，那些向她求婚的王公贵族就纷纷挑选上等的蜂蜜送给她。

后来，爱丽丝爱上了一位年轻英俊、温柔且英勇的王子。于是，她叫人把那些送来的蜂蜜酿成了香甜可口的蜜酒，等到结婚那天用来款待来宾。但是蜜酒多得婚宴上都没喝完，这对幸福的夫妻又喝了一个多月才喝完。新婚佳期，王子和公主，喝着香甜的蜜酒，生活充满幸福和温馨。因此。他们将新婚的第一个月称为"蜜月"。后来，人们便用这个词来表示结婚之后夫妻共同度过的第一个月。

礼炮二十一响

鸣礼炮二十一响作为最高礼仪的习俗起源于英国。17～18世纪，英国已成为"日不落"帝国，世界几乎每一块大陆都有它的殖民地。英国军舰驶过外国炮台或驶入外国港口时，蛮横地要求所在国向它们鸣炮致礼，以示对英国的尊重和臣服。作为回礼，英舰一般鸣礼炮七声。但是，英舰鸣一声礼炮，别国应报三声。这样"三七二十一"声礼炮的习俗就诞生了。礼炮二十一响是最高规格，以下按单数逐级递减直到一响。

节日

元旦

"元旦"指一年的第一天。"元旦"一词，最早出自南朝梁诗人萧子云《介雅》诗："四气新元旦，万寿初今朝"。元旦又称元日、元正、元辰、元春、元朔等。我国历代的元旦日期并不一致。夏代在正月初一；商代在十二月初一；周代在十一月初一。秦统一中国后，又以十月初一为元旦。汉武帝时又恢复夏历。以正月初一为元旦，自此相沿未改。辛亥革命后，在民国元年决定我国和世界各国一样采用公历，将农历元旦改为春节。1949年9月27日，中国人民政治协商会议第一届全体会议通过使用"公元纪年法"，将农历正月初一称春节，将公历1月1日定为元旦。

腊八

"腊"是古代的一种祭礼，即一年风调雨顺，喜获丰收，到了年底举行的一种对天地神灵的答谢祭。古代中国人多在农历十二月腊祭先祖百神，因而把十二月称作"腊月"。后来这个腊祭的日子就选定在每年的十二月初八，即称腊八。到了南北朝时期，腊八就成为祭祀节日了。腊八节主要是供献天帝、祭祀神灵、祭奠祖先、祭鬼禳灾等，后来又增加了"赤豆打鬼"和吃"腊八粥"等习俗。

小年

民间称"腊月二十三"为小年，当天晚上称"小年夜"。这一天，民间有祭灶、扫尘、采办年货的习俗。小年意味一年的结束，从这一天起，人们开始准备迎接新一年的到来。

祭灶，民间很早就有关于灶神的传说：旧时，灶神每家必供，它同门神、井神、厕神、中雷神一起成为五位家堂神，职责是保护家宅安宁，不使闲神野鬼骚扰，称为"五祀"。每到腊月二十四日，灶君上天朝玉帝，前一天晚上，人们就在锅台边摆上糖果、年糕等供品，贴上"上天言好事，下界保平安"的对联，焚香膜拜。

扫尘，北方称"扫房"，南方称"掸尘"。北方以腊月二十三为小年，南方则以腊月二十四为小年。扫尘的习俗源于尧舜时代的"年"这种古代先民驱除病疫的一种宗教仪式。唐代"扫年"之风盛行，以祈新岁平安。由于是迎接新的一年，又有清洁卫生、除疫灭病的良好习俗，便流传至今而不衰。

除夕

大年三十被称做除夕。《吕氏春秋·季冬纪》记载，古人在新年的前一天，击鼓驱逐"疫疠之鬼"，这就是除夕节的由来。除夕节全家要团聚在一起吃年夜饭，以示合家团圆，美满幸福。北方大多吃饺子，有合和美满、辞旧迎新之意；而南方，年夜饭中少不了一道全鱼菜，取"年年有余"之意。全国各地几乎都有用江米面或黍子面做年糕的习俗，寓意"年年高"。除夕之夜民间有守岁的习俗，象征除旧迎新。除夕夜讲究灯明火旺，少不了烟花鞭炮。俗语道："新年到，新年到，姑娘要花，小子要炮，老头戴顶新毡帽，最重要。"

春节

春节俗称过年．是一年当中最隆重的节日。其主调是庆丰收，去邪气，求得来年吉祥如意。春节的时间是每年农历的正月初一，古时称元旦或元日（参考"元旦"）。传统意义上的春节时间较长，一般是从腊八的腊祭或腊月二十三的祭灶一直到正月十五元宵节为止。其中以除夕和正月初一为高潮。

春节期间一般都要举行丰富多彩的庆祝活动，贴门神和春联，燃放爆竹。祭祖和拜年是重要的活动。小孩子还会得到长辈给的压岁钱。各地还有多种娱乐活动，如舞龙灯、耍狮子、踩高跷、跑旱船、扭秧歌等，增添了节日的喜庆气氛。

元宵闹花灯

农历正月十五是元宵节。这天是新年开始的第一个月圆之日，家人团聚，共度良宵．所以古人又叫上元节。这一天要吃"元宵"。"元宵"别名汤圆，是一种用糯米粉包各种甜馅的"圆子"，以清水煮熟而食。元宵节有举行灯会观灯的习俗，因而又叫"灯节"。到了这一天，家家户户挂彩灯、放焰火、大街上高挂千万盏琳琅满目的花灯，在北方寒冷的地区，还要制作千姿百态的冰灯。人们在元宵节除了观灯、赏灯和猜灯谜外，还要进行放歌、舞龙、耍狮、扭秧歌等一系列活动，因此我们常说"闹元宵"。

春龙节

我国民谚有"二月二，龙抬头"的说法。因为农历二月初二这一天一般总和惊蛰这个节气靠近。惊蛰的意思是冬眠蛰伏的动物被春雷惊醒，即使睡了一冬的龙也不能幸免。这就是我国民间二月初二春龙节的来历。二月二这天，人们做龙鳞饼吃，做龙须面吃，有的地方还不让妇女做针线，以免"刺伤"龙的眼睛。

社日

"社"指土神。"社日"是我国古代春、秋两次祭祀土神的日子。春社在立春后第五个戊日。秋社在立秋后第五个戊日。古时农村往往在社日聚会。唐张演《社日》诗云："桑柘影斜春社散，家家扶得醉人归。"

清明节

中国农历的二十四节气中，农历三月上旬被称为清明。后来人们就把公历4月5日或6日作为清明节。清明节前后天气转暖，风和日丽，大地披上绿装，所以称为清明。清明时节是踏青旅游的好时间，人们放风筝、荡秋千。与此同时，还有一项重要的活动就是扫墓，许多人准备好礼货、果品，到已故亲友的墓前祭拜。这种习俗早在周朝就已形成。清明的前一天被称为"寒食"，禁止生火煮食，只吃冷食。

端午节

农历五月初五是端午节，又名端阳节、端五节、重午节。古人在这天以兰草汤沐浴。又称浴兰节。道教则称此日勾"地腊节"。明清时的北京人称端午节为"女儿节"、"五月节"。端午是中国夏季最重要的节日，它的起源有不同的说法。据考证，五月初五本来是龙的节日，古代江南水乡的吴越人信奉龙为图腾，每到端午节这天要举行各种祭祀活动。战国时期楚国的爱国诗人屈原忠君为国，却遭到诽谤并被放逐。秦国攻占郢都，他悲愤交加，不忍看到国家灭亡和自己政治理想的破灭，于公元前278年（农历五月初五）这天投江自杀，以身殉国。后来人们将端午节转用来纪念他。本来与龙的节日有关的赛龙舟、吃粽子的习俗，其意义也发生了变化，成为祭吊屈原的活动。五月五日因时值初夏。天气渐热，病疫容易发生，在中国古代被认为是"恶月"、"恶日"，人们于是喝雄黄酒，在门前挂上菖蒲、艾草，以避灾驱邪保平安。

七夕

农历七月七日晚是中国传统节日中的七夕节。七夕节起源于牛郎织女的神话传说。中国北方农村有这样的风俗：七月初七这一天，摆上瓜果，向织女乞巧。就是说，希望织女把一手巧艺传给人间。因而七夕节也叫"乞巧节"。早在汉代就已有了乞巧风俗。《西京杂记》上记载，"汉宫中彩女常于七月七日穿七孔针于开襟楼"。七夕节时，妇女们不仅可以向织女乞求技艺，还可以根据自己的不同情况和心愿向织女祈福、祈寿、祈子等。民间还有一种风俗，就是每到七月初七这一天，就把新出嫁的闺女接回娘家。怕王母娘娘看到新婚夫妇的幸福生活后，强迫他们分开，人们用暂时分离的办法，避开王母娘娘视线。以求长久的团圆。所以这一天也叫避节。

中秋节

农历八月十五的中秋节，是中国传统节日中以庆贺为主的节日，也是仅次于春节的第二大节日。中秋节的起源有不同的说法。有说源于秋祭，因为此时庄稼成熟，人们祭祀土地神，以谢神庆丰收。有说源于古代拜月习俗。说明中秋习俗都与月亮有关，如祭月、赏月、吃月饼等。中秋节吃月饼的习俗，相传源于唐明皇。唐明皇游月宫后。每年中秋与杨贵妃赏月。赏月时，一边品尝形如秋月的甜饼，一面欣赏歌舞，月饼大概由此源起。圆圆的月亮，圆圆的月饼，都象征团圆之意。中秋节亲人团圆是相沿已久的习俗，故称"团圆节"。

重阳登高的来历

农历九月初九被称为重阳节，又称"重九节"、"茱萸节"。重阳登高，最早见于梁代吴均《续齐谐记》一书。大意是，东汉时，汝南汝河一带瘟魔为害，疫病流行，呻吟痛苦之声遍布。有个叫桓景的人，历经艰险，到山中拜费长房为师，以求消灾救人的法术。一天费长房对桓景说："九月九日瘟魔又要害人，你快回去搭救父老亲人。"并告诉他："那天登高，再用红布袋装上茱萸，扎在胳膊上；喝菊花酒，就能消灭瘟魔，免除灾殃。"桓景回乡，遍告乡亲，于九月九日那天，汝河汹涌澎湃，云雾弥漫，瘟魔来到山前，因菊花酒气刺鼻、茱萸异香熏心，被桓景斩杀于山下。傍晚，人们下山返回家园，只见牲畜都暴死而人们却安然无恙，从此，登阳登高避难的风俗，就世代相传了。

"五四"青年节

1919年5月4日，北京3000余学生在天安门前集会，要求"外争国权，内惩国贼"，爆发了震惊中外的"五四"运动。运动由北京发展到全国，成为以工人阶级为主力军的强大革命运动，迫使北洋军阀政府拒绝在列强们的和约上签字（和约上决定让日本继承战前德国在我山东特权）。五四运动是中国革命青年运动的开端。1949年12月，中央人民政府政务院正式规定，以5月4日为中国青年节。

教师节的由来

新中国成立以后，经国家教育部和中华全国教育工会商定，废除了6月6日这个旧教师节，并在1951年规定：教师节和"五一"劳动节合并在一起。可是实践证明，"五一"节并没有教师节的特点，时间一长，人们只知道"五一"节是国际劳动人民的节日而逐渐把教师节忘记了，特别是青年人很少知道"五一"节是劳动节和教师节合并在一起的。为了提高教师的地位，促进教育事业的发展，体现教师节的特点，1985年1月25日全国人大常委会决定每年的9月10日为教师节。定在这一天，是考虑到新学期刚刚开始，学校在新学期将要出现新的气象。再者，一年四季只有9月份没有全国性的节日，把教师节定在这个月更有利于组织大型活动和宣传报道。

"七一"的由来

把7月1日定为党的生日，是毛泽东同志1938年5月提出来的。

党的生日，通常是指党诞生的日子，一般以党的第一次代表大会为标志。中国共产党建党初期，党的活动处于白色恐怖之下，党的第一次全国代表大会是在秘密状态下召开的，组织程序也比较简单，所留下的文字记载很少，这就给准确确定"一大"召开的日期带来了一定困难。党史工作者根据尚存的当时文字记载和当事人的回忆，从几方面进行考证，确认"一大"的开幕时间是7月23日，闭幕时间是7月31日。之所以把7月1作为党的生日，因为当时在延安的党的"一大"出席者只有毛泽东和董必武，他们记得"一大"是7月份召开的，但记不清确切的日期，当时的严酷斗争环境也没有条件弄清确切日期，于是就把7月的月首作为中国共产党诞辰纪念日。

1941年6月党中央《关于中国共产党诞生二十周年抗日四周年纪念指示》的文件，确定了"七一"为中共党员的固定节日。

"八一"建军节

1927年大革命失败后，为了挽救革命，中国共产党决定对国民党的大屠杀实行武装抵抗。8月1日，在周恩来、朱德、贺龙、叶挺、刘伯承等领导下，三万余名受共产党影响的北伐军在江西南昌举行武装起义，歼灭国民党三个多师。次年4月起义部队在朱德、陈毅率领下到达井冈山和毛泽东领导的部队会师。南昌起义是中国共产党在革命的危急关头向国民党反动派打响的第一枪。这次武装起义，在全党和全国人民面前树立了一面鲜明的武装斗争的旗帜。为伟大的人民军队的创建作出了重要贡献。

1933年6月26日，根据中央革命军事委员会的建议，苏区中央局作出了以8月1日为中国工农红军成立纪念日的决定。6月30日，中央革命军事委员会发布了关于决定"八一"为中国工农红军成立纪念日的命令。命令指出："本委会为纪念南昌暴动与红军成立，特决定自1933年起，每年8月1

日为中国工农红军成立纪念日。"中国人民解放军组成后，仍以8月1日为建军节。

情人节的由来

公元270年，英国一个名叫瓦伦泰因的青年基督教徒，因为反抗罗马统治者的专制而遭到逮捕。在狱中，他与监狱长的女儿产生了恋情。随着刑期的临近，和自己心爱的姑娘诀别的日子也迫近了，在2月14日临刑之前，他给自己的心上人写了一封情书，述说了自己的情怀。之后便昂首走上了刑场。从此，基督教徒们为了纪念这位为了自由而献出生命的年轻人，就把2月14日这一天定为情人节。

圣诞节

每年12月25日是西方基督世界的圣诞节。圣诞节是基督教为纪念耶稣诞生而设的节日。圣诞节英文为Christmas，由Christ（基督）和Mass（弥散）两个字组成，意思是圣诞节这一天教徒们到教堂去，举行崇拜仪式以纪念耶稣基督的诞生。早在336年，12月25日正式被罗马教会定为圣诞节，到5世纪中叶，圣诞节已成为教会的传统宗教节日，后来逐渐大众化，成为许多国家的法定节日。圣诞节有许多重要活动。12月24日晚称为圣诞夜，也叫平安夜。人们团聚在一起，共进圣诞晚餐，互赠礼品。一棵漂亮的圣诞树是圣诞节必不可少的。圣诞树上悬挂着各色彩灯、彩花以及送给孩童的小礼物。到了圣诞节子夜时分，教堂举行隆重的子夜弥撒，黎明和上午还要举行两次。

愚人节

每年4月1日是西方的愚人节，又称为万愚节。愚人节起源于法国。1564年，法国首先采用新改革的纪年法——格里高里历（即目前通用的阳历），以1月1日为一年之始。但一些因循守旧的人反对这种改革，仍然按照旧历固执地在4月1日这一天送礼品，庆祝新年。主张改革的人对这些守旧者的做法大加嘲弄。聪明滑稽的人在4月1日给他们送假礼品，邀请他们参加假招待会，并把上当受骗的保守分子称为"四月傻瓜"或"上钩的鱼"。从此人们在4月1日便互相愚弄，成为法国流行的风俗。18世纪初。愚人节习俗传到英国，接着又被英国的早期移民带到了美国。愚人节时，人们常常组织家庭聚会，用水仙花和雏菊把房间装饰一新。典型的传统做法是布置假环境，可以把房间布置得像过圣诞节一样，也可以布置得像过新年一样。待客人来时，则祝贺他们"圣诞快乐"或"新年快乐"，令人感到别致有趣。愚人节最典型的活动还是大家互相开玩笑，捉弄对方。被作弄的人并不生气，反而引以为乐。英国甚至连电台、报纸也精心组织"假报道"作弄公众。

母亲节

母亲节创立人是安娜·贾维斯。安娜的母亲是美国格拉夫顿城教会学校的总监，它有感于南北战争中为国捐躯的勇士们，认为应该给予失去儿子的母亲们一种慰藉、一个纪念日。同时也衷心希望有人会创立一个母亲节来赞扬全世界的母亲。安娜的母亲死后．她感到格外悲痛，立志要实现母亲的愿望，创立母亲节，借以纪念世上所有的母亲们，同时提倡孝道等。为此她向社会发出呼吁。结果她获得各方面热烈的支持和良好的反应，并纷纷邀请她前往演讲。1914年，美国参众两议院终于通过决议案，将每年5月第二个星期日定为母亲节。现在它已经成为世界性的节日了。

父亲节

父亲节是由美国人约翰·布鲁斯·多德夫人倡议建立的。多德夫人早年丧母，她有5个弟弟，姐弟6人的生活负担全落到了父亲身上。父亲每天起早贪黑，无微不至地关心着孩子们的成长，既当父亲又当母亲，自己则过着节衣缩食的节俭日子。多德夫人切身体会到父亲的关爱，感受到父亲的善良与信大。她长大后，深感父亲这种自我牺牲的精神应该得到表彰，做父亲的也应该像母亲那样，有一个让全社会向他们表示敬意的专日。于是。她给华盛顿州政府写了一封言辞恳切的信，建议以她父亲的节日，每年的6月5日作为父亲节。州政府被她的真情打动，便采纳了这一建议，只是把日期改在每年6月的第三个星期日。1972年，父亲节通过议会决议，成为全国性的节日。

"三八"国际妇女节

1909年3月8日，美国芝加哥市的女工为了反对资产阶级压迫剥削和歧视，争取自由平等，举行了大罢工和示威游行。这一斗争得到了美国广大劳动妇女的支持和热烈响应。1910年，一些国家的先进妇女在丹麦首都哥本哈根举行第二次国际社会主义者妇女代表大会。大会根据主持会议的德国社会主义革命家蔡特金的建议，为了加强世界劳动妇女的团结和支持妇女争取自由平等的斗争，规定每年的3月8日为国际妇女节。从此"三八"节就成为全世界劳动妇女为争取和平、争取妇女儿童的权利、争取妇女解放而斗争的伟大节日。

"五一"国际劳动节

5月1日，是全世界无产阶级和全国劳动人民团结战斗的节日。简称"五一节"或"劳动节"。1884年，美国和加拿大的八个工人团体在美国芝加哥开会，决定1886年5月1日举行大罢工，以争取实现工作、教育、休息各八小时的"三八制"。5月1日那天，美国芝加哥等地近50万工人举行了罢工和示威游行。由于坚持斗争，取得了胜利，争取到八小时工作制的权利。为了纪念美国工人这次罢工斗争，显示"全世界无产者联合起来"的伟大力量，1889年在恩格斯领导下召开的第二国际成立大会上，决定以象征工人阶级团结、斗争和胜利的5月1日，为国际工人阶级争取解放的节日。从此，5月1日就成为世界工人阶级解放斗争，加强国际团结的伟大的战斗节日。

"六一"国际儿童节

"六一"国际儿童节是全世界儿童的节日。1925年，"国际儿童幸福促进会"举行第一次国际大会，发表了有关儿童福利问题的原则以后，一些国家先后有了儿童节的规定，如美国定为10月31日，英国定为7月1日。1949年10月，国际民主妇女联合会在莫斯科举行理事会议。为了保障世界各国儿童的生存权、保健权和受教育权，为了改善儿童的生活，会议决定以每年的6月1日作为"国际儿童节"。从此，全世界的儿童都有了自己的节日。

世界粮食日

在世界粮食供求矛盾习趋尖锐的背景下。1979年11月，第二十届联合国粮食及农业组织大会决议确定，1981年10月16日是首届世界粮食日，举行有关活动。联合国粮食和农业组织大会决定举办世界粮食日活动的宗旨在于唤起世界对发展粮食和农业生产的高度重视。许多国家政府对于举行世界粮食日的活动很重视。有的国家首脑在这一天发表讲演；有的国家举行纪念会和发表纪念文章；有的国家的科研机构发表粮食和农业科研成果，举办科学讨论会等，以提高人们对粮食和农业重要性的认识，从而促进粮食及林业、牧业和渔业的发展。

世界环境日

1972年6月5开至6月16日，在瑞典首都斯德哥尔摩召开了具有历史意义的联合国人类环境会议，与会的113个国家的1300多名代表一致要求将这次会议的开幕日定为世界环境日。同年的第二十七届联合国大会在设立联合国环境规划署的同时，接受了将每年的6月5日定为世界环境日的建议。

"世界环境日"的意义在于提醒全世界人民注意全球环境状况和人类活动对生态环境的危害，强调保持和改善人类生存环境的重要性和迫切性。

世界电信日

1865年，"国际电信联盟"成立，总部设在日内瓦。它足联合国十五个专门机构中历史最长的一个，也是会员国最多的国际组织之一。为了纪念国际电信联盟的成立以及强调电信的作用，1969年第二十四届行政理事会正式通过决议，决定把国际电信联盟的成立日——5月17日定为"世界电信日"。并要求各会员国从1969年起，每年5月17日开展纪念活动。"国际电信日"的活动方式多种多样，如发行纪念邮票，举办座谈会或学术报告会，开展业余无线电竞赛和其他竞赛活动，利用电视、广播、报纸杂志等广泛进行宣传和开展科普活动等。为了使纪念活动更有系统性，每年的世界电信日都有一个主题。例如，1980年的主题是"农村通信"；1981年的主题是"电信和卫生"。

世界艾滋病日

世界卫生组织于1988年1月确定，每年的12月1日为世界艾滋病日。设立世界艾滋病日的目的是提高公众对艾滋病危害性的认识。在这一天，世界卫生组织和各国卫生机构都要开展各种形式的活动，在全国范围内进行防治艾滋病的宣传教育。以遏制艾滋病的传播和蔓延。

结婚周年纪念

1周年：纸婚	2周年：棉婚	3周年：皮革婚	4周年：丝婚
5周年：木婚	6周年：铁婚	7周年：铜婚	8周年：陶婚
9周年：柳婚	10周年：锡婚	11周年：钢婚	12周年：绕仁婚
13周年：花边婚	14周年：象牙婚	15周年：水晶婚	
20周年：搪瓷婚	25周年：银婚	30周年：珍珠婚	
35周年：珊瑚婚	40周年：红宝石婚	45周年：蓝宝石婚	
50周年：金婚	55周年：翡翠婚	60周年：钻石婚	
70周年：白金婚			

世界主要节日和纪念日

1月12日：香水节　　　　　　2月1日：宠物节

2月2日：世界湿地日　　　　　2月14日：情人节

2月29日：世界居住条件调查日　3月8日：国际劳动妇女节

3月14日：国际警察节　　　　 3月15日：国际消费者权益日

3月17日：国际航海日

3月21日：消除种族歧视国际日；世界森林日

3月22日：世界水日　　　　　 3月23日：世界气象日

4月1日：愚人节　　　　　　　4月2日：国际儿童图书日

4月7日：世界卫生日；世界戒烟日

4月15日：非洲自由日　　　　 4月22日：世界地球日；世界法律日

4月23日：世界图书和版权日　 4月24日：亚非新闻工作者日

4月份的最后一个星期三：国际秘书节

5月1日：国际劳动节　　　　　5月8日：世界红十字日

5月12日：国际护士节　　　　 5月15日：国际家庭日

5月17日：世界电信日　　　　 5月25日：非洲解放日

5月31日：世界无烟日

5月份的第二个星期日：国际母亲节

6月1日：国际儿童节；世界和平日

6月5日：世界环境日　　　　　6月17日：世界防治荒漠化和干旱丑

6月23日：国际奥林匹克日；世界手球日

6月26日：国际禁毒日　　　　 6月30日：世界青年联欢节

6月第三个星期日：父亲节　　 7月1日：世界建筑日

7月2日：国际体育记者日　　　7月11日：世界人口日

7月31日：非洲妇女日

9月8日：国际扫盲日；国际新闻工作者日

9月14日：世界清洁地球日　　 9月12日：祖父祖母日

9月17日：国际保护臭氧层日　　9月24日：国际和平日

9月27日：世界旅游日　　　　　10月1日：世界音乐日；国际老人节

10月2日：国际和平与民主自由斗争日

10月4日：世界动物日　　　　　10月9日：世界邮政日

10月13日：世界保健日；国际教师节；国际盲人节

10月14日：世界标准日　　　　10月16日：世界粮食日

10月17日：国际消除贫困日　　10月22日：世界传统医药日

10月24日：联合国日；世界发展信息日

10月26日：世界足球日　　　　10月31日：世界勤俭日

10月份的第一个星期一：国际人居日

10月份的第一个星期三：国际减灾日

11月10日：世界青年节　　　　11月17日：国际大学生节

11月21日：世界问候日；世界电视日

12月1日：世界艾滋病日　　　　12月3日：国际残疾人日

12月5日：国际志愿人员日　　　12月9日：世界足球日

12月10日：世界人权日　　　　12月21日：国际篮球日

玩棋牌不能赌博

从偏远的农村到发达的城市打工，圈子小，文化生活相对贫乏。有些人无所事事，心无寄托，便以玩扑克、麻将、吃喝玩乐来消磨时光。劳动之余，有时几个兄弟聚在一起打打牌，"摸两把"，搞点"小刺激"，消磨消磨时光，这也无可厚非。

可有的人却由小打小闹到赌资加码，赌时延长；也有人在思想上存在误区，以为赌博可以赢钱。结果是一发不可收拾，越赌越输，越输越赌，结果越陷越深，造成众多矛盾，以致最后大动干戈。因赌博造成的悲剧屡见不鲜。把外出打工的血汗钱输光了，有的把多年的积蓄输光了；有的输得债务累累，把房子、农机具、牲畜等家当都赌出去了；有的输成六亲不认、妻离子散、家破人亡。更有甚者，倾家荡产，偷盗抢劫，寻衅滋事，烧杀报复，触犯法律，输掉了自由，输掉了性命。

玩棋牌赌博的行为是不可取的，这是因为赌博的人十有八九都输。

1. 赌博是一种恶习，不但影响工作，还会影响我们在他人心目中的形象，赌桌上的钱最终都会进入那些庄家的口袋。要知道进城的目的就是为了挣钱，为了让家里人过上好日子。

2. 如果嗜赌成性，就会倾家荡产。有的人因为赌博而走上盗窃、抢劫、诈骗、杀人的犯罪道路。

3. 赌博是一种违法的行为。《刑法》第三百零三条规定："以营利为目的，聚众赌博，开设赌场或者以赌博为业的，处三年以下有期徒刑、拘役或者管制，并处罚金。"赌博真是有百害而无一利。

网上交友避免遇侵害

网上交友已成为一股不可忽视的交往之潮。网络在很大程度上消除了传统交往方式中时间和空间的限制，使交往实现了高度的自由化，适应现代社会快节奏、高强度的生活方式。

大多数的人心地纯正，在网络中可找到与自己倾心畅谈的好友，但也由个别心术不正的人，利用别人的真诚进行欺骗甚至犯罪行为，因此，对于网上的交往，要有一定的自我保护措施：

1. 不要刚开始就将自己的情况完全泄露出来，先从个人的爱好等等普通问题开始，慢慢了解对方。给对方自己的电话和通讯地址要慎重。

2. 如果对方问你身高、体重、三围以及性的问题，马上和他断绝往来。

3. 一些人和你没聊几句就要你拿钱出来一同做生意，十有八九是骗子。

4. 如果打算见面，千万不要选夜深人静或者偏远的地方，也千万不要独自去别人家里做客（不论对方是男是女）。

在网吧上网注意事项

很多朋友进城务工自己不具备上网的条件，多数都是在网吧上网，由于多数网吧面积小，空气流通差，进出人员频繁，使得上网者的健康受到一定的影响。

键盘上有很多生活垃圾，表面还附着无数我们肉眼看不到的细菌。据采样分析发现，键盘表面上的细菌多由电脑用户的汗液、唾液和键盘里沉积的灰尘等介质传播，其中隐藏着一些可引发疾病的致病菌，如链球菌、金黄色葡萄球菌、曲霉菌等。不论是家中的电脑键盘，还是办公室、网吧的电脑键盘都存在这种情况，网吧里的情况尤为严重。

网吧电脑属公共用品。在缺乏消毒的情况下，上网者如果再不注意卫生，刚刚抓过鼠标、敲过键盘的手就毫无顾忌地抓起食物，就很容易感染甲型肝炎、痢疾等传染性疾病。一些皮肤病，如癣、疥疮等也可通过皮肤接触，在不经意中感染病菌。

网吧空间狭小，人员密度高，常常几十人共处一室，门窗密闭，通风效果差，网友们几十个人在共同吸入同一空间里的空气，又同时将人体产生的二氧化碳呼出。如果还有人在室内吸烟，里面的空气就会更污浊。一些常去网吧的人会出现周身乏力、头晕嗜睡、记忆力和反应能力降低等症状，就是因为长时间待在空气污浊的室内所致。污浊的空气中还可能含有多种病菌，容易引起各种疾病，如流感、肺结核等呼吸系统疾病的传播。

为了健康上网，要注意以下几点：

1. 使用电脑后要注意洗手。

2. 在没有洗手时不要揉眼睛、摸脸，耳机也尽量不要戴。

3. 上洗手间前，也应先洗手。

4. 不要边吃零食，边用电脑。不要在网吧内进餐。

5. 患皮肤病、性病及其他传染病时不要到网吧上网。

6. 要讲究公共卫生，不要随地吐痰，乱丢污物。

公共图书馆是个好去处

1.在公共图书馆看书应注意以下礼仪：

（1）在阅览图书时，遇到有价值或自己感兴趣的资料，应与管理人员取得联系，经允许后方可复印或照相，以保存资料。绝不可为了个人的利益，撕毁或私自占有图书资料。

（2）对开架图书应逐册取阅，不要同时将几本书拿在自己手里，自己一时看不上，别人又无法借阅。

（3）阅后应立即放回原处，以免影响他人阅读。如果在阅览室中学习，不要占太大的桌面，以免别人也想学习却没有位置了。

2.在图书馆借阅图书应注意：

（1）按时归还借阅的图书，不能因为一时的爱好霸占自己先借阅到的书籍，逾期归还不仅仅要交纳罚款，说不定还会耽误他人的阅读。如果要续借，要在过期之前提前申请。

（2）借阅的图书要保持整洁，不要在书上做注解，更不要折角。

签订旅行合同注意事项

休闲娱乐是人生中不可或缺的项目，旅游就是不错的选择。在旅行社报名，签订合同需要注意哪些事项呢？

1.要找一家资质齐全服务周到的旅行社。

在签订旅游合同时首先要对旅行社的资格进行认证，看它是否"四证"齐全，"四证"是指《旅游经营许可证》、《质保金交纳证明》、《旅游保险保证书》、《营业执照》，这是签订旅游合同的第一基本要素。也可以通过打听了解旅行社的口碑如何。

2.仔细阅读合同条款，尤其是手写部分。

参观、游览、娱乐项目在合同中要明确时间、线路、主要内容及门票费是否含在团款中，不接受"远观"某某景点。

3. 住宿应注明饭店名称、标准或星级、价格，必要时通过互联网等渠道提前查询，不接受"相当于三星"、"准四星"、"待评五星"等表述。饭店的标准亦要明确。

4. 明确每段路程乘坐的交通工具。

5. 旅游价格应尽可能细化，特别是所包含的项目内容，自费项目及价格必须在合同中标明且坚持自愿参加原则。

6. 违约责任中应明确游客与旅行社各自承担的责任及赔偿标准、纠纷处理方式、投诉机构等。

7. 旅行社在途中往往安排购物，明确购物次数及地点。

8. 问清楚不可抗力的因素是什么，有些旅行社会把自己的问题也归结成是不可抗力因素。

9. 签完合同后，一定要看清合同是否加盖了旅行社公章，经办人是否签了真实姓名。以确认合同真实有效。

10. 交款后要求旅行社出具正规发票。

跟团游需防消费陷阱

多数游客跟团旅游都会遭遇被导游带去专门的购物门店消费的经历，而这其中难免会有无良商家设计一些消费陷阱，骗取游客的钱财。因此，在跟团旅游需要警惕旅行社或者个别导游六大"猫腻"：

猫腻一，吃：一些旅行社会在每天的包餐费用上做小文章，比如标准是八菜一汤，那么分量是多少呢？很难说！

应对：参团时，与旅行社签订详细合同，遇到服务缩水，可向导游反映，还可用手机拍下照片，回家后再向旅行社索赔。

猫腻二，住：一些旅行社往往承诺"三星"，标准的"三星"呢？还是"挂牌三星"、"准三星"呢？其价格有很大差别。即使同样是一个等级的宾馆，离这一地区主景点的远近、宾馆建成时间的不同，会直接反映在价位上。

应对：最好把某天入住哪家宾馆写入合同，并对宾馆的位置、房间面积等一一列明。

猫腻三，行：无论长线游还是短线游，都少不了用汽车。而"全程空调旅游车"算是最含糊的字眼。目前的旅游汽车价格相差比较大，旅行社到底选用哪一种汽车往往不告诉旅客。再以机票为例，是否包含机场建设费、燃油附加费，境外游是否包含有税等。

应对：签合同时约定详细的路线、哪种车型等。

猫腻四，游：一些地陪导游会想方设法让游客去一些行程单之外的景点，而游客另外付的这部分钱多是被"地陪导游"、"全程导游"有时还连同司机瓜分。

应对：消费者要将每一天游览的行程安排、景点停留的时间、自费项目等详细与旅行社沟通后明确写在旅游合同中。如遇"景点缩水"，可向有关部门投诉。

猫腻五，购：这是猫腻最多的一项。一是所购物品真假难辨，尤其是玉器和金银饰品；二是占用时间太多，一天三趟、四趟也不罕见。全程导游与地陪导游绝不会提醒客人哪是真假，因为他们也要从回扣中分一杯羹。

应对：签订合同时就规定购物点；游客可向组团社或当地旅游主管部门投诉。游客要搜集和保留好证据，回家后找组团的旅行社算"总账"。

猫腻六，娱：游客游览时，可能会遇到景区的演出，或去酒吧等消费，旅行社会增收"服务费"。

应对：签合同时与旅行社约定好服务费收取标准等。一定要认真分析广告价格所包含的服务项目和标准，如景点多少、是否含餐、是否有娱乐项目等。

自助游、自驾游的安全须知

旅行中有关安全防范的内容虽然很多，归纳起来不外以下内容：

1.讲究饮食卫生，不吃不洁净瓜果和饭菜，不喝过期或不卫生饮品。

2.在流行性疾病传播季节和寄生虫病流行地区，尽可能避免和疫水接触，做好相应的预防工作。

3.旅行中，穿着朴素，不哗众取宠。

4.不轻易借给人钱，也不轻率接他人钱。

5.不和生人谈生意，也不宜和生人合作做生意。

6.谦虚谨慎，尽量避免与他人发生争执，也不宜参与别人的争执。

7.开车不与机动车抢时间，比速度。人和物不要伸出窗外。

8.拥挤混乱中，站稳脚跟，提高警觉，迅速离开是非之地。

9.不贪图好奇，只图愉快旅行，平安回家。

10.钱不要随意暴露；钱分散装，防止一次性全部丢失。

11.不要贪财、贪小便宜。

12.对生人敬让的饮料、食品、香烟等物品，婉言谢绝。

13不理睬车站、码头介绍住宿的"拉客妹"、"拉客仔"。

14.在临时留宿地，用短暂时间了解周围环境、人和物，以应对突发情况。

15.行走中，尤其是晚上，注意没有井盖的"陷阱"，远离危险建筑物。

16.在狂风暴雨中避开大树、高大倾斜的广告牌和高压线等。

17.在车站、码头或风景区，无论用餐、购物、购门票、乘车，还是买土特产、纪念品需看清问清价码，切忌冒冒失失"瞎买"，买后索取发票，没有发票的，记下标记或特征、号码。

18.不轻信游医，不看相算命，遇到所谓的大师敬而远之。

旅游前的准备很重要

旅游前有必要做好充分准备，否则在途中"措手不及"，陷入困境。下面罗列些需要注意的事项，供参考：

1. 准备好有效身份证据，比如身份证，结婚证，护照等。

2. 计划好行程。

3. 长途旅行根据当时季节和当地气候条件及沿途各地的环境，带合适和实用的衣服用品。

4. 每天看天气预报，了解气候变化，及时调整计划，防患于未然；否则，突降暴雨或台风袭击很可能阻断交通，将你置于困境。

5. 夏天应防中暑，温热地带防蚊虫叮咬，冬天注意防寒，登山时防跌打扭伤，注意休息，不宜过度疲劳。

6. 把"药品包"收拾好。要注意带好止痛片、消炎片、防晕药和医治水土不服的药。如果你患有慢性病需持续用药，有急性病的人，需备好应急药，请在医生的指导下带好相应的药物。

7. 安排好你所需的行李，查看衣服是否干净、是否缺纽扣。最好准备一套适合旅行的服装和旅游鞋，便于轻松上路。不要忘带遮阳伞、雨鞋。上年纪的人，带上手杖。

8. 准备电子设备：手机最好带两部，电池充满电，带上一个移动电源以满足手机用，另外带上照相设备。

9. 检查眼镜是否完好，还要带上一副备用的。最好准备一副太阳镜。

10. 尽管不少酒店有提供个人护理用品如沐浴露、洗发水、梳子、刮胡刀、毛巾、牙刷等，但最好能自带一套，以备不时之需。

11. 把旅行路线留给你的父母、配偶、孩子或任何希望与你取得联系的人。检查是否带好了与家庭、单位和有关亲朋好友联系用的电话号码。

12. 出外旅游宜预先购买旅游保险，以降低旅游期间一些难以预计的意外开支及损失。

13.要是全家出去旅游了，还要请亲友邻居帮忙照看家庭，以免遭盗窃等情况。

出境游的注意事项

出行到国外，语言不通，风俗不同，如不做好准备就会给自己带来很多麻烦，现在列出出境游的注意事项，供参考。

1.目的地选择。

选择比较和平的地方，发生骚乱的地方尽量少去。可参考国家旅游部门指导，选择目的地。

2.证件安全注意事项。

（1）护照、签证、身份证、信用卡、机船车票及文件等是出国（境）旅游的身份证明和凭据，必须随身携带，妥善保管。

（2）证件一旦遗失或被偷被抢，要立即报案，同时请警方出具书面遗失证明，必要时向所在国申请出境签证并向我国驻所在国使领馆提出补办申请。

3.钱物安全注意事项。

（1）不露富，尽可能少携带现金，用信用卡取代现金。

（2）如发现钱物丢失或被偷盗，要立即报告领队，并可酌情报警方处理。

4.交通安全注意事项。

（1）遵守所在国的交通法规。

（2）在国外乘坐旅游车时，不要乘坐第一排的工作人员专座，此专座设有工作人员保险，但游客乘坐一旦发生意外是得不到赔付的。

（3）万一发生交通事故，不要惊慌，要采取自救和互救措施，保护事故现场，并速报告领队或警方。

5.饮食安全注意事项。

（1）要在指定馆餐厅用餐。

（2）不吃过期或不洁净的饭菜瓜果。

（3）要牢记饮食禁忌，不盲目尝鲜、贪吃、乱吃。

（4）要避免在流行病传播地区停留。

（5）携带一些常用必备药品。

6.住宿安全注意事项。

（1）进出房间随手锁门，不让陌生人进入房间。

（2）正确使用房间电器等设施，不要在床上吸烟，不要把衣物放在电灯台架上。

（3）要熟悉宾馆安全通道和紧急出口等疏散标志，遇到火灾时不要搭乘电梯。

7.观光安全注意事项。

（1）观光游览时要服从领队和导游的安排。

（2）记下领队和导游的手机号码，以备万一离队后联系方便。

（3）记住旅游车车牌号和所在停车场位置，以便走失后找回，迷路请警方协助。

（4）不要在设有危险警示标志的地方停留。

（5）不到赌场和色情场所。

（6）夜间自由活动要结伴而行，并告知同路人，不要乘坐无标志的车辆，不要围观，不要太晚返回。

8.购物安全注意事项。

（1）购物时要保管好随身携带的物品，不到人多、拥挤的地方购物。

（2）不贪便宜，一定要到正规的商店购买。

9.人身安全注意事项。

（1）要远离毒品，不接受陌生人搭讪，防止人身侵害。

（2）要尊重所在国风俗习惯，避免因言行举止不当引发纠纷。

（3）遇到紧急情况，及时联络我国驻所在国使领馆或与国内有关部门联系寻求营救保护。

总之，出门在外，安金第一。强化安全意识，采取安全措施是十分必要的。

附　录

长春市

技能培训学校

宽城区

【名称】长春京华职业技术学校
【地址】辽宁路33号春铁大厦C2座4层
【电话】（0431）86113881、13324310163
【公交信息】长春站步行125米
【简介】①学校设有美发全科班、发型师提升班、发型师深度研修班、杨万红亲传弟子班、专业染发班、专业烫发班、美容全科班、专业影楼化妆班、专业美甲班、专业纹刺班、计算机应用与维护、平面设计、装潢设计、三维动画、MAYA动画、摄视及后期制作、影视合成、厨师、中西面点、数控、焊接、电工电子、通讯维修、家电维修、挖掘机、铲车等专业。②美发内容包括男发修剪、女发修剪、烫发、染发、吹风造型等。

【名称】兵哥司仪培训学校
【地址】汉口大街399-500号金街大厦709
【电话】（0431）859385946
【公交信息】长春站步行91米
【简介】主要培养优秀的主持人，适用于婚庆事典等活动的司仪。

【名称】长春市天艺体育舞蹈培训学校
【地址】汉口大街金桥大厦816室
【电话】（0431）82700089、（0431）86518898
【公交信息】长春站步行91米。
【专业培训】健美操教练、搏击操教练、瑜伽教练、拉丁舞教练、民族舞教练、钢管舞教练、肚皮舞教练、普拉提教练、街舞教练、孕后修型普拉提教练。

南关区

【名称】长春市交通职业技术学校
【地址】亚泰大街南段
【电话】（0341）85331193、（0341）85374222
【公交信息】乘坐61到体育场下车，步行201米。
【开设专业】汽车模具室、汽车拆装室、沥青实验室、建材实验室、会电模拟室、微机室、电教室、图书室、阅览室、学生活动室等，还有近万平方米的练车场和20余台教练用车。

【名称】鑫磊挖掘机职业技术学校
【地址】东南湖大路
【电话】（0341）84878888、（0341）88648888
【公交信息】乘坐103、115、120、120路副线，到东南湖大路（东环城路）下车，步行33米。
【开设专业】开办挖掘机驾驶员专业班、装载机培训专业班、叉车驾驶专业班。

【名称】长春市红星烹饪职业技能培训学校
【地址】大马路2121号
【电话】（0341）88672855、（0341）88672755
【公交信息】乘坐1、5、9、61、80、102、115、125、236、246、271、282、301路，到二道街下车即是。
【开设专业】中、西式面点班理论结合实际，让学员在实践中学会西式面点的裱花及各式蛋糕、面包的制作，中式面点的蒸、煮、烤、烙、炸等技术的制作过程。

绿园区

【名称】长春职业技术学校
【地址】绿园区铁西街
【电话】（0431）86494499
【公交信息】乘坐222路，到北安路下车，步行363米。
【开办专业】城市轨道交通、汽车、农机、制造、电子、财经、信息、旅游等8大类17个专业（28个专业方向）。

【名称】圣大职业技术学校
【地址】青浦路8号
【电话】（0341）87813365、（0341）7813365
【公交信息】乘坐224到青浦路下车，步行9米。
【开办专业】学校主要经营计算机操作员、公关礼仪，中文培训。

朝阳区

【名称】长春现代商务职业技术学校
【地址】开运街1012号
【电话】（0341）85925703、（0341）85928549
【公交信息】乘坐222路，到湖西路（开运街）下车，步行77米。
【开办专业】开办了大通关专业、商务日语、商务韩语、民航服务、汽车运用与维修、美容与形象设计、市场管理七大专业。

【名称】新东方一搏职业学校
【地址】人民大街7043号
【电话】（0341）85339455、（0341）85339466
【公交信息】乘坐66路，到湖滨路下车，步行61米。

【开办专业】①开设课程有：JAVA软件工程师就业班、对日、赴日软件工程师就业班、J2EE项目开发实战班、企业定向委培班、电脑美术设计就业班、平面设计师/网页设计师/室内设计师等。

【名称】长春中医学院附属中药职业学校
【地址】工农大路1533号
【电话】（0341）86172207、（0341）86178251
【公交信息】乘坐25路到中医学院下车，步行37米。
【开办专业】开设：中医基础、临床中药学、方剂学、药剂学、制剂工艺学、中药鉴定学、车间与厂房设计。

二道区

【名称】永芳摄影化妆职业培训学校
【地址】吉林大路2486号
【电话】（0431）84866222、（0431）88486622
【公交信息】乘坐361路，到民丰大街下车，步行44米。
【开办专业】开设摄影、化妆、数码后期制作、门市接单技巧，美甲等专业课程。

【名称】长春营养师培训（宏威培训学校）
【地址】临河街热电新村一区物业公司二楼
【电话】（0431）84945955（0431）86592096
【公交信息】①乘坐254、265路，到长春六中下车，步行151米。②乘坐243、247、268、287路，到劳动公园下车，步行153米 乘坐165、225、304、80路环线上行、80路环线下行，到岭东路下车，步行165米。③乘坐286路，到52中下车，步行206米
【开办专业】包括营养学基础、食物营

养、营养与疾病、食品卫生及其管理、营养咨询、营养教育、营养食谱设计、临床营养与疾病、保健工作以及预测评估、心理与健康、美容与营养、运动与营养学等。

职业技能鉴定指导中心

【名称】吉林省职业技能鉴定中心
【地址】亚泰大街3336号
【电话】（0431）88690718
【公交信息】乘坐361路，到南关（中安大厦）下车，步行269米。

【名称】长春市职业技能鉴定指导中心
【地址】迎宾路-5号
【电话】（0431）85679929、（0431）85679927、（0431）85679932
【公交信息】乘坐151路，到绿园区城西镇街道办公室下车，步行240米。

【名称】吉林省畜牧兽医行业职业技能鉴定站
【地址】长春辽阳街9号
【电话】（0431）87924036
【公交信息】乘坐229、k229路，到阳光路下车，步行346米。

【名称】吉林省农业行业特有工种职业技能鉴定站
【地址】红旗街1005号农业大楼
【公交信息】乘坐230、232、234、239、255、264、267、52、54、80环线上行、80路环线下行，到长影下车，步行41米。

【名称】吉林省残疾人职业技能鉴定站
【地址】亚泰大街1053-1055

【公交信息】乘坐114、115、116、125、16、1、241、243、268、330、352、88、8路，到光复路下车，步行87米。

【名称】长春市职业技能鉴定站
【地址】锦程大街3082号
【公交信息】乘坐128、135、138、153、156、19、221、231、251、321、52、7路，到职工医院下车，步行218米。

【名称】长春市职业技能鉴定站
【地址】翔运街1092号
【公交信息】乘坐119、119夜班、135、152、19、222、230、245、25、280、325、80环线上行、80路环线下行、轻轨3号线，到南昌路下车，步行203米。

【名称】长春市职业技能鉴定站
【地址】南关区南纬一路
【公交信息】乘坐120、120副线、154路，到亚泰大街（南岭小街）下车，步行398米。

【名称】长春市职业技能鉴定站
【地址】大经路500
【公交信息】乘坐102、103、111、1、246、256、278、301、331、332、333、340、350、351、353、354路，到三马路下车，步行107米。

【名称】长春市职业技能鉴定站
【地址】东盛大街西三胡同
【公交信息】乘坐132、165、233、243、248、269、304、318、330、4路，到荣光路下车，步行117米。

人才交流中心

【名称】长春市人才市场
【地址】安达街229号
【电话】（0431）88781561
【公交信息】乘坐230、25、325，到德惠路下车，步行262米。

【名称】吉林省人才市场
【地址】建设街2650号
【电话】（0431）85611100、（0431）85611160
【公交信息】乘坐104、147、221、240、25、286、325、9路，到建设广场下车，步行23米。

【名称】吉林省残疾人就业服务中心
【地址】同光路1550号
【电话】（0431）85639411、（0431）85639412
【公交信息】乘坐13、213、218、227、240、253、258、264、266、276、286路，到吉大三院下车，步行112米。

【名称】吉林高新技术人才市场
【地址】岳阳街50-6号
【电话】（0431）85630910
【公交信息】①乘坐241、286路，到动植物公园西门下车，步行40米。②乘坐17、258、25、267、277、282、283路，到岳阳街下车，步行83米。

【名称】长春市残疾人培训就业服务中心
【地址】西三道街788号
【电话】（0431）88653866、（0431）88637666
【公交信息】乘坐101、102、103副线、226、241、331、332、333、340、341、342、343、345、346、347、349、350、361、5、61路，到三道街下车，步行133米。

【名称】长春人力资源市场
【地址】西三马路289号
【电话】（0431）88751072
【公交信息】乘坐103副线、117、16、241、361、61路，到百祥鞋城（三马路）下车，步行200米。

【名称】长春人力资源市场
【地址】长春大街602号
【电话】（0431）85611100、111、12、256、3路，到近埠街下车，步行80米。

【名称】长春高新人才市场
【地址】前进大街3003号高科技大厦一楼人才中心
【电话】（0431）85176758、（0431）85542468
【公交信息】乘坐13、202、222路，到火炬路下车，步行115米。

【名称】亚泰大街人才市场
【地址】亚泰大街1925
【公交信息】乘坐115、125、152、1、243、246、259、278、301、341、342、343、345、346、347、4、80环线上行、80环线下行、88路，到二马路下车，步行138米。

【名称】长春市经济技术开发区人才市场
【地址】林河街3478号
【电话】（0431）84644178、（0431）84612952
【公交信息】乘坐142路，到经开人才市场下车，步行53米。

550

【名称】朝阳人力资源市场
【地址】朝阳区宝街28
【电话】（0431）82088866
【公交信息】乘坐221、229、261、264、283、288、k229路，到西朝阳路下车，步行205米。

【名称】长春市人才市场南关分市场
【地址】至善路668号
【公交信息】乘坐282、286路，到珲春街下车，步行10米。

【名称】南关人力资源市场
【地址】大马路1542号
【公交信息】乘坐103、115、1、246、278、301路，到四道街（东）下车，步行18米。

【名称】长春市人才市场二道分市场
【地址】福安街2228号
【电话】（0431）84881949、（0431）84881947
【公交信息】乘坐1路，到钻石城乐群街下车，步行210米。

【名称】长春市宽城人力资源开发服务中心
【地址】北京大街219号
【公交信息】乘坐221、224、273、291、306、306夜班、361、362、66、6、80路环线上行、80路环线下行、游6路，到胜利公园下车，步行159米。

【名称】绿园人力资源市场
【地址】乐园路与春城大街交汇处
【公交信息】乘坐146、197、234路，到春城综合市场下车，步行3米。

【名称】长春汽车产业开发区人才劳务交流服务中心
【地址】锦程大街1488号

【公交信息】乘坐119、119夜班、128、135、138、143、144、19、221、232、52、60路上行、60路下行，到三站下车，步行251米。

社会保障机构

【名称】长春市宽城区人力资源和社会保障局
【地址】北人民大街3366号
【电话】（0431）89990311

【名称】吉林省劳动和社会保障厅
【地址】人民大街57号
【电话】（0431）82763799
【公交信息】乘坐306、66、6、游6路，到新发广场下车，步行79米。

【名称】吉林省人力资源和社会保障厅
【地址】亚泰大街3336
【公交信息】乘坐361、9路，到南关（中安大厦）下车，步行276米。

【名称】吉林省社会保险事业管理局
【地址】西民主大街959号
【电话】（0431）88580200、（0431）82325483
【公交信息】乘坐135、152、221、229、25、261、264、283、288、325、80路环线上行、80路环线下行、k229路，到西朝阳路下车，步行28米。

【名称】长春市人力资源和社会保障局
【地址】西民主大街809号
【公交信息】乘坐135、152、221、229、25、261、264、283、288、325、80路环线上行、80路环线下行、k229路，到西朝阳路下车，步行112米。

【名称】长春市社会保险局
【地址】民康路1012号
【电话】（0431）88619076、（0431）
88617423
【公交信息】乘坐101、102、103副线、
226、241、331、332、333、340、341、
342、343、345、346、347、349、350、
361、5、61路，到三道街下车，步行
166米。

【名称】长春市劳动局
【地址】西康路42号
【电话】（0431）85679910
【公交信息】乘坐120、159、270、62路，
到南湖公园下车，步行122米。

【名称】长春市南关区劳动局
【地址】自由大路3388号
【电话】（0431）85280427、（0431）
85284724
【公交信息】乘坐125、260、271、80路环
线上行、80路环线下行，到东岭街下车，
步行68米。

【名称】长春市绿园区劳动局
【地址】万昌街1号
【电话】（0431）87605084
【公交信息】乘坐224路，到军需大学（吉
林大学和平分院）下车，步行308米。

【名称】长春市朝阳区劳动局
【地址】前进大街1855号
【电话】（0431）85109089
【公交信息】乘坐154、202、222、239
路，到前进广场下车，步行57米。

【名称】长春市二道区劳动局
【地址】自由大路5379号
【电话】（0431）84642334

【公交信息】乘坐190、20、233、271、
301、80路环线上行、80路环线下行，到
自由大路（中日联谊医院）下车，步行
43米。

【名称】长春市社会保险局绿园分局
【地址】长春市绿园区
【电话】（0431）87970189、（0431）
87970116
【公交信息】乘坐137路，到春城综合市场
（224路起点）下车，步行28米。

法律仲裁机构

【名称】吉林省劳动争议仲裁委员会
【地址】亚泰大街3336号金业大厦
【电话】（0431）82721510、（0431）
88690590
【公交信息】乘坐101、102、125、254、
265、277、278、281、283、286、331、
332、333、340、349、350、5、61、80环
线上行、80环线下行、88路，到南关下
车，步行82米。

【名称】长春仲裁委员会
【地址】安达街199号
【电话】（0431）88509036
【公交信息】乘坐119、119夜班、222、
262路、轻轨3号线，到西安桥下车，步行
81米。

【名称】朝阳区劳动争议仲裁委员会
【地址】西民主大街7号
【电话】（0431）8525227
【公交信息】乘坐119、119夜班、135、
152、19、222、230、245、25、280、
325、80路环线上行、80路环线下行、轻轨
3号线，到南昌路下车，步行216米。

【名称】宽城区劳动争议仲裁委员会
【地址】青岛路9号
【电话】（0431）2799477
【公交信息】乘坐105、106、117、124、221、224、246、273、288、291、306、306夜班、361、362、61、62、66、6、80路环线上行、80路环线下、行游6路，到胜利公园下车，步行98米。

【名称】南关区劳动争议仲裁委员会
【地址】大马路188号
【电话】（0431）8748344
【公交信息】乘坐103、115、1、246、278、301路，到四道街（东）下车，步行26米。

【名称】绿园区劳动争议仲裁委员会
【地址】万昌街1号
【电话】（0431）7988622
【公交信息】乘坐107、127、140、146、147副线、151、197、228、270、364、64、7路，到春城大街下车，步行271米。

【名称】经济开发区仲裁委员会
【地址】自由大路118号
【电话】（0431）4644220
【公交信息】乘坐120、120副线、125、130、154、165、20、260、281路，到北方市场下车，步行230米。

【名称】高新开发区仲裁委员会
【地址】同志街64号
【电话】（0431）5671346
【公交信息】乘坐156、238、240、253、25、277、282、315、362、363、62路，到桂林路下车，步行78米。

法律援助机构

【名称】长春市法律援助中心
【地址】青年路6399号
【电话】（0431）5802569、
【公交信息】①乘坐105、185路，到司法局下车，步行69米。②乘坐285路到长春市司法局（大成饲料）下车，步行77米。

【名称】吉林省法律援助中心
【地址】嫩江路72号
【电话】（0431）82709167、（0431）82730867
【公交信息】乘坐105、106、117、124、221、224、246、273、288、291、306、306夜班、361、362、61、62、66、6、80环线上行、80环线下行、游6路，到胜利公园下车，步行30米。

【名称】省农民工法律援助工作站
【地址】人民大街1556号
【电话】（0431）82782611
【公交信息】乘坐141、152、221、224、280、5路，到省委下车，步行141米。

【名称】长春市二道区法律援助中心
【地址】自由大路5379号
【电话】（0431）84640148
【公交信息】乘坐120、130、142、154、190、227、247、281、301、304、4路，到中日联谊医院下车，步行170米。

【名称】长春市朝阳区法律援助中心
【地址】桂林路1158号
【电话】（0431）85090733

【公交信息】乘坐156、238、240、253、25、277、282、315、362、363、62路，到桂林路下车，步行37米。

【名称】长春市宽城区法律援助中心
【地址】黑水路长白小区10号楼
【电话】（0431）82988772
【公交信息】乘坐105、106、117、124、221、224、273、288、291、306、306夜班、361、362、61、62、66、6、80环线上行、80环线下行、游6路，到胜利公园下车，步行140米。

【名称】长春市南关区法律援助中心
【地址】自由大路3388号
电话在：（0431）85284599
【公交信息】乘坐17、278，到自由大路（东岭街）下车，步行73米。

【名称】绿园区法援
【地址】和平大街2288号
【电话】（0431）87605295
【公交信息】乘坐240路，到绿园区人民政府下车，步行70米。

工会

【名称】吉林省总工会
【地址】总工会办公地址在长春市人民大街7256号
【电话】（0431）85375399
【公交信息】乘坐306路到湖宁路下车，步行87米。

【名称】长春市总工会
【地址】长春大街245号
【电话】（0431）88916123、（0431）88934617
【公交信息】乘坐111、119、119夜班、

124、14、160、226、242、254、255、256、259、261、266、268、269、273、281、306、306夜班、351、352、353、364、5、66、80环线上行、80环线下行、游6路，到人民广场下车，步行79米。

【名称】长春市总工会困难职工帮扶中心
【地址】二道区阜丰胡同
【公交信息】乘坐165、243、304、330、361路，到和顺街下车，步行157米。

【名称】长春市宽城区总工会困难职工帮扶中心
【地址】长春青岛路9号
【公交信息】乘坐105、106、117、124、221、224、246、273、288、291、306、306夜班、361、362、61、62、66、6、80环线上行、80环线下行、游6路，到胜利公园下车，步行98米。

【名称】长春市朝阳区总工会
【地址】前进大街45号
【电话】（0431）85109157、（0431）85109158
【公交信息】乘坐292路、轻轨3号线，到前进大街下车，步行54米。

法院

【名称】长春市中级人民法院
【地址】景阳大路1308号
【电话】（0431）88558000
【公交信息】

【名称】吉林省高级人民法院
【地址】景阳大路1399号
【电话】（0431）87621150、（0431）88556001
【公交信息】乘坐139路到景阳广场（北

站）下车，步行65米。

【名称】长春市宽城区人民法院
【地址】新月路18号
【电话】（0431）88559000、（0431）
82611800
【公交信息】乘坐2、302、322路，到宽城
区交警队下车，步行148米。

【名称】长春市绿园区人民法院
【地址】景阳大路2655号
【电话】（0431）88559600、（0431）
87627183
【公交信息】乘坐155路到市十一高中下
车，步行61米。

【名称】长春市南关区人民法院
【地址】南关区卫星路
【电话】（0431）88732483、（0431）
88736061
【公交信息】乘坐306路长春大学洗车东走
500米。

【名称】长春市朝阳区人民法院
【地址】卫星路
【电话】（0431）85011924
【公交信息】乘坐306路，长春大学下车西
行2000米。

【名称】长春经济技术开发区人民法院
【地址】浦东路815
【电话】（0431）84636971
【公交信息】乘坐4路，到浦东路（仙台大
街）下车，步行148米。

【名称】长春市二道区人民法院
【地址】自由大路6233号
【电话】（0431）84641553
【公交信息】乘坐120、120副线、132、
142、142副线、154、190、247、301路，
到恒客隆大卖场下车，步行84米。

图书馆

【名称】长春图书馆
【地址】同志街1956号
【电话】（0431）85648279
【公交信息】乘坐124、266、277、282、
362、62路，到清华路下车，步行34米。

【名称】吉林省图书馆
【地址】新民大街1162号
【电话】（0431）85643808、（0431）
85644115
【公交信息】乘坐13、213、218、227、
240、253、258、264、266、276、286路，
到吉大三院下车，步行107米。

【名称】少年儿童图书馆（三马路分馆）
【地址】亚泰大街东三马路703号
【电话】（0431）86186024、（0431）
86186481
【公交信息】乘坐301路，到四马路（中）
下车，步行261米。

【名称】少年儿童图书馆
【地址】清华路9号
【电话】（0431）85675674、（0431）
85669654
【公交信息】乘坐124、266、282、362、
62路，到清华路下车，步行177米。

【名称】少年儿童图书馆（南京小学分
馆）
【地址】南京大街869号
【公交信息】乘坐117、221、246、306、
362、61、62、66、6路，到长江路下车，
步行178米。

【名称】长春市少年儿童图书馆正阳社区分馆
【地址】长春市绥中路
【公交信息】乘坐109、140、151路,到19中学下车,步行506米。

【名称】长春市少年儿童图书馆南关区少年宫分馆
【地址】民康路26号
【公交信息】乘坐101、102、103副线、226、241、254、331、332、333、340、341、342、343、345、346、347、349、350、361、5、61路,到三道街下车,步行31米。

【名称】少年儿童图书馆(清华路分馆)
【地址】清华路391号
【公交信息】乘坐124、266、277、282、362、62路,到清华路下车,步行115米。

【名称】长春医学图书馆
【地址】清华路1176号
【电话】(0431)85619329
【公交信息】乘坐13、213、227、240、264、266、276、286路,到吉大三院下车,步行136米。

【名称】长春铁路文化宫图书馆
【地址】宽城区西广大街
【电话】(0431)86128650
【公交信息】乘坐105、106、117、123、124、245、246、253、262、274、276、288、2、357、61、62路,到西广场下车,步行49米。

【名称】二道区图书馆
【地址】吉盛花园小区2-11栋
【电话】(0431)84961199
【公交信息】①乘坐287路,到和顺派出所

下车,步行158米。②乘坐254、265路,到安乐路(临河街)下车,步行206米。

【名称】长春图书馆宽城区分馆
【地址】东一条街649
【电话】(0431)82794288、(0431)82795081
【公交信息】乘坐117、221、246、306、362、61、62、66、6路,到长江路下车,步行99米。

【名称】长春市绿园区图书馆
【地址】皓月大路1170号绿园大厦
【公交信息】乘坐14、245路,到升阳街下车,步行84米。

【名称】宽城区图书馆
【地址】东一条街35-1号
【电话】(0431)82794288、(0431)82795081
【公交信息】乘坐105、106、124、224、273、288、291、306夜班、361、80路环线上行、80路环线下、行游6路,到胜利公园下车,步行198米。

长途汽车站

【名称】长春客运中心站
【地址】人民大街238号
【电话】(0431)82792544
【公交信息】乘坐224、306夜班、361路到长江路开发区下车,步行32米方向。

【名称】长春高速公路客运站
【地址】人民大街8899号
【电话】(0431)85300306
【公交信息】乘坐112、240、312、66路,到高速客运站下车,步行48米。

【名称】长春凯旋公路客运站
【地址】凯旋路与铁北二路交接处
【电话】（0431）95105586、（0431）86769901
【公交信息】长春站北出口，步行237米方向。

火车站

【名称】长春站
【地址】长白路5号
【电话】（0431）86122222
【公交信息】①乘坐10、110、113、114、116、117、118、11、148、160、1、221、222、223、224、225、245、246、256、257、25、262、273、275、276、278、279、280、281、287、289、2、301、302、306、306夜班、318、321、325、357、361、362、363、66、6、80环线上行、80环线下行、游6路、轻轨3号线，到长春站下车，步行37米。②乘坐50路，到华正批发下车，步行137米。③乘坐61、62路，到长春站汉口大街下车，步行141米。④乘坐115、330路，到长春站（胜利大街）下车，步行149米。

邮局

宽城区

【名称】长春市邮政局
【地址】人民大街18号
【电话】（0431）82727707
【公交信息】①乘坐291路到民大街（天津路）下车，步行41米。②乘坐105、106、117、124、221、224、246、273、288、306、306夜班、361、362、61、62、66、6、80环线上行、80环线下行、游6路，到胜利公园下车，步行91米。③乘坐253路到人民大街（珠江路）下车，步行144米。

【简介】长春市邮政局设有综合办公室、人力资源部、计划财务供应部、经营业务部、安全保卫部、监察审计室、党委工作部、工会等9个职能部室；函件业务局、国际速递局、邮政储汇局等10个专业经营单位，宽城邮政分局等6个邮政分局；以及农安、榆树、德惠、九台和双阳等5个县（市）、区邮政局。全局有邮政局所254个，其中长春市内94处，邮路136条，邮路总里程42456公里。

【名称】一匡街邮政支局
【地址】一匡街24号
【电话】（0431）82939055
【公交信息】①乘坐11路274路，到天波路下车，步行72米。②乘坐118路，到一匡街（亚泰北街）下车，步行287米。③乘坐123路，到亚泰北大街下车，步行289米。④乘坐110路，到中岳小区下车，步行308米。

【名称】北京街邮政支局
【地址】北京大街48号
【电话】（0431）82798253
【公交信息】①乘坐105、106、117、123、124、245、246、253、262、274、276、288、2、357、61、62路，到西广场下车，步行17米。②乘坐113、302路，到西广场（72中）下车，步行153米。③乘坐109、260路，到七十二中下车，步行193米。④乘坐242、25路，到西三条下车，步行276米。

【名称】小南邮政支局
【地址】小南街154-4号
【电话】（0431）82688752
【公交信息】①乘坐110路，到北环城路（小南街）下车，步行83米。②乘坐113、

118、8路，到小南下车，步行357米。③乘坐123路，到小南站下车，步行386米。

【名称】站前邮政支局
【地址】长白路23号
【电话】（0431）82974522
【公交信息】①乘坐10、110、113、114、116、117、118、11、148、160、1、221、222、223、224、225、245、246、256、257、25、262、273、275、276、278、279、280、281、287、289、2、301、302、306、306路夜班、318、321、325、357、361、362、363、66、6、80路环线上行、80路环线下行、游6路、轻轨3号线，到长春站下车，步行62米。②乘坐50路，到华正批发下车，步行186米。③乘坐1、61、62路，到长春站汉口大街下车，步行190米。④乘坐115、330路，到长春站（胜利大街）下车，步行222米。

【名称】东五条邮政支局
【地址】亚泰大街371号
【电话】（0431）82940990
【公交信息】①乘坐114、115、116、125、152、16、1、241、243、253、256、257、268、279、287、330、352、357、88、8路，到光复路下车，步行90米。②乘坐318路，到光复路（上海路）下车，步行206米。③乘坐10、110、118、11、141、148、168、16、275、276、50、80路环线上行、80路环线下行，到东广场下车，步行210米。④乘坐301路，到七马路下车，步行229米。

【名称】君子兰邮政支局
【地址】新月路车轮厂宿舍29栋
【电话】（0431）82636022
【公交信息】①乘坐229、231、k229路，到宽城交警队下车，步行129米。②乘坐145、2、302、322路，到宽城区交警队下

车，步行153米。③乘坐21、22路，到基隆北街下车，步行196米。

【名称】太阳城邮政支局
【地址】长春市西广小区2号楼
【电话】（0431）82778710
【公交信息】①乘坐109、124、260路，到七十二中下车，步行42米。②乘坐105、106、117、123、124、245、246、253、262、274、276、288、2、357、61、62路，到西广场下车，步行67米。③乘坐113、302路，到西广场（72中）下车，步行138米。④乘坐242、25路，到西三条下车，步行165米。⑤乘坐325路，到西三条（72中）下车，步行222米。

【名称】黄河路邮政支局
【地址】黄河路44号
【电话】（0431）82959405
【公交信息】①乘坐114、115、116、118、131、1、225、253、257、278、279、280、291、301、318、330、357路到南广场下车，步行182米。②乘坐10、223、241、242、256、275、276、287路到黑水路下车，步行244米。③乘坐110、11、50、80路环线上行、80路环线下行，到东三条下车，步行245米。

【名称】西湖路邮政支局
【地址】青年路33-6号
【电话】（0431）82636004
【公交信息】①乘坐145、22、322路，到车轮厂门下车，步行101米。②乘坐229、231、275、k229路，到车轮厂宿舍下车，步行167米。③乘坐285、302路，到新月路下车，步行185米。④乘坐235、2路，到车轮厂下车，步行330米。

【名称】光复路邮政支局
【地址】光复路109栋

【电话】（0431）82867544

【公交信息】①乘坐256、318路，到龙兴商贸园下车，步行252米。②乘坐80路环线上行、80路环线下行，到伪皇宫（光复路）下车，步行262米。③乘坐264、268路，到长通路下车，步行262米。④乘坐152、253、257、、279路，到新天地购物公园下车，步行269米。⑤乘坐125路，到新天地购物公园（原龙兴商贸园）下车，步行272米。

南关区

【名称】翔运街邮电局

【地址】南关区岳阳街

【电话】（0431）85628664

【公交信息】①乘坐286路，到平泉路（岳阳街）下车，步行38米。②乘坐17、241、258、25、267、277、282、283路，到岳阳街下车，步行69米。③乘坐226路，到动植物公园（吉林电力医院）下车，步行233米。

【名称】北安路邮政支局

【地址】北安路27号

【电话】（0431）82712216、（0431）88271221

【公交信息】①乘坐160、260、264、274、304、4、8路，到市医院下车，步行16米。②乘坐106、124路，到北安路（清明街）下车，步行109米。③乘坐268路，到清明街下车，步行118米。④乘坐306、66、6路，到北安路（人民大街）下车，步行158米。⑤乘坐80路环线上行、80路环线下行，到市医院（北安路）下车，步行161米。

【名称】磐石路邮政支局

【地址】南岭大街40号

【电话】（0431）85684873

【公交信息】①乘坐161、193、246、270、88路，到我的家园下车，步行203米。②乘坐5路，到繁荣路（农研）下车，步行264米。

【名称】三道街邮政支局

【地址】大马路207-4号

【电话】（0431）88674469

【公交信息】①乘坐282路，到大马路（南）下车，步行125米。②乘坐246、277、88路，到二道街（东）下车，步行136米。③乘坐101、102、103、103路副线、115、1、241、254、278、282、301、331、332、333、340、341、342、343、345、346、347、349、350、361、5、61路，到二道街下车，步行149米。④乘坐106、12、258、354、3路，到大马路下车，步行181米。

【名称】新立城邮政支局

【地址】长春市新立城镇内

【电话】（0431）84540164

【公交信息】乘坐103、341、342、343、345、346、348、349、350路，到靠边王下车，步行182米。

【名称】重庆路邮政支局

【地址】近埠街10号

【电话】（0431）88911721

【公交信息】①乘坐104、271、361、362、363、62路，到百祥鞋城下车，步行169米。②乘坐106路，到近蚌街下车，步行187米。③乘坐101、111、12、256、3路，到近埠街下车，步行188米。④乘坐260、264、268、274路，到清明街下车，步行192米。

【名称】长百人防邮政支局

【地址】重庆路长百人防商场内

【电话】（0431）88952051

【公交信息】①乘坐271、363、62路，到人民大街（重庆路）下车，步行12米。②乘坐124、160、226、260、273、274、306、306路夜班、5、66、6、80路环线上行、80路环线下行，到重庆路下车，步行56米。③乘坐362、62路，到亚泰富苑下车，步行157米。④乘坐111、119、119路夜班、14、17、242、254、255、256、259、261、266、268、269、281、312、351、352、353、364路，到人民广场下车，步行180米。

【名称】东大桥邮政支局
【地址】长春东天街11号
【电话】（0431）88710647
【公交信息】①乘坐258路，到桃园路下车，步行80米。②乘坐243、287路，到桃源路下车，步行98米。③乘坐268路，到荣光桥下车，步行361米。

【名称】全安广场邮政支局
【地址】大经路208-11号
【电话】（0431）88614247
【公交信息】①乘坐103路副线，到四道街（中）下车，步行88米。②乘坐341、342、343、345、346、347、349、350路，到四道街（大经路）下车，步行96米。③乘坐101、241、271、331、332、333、340、361、61路，到平治街下车，步行97米。④乘坐258、259路，到大经路（西四道街）下车，步行121米。

绿园区

【名称】台北大街邮政支局
【地址】绿园区青冈路
【电话】（0431）82990156
【公交信息】①乘坐109、284、285路，到干鲜菜下车，步行61米。②乘坐229路，到花莲路下车，步行476米。

【名称】城西邮政支局
【地址】长春市西安大路183号
【电话】（0431）87872107
【公交信息】①乘坐155路，到救助站下车，步行60米。②乘坐109、140、151路，到19中学下车，步行91米。③乘坐127、137、146、147、147路副线、197、291、64路，到西环城路（19中学）下车，步行107米。④乘坐235路，到迎宾路下车，步行183米。⑤乘坐155、364路，到西环城路（西安大路）下车，步行197米。

【名称】青年路邮政支局
【地址】青年路35-4号
【电话】（0431）87913247
【公交信息】①乘坐145、22、231、275、284、322路，到青冈路下车，步行109米。②乘坐229、k229路，到青岗路下车，步行162米。③乘坐109路，到青年路（台北大街）下车，步行241米。

【名称】春阳街邮政支局
【地址】长客厂南B区26-1栋
【电话】（0431）87913479
【公交信息】①乘坐139、253、275路，到春阳街下车，步行26米。②乘坐229、22、289、291、322、k229路，到青普桥下车，步行349米。③乘坐14、224、364、64路，到西安桥外下车，步行382米。④乘坐137路，到长客一中下车，步行398米。

【名称】汽贸城邮政支局
【地址】正阳街82号
【电话】（0431）87618570
【公交信息】①乘坐286路，到车市下车，步行123米。②乘坐108、129、135、139、231、234、240、262、80路环线上行、80路环线下行，到汽贸城下车，步行132米。③乘坐221、321路，到参茸下车，步行309

米。④乘坐155路，到普阳街下车，步行312米。

【名称】翔云街邮政支局
【地址】翔云街52号
【电话】（0431）87915934
【公交信息】①乘坐147、245、280、283路，到翔运街下车，步行16米。②乘坐119、119路夜班、19、222、229、230、245、261、262、283、k229路，到朝阳桥下车，步行60米。③乘坐80路环线上行、80路环线下行，到翔运街（西朝阳桥）下车，步行67米。④乘坐156路，到泰来街（北）下车，步行116米。

【名称】人民广场邮政支局
【地址】西安大路1号
【电话】（0431）88924801
【公交信息】①乘坐137、139、224、263、284、289、291、364、64路，到西安广场下车，步行15米。②乘坐234路，到西安广场（北口）下车，步行214米。③乘坐153、228路，到208医院下车，步行364米。

【名称】飞跃路邮政支局
【地址】飞跃路39-1号
【电话】（0431）85984773
【公交信息】①乘坐100路，到西四商场下车，步行45米。②乘坐108、144、19路，到飞跃路（锦程大街）下车，步行62米。③乘坐149、261路，到飞跃路下车，步行156米。④乘坐252路，到七中（飞跃路）下车，步行163米。⑤乘坐121、128、138、166、193、221、251、261、321、60路上行、60路下行、7路，到飞跃广场下车，步行184米。

【名称】汽车厂邮政支局
【地址】东风大街40-1号

【电话】（0431）87624114
【公交信息】①乘坐120、120路副线、129、144、159、221、251、261、266、52、60路上行、60路下行，到一站下车，步行35米。K乘坐135路，到春城大街（一站）下车，步行37米。②乘坐232、245路，，到东风大街下车，步行39米。③乘坐128、150、153、156、19、252、262、80路环线上行、80路环线下行，到电影城下车，步行81米。④乘坐54路，到东风大街（一站）下车，步行122米。

【名称】春城大街邮政支局
【地址】春城大街18号
【电话】（0431）87974857
【公交信息】①乘坐151、270路，到春城邮局下车，步行46米。②乘坐224、289路，到春城大街（春城邮局）下车，步行53米。③乘坐137、147、153路，到乐园路下车，步行78米。④乘坐122、235、54路，到绿园下车，步行98米。

朝阳区

【名称】吉大邮政支局
【地址】前进大街2699号吉林大学前卫校区南区
【电话】（0431）85191727
【公交信息】①乘坐13路，到吉大南区东门下车，步行151米。②乘坐202路，到吉大南校（前进大街）下车，步行158米。③乘坐222、315路，到林园路（修正路）下车，步行258米。

【名称】（0431）85174344
【公交信息】①乘坐129、13、149、202、20、213、222、230、234、239、262路，到南湖广场下车，步行61米。②乘坐162路，到前进广场（前进大街）下车，步行103米。

【名称】同志街邮政支局
【地址】同志街45号
【电话】（0431）85624706
【公交信息】①乘坐258路，到同志街（义和路）下车，步行50米。②乘坐363路，到新华保险下车，步行91米。③乘坐267、283、315路，到同志街（惠民路）下车，步行123米。④乘坐282路，到外文书店下车，步行130米。⑤乘坐286路，到长庆街下车，步行200米。

【名称】前进大街邮政支局
【地址】前进大街18号
【电话】（0431）85103407
【公交信息】①乘坐149、20路，到吉大南湖校区下车，步行67米。②乘坐202路，到信息学院下车，步行88米。③乘坐129、222、239路，到富强路下车，步行90米。④乘坐13、154、162、292路，到富强街下车，步行93米。⑤乘坐213、234路，到湖光路下车，步行277米。

【名称】宽平邮政支局
【地址】红旗街2190号
【电话】（0431）85954128
【公交信息】①乘坐129、162、222、232、252、255、262、267、282、52、54、80路环线上行、80路环线下行，到宽平大路下车，步行100米。②乘坐159路，到一宿舍下车，步行243米。

【名称】西朝阳路邮政支局
【地址】西朝阳路12号
【电话】（0431）88549428
【公交信息】①乘坐135、152、221、229、25、261、264、283、288、325、80路环线上行、80路环线下行k229，到西朝阳路下车，步行44米。②乘坐156、253路，到西中华路下车，步行166米。③乘坐283路，到野力肥牛下车，步行185米。④乘坐104、240、255路，到文化广场下车，步行195米。

【名称】安达街邮政支局
【地址】安达街42号
【电话】（0431）88561525
【公交信息】①乘坐119、119路夜班、135、152、19、222、230、245、25、280、325、80路环线上行、80路环线下行、轻轨3号线，到南昌路下车，步行11米。②乘坐262路，到市二医院下车，步行265米。

【名称】南湖新村邮政支局
【地址】南湖大路8-2号
【电话】（0431）85187845
【公交信息】乘坐20、230、252、6路，到南湖新村下车，步行77米。

【名称】桂林路邮政分局
【地址】桂林路37号
【电话】（0431）85659740、（0431）88565974
【公交信息】①乘坐156、238、240、253、25、277、282、315、362、363、62路，到桂林路下车，步行33米。②乘坐258、267、286、315路，到长庆街下车，步行148米。

二道区

【名称】师范学院邮政支局
【地址】长春师范学院内
【电话】（0431）84717488
【公交信息】①乘坐284路，到东环城路（东荣大路）下车，步行23米。②乘坐257路，到师范学院下车，步行26米。③乘坐131路，到吉林日报印务中心下车，步行

258米。④乘坐241路，到十里堡下车，步行474米。

【名称】临河街邮政支局
【地址】临河街108号
【电话】（0431）84644456
【公交信息】①乘坐254、304路、轻轨4号线，到公平路下车，步行43米。②乘坐286路，到生产资料市场下车，步行57米。③乘坐225路，到公平路（临河街）下车，步行83米。④乘坐281路，到生产资料下车，步行268米。⑤乘坐247路，到临河五条下车，步行269米。

【名称】北海路邮政支局
【地址】临河街5区永信花园
【电话】（0431）84647020
【公交信息】①乘坐120、142、142路副线、233路，到经开二区下车，步行88米。②乘坐165、225、4路，到昆山路下车，步行113米。③乘坐130、161路，到现代男科医院下车，步行131米。④乘坐120路副线，到二区下车，步行143米。⑤乘坐20、292路，到临河街下车，步行176米。

【名称】三道街邮政支局
【地址】大马路207-4号
【电话】（0431）88674469
【公交信息】①乘坐282路，到大马路（南）下车，步行125米。②乘坐246、277、88路，到二道街（东）下车，步行136米。③乘坐101、102、103、103路副线115、1、241、254、278、301、331、332、333、340、341、342、343、345、346、347、349、350、361、5、61路，到二道街下车，步行149米。④乘坐106、117、12、258、354、3路，到大马路下车，步行181米。

【名称】二道邮政支局
【地址】吉林大路202号
【电话】（0431）84949473
【公交信息】①乘坐115路，到和顺街（吉林大路）下车，步行59米。②乘坐102、103、103路副线、1、301、331、332、333、340、341、342、343、345、346、347、349、350、80路环线上行、80路环线下行，到和顺街（南八道街）下车，步行86米。③乘坐247、259、268路，到吉林大路（和顺街）下车，步行110米。④乘坐243、247、254、265、268、287路，到劳动公园下车，步行157米。⑤乘坐165路，到吉林大路（和顺北四条）下车，步行165米。

【名称】东环路邮政支局
【地址】自由大路6969号
【电话】（0431）84659182
【公交信息】①乘坐168、248、318路，到自由大路（中东大市场）下车，步行88米。②乘坐115、120、120路副线、158路上行、158路下行、254、292路，到中东市场下车，步行91米。③乘坐103路副线、130、142、161、190、227、238、247、260、271、279、286、287、301、334、335、336、337、338、339、340、341、342、343、345、346、347、348、349、350路，到中东大市场下车，步行130米。

【名称】浦东路邮政支局
【地址】浦东路746号
【电话】84636335
【公交信息】①乘坐161、20路，到深圳街下车，步行49米。②乘坐165路，到深圳街浦东路下车，步行88米。③乘坐4路，到浦东路（仙台大街）下车，步行186米。④乘坐125、154、190路，到浦东路（金川街）下车，步行321米。

【名称】东荣大路邮政支局
【地址】东荣小区1栋
【电话】（0431）84711000
【公交信息】①乘坐141、241、248、284路，到东荣小区下车，步行90米。②乘坐223路，到东海小区下车，步行96米。③乘坐233、3路，到东荣大路下车，步行217米。④乘坐131路，到红楼下车，步行243米。

医院

宽城区

【名称】吉林省武警总队医院
【地址】农安南街46号
【电话】（0431）82638830
医院性质：公立、综合医院
医院等级：三级乙等
医护人数：268
病床数量：360
【公交信息】①乘坐2路到新月东路下车，步行30米。②乘坐235、275、302路，到武警医院下车，步行100米。③乘坐148、21路，到扶余路下车，步行168米。④乘坐145、231、285、322路，到新月路下车，步行253米。
【简介】①1963年于黑龙江省汤源县组建为中国人民解放军第63野战医院，1982年9月改编为武警吉林省总队医院，1988年9月由吉林省双辽县迁入长春市。②编制床位350张、科室18个，正、副高职30人，中级职称98人，初级职称140人。③拥有CT、间盘镜、腹腔镜、B超、彩超、大C臂、胃镜等设备。④属三级乙等综合医院，是长春市生育保险定点医院、吉林省普通高等医学院校临床教学医院、长春市道路交通事故救治指定医院、艾滋病病毒抗体筛查实验室、医保定点医疗机构等。

重点科室：肝病诊疗中心
治疗病毒性肝炎、肝硬化、脂肪肝、酒精肝等肝脏疾病，已达到国际先进水平。

南关区

【名称】吉林大学第二医院（吉大二院）
【地址】自强街218号
【电话】（0341）88975634
医院性质：公立、综合医院
医院等级：三级甲等
医护人数：1248
病床数量：1000
【公交信息】①乘坐16路，到吉大二院门诊部下车，步行44米。②乘坐260路，到医大二院下车，步行66米。③乘坐267路，到吉大二院下车，步行178米。④乘坐101、104、111、12、256、3路，到近埠街下车，步行227米。⑤乘坐106路，到近蚌街下车，步行234米。
【简介】①医院拥有核磁共振机、数字减影机、64排螺旋CT机、眼科准分子激光曲光系列矫正仪、全国领先的NT系列内镜图像显示仪、彩色多普勒、眼科玻璃体切割机、激光视网膜脉络膜造影系统、全自动生化分析仪、直线加速器、钴60放射治疗机等大型仪器设备300余台（件）。②妇产科、眼科、皮肤科、基本外科及耳鼻喉科是吉林省、吉林大学重点临床科室；在吉林省内率先独立开展冠脉搭桥手术，包括常规体外循环下冠脉搭桥术，非体外循环心脏跳动下冠脉搭桥术等等；呼吸内科、泌尿外科、心血管内科、胸外科、皮肤科、耳鼻喉科、脑外科等多项治疗技术水平均达到了国内领先水平。

【名称】长春市中心医院
【地址】人民大街1810号
【电话】（0341）88916232、（0341）88939468。

医院性质：公立、综合医院
医院等级：三级甲等
医护人数：1356
病床数量：754
年门诊量：620000

【公交信息】①乘坐306、66、6路，到北安路（人民大街）下车，步行37米。②乘坐160、260、264、274、304、4、8路，到市医院下车，步行65米。③乘坐80路环线上行、80路环线下行，到市医院（北安路）下车，步行80米。

【简介】医院拥有美国数字化血管造影机（DSA）、磁共振（MRI）、多层螺旋CT、CR、德国西门子全身CT机、日本多普勒超声诊断仪、电子结肠镜、全自动生化分析仪、急诊王等先进仪器设备300余台（件）。

【名称】长春市妇产科医院（长春妇产医院）
【地址】西五马路129号
【电话】（0341）82903600、（0341）82956691
医院性质：公立、专科医院
医院等级：三级甲等
医护人数：814
病床数量：600

【公交信息】①乘坐141路，到市妇产科医院下车，步行38米。②乘坐115、1、268、278、301路，到五马路下车，步行210米。③乘坐137、141、16、241、361、362、61、62、80路环线上行、80路环线下行、8路，到上海路下车，步行240米。④乘坐111、4路，到大经路（西四马路）下车，步行253米。⑤乘坐152路，到省政协下车，步行256米。

【简介】医院有妇产科疗区8个，专科门诊28个，辅助科室13个，拥有先进的彩色多普勒、宫腔镜、腹腔镜、电子阴道镜、远程胎

心监护仪等大型仪器设备80台（件）。特色专科：妇产科、不孕不育科。

绿园区

【名称】吉林大学第四医院
【地址】东风大街2755号
【电话】（0341）85906812、（0341）85902329
医院性质：公立、综合医院
医院等级：三级甲等
医护人数：1332
病床数量：800
年门诊量：400000

【公交信息】①乘坐119、119路夜班、128、135、138、144、153、156、19、221、231、232、251、321、52、7路，到职工医院下车，步行31米。②乘坐121、60路上行、60路下行，到吉大四院下车，步行41米。③乘坐108、139、146、197、252、261路，到振兴路下车，步行247米。

【简介】特色专科：骨质疏松的综合治疗疗效显著。核医学科应用核素治疗类风湿性关节炎、骨肿瘤等疾病，总体有效率分别达到87.6%、95.3%。消化内科"门脉高压性出血的内镜治疗"处于国内领先水平，特别是胃底静脉曲张出血组织黏合剂治疗是省内首创。

肾内科拥有省内著名的血液净化中心，已拥有30台目前国际上最先进的血液透析机，固定透析患者近150人，月透析量已愈1200人次，明显提高了患者的生活质量，保持了省内血透病人生存期最长纪录。

普通外科拥有十二指肠镜、超细胆道镜、腹腔镜、超生刀等，形成了省内唯一的肝胆系统诊治手段。微创手术以损伤小、痛苦小、恢复快、治疗效果好著称。

【名称】长春市第二医院

【地址】翔运街1239号
【电话】（0341）87905687
医院性质：公立、综合医院
医院等级：二级甲等
医护人数：553
病床数量：436
年门诊量：135000
【公交信息】①乘坐147路，到春郊路下车，步行30米。②乘坐262路，到市二医院下车，步行64米。③乘坐245、262路，到春郊胡同下车，步行150米。④乘坐119、119路夜班、135、152、19、222、230、25、280、325、80路环线上行、80路环线下行、轻轨3号线，到南昌路下车，步行212米。
【简介】医院设有心血管内科、神经内科、消化内科、呼吸内科、内分泌内科、普通外科、创伤外科、胸外科、脑外科、显微外科、泌尿外科、儿科、皮肤科、口腔科、妇科、五官科、中医科、中西结合科、职业病科、全身伽玛刀治疗中心、体检中心、康复中心等。

朝阳区

【名称】吉林大学第一医院（原白求恩医科大学第一临床学院）
【地址】新民大街71号
【电话】（0341）88782222、（0341）85654528
医院性质：公立、综合医院
医院等级：三级甲等
医护人数：980
病床数量：1550
年门诊量：1000000
【公交信息】①乘坐156、229、253路，到解放大路（万宝街）下车，步行109米。②乘坐9路，到文化广场（吉大一院）下车，步行112米。③乘坐221路，到医大一院下车，步行125米。④乘坐104、240、255、

264、283、288、k229路，到文化广场下车，步行130米。

【名称】吉林省人民医院
【地址】工农大街1183号
【电话】（0341）85595488
医院性质：公立、综合医院
医院等级：三级甲等
医护人数：1854
病床数量：1551
年门诊量：1131500
【公交信息】①乘坐264路，到红旗街（时代商场）下车，步行68米。②乘坐144、152、155、228、229、230、239、25、263、267、270、286、288、325、62、80路环线上行80路环线下行，到红旗街下车，步行112米。③乘坐232路，到时代大厦下车，步行124米。④乘坐234、52路，到红旗街欧亚商都下车，步行133米。⑤乘坐255路，到东煤新村下车，步行148米。
【简介】医院拥有普外科、肛肠科、手足显显微外科、心外科、眼科、泌尿外科、循环内科、消化内科、呼吸内科、内分泌科等多个重点科室。

【名称】长春市儿童医院
【地址】北安路69号
【电话】（0341）5802010、（0341）82728016。
医院性质：公立、综合医院
医院等级：三级甲等
医护人数：922
病床数量：506
年门诊量：370000
【公交信息】①乘坐135、221、224、226、230、260、264、274、276、280、288、4、5、8路，到儿童医院下车，步行142米。②乘坐254路，到五中下车，步行144米。③乘坐141、145、271路，到卓展下车，步行312米。④乘坐362、62、8路，

到文化街下车，步行318米。

【简介】医院设有急诊、内、外、五官、皮肤、口腔等21个临床科室，新生儿内科为市级重点专科，7个医技科室，儿病研究室为省级重点研究室。

二道区

【名称】吉林大学中日联谊医院

【地址】仙台大街126号

【电话】（0341）84995999

医院性质：公立、综合医院

医院等级：三级甲等

医护人数：1501

病床数量：1550

年门诊量：700000

【公交信息】①乘坐20路，到中日联谊医院正门下车，步行254米。②乘坐120、130、142、142路副线、154、190、227、247、271、281、301、304、4路，到中日联谊医院下车，步行257米。③乘坐330路，到民丰大街（自由大路）下车，步行262米。④乘坐260路，到民丰街下车，步行274米。⑤乘坐副线260路，到中日医院下车，步行294米。

【简介】设有48个临床、医技科室，心理咨询和精神病诊室、疑难病中心诊室、外宾特诊室。医院设备有核磁共振扫描仪（MRI）、64排螺旋CT、数字平板血管造影系统、全数字化电子直线加速器、三维数字化C形臂X光机、实时三维心脏超声影像系统、计算机放射成像系统（CR）、全自动生化分析仪、流式细胞仪等先进诊疗设备千余台（套）。

宾馆酒店

宽城区

【名称】乐府大酒店

【地址】人民大街1078号

【电话】（0431）82090999

级别：四星级

【公交信息】乘坐105、106、117、124、221、224、246、273、288、291、306、306夜班、361、362、61、62、66、6、80环线上行、80环线下行、游6路，到胜利公园下车，步行35米。

【名称】如家快捷酒店（长春火车站店）

【地址】长白小区1号

【电话】（0431）89863000

【公交信息】乘坐10、110、113、114、116、117、118、11、148、160、1、221、222、223、224、225、245、246、256、257、25、262、273、275、276、278、279路。

标准房：￥185起

【名称】如家快捷酒店（长春胜利大街店）

【地址】上海路贵阳小区19栋

【电话】（0431）89863111

【公交信息】乘坐114、115、116、125、152、16、1、241、243、253、256、257、268、279、287、330、352、357、88、8路，到光复路下车，步行35米。

标准房：￥143起

【名称】长春客运宾馆

【地址】人民大街238号

【电话】（0431）86799399

级别：三星级

【公交信息】乘坐224、306路夜班，到长江路开发区下车，步行41米。

标准房：￥145起

南关区

【名称】亚泰饭店
【地址】人民大街1968号
【电话】（0431）88931777
级别：三星级
【公交信息】①乘坐271、363、62路，到人民大街（重庆路）下车，步行27米。
标准房：￥227起

【名称】莫泰168（长春大街店）
【地址】长春大街1212号
【电话】（0431）86020000
级别：三星级
【公交信息】乘坐115、125、152、1、243、246、259、278、301、341、342、343、345、346、347、4、80路环线上行、80路环线下行88路，到二马路下车，步行190米。
标准房：￥92起

【名称】如家酒店（全安广场店）
【地址】解放大路全安1号小区121号
【电话】（0431）88691122
级别：三星级
【公交信息】乘坐101、241、271、331、332、333、340、361、61路，到平治街下车，步行145米。
标准房：￥142起

【名称】如家酒店连锁长春人民广场店
【地址】咸阳路2号
【电话】（0431）88953588
级别：三星级
【公交信息】乘坐111、119、119路夜班、124、14、160、17、226、242、254、255、256、259、261、266、268、269、273、281、306、306路夜班、312、351、352、353、364、5、66、80路环线上行、80路环线下行、游6路，到人民广场下车，步行157米。
标准房：￥161起

【名称】如家快捷酒店（长春四马路店）
【地址】东四马路551号
【电话】（0431）89900999
【公交信息】
乘坐301路，到四马路（中）下车，步行152米。
标准房：￥161起

【名称】如家快捷酒店（长春人民大街店）
【地址】平泉路1950号
【电话】（0431）88916161
级别：三星级
【公交信息】
标准房：￥185起

绿园区

【名称】长春华天大酒店
【地址】景阳大路2288号
【电话】（0431）87809999。
级别：五星级
【公交信息】乘坐155、234路，到春城大街（景阳大路）下车，步行31米。
标准房：￥598起

【名称】长春速8酒店（汽贸城店）
【地址】南阳路900号
【电话】（0431）87681688、（0431）88533888
级别：二星级
【公交信息】乘坐221、321路，到参茸下车，步行206米。
标准房：￥137起

【名称】长春圣佳商务快捷宾馆（绿园区店）
【地址】普阳街27号
【电话】（0431）82600333
【公交信息】乘坐139、253、275路，到春阳街下车，步行184米。
标准房：￥158

朝阳区

【名称】香格里拉大饭店
【地址】西安大路569号
【电话】（0431）88981818
级别：五星级
【公交信息】乘坐362路，到西安大路（卓展）下车，步行119米。
标准房：￥1115起

【名称】吉祥饭店
【地址】解放大路2228号
【电话】（0431）85589888
级别：四星级
【公交信息】乘坐111、306、6路、游6路，到解放大路下车，步行145米。
标准房：￥388起

【名称】长春长白山宾馆
【地址】新民大街1448号
【电话】（0431）85588888
级别：四星级
【公交信息】乘坐232、362路，到心脏病医院下车，步行119米。
标准房：￥374起

【名称】长春紫荆花饭店
【地址】人民大街5688号
【电话】（0431）85563333
级别：五星级
【公交信息】乘坐112、120路副线124、

229、240、306、306路夜班、312、66、6路，到文昌路（人民大街）下车，步行174米。
标准房：￥388起

【名称】如家快捷酒店（长春安达街店）
【地址】安达街758号
【电话】（0431）85888333
【公交信息】乘坐119、119路夜班、135、152、19、222、230、245、25、280、325路、80路环线上行、80路环线下行、轻轨3号线，到南昌路下车，步行40米。
标准房：￥149起

【名称】如家快捷酒店（长春人民广场店）
【地址】锦水路966号
【电话】（0431）88953588
级别：三星级
【公交信息】乘坐213、261、62路，到锦水路下车，步行163米。
标准房：￥179起

【名称】如家快捷酒店文化广场店
【地址】同志街1339号
【电话】（0431）82847555
【公交信息】乘坐266、362、62路，到解放大路（同志街）下车，步行40米。
标准房：￥189起

二道区

【名称】长春圣都大酒店
【地址】吉林大路1658号（和顺街1300号）
【电话】（0431）89682888
级别：四星级
【公交信息】乘坐102、103、103路副线、1、301、331、332、333、340、341、

342、343、345、346、347、349、350路、80路环线上行、80路环线下行，到和顺街（南八道街）下车，步行64米。

标准房：￥268

【名称】长春龙泰商务宾馆
【地址】海口路563号
【电话】（0431）81071111
级别：二星级
【公交信息】乘坐361路，到经开大厦下车，步行258米。

标准房：￥131起

【名称】如家快捷酒店（长春经济开发区店）
【地址】仙台大街959号
【电话】（0431）84612888
【公交信息】乘坐165、225、4路，到昆山路下车，步行105米。

标准房：￥175起

【名称】锦江之星（长春会展中心店）
【地址】会展大街1111号
【电话】（0431）85831238
级别：三星级
【公交信息】乘坐304路，到苏州南街下车，步行288米。

标准房：￥179起

【名称】如家快捷酒店（一汽和美花园店）
【地址】自立街与西环城路交汇
【电话】（0431）85972888
【公交信息】乘坐151路，到自立街（西环城路）下车，步行101米。

标准房：￥168起

商场

宽城区

【名称】苏宁电器
【地址】亚泰大街1448号
【电话】（0431）88576666
【公交信息】乘坐115、125、1、243、246、259、278、301、341、342、343、345、346、347、4、88路，到二马路下车，步行173米。

【名称】国商百货（站前店）
【地址】辽宁路162号
【电话】（0431）82711601、（0431）82711602
【公交信息】乘坐10、110、113、114、116、117、118、11、148、160、1、221、222、223、224、225、245、246、256、257、25、262、273、275、276、278、279、280、281、287、289、2、301、302、306、306路夜班、318、321、325、357、361、362、363、66、6、80路环线上行、80路环线下行、游6路、轻轨3号线，到长春站下车，步行132米。

【名称】新天地购物公园
【地址】亚泰大街
【电话】（0431）88715318、（0431）88715368
【公交信息】乘坐225、330、357路，到陕西路下车，步行138米。

【名称】新世纪鞋城
【地址】胜利大街8号
【电话】（0431）85801725、（0431）85801726
【公交信息】乘坐10、110、113、114、

116、117、118、11、148、160、1、221、222、223、224、225、245、246、256、257、25、262、273、275、276、278、279、280、281、287、289、2、301、302、306、306路夜班318、321、325、357、361、362、363、66、6、80路环线上行、80路环线下行、游6路、轻轨3号线，到长春站下车，步行44米。

南关区

【名称】亚泰富苑购物中心
【地址】重庆路618号
【电话】（0431）88492666、（0431）88960698
【公交信息】乘坐226、273、306、306路夜班、5、66、6、80路环线上行、80路环线下行，到重庆路下车，步行137米。

【名称】时代小镇
【地址】重庆路18号
【电话】（0431）85856177、（0431）88931088
【公交信息】乘坐105、117、16、362、61路，到市妇产科医院（五马路）下车，步行127米。

【名称】卓展购物中心
【地址】重庆路1255号
【电话】（0431）88486655、（0431）88922555
【公交信息】乘坐362路，到西安大路（卓展）下车，步行40米。

绿园区

【名称】正阳装潢材料市场
【地址】正阳街23号
【电话】（0431）87973669
【公交信息】乘坐146、153、197、234、

289路，到锦西路下车，步行347米。

【名称】长春大型果品饮料仓储批发
【地址】普阳街远方超市对面
【电话】（0431）86513905、13578881960
【公交信息】乘坐231、261、270路，到丰盛园下车，步行36米。

【名称】建国百货
【地址】小铁道街16栋1门
【电话】（0431）82873861
【公交信息】乘坐225、330、357路到陕西路下车，步行208米。

【名称】汽车城百货大楼
【地址】东风大街
【电话】（0431）87652925、（0431）87652929
【公交信息】乘坐119、119路夜班、128、135、138、143、159、19、221、251、252、286、321、52、60路上行、60路下行，到欧亚车百下车，步行29米。

【名称】震发综合商场
【地址】和平大街26号
【电话】（0431）87974996
【公交信息】①乘坐127、140、146、147、147路副线、364、64、7路，到和平大街（西安大路）下车，步行136米。

朝阳区

【名称】国美电器（新华店）
【地址】同志街5号中山花园
【电话】（0431）88981629
【公交信息】乘坐119、119路夜班、14、22、242、322、363、364、62、64、80路环线上行、80路环线下行，到西安大路下车，步行115米。

【名称】万达购物广场（红旗街店）

【地址】红旗街616号

【电话】（0431）85393888

【公交信息】乘坐144、152、155、228、229、230、239、25、263、267、270、286、288、325、62、80路环线上行、80路环线下行，到红旗街下车，步行194米。

营业时间：￥夏季：9：30-22：00冬季：9：30-21：30。

【名称】崇智商城

【地址】朝阳区崇智路

【电话】（0431）88969150

【公交信息】乘坐362路，到西安大路（卓展）下车，步行92米。

【名称】巴黎春天百货

【地址】红旗街399号

【电话】（0431）85931099、（0431）85931111

【公交信息】乘坐144、152、155、228、229、230、25、263、267、270、286、288、325、62、80路环线上行、80路环线下行，到红旗街下车，步行188米。

【名称】万千百货（红旗街万达广场店）

【地址】红旗街616号

【电话】（0431）81936060

【公交信息】乘坐230、232、234、239、54、80路环线上行、80路环线下行，到长影下车，步行226米。

二道区

【名称】国商百货（临河街店）

【地址】临河街5062号

【电话】（0431）86179600

【公交信息】乘坐17、225路，到经开五区下车，步行74米。

【名称】苏宁电器（吉林大路店）

【地址】东盛大街1799号国贸商都

【电话】（0431）88576666、（0431）88959158

【公交信息】乘坐101、102、103、103、副线115、132、1、248、254、259、301、330、331、332、333、340、341、342、343、345、346、347、348、349、350、80路环线上行、80路环线下行，到东盛大街下车，步行78米。

【名称】国美电器（自由大路商城店）

【地址】自由大路6155号

【电话】（0431）84625611、（0431）84628322

【公交信息】乘坐132、142、142路副线、154、190、247、301路，到恒客隆大卖场下车，步行155米。

【名称】惠丰源商场

【地址】临河街64号

【电话】（0431）84638445

【公交信息】乘坐20、243、254、268、292、361路，到临河街下车，步行53米。

【名称】宏泰家具广场

【地址】经济技术开发区金州街

【电话】（0431）84608370、（0431）84608372

【公交信息】乘坐120、120、副线125、130、142路副线、154、165、190、20、227、260、271、281、80路环线上行、80路环线下行，到北方市场下车，步行120米。

超市

宽城区

【名称】沃尔玛购物广场（银座店）

【地址】长江路58号

【电话】（0431）82750808、（0431）82750818

【公交信息】乘坐10、110、113、114、116、117、118、11、148、160、1、221、222、223、224、225、245、246、256、257、25、262、273、275、276、278、279、280、281、287、289、2、301、302、306、306路夜班、318、321、325、357、361、362、363、66、6、80路环线上行、80路环线下行、游6路、轻轨3号线，到长春站下车，步行73米。

【名称】北京华联（青年路店）

【地址】青年路81-83号

【电话】（0431）87816914、（0431）87817151

【公交信息】乘坐105、185路，到司法局下车，步行166米。

【名称】欧亚连锁超市（柳影路店）

【地址】柳影路万龙第五城2号楼

【电话】（0431）82638300

【公交信息】乘坐235、2、302路，到宋家下车，步行10米。

南关区

【名称】长春家乐福（新天地店）

【地址】亚泰大街1138号

【电话】（0431）88768506、（0431）88768557

【公交信息】乘坐116、125、225、243、257、304、318、357、88路，到东四马路下车，步行109米。

【名称】华润万家（东岭南街店）

【地址】东岭南街1405号

【电话】（0431）87063636

【公交信息】乘坐120、120路副线、161路，到东岭南街（南湖大路）下车，步行224米。

【名称】北京华联（永春路店）

【地址】西五马路10号

【电话】（0431）88729891、（0431）88729896

【公交信息】乘坐115、1、268、278、301、361路，到五马路下车，步行123米。

【名称】恒客隆超市

【地址】田家大院胡同

【电话】（0431）88714448

【公交信息】乘坐101、241、271、331、332、333、340、349、350、361、61路，到平治街下车，步行122米。

【名称】恒客隆超市（东天街店）

【地址】东天街85号

【电话】（0431）88729495

【公交信息】乘坐106、114、116、117、125、12、225、257、258、259、268、276、277、279、304、318、354、357、3、4路、轻轨4号线，到东大桥下车，步行77米。

绿园区

【名称】家乐福（春城大街店）

【地址】绿园区春城大街

【电话】（0431）87969827

【公交信息】乘坐122、151、224、235、54路，到绿园下车，步行184米。

【名称】北京华联（普阳街店）

【地址】绿园区普阳街

【公交信息】乘坐231、261、270路，到丰盛园下车，步行36米。

【名称】恒客隆超市（锦江广场店）

【地址】春城大街2299号

【电话】（0431）88603536

【公交信息】乘坐234路，到春城大街（景阳大路）下车，步行228米。

朝阳区

【名称】沃尔玛购物广场（前进大街店）

【地址】前进大街2058号

【电话】（0431）85162289

【公交信息】乘坐222、315路，到林园路（修正路）下车，步行333米。

【名称】家乐福（盛世城店）

【地址】延安大路565号

【电话】（0431）85718206、（0431）85718257

【公交信息】乘坐232、362路，到心脏病医院下车，步行324米。

【名称】华润万家（红旗街店）

【地址】红旗街616号

【公交信息】乘坐144、152、155、228、229、230、239、25、263、267、270、286、288、325、62、80路环线上行、80路环线下行，到红旗街下车，步行268米。

【名称】华润万家（华亿红府东南）

【地址】重庆路1388号万达广场

【公交信息】乘坐230、232、234、239、255、54、80路环线上行、80路环线下行，到长影下车，步行113米。

【名称】世纪联华（同志街店）

【地址】同志街5号

【电话】（0431）88967083

【公交信息】乘坐255、266、362路，到吉林省妇幼保健院下车，步行185米。

【名称】恒客隆超市（威尼斯花园店）

【地址】繁荣路1号

【电话】（0431）85387978、（0431）88605252

【公交信息】乘坐162、277、292路，到威尼斯花园下车，步行208米。

【名称】恒客隆超市（朝阳桥店）

【地址】安达街1220号

【电话】（0431）88566705、（0431）88566706

【公交信息】乘坐轻轨3号线，到金豆集团朝阳桥下车，步行149米。

【名称】恒客隆超市（西康路店）

【地址】西康路889号

【电话】（0431）85629472、（0431）85630840

【公交信息】乘坐156、238、240、253、25、277、282、315、362、363、62路，到桂林路下车，步行53米。

二道区

【名称】沃尔玛购物广场（天地十二坊店）

【地址】临河街5062号

【电话】（0431）87079528、（0431）87079588

【公交信息】乘坐238、292、304路，到珠海路下车，步行135米。

【名称】沃尔玛购物广场（长春前进广场分店）

【地址】前进大街2058号

【电话】（0431）85162331

【公交信息】乘坐222路，到卫星路（沃尔玛）下车，步行61米。

【名称】华润万家（飞跃路店）

【地址】支农大街1377号

【电话】（0431）85075706、（0431）85772596

【公交信息】乘坐128、150、157路，到50街区下车，步行178米。

【名称】北京华联（赛德广场店）
【地址】仙台大街1229号
【电话】（0431）88780909
【公交信息】乘坐165、218、4路，到赛德广场下车，步行123米。

【名称】恒客隆超市
【地址】和顺街155号
【电话】（0431）84962447
【公交信息】乘坐165、243、304、330、361路，到和顺街下车，步行136米。

电影院

宽城区

【名称】万达国际电影城长江路步行街店
【地址】长江路步行街74号
【电话】（0431）82777726
【公交信息】乘坐117、221、246、306、362、61、62、66、6路，到长江路下车，步行127米。

【名称】长春17.5影城（新天地店）
【地址】亚泰大街1138号
【电话】（0431）88752020
【公交信息】乘坐225、330、357路，到陕西路下车，步行139米。

【名称】人民电影院
【地址】宽城区新发路
【电话】（0431）82739315、（0431）87628870
【公交信息】乘坐137、141、16、268、

278、361、362、61、80路环线上行、80路环线下行，到上海路下车，步行107米。

【名称】长影电影院
【地址】人民大街49号
【电话】（0431）82710080、（0431）82728043
【公交信息】乘坐117、221、246、306、361、362、61、62、66、6路，到长江路下车，步行27米。

南关区

【名称】长春17.5影城（新天地店）
【地址】亚泰大街1138号
【电话】（0431）88570499、（0431）88752020
【公交信息】乘坐225、330、357路，到陕西路下车，步行139米。

【名称】工人文化宫电影院
【地址】人民大街2302号
【电话】（0431）88912403、（0431）88914647
【公交信息】乘坐111、119、119、夜班、124、14、160、17、226、242、254、255、256、259、261、266、268、269、273、281、306、306路夜班、312、351、352、353、364、5、66、80路环线上行、80路环线下行、游6路，到人民广场下车，步行114米。

【名称】长春市工人文化宫数字影院
【地址】民安路63号
【电话】（0431）88990570
【公交信息】乘坐111、119、119、夜班124、14、160、17、226、242、254、255、256、259、261、266、268、269、273、281、306、306路夜班、312、351、352、353、364、5、66、80路环线上行、

80路环线下行、游6路，到人民广场下车，步行40米。

【名称】相国影城
【地址】卫星路6543号
【电话】（0431）81972000
【公交信息】乘坐112、124、193、240、252、306、312、315、66路，到公交巴士公司下车，步行186米。

【名称】亚泰富苑4D电影院
【地址】重庆路618号
【电话】（0431）88957035
【公交信息】乘坐271、363、62路，到人民大街（重庆路）下车，步行131米。

绿园区

【名称】长春电影城
【地址】正阳街78号
【电话】（0431）87628864、（0431）88968866
【公交信息】乘坐155\245路，到锦阳路下车，步行294米。

【名称】蓝月亮汽车影院
【地址】泰来街2888号
【电话】（0431）87698100
【公交信息】乘坐221、80路环线上行、80路环线下行，到景阳大路（市政协）下车，步行472米。

【名称】大地数字影院
【地址】皓月大路2519号
【公交信息】乘坐150、234、289路，到皓月大路（春城大街）下车，步行115米。

【名称】电影大世界
【地址】正阳街92号
【电话】（0431）87628884

【公交信息】乘坐221、321路，到参茸下车，步行293米。

朝阳区

【名称】长春万达国际电影城
【地址】重庆路1388号
【电话】（0431）88988922
【公交信息】乘坐362路，到西安大路（卓展）下车，步行220米。

【名称】万达国际电影城（欧亚卖场店）
【地址】开运街欧亚卖场四楼
【电话】（0431）85516699、（0431）85536611
【公交信息】乘坐104、143、149、151、164、184、193、195、197、201、20、245、292、9路，到欧亚卖场下车，步行237米。

【名称】万达国际电影城（红旗店）
【地址】红旗街616号
【电话】（0431）81936699、（0431）85617461
【公交信息】乘坐144、152、155、228、229、230、239、25、263、267、270、286、288、325、62、80路环线上行、80路环线下行，到红旗街下车，步行268米。

【名称】宝地电影院
【地址】同志街2447号7楼
【电话】（0431）85671755
【公交信息】乘坐156、238、240、253、25、277、282、315、362、363、62路，到桂林路下车，步行18米。

二道区

【名称】万达国际电影城（赛德店）

【地址】仙台大街1229号

【电话】（0431）88780997、（0431）88780999

【公交信息】乘坐165、218、4路，到赛德广场下车，步行88米。

【名称】17.5影城（中东大市场店）

【地址】自由大路6738号

【电话】（0431）81920175、（0431）85671755

【公交信息】乘坐103路副线、120、120路副线、130、142、161、168、190、227、238、247、260、271、279、286、287、301、318、334、335、336、337、338、339、340、341、342、343、345、346、347、348、349、350路，到中东大市场下车，步行127米。

【名称】长春雷纳电影城

【地址】湛江路博方广场2楼

【电话】（0431）81157899

【公交信息】乘坐17、190、225路，到泰山路下车，步行126米。

【名称】中东大市场丹麦狮龙影院

【地址】自由大路6738号

【电话】（0431）85802454

【公交信息】乘坐103路副线、120、120路副线、130、142、161、168、190、227、238、247、260、271、279、286、287、301、318、334、335、336、337、338、339、340、341、342、343、345、346、347、348、349、350路，到中东大市场下车，步行39米

吉林市

技能培训学校

龙潭区

【名称】吉林青年计算机培训学校

【地址】遵义东路41号

【电话】（0432）63423158

【公交信息】乘坐47路、47路副线、4路，到化建工程公司下车，步行265米。

【名称】世纪阳光培训学校

【地址】吉林市龙潭区

【电话】（0432）63028159、（0432）68555909

【公交信息】乘坐25路、40路副线、55、62路，到哈龙桥下车，步行415米。

昌邑区

【名称】吉林市电工培训中心

【地址】重庆路27号

【电话】（0432）62402667

【公交信息】乘坐101、13、1、56路，到青年路下车，步行70米。

【开办专业】培训中心开设电子基础、电气控制技术、投机与可编程控器、交流一体化课程，机电一体化专业。

【名称】吉林市专业技术人员继续教育培训中心

【地址】吉林大街352号

【电话】（0432）62557432

【公交信息】乘坐112、12、130、17、19、22、29、30、32、32路副线、33、36、40、40路副线、45、58、62、64路，到桃源广场下车，步行24米。

【开办专业】培训中心硬件设施一流，师

资力量雄厚，由专业教师授课，注重实例教学，提供全方位的电脑培训服务，让学员学有所成，学有所用。

船营区

【名称】环峰美容美发化妆摄影学校
【地址】吉林大街128-4号
【电话】（0432）62481163
【公交信息】乘坐130、30、32路副线、40、40路副线，到北京路下车，步行12米。

【名称】梁惟苓美容美发专修学校
【地址】河南街84号
【电话】（0432）62033800
【公交信息】乘坐31、45、46、53、54、63、808路，到商行总行（华南小区）下车，步行128米。
【开办专业】化妆基础知识，立体修容术，化妆技巧运用，五官修饰法，生活妆，职业妆，新潮妆，新娘妆，素描，色彩，美容常识等。

【名称】画眉园美术培训班
【地址】光华路朝阳大厦
【电话】（0432）62495935
【公交信息】乘坐107、130、30、32路副线、40路、40路副线、45、52、58、7路，到百货大楼下车，步行35米。
【开设专业】国画、卡通、素描和书法。

【名称】旅游职业技术学校
【地址】朝阳街88号
【电话】（0432）62454049
【公交信息】乘坐107、130、30、32路副线、40、40路副线、45、52、58、7路，到百货大楼下车，步行210米。

丰满区

【名称】北广播音培训班
【地址】江南长江街95号
【电话】（0432）64653856
【公交信息】乘坐31、56、61路，到长江街下车，步行221米。

职业技能鉴定指导中心

【名称】吉林市劳动局职业技能鉴定指导中心
【地址】松江路65号
【电话】（0432）2481839
【公交信息】①乘坐1、25、31、42、44、52路，到北大街下车，步行246米。②乘坐63路到城建大厦下车，步行538米。③乘坐101、107、31、45、46、53、54、61、7、808、9路副线，到青岛街下车，步行601米。

人才交流中心

【名称】吉林市人力资源市场
【地址】解放中路159号
【电话】（0432）62047522
【公交信息】乘坐101、107、31、45、46、53、54、61、7、808、9路副线，到青岛街下车，步行45米。

【名称】吉林市昌邑区人才中心
【地址】昌邑区人才大厦
【电话】（0432）62507965、（0432）62507967
【公交信息】乘坐46、48、56路，到新地号街（义德源钢材市场）下车，步行198米。

【名称】吉林市龙潭区人力资源市场
【地址】湘潭街70-1号
【电话】（0432）63036102
【公交信息】乘坐15、25、39、40副线、47、47副线、62路，到东方家园下车，步行536米。

【名称】船营区人力资源市场
【地址】船营区庆丰胡同
【电话】（0432）62096689
【公交信息】乘坐101、31、45、46、53、54、61、63、808路，到珲春街下车，步行347米。

【名称】丰满区人才交流服务中心
【地址】恒山西路9号
【公交信息】乘坐130、31、59、61路，到财经学校下车，步行33米。

【名称】吉林市新起点职业介绍服务中心
【地址】吉林市船营区
【电话】（0432）66593705、13804412257
【公交信息】乘坐101、107、31、45、46、53、54、61、7、808、9路副线，到青岛街下车，步行193米。

【名称】求实职业介绍服务中心
【地址】昌邑区建设街
【公交信息】乘坐130、30、32副线、40、40副线、45、58、62路，到儿童医院下车，步行361米。

社会保障机构

【名称】吉林市人力资源和社会保障局
【地址】松江路65号
【公交信息】乘坐1、25、31、42、44、52路，到北大街下车，步行246米。

【名称】吉林市船营区人力资源和社会保障局
【地址】船营区庆丰胡同
【公交信息】乘坐101、31、45、46、53、54、61、63、808路，到珲春街下车，步行347米。

【名称】吉林市昌邑区劳动和社会保障局
【地址】天津街2000号
【电话】（0432）62455707、（0432）62483026
【公交信息】乘坐46、48、53、54、58、60、63、808路，到天津街下车，步行331米。

【名称】吉林市丰满区劳动和社会保障局
【地址】吉林大街76号
【电话】（0432）64661463
【公交信息】乘坐130、31、59、61路，到财经学校下车，步行245米。

【名称】吉林市龙潭区劳动局
【地址】湘潭街65号
【电话】（0432）63041678
【公交信息】乘坐15、25、39、40副线、47、47副线、62路，到东方家园下车，步行576米。

【名称】吉林市社会保险局
【地址】福绥街1号
【电话】（0432）62455990
【公交信息】乘坐101、1、31、34、42、45、46、52、8路，到水门洞下车、步行113米。

法律仲裁机构

【名称】吉林市仲裁委员会
【地址】北京街111-3

【电话】（0432）62949188
【公交信息】乘坐1、42、52路，到市委下车，步行122米。

【名称】昌邑区劳动争议仲裁委员会
【地址】中兴街106号
【电话】（0432）2775206
【公交信息】乘坐130、17、30、40、40路副线、4路，到昌邑区政府下车，步行51米。

【名称】船营区劳动争议仲裁委员会
【地址】松江路127号
【电话】（0432）4805224
【公交信息】乘坐101、107、45、46、53、54、61、7、808、9路副线，到青岛街下车，步行479米。

法律援助机构

【名称】吉林市法律援助中心
【地址】光华路98号
【电话】（0432）66583901
【公交信息】乘坐107、7路，到妇产医院下车，步行28米。

【名称】吉林市法律援助中心
【地址】吉林大街128-4号
【电话】（0432）62056417
【公交信息】乘坐130、30、32副线、40、40路副线，到北京路下车，步行55米。

【名称】吉林市龙潭区法律援助中心
【地址】遵义东路65号
【电话】（0432）63020148
【公交信息】乘坐15、17、20、23、25、26、27、39、40副线、62路，到化工医院下车，步行328米。

【名称】吉林市昌邑区法律援助中心
【地址】中兴街105号
【电话】（0432）62755160
【公交信息】乘坐130、17、30、40、40副线、4路，到昌邑区政府下车，步行38米。

【名称】吉林市船营区法律援助中心
【地址】松江中路87号
【电话】（0432）64831127
【公交信息】乘坐101下、107下、31下、45下、46下、53下、54下、61下、7下、808下、9路副线，到青岛街下车，步行560米。

【名称】吉林市丰满区法律援助中心
【地址】吉林大街76号
【电话】（0432）64662738
【公交信息】①乘坐130、31、59、61路，到财经学校下车，步行245米。②乘坐56路，到长江街下车，步行365米。

工会

【名称】吉林市总工会
【地址】松江中路47号
【电话】（0432）62031732、（0432）62027077
【公交信息】乘坐101、25、31、45、46、53、54、61、63、808路，到珲春街下车，步行714米。

【名称】吉林市丰满区总工会
【地址】政府吉林大街76号
【电话】（0432）64685586
【公交信息】乘坐130、31、59、61路，到财经学校下车，步行199米。

【名称】吉林市船营区总工会
【地址】松江路127号

【电话】（0432）64805236
【公交信息】乘坐101、107、45、46、53、54、61、7、808、9路副线，到青岛街下车，步行479米。

【名称】吉林市龙潭区中医院工会委员会
【地址】湘潭街南通路6号
【公交信息】乘坐47、47副线、4、6路，到化建工程公司下车，步行400米。

法院

【名称】吉林市中级人民法院
【地址】松江东路5号
【电话】（0432）62404000
【公交信息】乘坐13、42路，到永强小区下车，步行125米。

【名称】吉林市中级法院分院
【地址】松江东路5号
【电话】（0432）2027825
【公交信息】乘坐13路42路，到永强小区下车，步行161米。

【名称】吉林铁路运输法院
【地址】吉林市重庆路
【电话】（0432）6123938
【公交信息】乘坐44、46、53、54、63、808路可到。

【名称】吉林市高新区法院
【地址】海口路29号
【电话】（0432）64645497
【公交信息】乘坐130、51副线、52、59、61路，到科贸商城下车，步行286米。

【名称】吉林市龙潭区法院
【地址】滨江路200号

【电话】（0432）63996088
【公交信息】乘坐47、47副线、55路，到锗厂下车，步行192米。

【名称】吉林市船营区法院
【地址】松江中路87号
【电话】（0432）62404900、（0432）64833005
【公交信息】乘坐45路，到汽标住宅下车，步行76米。

【名称】吉林市丰满区人民法院
【地址】吉林大街仟山路1号
【电话】（0432）62404407
【公交信息】乘坐52路61路，到吉林大街下车，步行130米。

图书馆

【名称】吉林市图书馆
【地址】解放东路63号
【电话】（0432）64661591（0432）65085202
【公交信息】乘坐44、46、53、54、808路，到昌邑公安分局下车，步行88米。

【名称】吉林市船营区图书馆
【地址】昆明街28号
【电话】（0432）62035937
【公交信息】乘坐107、7路，到南京街下车，步行261米。

【名称】龙潭区图书馆
【地址】吉林市龙潭区汉阳南街
【电话】（0432）63037138
【公交信息】乘坐11、15、17、20、23、25、26、27、39、40、40副线、47、47副线、4、50、62、6路，到化工医院下车，步行83米。

【名称】吉林市昌邑区图书馆
【地址】吉林市船营区
【电话】（0432）62452006
【公交信息】乘坐130、30、32副线、40、40副线、45、52、58路，到百货大楼下车，步行293米。

【名称】吉林市丰满区图书馆
【地址】吉林大街39号
【电话】（0432）64660136
【公交信息】乘坐52、61路，到吉林大街下车，步行56米。

长途汽车站

【名称】公路客运总站
【地址】中康路8号客运站
【电话】（0432）62559416、（0432）62566169
【公交信息】乘坐101、102、107、10、112、12、13、14、17、19、1、22、29、2、32、32副线、35、36、38、43、45、48、4、60、64、7、9、9路副线，到吉林站下车，步行51米。

火车站

【名称】吉林站
【地址】重庆街1号
【电话】（0432）65105105
【公交信息】①乘坐101、102、107、10、112、12、13、14、17、19、1、22、29、2、32、32副线、35、36、38、43、45、48、4、60、64、7、9路9路副线，到吉林站下车，步行14米。②乘坐107路，到重庆街（天津街）下车，步行224米。③乘坐8路，到桃源广场（客运站）下车，步行329米。④

乘坐130、30、33、40、40副线、58、62、64路，到桃源广场下车，步行341米。

【名称】吉林火车西站
【地址】新生街22号
【电话】（0432）64675140
【公交信息】①乘坐34路，到吉林西站下车，步行144米。②乘坐45路，到汽标住宅下车，步行655米

【名称】吉林龙潭山站
【地址】龙潭大街34号
【电话】（0432）63983359、（0432）63984670
【公交信息】①乘坐44、48、55、6路，到龙潭街下车，步行178米。②乘坐11路，到密哈站小区下车，步行198米。③乘坐12、42路，到电线厂下车，步行415米。④乘坐112、30、5路，到龙潭山公园下车，步行497米。

【名称】吉林北站
【地址】郑州路16号
【公交信息】①乘坐15路4路，到新吉林下车，步行47米。②乘坐50路，到柳州街下车，步行386米。③乘坐11、40、40路副线，到江机文化宫下车，步行901米

邮局

龙潭区

【名称】龙潭邮政分局
【地址】遵义东路42号
【电话】（0432）63031441
【公交信息】①乘坐11、40、47、47路副线、4、50、6路，到龙潭区政府下车，步行93米。②乘坐15、17、20、23、25、

26、27、39、40路副线、62路,到化工医院下车,步行451米。

【名称】工校邮政支局
【地址】冶金设备厂12号住宅楼
【电话】(0432)63039131
【公交信息】①乘坐11路,到江机医院下车,步行251米。②乘坐40路、40路副线,到北华北校区下车,步行303米。③乘坐50路,到龙潭七小下车,步行550米。

【名称】徐州路邮政支局
【地址】徐州路花园小区1-3号
【电话】(0432)63038885
【公交信息】①乘坐15、25、39、40路副线、47、47路副线、62路,到东方家园下车,步行255米。②乘坐40路,到108栋下车,步行407米。③乘坐55路,到哈龙桥下车,步行415米。④乘坐65路,到虹园二队下车,步行500米。

【名称】铁东邮政支局
【地址】武汉路12号
【电话】(0432)63093580
【公交信息】①乘坐15路,到铁东商店下车,步行176米。②乘坐112、12、55、6路,到抚顺街下车,步行178米。③乘坐30、42路,到武汉路下车,步行445米。

昌邑区

【名称】江华邮政支局
【地址】江湾路106-2号
【电话】(0432)62437758
【公交信息】①乘坐13路,到朝中下车,步行104米。②乘坐58、60、63、808路,到东昌街下车,步行264米。

【名称】重庆路邮政支局
【电话】(0432)62445159

【地址】重庆路45号
【公交信息】①乘坐101、1路,到保定路下车,步行110米。②乘坐130、30、32路副线、40路、40路副线、45、58、62路,到儿童医院下车,步行260米。③乘坐112、12、17、19、22、29、32、33、36、64路,到桃源广场下车,步行307米。④乘坐102、107、10、13、14、2、35、38、43、48、4、60、7、9、9路副线,到吉林站下车,步行377米。

【名称】延安街邮政支局
【地址】延安路7号
【电话】(0432)62536600
【公交信息】①乘坐102、2、4路,到延安路下车,步行171米。②乘坐112、12、130、30、40、40路副线、58、62、64路,到莲花下车,步行263米。③乘坐43路,到延安路(新兴街)下车,步行377米。④乘坐17、19、22、29、32、32路副线、33、36、45路,到桃源广场下车,步行508米。

【名称】碳素厂邮政支局
【地址】哈达湾新宏街33号
【电话】(0432)62737956
【公交信息】①乘坐102路,到碳素厂住宅下车,步行168米。②乘坐2路,到碳素厂西门下车,步行281米。③乘坐55路,到水泥厂住宅下车,步行299米。④乘坐65路,到虹园八队下车,步行305米。

【名称】昌邑邮政支局
【地址】吉林大街153号。
【电话】(0432)62459830

船营区

【名称】怀德街邮政支局
【地址】船营区解放中路
【电话】(0432)62493816

【公交信息】①乘坐101、31、32、44、45、46、52、53、54、61、62、63、808、9路副线，到大东门下车，步行165米。②乘坐107、130、30、32路副线、40、40路副线、58、7路，到百货大楼下车，步行264米。

【名称】朝阳街邮政支局
【地址】光华路7号楼
【电话】（0432）62446720
【公交信息】①乘坐62路，到朝阳广场下车，步行116米。②乘坐107、130、30、32路副线、40、40路副线、45、52、58、7路，到百货大楼下车，步行141米。③乘坐32路，到光华路下车，步行294米。④乘坐58路，到吉林剧场下车，步行327米。⑤乘坐101、31、44、46、53、54、61、63、808、9路副线，到大东门下车，步行386米。

【名称】顺城街邮政支局
【地址】顺城街81号
【电话】（0432）64861836
【公交信息】①乘坐46、59路，到鞍山街（星宇家居）下车，步行192米。②乘坐1、52、8路，到毓文中学下车，步行257米。③乘坐31、36、51路副线、9、9路副线，到临江广场下车，步行281米。④乘坐101、34、42、45路，到水门洞下车，步行294米。

【名称】解放大路邮政支局
【地址】平山街5号
【电话】（0432）64842682
【公交信息】①乘坐34路，到西安路即新华彩印厂下车，步行182米。②乘坐45、46路，到西安路（新华彩印厂）下车，步行190米。③乘坐8路，到柴草市下车，步行308米。

【名称】西南窑邮政支局
【地址】长春路82-5号
【电话】（0432）64841073
【公交信息】①乘坐8路，到西南窑下车，步行130米。②乘坐34路，到黄旗街下车，步行485米。

丰满区

【名称】红旗邮政局
【地址】丰满区红旗镇吉桦路
【电话】（0432）64811444

【名称】丰满邮政支局
【地址】丰满路64号
【电话】（0432）4699444

【名称】厦门街邮政支局
【地址】吉林市丰满区
【电话】（0432）64685353

【名称】阿什邮政支局
【地址】联化街19号
【电话】（0432）646411297

【名称】江南邮政支局
【地址】吉林大街75号
【电话】（0432）64687600

医院

龙潭区

【名称】吉林化学工业公司职工医院
【地址】大同路32号
【电话】（0432）3038283、（0432）3038897
医院性质：公立、综合医院
医院等级：三级甲等

医护人数：1382
病床数量：940
年门诊量：200000

【公交信息】①乘坐15路，到铁东商店下车，步行96米。②乘坐112、55、6路，到抚顺街下车，步行130米。③乘坐、12路，、到文化宫下车，步行331米。

【简介】主要科室：呼吸内科、消化内科、神经内科、普外科、骨科、胸外科、神经外科、脑外科、妇科、产科、儿科、眼科、耳鼻喉科、口腔科、皮肤科、中医科、康复医学科、特诊科等。主要仪器设备：MR、CT、大型800mAX光机、彩色多普勒超声扫描仪、全自动生化分析仪、血液透析机、数字减影机、心脏监护仪、电子胃镜等。

【名称】吉林市龙潭区妇幼保健院
【地址】龙潭区汉阳街南段东侧
【电话】（0432）5091055
医院性质：公立、综合医院
医院等级：一级甲等
医护人数：69
病床数量：30
年门诊量：35000

【简介】①院内设有妇科、产科、儿科，妇女、儿童保健科，婚姻保健科、医技科、手术室、门诊观察室、门诊手术室、保健咨询门诊、胎儿大学等。②开展妇产科接产、剖宫产、子宫肌瘤、卵巢囊肿、宫外孕、子宫切除、中期引产术、上、取环、大月份药流、无痛分娩、无痛人流、乳腺疾病、痛经、妇科急慢性炎症的诊治；微波治疗宫颈糜烂、盆腔炎、乳腺炎、乳腺增生、孕期检查指导、胎儿监护、儿童常见病、儿童生长发育监测、各项常规化验等。

昌邑区

【名称】吉林市第二中心医院
【地址】中兴街36号
【电话】（0432）2544177、（0432）6121853
医院性质：公立、综合医院
医院等级：三级甲等
医护人数：995
病床数量：630
年门诊量：609550

【公交信息】①乘坐112、12、130、17、19、22、29、30、32、32路副线、33、36、40、40路副线、45、58、62、64路，到桃源广场下车，步行266米。②乘坐43路，到延安路（新兴街）下车，步行312米。③乘坐102、2、4路，到延安路下车，步行327米。④乘坐101、107、10、112、13、14、1、35、38、43、48、60、64、7、9、9路副线，到吉林站下车，步行390米。⑤乘坐8路，到桃源广场（客运站）下车，步行392米。

【名称】吉林市中西医结合肛肠医院
【地址】昆明街北安五条2号
【电话】（0432）2022718
医院性质：公立、综合医院
医院等级：二级甲等
医护人数：200
病床数量：250
年门诊量：15000

【公交信息】①乘坐54路，到昆明小区下车，步行70米。②乘坐8路，到昆明街下车，步行292米。③乘坐25路，到桃源路（珲春街）下车，步行466米。④乘坐32路，到北安里下车，步行507米。

【名称】吉林市中心医院
【地址】南京街4号

【电话】（0432）2456181、（0432）2452391

医院性质：公立、综合医院

医院等级：三级甲等

医护人数：1476

病床数量：104

年门诊量：600000

【公交信息】①乘坐101、130、30、32、32路副线、40、40路副线、42、61路，到江城广场下车，步行173米。②乘坐1、52路，到公安局下车，步行215米。③乘坐58路，到重庆路书城下车，步行358米。

【名称】吉林市儿童医院

【地址】吉林大街208号

【电话】（0432）2561800、（0432）62564508

医院性质：公立、综合医院

医院等级：二级甲等

医护人数：160

病床数量：182

年门诊量：170000

【公交信息】①乘坐130、30、32路副线、40、40路副线、45、58、62路，到儿童医院下车，步行79米。②乘坐107、52、7路，到百货大楼下车，步行297米。③乘坐1路，到东市场下车，步行368米。④乘坐101路，到保定路下车，步行409米。

船营区

【名称】吉林市妇产医院

【地址】光华路53号

【电话】（0432）2053761、（0432）66962056

医院性质：公立、综合医院

医院等级：二级甲等

医护人数：305

病床数量：200

年门诊量：50000

【公交信息】①乘坐25路，到光华路（珲春街）下车，步行45米。②乘坐107、7路，到妇产医院下车，步行47米。③乘坐8路，到珲春街（桃源路）下车，步行437米。

【名称】吉林卫校附属医院

【地址】珲春街53号

【电话】（0432）2166000、（0432）62066200

医院性质：公立、综合医院

医院等级：二级甲等

【公交信息】①乘坐25路，到光华路（珲春街）下车，步行87米。②乘坐107、7路，到妇产医院下车，步行126米。③乘坐8路，到珲春街（桃源路）下车，步行345米。④乘坐54路，到昆明街下车，步行393米。

【名称】吉林市中医院

【地址】北大街42号

【电话】（0432）6510824、（0432）6510416

医院性质：公立、综合医院

医院等级：二级甲等

医护人数：250

病床数量：161

【公交信息】①乘坐53路，到市中医院下车，步行74米。②乘坐101、107、31、45、46、54、61、7、808、9路副线，到青岛街下车，步行180米。③乘坐34、8路，到德胜门下车，步行207米。④乘坐63路，到城建大厦下车，步行286米。

丰满区

【名称】吉林医药学院附属医院（原中国人民解放军第四六五医）

【地址】华山路81号

【电话】（0432）4560622、（0432）64560692

医院性质：公立、综合医院

医院等级：三级甲等

医护人数：518

病床数量：500

年门诊量：216445

【公交信息】①乘坐56、61、63路，到兴隆街下车，步行28米。②乘坐32、32路副线，到四六五医院下车，步行211米。③乘坐808路，到伊利花园下车，步行511米。

【名称】吉林华侨医院

【地址】厦门街8号

【电话】（0432）4646120、（0432）4648266

医院性质：合资、综合医院

医院等级：二级甲等

【名称】吉林市第六人民医院

【地址】华山路169号

【电话】（0432）4639217

医院性质：公立、综合医院

医院等级：二级甲等

医护人数：100

病床数量：300

年门诊量：44530

先进设备：脑电超慢涨落分析仪（ET）、F78-II型X光机、生化分析仪、日本SDL-32型便携式B型超声诊断仪、日本7213型脑电图仪等。

【名称】吉林市高新博华医院

【地址】恒山西路华桥城科贸东楼3号

【电话】（0432）4688418、（0432）4686623

医院性质：合资、综合医院

医院等级：二级甲等

【公交信息】①乘坐31路，到交警大队（博华医院）下车，步行32米。②乘坐52路，到火炬大厦下车，步行300米。③乘坐51路副线，到中行大厦下车，步行352米。

宾馆酒店

龙潭区

【名称】吉林雾凇宾馆

【地址】龙潭大街29号

【电话】（0432）63919999、（0432）63986200

级别：五星级

【公交信息】乘坐43路，到雾凇宾馆下车，步行181米。

标准房：￥370起

【名称】名度假日酒店（吉林江北店）

【地址】湘潭街25-1号

【电话】（0432）63034123

级别：三星级

【公交信息】乘坐15、17、20、23、25、26、27、39、40路副线路、62路，到化工医院下车，步行419米。

标准房：￥129起

【名称】吉林4419快捷宾馆

【地址】铁东街荒山1号

【电话】（0432）63984419

【公交信息】乘坐112、12、15、18、44、55、6路，到青林街下车，步行82米。

标准房：￥159

【名称】北都大酒店

【电话】（0432）63035111、（0432）63036666

【地址】遵义东路36号

级别：三星级

【公交信息】乘坐15、17、20、23、25、26、27、39、40路副线、62路，到化工医院下车，步行414米。

昌邑区

【名称】皇家花园酒店
【地址】解放大路北段辽宁路10号
【电话】（0432）62169999、18643252222
级别：五星级
【公交信息】乘坐46、48、56路，到新地号街（义德源钢材市场）下车，步行40米。
标准房：￥369起

【名称】吉林名度假日酒店
【地址】吉林大街157号
【电话】（0432）62439118
【公交信息】乘坐130、30、32路副线、40、40路副线，到北京路下车，步行71米。
标准房：￥189
【名称】吉林如家快捷酒店（天津街店）
【地址】天津街1789号
【电话】（0432）65075666
级别：三星级
【公交信息】乘坐46、48、53、54、58、60、63、808路，到天津街下车，步行233米。
标准房：￥142起

【名称】汉庭快捷（吉林市吉林大街店）
【地址】吉林大街360号
【电话】（0432）62535577。
【公交信息】乘坐101、107、10、13、14、1、35、36、38、43、48、60、7、9、9路副线，到吉林站下车，步行537米。
标准房：￥179

【名称】吉林锦江之星（火车站店）
【地址】天津街218号

【电话】（0432）65116555、（0432）65116888
级别：三星级
【公交信息】乘坐101、102、107、10、112、12、13、14、17、19、1、22、29、2、32、32路副线、35、36、38、43、45、48、4、60、64、7、9、9路副线，到吉林站下车，步行62米。
标准房：￥179起

船营区

【名称】吉林速8酒店（北京路店）
【地址】北京路132号
【电话】（0432）66060888
【公交信息】乘坐101、25、31、45、46、53、54、61、63、808路，到珲春街下车，步行552米。
标准房：￥188

【名称】圣家商务酒店（吉林大东门店）
【地址】河南街14号
【电话】（0432）66964444
【公交信息】乘坐101、31、32、44、45、46、52、53、54、61、62、63、808、9路副线，到大东门下车，步行113米。
标准房：￥120

【名称】吉林市旅游宾馆
【地址】朝阳街88号
【电话】（0432）65083222
级别：三星级
【公交信息】乘坐107、130、30、32路副线、40、40路副线、45、52、58、7路，到百货大楼下车，步行210米。
标准房：￥148

【名称】如家快捷酒店（吉林桃源路店）
【地址】桃源路25号
【电话】（0432）65079666。

【公交信息】乘坐112、12、130、17、19、22、29、30、32、32路副线、33、36、40、40路副线、45、58、62、64路，到桃源广场下车，步行39米。

标准房：￥149起

丰满区

【名称】吉林世纪大饭店
【地址】吉林大街77号
【电话】（0432）62168888。

级别：五星级

【公交信息】乘坐63路，到丰满实验中学下车，步行239米。

标准房：￥389起

【名称】格林豪泰（吉林世纪广场快捷店）
【地址】吉林大街94号
【电话】（0432）64885998

【公交信息】乘坐61、63路，到长城路下车，步行126米。

标准房：￥183起

【名称】吉林阳光100快捷酒店（江南店）
【地址】吉林大街94号
【电话】（0432）68181111。

【公交信息】乘坐61、63路，到长城路下车，步行126米。

标准房：￥146起

商场

龙潭区

【名称】国美电器（吉林江北龙华店）
【地址】遵义路55号
【电话】（0432）66550707

【公交信息】乘坐15、17、20、23、25、26、27、39、40副线、62路，到化工医院下车步行523米。

【名称】龙茂商场
【地址】遵义东路付50号
【电话】（0432）63036235
【公交信息】乘坐40、40路副线、47、47路副线、4、55路，到热电厂下车，步行725米。

【名称】华龙百货精品商场
【地址】湘潭街65号
【电话】（0432）63039025
【公交信息】乘坐11路15路17路20路23路25路26路27路39路40路40路副线47路47路副线4路50路62路6路，到化工医院下车，步行382米。

【名称】热电龙潭百货商场
【地址】龙潭区徐州路
【电话】（0432）63039494
【公交信息】乘坐40、40路副线、47、47路副线、4、55路，到热电厂下车，步行308米。

昌邑区

【名称】汇龙商场
【地址】昌邑区东市场长沙街
【电话】（0432）65071606
【公交信息】乘坐130、30、32副线、40、40副线、45、52、58路，到百货大楼下车，步行315米。

【名称】百货大楼
【地址】吉林大街179号
【电话】（0432）62434588、（0432）62438779

【公交信息】乘坐107、130、30、32路副线、40、40路副线、45、52、58、7路，到百货大楼下车，步行35米。

【名称】阳光国际购物中心（财富广场）
【地址】昌邑区阳光路1号
【电话】（0432）62530777、（0432）62530888
【公交信息】乘坐130、30、32副线、40、40副线、45、58、62路，到儿童医院下车，步行35米。

【名称】西春发商场
【地址】吉林大街185号
【电话】（0432）62564615
【公交信息】乘坐107、130、30、32路副线、40、40路副线、45、52、58、7路，到百货大楼下车，步行43米。

船营区

【名称】国美电器
【地址】解放中路54号
【电话】（0432）66096900
【公交信息】乘坐31、45、46、53、54、63、808路，到商行总行（华南小区）下车，步行136米。

【名称】东方商厦
【地址】河南街251号
【电话】（0432）62024831、（0432）62025566
【公交信息】乘坐101、25、31、45、46、53、54、61、63、808路，到珲春街下车，步行183米。

【名称】吉林市富君百货商场
【地址】河南街30-2号（132011）
【电话】（0432）62023393
【公交信息】乘坐101、25、31、45、46、

53、54、61、63、808路，到珲春街下车，步行275米。

【名称】金玛客时尚购物中心
【地址】河南街中段315号
【电话】（0432）62012888、（0432）62062577
【公交信息】乘坐31、45、46、53、54、63、808路，到商行总行（华南小区）下车，步行192米。

【名称】北山家具城
【地址】吉林市船营区
【电话】（0432）67708998、（0432）67708999
【公交信息】乘坐101、1、31、34、45、46、52、8路，到水门洞下车，步行345米。

丰满区

【名称】江山综合商场
【地址】吉林市丰满区
【电话】（0432）64682399
【公交信息】乘坐101路，到丰满区政府下车，步行165米。

【名称】宏光自选商场
【地址】吉林市丰满区
【电话】（0432）64698187
【公交信息】乘坐9路，到丰满（街里）下车，步行139米。

【名称】金意隆文化百货
【地址】吉林市丰满区
【公交信息】乘坐101、51路副线、56路，到北华大学南校（师院）下车，步行129米。

超市

龙潭区

【名称】华润万家（遵义路店）
【地址】遵义东路55号
【电话】（0432）62166666、（0432）62166666-5301
【公交信息】乘坐47、47路副线、4、6路，到化建工程公司下车，步行23米。

船营区

【名称】沃尔玛吉林店
【地址】吉林市船营区
【电话】（0432）65115300
【公交信息】乘坐130、30、32路副线40、40路副线，到北京路下车，步行27米。

【名称】家乐福超市
【地址】吉林市船营区
【公交信息】乘坐101、107、45、46、53、54、61、7、808、9路副线，到青岛街下车，步行277米。

【名称】华润万家超市北奇店
【地址】光华路1号
【电话】（0432）62163636、（0432）62163708
【公交信息】乘坐107、130、30、32路副线、40、40路副线、45、52、58、7路，到百货大楼下车，步行66米。

电影院

龙潭区

【名称】17.5影城
【地址】越山路378号中东新生活购物乐园内
【公交信息】乘坐53、54、55、808路，到中东新生活购物乐园下车，步行97米。

昌邑区

【名称】电影城
【地址】昌邑区东市场站前方向
【电话】（0432）62552796
【公交信息】乘坐101、102、107、10、112、12、13、14、17、19、1、22、29、2、32、32路副线、35、36、38、43、45、48、4、60、64、7、9、9路副线，到吉林站下车，步行69米。

【名称】江城剧场电影城
【地址】昌邑区重庆街
【电话】（0432）66555554
【公交信息】乘坐102、107、10、112、12、13、14、17、19、22、29、2、32、32路副线、35、36、38、43、45、48、4、60、64、7、9、9路副线，到吉林站下车，步行154米。

【名称】动感4D影院
【地址】昌邑区武昌路
【公交信息】乘坐101、44、46、53、54、63、808路，到重庆路下车，步行226米。

船营区

【名称】吉林剧场国际电影城
【地址】吉林大街178号

【电话】（0432）66182777

【公交信息】乘坐107、130、30、32路副线、40、40路副线、45、52、58、7路，到百货大楼下车，步行34米。

【名称】东北影院

【地址】河南街146号

【电话】（0432）62023624

【公交信息】乘坐101、25、31、45、46、53、54、61、63、808路，到珲春街下车，步行231米。

通化市

技能培训学校

东昌区

【名称】长春大学通化计算机培训中心

【地址】东昌路42号

【电话】（0435）3253283

【公交信息】乘坐10、13、15、26、29、33、36、39、3、42、45、4、6、8、9路，到集贸中心下车，步行189米。

【课程设置】高级办公全科班，让学员在短时间内玩转电脑，成为名副其实的办公软件专家、家庭电脑应用能手；专业网页设计班；平面广告设计班；CAD机械建筑制图班。

【名称】通化114网计算机培训学校

【地址】新华大街215号

【电话】（0435）2972099、（0435）3208608

【公交信息】乘坐10、15、18、19、1、20、23、29、2、30、3、41、9路，到市医院下车，步行16米。

【主要培训项目】办公自动化专业、平面设计专业、艺术设计专业、网页设计专业、网站开发专业、硬件与网络工程、财会应用软件专业、计算机二级考试辅导。

【名称】通化市聋人职业技术学校

【地址】新华大街2902号

【公交信息】①乘坐1、2、30路，到二药厂下车，步行22米。②乘坐36路，到丽景人家下车，步行258米。

【名称】通化交管驾校

【地址】东昌区石油化路馀庆家家居院内

【电话】13844598819

【公交信息】乘坐10、15、18、19、1、26、29、30、33、36、39、3、41、42、6路，到江北路口下车，步行55米。

【名称】梦达成功就业培训基地

【地址】东昌区和平路

【电话】13634455215、13674352527

【公交信息】乘坐18、1、20、30、33、36、39、3、41、42、6、8路，到通化站下车，步行144米。

【名称】通化市林业职工技术培训学校

【地址】龙泉路龙岭胡同26号

【电话】（0435）3240846

【公交信息】乘坐18、22路，到东昌区文化馆下车，步行2米。

职业技能鉴定指导中心

【名称】通化市职业技能鉴定中心

【地址】滨江西路3169号

【公交信息】乘坐13、26、33、36、39、42、45、4、6、9路，到外贸华润漆下车，步行86米。

人才交流中心

【名称】通化市人才交流服务中心
【地址】新光路296
【电话】（0435）3907842、（0435）3916913
【公交信息】①乘坐18路，到振国药业下车，步行74米。②乘坐10、19、1、20、26、29、30、33、36、39、3、42、6路，到中心医院下车，步行165米。

【名称】通化市东昌区人才交流服务中心
【地址】靖宇路2号
【电话】（0435）212268
【公交信息】①乘坐13、20、26、30、33、36、39、42、45、4、6、8、9路，到通化广场下车，步行66米。
社会保障机构。

【名称】通化市人力资源和社会保障局
【地址】滨江西路3169号
【电话】（0435）3274366
【公交信息】①乘坐13、26、33、36、39、42、45、4、6、9路，到外贸华润漆下车，步行86米。

【名称】吉林省通化市劳动局
【地址】滨江西路28号
【电话】（0435）3213033
【公交信息】乘坐10、15、18、19、1、20、23、29、2、30、3、41路，到市医院下车，步行195米。

【名称】通化市东昌区劳动局
【地址】靖宇路2号
【电话】（0435）3967685
【公交信息】乘坐13、20、26、29、30、33、36、39、42、45、4、6、8、9路，到

通化广场下车，步行66米。

【名称】通化市社会保险局
【地址】新站路263号
【电话】（0435）3653698
【公交信息】乘坐10、13、15、19、1、20、26、29、30、33、36、39、3、42、45、4、6、8、9路，到通化广场下车，步行7米。

【名称】通化市社会保险局二道江分局
【地址】通化市二道江区
【电话】（0435）3713344
【公交信息】乘坐31、36路，到百货大楼下车，步行186米。

【名称】通化市人事局
【电话】（0435）3213708（0435）3215687
【地址】新华大街499号
【公交信息】乘坐10、15、18、19、1、20、23、29、2、30、3、42、8、9路，到市政府下车，步行39米。

【名称】通化市东昌区人事局
【地址】靖宇路288号
【电话】（0435）3967565
【公交信息】①乘坐10、13、19、1、20、26、29、30、33、36、39、42、45、4、6、8、9路，到通化广场下车，步行145米。

法律仲裁机构

【名称】通化市仲裁委员会
【地址】秀泉路50
【电话】（0435）3244646、（0435）3244046
【公交信息】乘坐10、15、18、19、1、

20、23、29、2、30、3、42、8、9路，到市政府下车，步行61米。

法律援助机构

【名称】通化市法律援助中心
【地址】秀泉路582号
【电话】（0435）3249398
【公交信息】乘坐18、22、42路，到市委下车，步行108米。

【名称】通化市东昌区法律援助中心
【地址】靖宇路288号
【电话】（0435）3259608
【公交信息】①乘坐10、13、19、1、20、26、29、30、33、36、39、3、42、45、4、6、8、9路，到通化广场下车，步行145米。

【名称】通化市二道江区法律援助中心
【地址】二道江区东华路747号
【电话】（0435）3718148
【公交信息】乘坐31、36路，到百货大楼下车，步行77米。

工会

【名称】通化市总工会
【地址】通化秀泉路10号
【电话】（0435）3212907、（0435）3213551
【公交信息】乘坐10、15、18、19、1、20、23、29、2、30、3、42、8、9路，到市政府下车，步行46米。

【名称】通化市东昌区总工会
【地址】建设大街靖宇路2号
【电话】（0435）3629052

【名称】通化市二道江区总工会
【地址】二道江区东通化大街
【电话】（0435）3713493

法院

【名称】通化市中级法院
【地址】滨江东路2488号
【电话】（0435）3947167、（0435）3947177
【公交信息】乘坐10、15、19、1、23、29、2、30、3、41路，到公用事业大厦下车，步行420米

【名称】通化市东昌区法院
【地址】靖宇路316号
【电话】（0435）3947201、（0435）3947268
【公交信息】乘坐10、13、19、1、20、26、29、30、33、36、39、42、45、4、6、8、9路，到通化广场下车，步行154米。

【名称】通化市二道江区法院
【地址】通化大街336号
【电话】（0435）3713544、（0435）3947396
【公交信息】乘坐31、36路，到百货大楼下车，步行75米。

图书馆

【名称】通化市图书馆

【电话】（0435）3212113、（0435）3213347

【地址】新华大街620号

【公交信息】

乘坐1、22、23、29、2、30、42路，到大商电器下车，步行20米。

长途汽车站。

【名称】通化市长途客运站（新站）

【地址】建设大街4761号

【电话】（0435）3616797、（0435）3517869

【公交信息】乘坐10、15、19、1、23、29、2、30、3、41路，到公用事业大厦下车，步行246米。

火车站

【名称】通化站

【地址】通化市建设大街

【电话】（0435）6123222、（0435）3206943

【公交信息】乘坐18、19、1、20、30、33、36、39、3、41、42、6、8路，到通化站下车，步行61米。

【名称】东通化站

【地址】东通化大街

【电话】（0435）3792625、（0435）3706389

【公交信息】①乘坐15、3路，到二道江百货大楼下车，步行238米。②乘坐31、36路，到百货大楼下车，步行353米。

邮局

> 东昌区

【名称】中国邮政华昌邮政支局

【地址】通化市东昌北路

【公交信息】乘坐1、22、23、29、2、30、42路，到大商电器下车，步行120米。

【名称】新华邮政支局

【地址】东昌区龙泉路

【公交信息】乘坐1、23、29、2、30、42路，到大商电器下车，步行88米。

【名称】西昌邮政支局

【地址】东昌区新华大街

【公交信息】乘坐1、2、30路，到痔瘘医院下车，步行124米。

【名称】民主邮政支局

【地址】东昌区民主路

【公交信息】乘坐13、1、2、33、6路，到中医院下车，步行171米。

【名称】丽景邮政支局

【地址】东昌区新华大街

【公交信息】乘坐1、2、30路，到二药厂下车，步行29米。

【名称】广场邮政支局

【地址】东昌区建设大街

【公交信息】乘坐10、13、15、19、1、20、26、29、30、33、36、39、3、42、45、4、6、8、9路，到通化广场下车，步行10米。

【名称】江南邮政支局

【地址】东昌区303国道

【公交信息】乘坐13、22、23、26、39、41、45、4路，到江南下车，步行115米。

医院

二道江区

【名称】通化钢铁集团有限责任公司职工医院
【地址】东华路62号
【电话】（0435）3791888、（0435）3792838
医院性质：公立、综合医院
医院等级：二级甲等
医护人数：325
病床数量：400
年门诊量：110000
【公交信息】乘坐15、31路，到建安公司下车，步行269米。

【名称】通化市二道江区妇幼保健院
【地址】东通化大街788
【电话】（0435）3718941、（0435）3715740
医院性质：公立、综合医院
医院等级：二级甲等
医护人数：22
病床数量：55
年门诊量：20000
【公交信息】坐31路，到2区下车，步行235米。

东昌区

【名称】通化市人民医院
【地址】通化市新华大街13号
【电话】（0435）3616629、（0435）3201388
医院性质：公立、综合医院

医院等级：二级甲等
医护人数：619
病床数量：450
年门诊量：120000
【公交信息】乘坐10、15、18、19、1、20、23、29、2、30、3、41、9路，到市医院下车，步行75米。

【名称】通化市中心医院
【地址】新光路8号
【电话】（0435）3616629、（0435）3643333
医院性质：公立、综合医院
医院等级：二级甲等
医护人数：1000
病床数量：687
年门诊量：130000
【公交信息】乘坐10、19、1、20、26、29、30、33、36、39、3、42、6路，到中心医院下车，步行112米。

【名称】通化市东昌区人民医院
【地址】和平路1061号
【电话】（0435）3517260、（0435）6110628
医院性质：公立、综合医院
医院等级：二级甲等
医护人数：178
病床数量：120
年门诊量：40000
【公交信息】乘坐18、19、1、20、29、30、33、36、39、3、41、42、6路，到客运站下车，步行145米。

【名称】通化市中医院
【地址】新华大街1549号
【电话】（0435）3213177、（0435）3908440
医院性质：公立、综合医院
医院等级：二级甲等

医护人数：160
病床数量：210
年门诊量：60000
【公交信息】乘坐19、22、23、26、2、30、36、39路，到百货大楼下车，步行168米。

【名称】通化市精神病院
【地址】保安路58-13号
【电话】（0435）3616757
医院性质：公立、综合医院
医院等级：二级甲等
医护人数：93
病床数量：220
年门诊量：22000
【公交信息】乘坐10、13、19、1、20、26、29、30、33、36、39、42、45、4、6、8、9路，到通化广场下车，步行261米。

宾馆酒店

【名称】通化如家快捷酒店（胜利路店）
【地址】胜利路1号
【电话】（0435）3738999
级别：三星级
【公交信息】乘坐13、15、6、33、36、39、3、42、45、4、6、8路，到通化广场下车，步行181米。
标准房：￥131起

【名称】通化东方假日酒店
【地址】新站路16号
【电话】（0435）3515555
级别：五星级
【公交信息】乘坐10、19、1、20、23、29、2、30、41路，到万合喜宴礼堂下车，步行51米。
标准房：￥244起

【名称】通化法利宾馆
【地址】建设大街4093号
【电话】（0435）6116598、（0435）2293188
【公交信息】乘坐10、15、19、1、26、29、30、33、36、39、3、42、6路，到挂面厂路口下车，步行161米。
标准房：￥86起

【名称】通化E+主题宾馆（滨江西路店）
【地址】通化市区滨江西路
【电话】（0435）3969001
【公交信息】乘坐10、13、15、26、29、33、39、3、42、45、4、6、8、9路，到集贸中心下车，步行389米。
标准房：￥138

【名称】通化万通大酒店
【地址】建设大街1022号
【电话】（0435）3906666
级别：四星级
【公交信息】乘坐18、1、20、30、33、36、39、3、41、42、6、8路，到通化站下车，步行75米。
标准房：￥222起

【名称】通化鸿祥假日酒店
【地址】滨江西路5155号
【电话】（0435）3309999
级别：三星级
【公交信息】乘坐13、19、22、23、26、36、39、41、45、4路，到十三中学下车，步行228米。
标准房：￥319起

【名称】通化云峰酒店
【电话】（0435）3918001
【地址】通化市东昌区东昌路5号
【公交信息】乘坐10、13、15、26、29、

33、36、39、3、42、45、4、6、8、9路，到集贸中心下车，步行84米。

标准房：￥202起

【名称】通化康宁快捷宾馆
【地址】东昌区华明路1-1号
【电话】（0435）3262678
【公交信息】乘坐1、2、30路，到痔瘘医院下车，步行74米。

标准房：￥77起

商场

【名称】凯玛购物中心
【地址】建设大街42号
【电话】（0435）3620288
【公交信息】乘坐10、13、15、19、1、20、26、29、30、33、36、39、3、42、45、4、6、8、9路，到通化广场下车，步行62米。

【名称】万通购物中心
【地址】建设大街通化站对面
【电话】（0435）3531315
【公交信息】乘坐18、19、1、20、30、33、36、39、3、41、42、6、8路，到通化站下车，步行43米。

【名称】中兴商场
【地址】龙泉路118
【电话】（0435）2956834
【公交信息】乘坐1、23、29、2、30、42路，到大商电器下车，步行148米。

【名称】朝鲜族百货大楼
【地址】新华大街130号
【电话】（0435）3212190
【公交信息】乘坐10、15、18、19、1、

20、23、29、2、30、3、41、9路，到市医院下车，步行34米。

【名称】东风百货商场
【地址】新华大街95号
【公交信息】乘坐13、1、2、33、45、4、6路，到中医院下车，步行17米。

【名称】金辰家电城
【地址】新华大街142号
【电话】（0435）3228800
【公交信息】乘坐10路15路18路19路1路20路23路29路2路30路3路41路9路，到市医院下车，步行4米。

超市

【名称】博利连锁超市（新站店）
【地址】东昌区新城路
【电话】（0435）5086856
【公交信息】乘坐10、13、15、19、1、26、29、30、33、36、39、3、42、45、4、6、8、9路，到通化广场下车，步行159米。

【名称】博利超市地下连锁店
【地址】东昌路316号
【电话】（0435）5086868
【公交信息】乘坐1、22、23、29、2、30、42路，到大商电器下车，步行25米。

【名称】博利超市石油化连锁店
【地址】新风路231号
【公交信息】乘坐10、15、18、19、1、20、26、29、30、33、36、39、3、41、42、6、8路，到石油化下车，步行182米。

【名称】博利连锁超市

【地址】东昌区新华大街
【电话】（0435）5086867
【公交信息】乘坐10路19路1路20路22路23路29路2路30路，到光大家电城下车，步行14米。

【名称】爱心阳光超市
【地址】通化市东昌区
【电话】（0435）3269222
【公交信息】乘坐10、13、15、29、3、42、45、4、8、9路，到集贸中心下车，步行197米。

【名称】万昌超市
【地址】通化市东昌区
【电话】（0435）3687801、（0435）3730099
【公交信息】①乘坐10、19、1、20、22、23、29、2、30路，到光大家电城下车，步行119米。

【名称】金龙综合超市
【地址】新华大街2902号
【电话】（0435）6158952、（0435）6158953
【公交信息】乘坐1、2、30路，到二药厂下车，步行15米。

【名称】综合自选平价超市
【地址】东昌区三道沟站
【电话】（0435）3610918
【公交信息】乘坐18、19、1、26、29、30、33、36、39、41、42、6路，到实验中学下车，步行246米。

【名称】明达超市文化分店
【地址】民主路98-1号
【电话】（0435）3250722
【公交信息】乘坐10、13、15、26、29、33、36、39、3、41、42、45、4、6、8、9路，到集贸中心下车，步行195米。

电影院

【名称】17.5影城
【地址】新天地购物公园内
【电话】（0435）3358175
【公交信息】乘坐13、22、23、26、39、41、45、4路，到江南下车，步行45米。

【名称】通化金恺威影城
【地址】新华大街755号
【电话】（0435）3344175
【公交信息】乘坐1、23、29、2、30、42路，到大商电器下车，步行113米。

白城市

技能培训学校

【名称】新达驾驶员培训学校
【地址】幸福南大街82号
【电话】（0436）2808444
【公交信息】乘坐19路上行、19路下行，到移动公司下车，步行139米。

【名称】畜牧兽医教育培训中心
【地址】强大路14号
【电话】（0436）3222390、（0436）3236263
【公交信息】乘坐10、12、13、15、1、20、2、3、4、6、7、9路，到市宾馆下车，步行317米。

【名称】白城市农业技术培训班
【地址】文化西路51号
【电话】（0436）3323610、（0436）3325763
【公交信息】乘坐8路，到白城市公安局下车，步行102米。

【名称】艾琳美容美发学习班
【地址】海明东路68号
【电话】（0436）3244883
【公交信息】乘坐11、12、13、18、20、21、22、3、4、5、7、8、9路，到工商大厦下车，步行334米。

职业技能鉴定指导中心

【名称】白城市职业技能鉴定中心
【地址】洮安东路3号
【电话】（0436）3247905
【公交信息】乘坐1、2路，到长庆下车，步行85米。

人才交流中心

【名称】白城人才市场
【地址】朝阳路
【电话】（0436）3266661
【公交信息】乘坐10、13、15、18、20、21、2、3、4、5、6、7、9路，到火车站下车，步行152米。

【名称】洮北区人力资源市场
【地址】中兴西大路3号
【公交信息】乘坐22、2路，到白城商场下车，步行23米。
社会保障机构

【名称】白城市人力资源和社会保障局

【地址】中兴东大路2-21号
【电话】（0436）3209609、（0436）3222959
【公交信息】乘坐1、2路，到长庆下车，步行77米。

【名称】白城市洮北区劳动和社会保障局
【地址】青年南大街14号
【电话】（0436）3224150、（0436）3245077
【公交信息】乘坐12、19上行、19下行、20、21、22、7、9路，到洮北区政府下车，步行47米。

【名称】白城市社会保险局
【地址】白城市洮北区
【电话】（0436）3351639
【公交信息】乘坐1路，到省所下车，步行76米。

法律仲裁机构

【名称】白城市劳动争议仲裁委员会
【地址】洮安东路3号
【电话】（0436）5099077
【公交信息】乘坐1、2路，到长庆下车，步行37米。

法律援助机构

【名称】白城市法律援助中心
【地址】白城文化南路58号
【电话】（0436）3341082。

工会

【名称】白城市总工会

【地址】文化东路1号

【电话】（0436）3225424

【公交信息】乘坐10路20路，到白城市政府下车，步行81米。

【名称】白城市洮北区总工会

【地址】明仁南街55号

【电话】（0436）3223178

【公交信息】乘坐5路，到中心医院下车，步行399米。

法院

【名称】白城市中级人民法院

【地址】新华西大路52号

【电话】（0436）3330343、（0436）3441000

【公交信息】乘坐23、6路，到灯塔下车，步行181米。

【名称】白城市洮北区人民法院

【地址】洮北区民主东路

【电话】（0436）3258200

【公交信息】乘坐7路，到洮北区法院下车，步行23米。

图书馆

【名称】白城市图书馆

【地址】金辉北街

【电话】（0436）3241935

【公交信息】乘坐8路，到政务大厅下车，步行136米。

【名称】白城市少年儿童图书馆

【地址】中兴东大路49-1号

【电话】（0436）3225608

【公交信息】乘坐3路4路，到大众剧场下车，步行30米。

【名称】少儿图书馆分馆

【地址】海明西路21-4号由西向东左侧

【电话】（0436）5081977

【公交信息】乘坐15、1、20路，到瑞光商贸城下车，步行107米。

长途汽车站

【名称】白城市长途汽车站

【地址】辽北路53号

【电话】（0436）3230367

【公交信息】乘坐10、13、15、18、20、21、22、2、3、4、5、6、7、9路，到火车站下车，步行158米。

火车站

【名称】白城站

【地址】白城市辽北路

【电话】（0436）6122422

【公交信息】①乘坐10、13、15、18、20、21、22、2、3、4、5、6、7、9路，到火车站下车，步行19米。②乘坐23路，到站前西广场下车，步行99米。③乘坐11路，到汽车公司下车，步行265米。

邮局

【名称】新建邮政支局

【地址】海明西路25-7号

【电话】（0436）3328717

【公交信息】乘坐15、1、20路，到瑞光商贸城下车，步行107米。

【名称】白城市邮政局
【地址】新华西大路18
【电话】（0436）3664621
【公交信息】乘坐8路，到金辉邮局下车，步行19米。

【名称】白城市邮政局分局
【地址】青年南大街
【电话】（0436）3237501、（0436）3444619
【公交信息】乘坐10、11、12、13、18、1、20、21、22、2、3、4、5、6、7、8、9路，到工商大厦下车，步行112米。

【名称】金辉邮政支局
【地址】金辉南街28号
【电话】（0436）3231570
【公交信息】乘坐1、2、6路，到八女大楼下车，步行125米。

【名称】开发区邮政支局
【地址】保胜路89号
【电话】（0436）3664214
【公交信息】乘坐6路，到批发大世界下车，步行197米。

医院

【名称】白城中医院
【地址】青年南大街16号
【电话】（0436）4224051、（0436）3268053
医院性质：公立、综合医院
医院等级：二级甲等
【公交信息】乘坐11、12、13、18、20、3、4、5、7、8、9路，到工商大厦下车，步行128米。

【名称】白城中心医院
【地址】海明东路32号
【电话】（0436）3222012、（0436）3222013
医院性质：公立、综合医院
医院等级：二级甲等
【公交信息】乘坐1、2、6路，到八女大楼下车，步行85米。

【名称】白城市洮北区中医院
【地址】海明东路80号
【电话】（0436）3222756
医院性质：公立、综合医院
医院等级：二级甲等
【公交信息】乘坐10、11、12、13、18、1、20、21、22、2、3、4、5、6、7、8、9路，到工商大厦下车，步行169米。

【名称】中国人民解放军第三二一医院
【地址】海明西路81号
【电话】（0436）3322342
医院性质：公立、综合医院
医院等级：二级甲等
【公交信息】乘坐1路，到三二一医院下车，步行78米。

【名称】白城市医院
【地址】中兴西大路9号
【电话】（0436）3322222、（0436）5088311
医院性质：公立、综合医院
医院等级：二级甲等
【公交信息】乘坐21、2路，到市医院下车，步行122米。

【名称】白城市口腔医院
【地址】中兴西大路9号
【电话】（0436）3329622

医院性质：公立、专科医院

医院等级：二级甲等

【公交信息】乘坐21、22、4路，到师范学院下车，步行125米。

宾馆酒店

【名称】白芒果快捷酒店

【地址】民生东路77号

【电话】（0436）5030303

【公交信息】乘坐10、12、13、18、1、20、21、2、3、4、5、6、7、9路，到工商大厦下车，步行287米。

【名称】薰衣草时尚宾馆

【地址】幸福南人街49号

【电话】（0436）3600001、（0436）3600006

【公交信息】乘坐6路，到开发区下车，步行70米。

【名称】白城宾馆

【地址】爱国街2号

【电话】（0436）3268222、（0436）3268666

【公交信息】乘坐10、12、13、15、1、20、2、3、4、6、7、9路，到市宾馆下车，步行87米。

【名称】银河宾馆

【地址】中兴东大路14号

【电话】（0436）3224433、（0436）3235550

【公交信息】乘坐22、3、4路，到文化广场下车，步行51米。

【名称】鹤翔宾馆

【地址】中兴东大路65号

【电话】（0436）3221001、（0436）3221002

级别：三星级

【公交信息】乘坐12、19路上行、19路下行、7、9路，到青年广场下车，步行349米。

【名称】军政大酒店

【地址】火车站

【电话】（0436）3219188、（0436）3219999

【公交信息】乘坐10、13、15、18、20、21、22、2、3、4、5、6、7、9路，到火车站下车，步行56米。

商场

【名称】苏宁电器（央格尔店）

【地址】青年南大街20-3号

【电话】（0436）3209188

【公交信息】乘坐10、13、18、1、20、21、22、2、3、4、5、6、7、8、9路，到工商大厦下车，步行129米。

【名称】欧亚购物中心

【地址】白城市洮北区

【电话】（0436）5033333

【公交信息】乘坐18路，到幸福花园下车，步行529米。

【名称】金百利购物中心

【地址】白城市洮北区

【公交信息】乘坐11、12、13、18、20、21、22、3、4、5、7、8、9路，到工商大厦下车，步行327米。

【名称】白城市百货总公司商场

【地址】金辉南街39号

【电话】（0436）3222920
【公交信息】乘坐1、2、6路，到八女大楼下车，步行20米。

【名称】白城市冠龙服饰大厦
【地址】海明东路36号
【电话】（0436）3222990
【公交信息】乘坐1路2路6路，到八女大楼下车，步行106米。

超市

【名称】金百合超市
【地址】洮北区保胜路
【电话】（0436）5088066
【公交信息】乘坐13路，到保胜下车，步行291米。

【名称】好佰客超市
【地址】洮北区巴黎商业街南门
【电话】（0436）6856888
【公交信息】乘坐1、2、6路，到八女大楼下车，步行235米。

【名称】白城市阳光超市
【地址】明仁南街5号
【电话】（0436）3243172
【公交信息】乘坐3、4路，到文化广场下车，步行195米。

【名称】家家乐平价超市
【地址】洮北区海明西路36号-50号
【电话】（0436）5099183
【公交信息】乘坐1路，到石油公司下车，步行123米。

【名称】万客隆平价超市
【地址】洮北区和平街

【电话】（0436）5098533
【公交信息】乘坐3、4路，到大众剧场下车，步行372米。

【名称】文鑫平价超市
【地址】幸福南大街47-17号
【电话】（0436）3669685
【公交信息】乘坐6路，到财校下车，步行71米。

【名称】站前平价超市
【地址】洮北区辽北路47-24号
【电话】（0436）5089670
【公交信息】乘坐10、13、15、18、20、21、22、2、3、4、5、6、7、9路，到火车站下车，步行126米。

【名称】长城鸡鱼海产品超市
【地址】洮北区瑞光南街
【电话】（0436）5089298
【公交信息】乘坐15、1、20路，到瑞光商贸城下车，步行194米。

电影院

【名称】好莱坞休闲影吧
【地址】洮北区洮安西路
【电话】（0436）2821966
【公交信息】乘坐15、1、20路，到瑞光商贸城下车，步行355米。

【名称】白城金鹿国际电影城
【地址】洮安东路62号
【电话】（0436）3200698
【公交信息】乘坐1、2、6路，到八女大楼下车，步行123米。

四平市

技能培训学校

铁东区

【名称】好运驾校
【地址】南一马路214号
【电话】（0434）3331861
【公交信息】乘坐18、1、2、3、8、9路，到一商店下车，步行147米。

【名称】万里行机动车维修培训学校。
【地址】南九经街309号
【电话】（0434）3374060
【公交信息】乘坐18路1路，到市医院下车，步行99米。

铁西区

【名称】四平市劳动保护教育中心厨师培训学校
【地址】海丰大路街84号
【公交信息】乘坐9路，到鹏程学校下车，步行299米。

【名称】四平师苑实用技术学校
【地址】北河西路北桥洞西行1000米
【电话】（0434）3273380
【公交信息】乘坐8路9路，到建校下车，步行277米。

【名称】四平市农机技术学校
【地址】吉林省四平市铁西区人民路
【公交信息】乘坐18、1、3路，到商业大厦下车，步行239米。

职业技能鉴定指导中心

【名称】四平市职业技能鉴定指导中心
【地址】海丰大街943号
【电话】（0434）5081601、（0434）5081606
【公交信息】乘坐9路，到鹏程学校下车，步行280米。

【名称】四平市职业技能鉴定中心电工鉴定基地
【地址】英雄街59号
【电话】（0434）3223466

人才交流中心

【名称】四平市人才服务中心
【地址】铁西区中央西路
【公交信息】①乘坐18、8路，到新华大街下车，步行77米。②乘坐1、3、9路，到公用局下车，步行82米。

【名称】职业介绍服务中心人才市场
【地址】海丰大路由
【电话】（0434）3271222

社会保障机构

【名称】四平市劳动局
【地址】英雄大街59号
【电话】（0434）3226538
【公交信息】乘坐1、3、9路，到妇婴医院下车，步行246米。

【名称】四平市铁西区劳动局
【地址】海丰大路（转盘附近）

【公交信息】乘坐9路，到世英中学下车，步行146米。

【名称】四平市社会保险局
【地址】四平市铁西区公园北路
【电话】（0434）3225579、（0434）3236453
【公交信息】乘坐1、3、9路，到妇婴医院下车，步行366米。

法律仲裁机构

【名称】四平市劳动争议仲裁委员会
【地址】英雄大街59号
【电话】（0434）3222703
【公交信息】乘坐1、3、9路，到妇婴医院下车，步行246米。

【名称】铁西区劳动争议仲裁委员会
【地址】公园北街70号
【电话】（0434）3226181
【公交信息】乘坐1、3、8、9路，到妇婴医院下车，步行209米。

法律援助机构

【名称】四平市法律援助中心
【地址】南迎宾街199号
【电话】（0434）3624188。
【公交信息】乘坐8路，到市委下车，步行174米。

工会

【名称】四平市总工会
【地址】英雄大街67号
【电话】（0434）3622805

【公交信息】乘坐8路，到市委下车，步行118米。

法院

【名称】四平市中级人民法院
【地址】南迎宾街7号
【电话】（0434）3195022、（0434）3625457
【公交信息】乘坐18、8路，到中心医院下车，步行205米。

图书馆

【名称】四平市图书馆
【地址】新华大街619号
【电话】（0434）3254871
【公交信息】乘坐1、3、8、9路，到妇婴医院下车，步行136米。

长途汽车站

【名称】四平市长途汽车站
【地址】四平市站前二马路
【电话】（0434）3230867、（0434）32229484
【公交信息】乘坐1、3、8路，到车站下车，步行157米

火车站

【名称】四平站
【地址】四平市站前街
【电话】（0434）6166624
【公交信息】①乘坐1、3、8路，到车站下车，步行164米。②乘坐9路，到妇婴医院

附录

下车，步行592米。③乘坐18路，到商业大厦下车，步行752米。

邮局

铁东区

【名称】铁东邮政支局
【地址】平东大路23号
【电话】（0434）3387333
【公交信息】乘坐2路，到收割机下车，步行76米。

【名称】中央东路邮政支局
【地址】铁东区中央东路
【电话】（0434）3530354
【公交信息】乘坐18、1路，到市医院下车，步行264米。

【名称】南一马路邮政支局
【地址】铁东区南1纬街老烟厂斜对面
【电话】（0434）3333454
【公交信息】乘坐18、1、3、8、9路，到一商店下车，步行779米。

【名称】北门邮政支局
【地址】北二经街1003号
【公交信息】乘坐3、8、9路，到盐业公司下车，步行186米。

铁西区

【名称】四平市邮政局
【地址】新华大街3号
【电话】（0434）3222109、（0434）3226867
【公交信息】乘坐1、3、9路，到公用局下车，步行127米。

【名称】海丰邮政支局
【地址】海丰大路
【电话】（0434）3243002
【公交信息】乘坐9路，到金桥高中下车，步行145米。

【名称】北体邮政支局
【地址】铁西区南体育街公园北街
【公交信息】乘坐1路3路9路，到公用局下车，步行204米。

【名称】爱民路邮政支局
【地址】爱民路485号
【公交信息】乘坐18、1、3路，到商业大厦下车，步行374米。

【名称】三角邮政支局
【地址】南仁兴街
【公交信息】乘坐1、3、8路，到车站下车，步行250米。

【名称】铁北邮政支局
【地址】铁西区北河西路
【公交信息】乘坐8路9路，到建校下车，步行13米。

医院

铁东区

【名称】四平市中医院
【地址】北三马路18号
【电话】（0434）3518972
医院性质：公立、综合医院
医院等级：二级甲等

【名称】四平市第一人民医院
【地址】吉林省四平市铁东区中央东路254号

607

【电话】（0434）3260517、（0434）3516110

医院性质：公立、综合医院

医院等级：三级乙等

【名称】四平市铁东区妇幼保健站

【地址】南二经街209号

【电话】（0434）3517722

医院性质：公立、综合医院

医院等级：二级甲等

【公交信息】乘坐2、3、8、9路，到一商店下车，步行201米。

【名称】四平市铁东医院

【地址】南二马路46号

【电话】（0434）3518741、（0434）3532613

医院性质：公立、综合医院

医院等级：二级甲等

【公交信息】乘坐18、1、2、3、8、9路，到一商店下车，步行225米。

【名称】四平市平东医院

【地址】吉林省四平市铁东区平东南路88号

【电话】（0434）3387972、（0434）3311822

医院性质：公立、综合医院

医院等级：二级甲等

【公交信息】乘坐2路，到液压件厂下车，步行59米。

铁西区

【名称】四平市妇婴医院

【地址】英雄大街58号

【电话】（0434）3223433、（0434）3246727

医院性质：公立、综合医院

医院等级：二级甲等

医护人数：500

病床数量：400

年门诊量：120000

【公交信息】①乘坐8路，到儿童公园下车，步行137米。②乘坐1、3、9路，到妇婴医院下车，步行449米。③乘坐18路，到中心医院下车，步行667米。

【简介】拥有不孕症治疗中心、乳腺病治疗中心、妇科、产科、儿科三大主力科室及医疗设备齐全的16个医技科室。

【名称】四平市传染病医院

【地址】英雄大街62号

【电话】（0434）3624959、（0434）3630484

医院性质：公立、综合医院

医院等级：二级甲等

【公交信息】乘坐1、3、8、9路，到妇婴医院下车，步行185米。

【名称】吉林省神经精神病院

【地址】中央西路98号

【电话】（0434）3222547、（0434）3251739

医院性质：公立、综合医院

医院等级：三级甲等

医护人数：516

病床数量：530

年门诊量：150000

【公交信息】乘坐18路8路，到中心医院下车，步行147米。

宾馆酒店

铁东区

【名称】四平格林时尚旅馆

【地址】铁东区万盛花园一号楼102国道

【电话】（0434）3381117

【公交信息】①乘坐18、1路，到东方大厦下车，步行110米。②乘坐2、3、8、9路，到一商店下车，步行195米。

【名称】四平市铁东区政府宾馆
【地址】中央路六马路
【电话】（0434）3514361、（0434）3514362
【公交信息】乘坐1、3路，到商业大厦下车，步行282米。

【名称】东升宾馆
【地址】北六经街197号
【电话】（0434）3514351
【公交信息】乘坐2、3、8、9路，到一商店下车，步行564米。

【名称】四平贵宾楼宾馆
【地址】铁东南一纬255
【电话】（0434）3333233
【公交信息】乘坐18、1、2、3、8、9路，到一商店下车，步行258米。

【名称】吉祥旅店
【地址】铁东区南三纬路
【电话】（0434）3386199
【公交信息】乘坐18、1、3、8、9路，到一商店下车，步行727米。

铁西区

【名称】新三奇时尚酒店
【地址】铁西区站前三马路
【电话】（0434）5102888
【公交信息】乘坐1、3、8路，到车站下车，步行295米。

【名称】华宇商务酒店
【地址】华展新天地A座A-2号
【电话】（0434）3280000
级别：三星级

【公交信息】乘坐1、3、8路，到车站下车，步行18米。

【名称】汉庭快捷
【地址】铁西区新华大街5号
【电话】（0434）3671177
【公交信息】①乘坐1、3、9路，到公用局下车，步行38米。②乘坐1、3、8、9路，到妇婴医院下车，步行411米。③乘坐8、9路，到汽车公司下车，步行454米。

【名称】爱之侣迷你主题睡吧（站前店）
【地址】铁西区客运站正对面
【电话】（0434）5118999
【公交信息】乘坐1、3、8路，到车站下车，步行184米。

商场

铁东区

【名称】国美电器
【地址】铁东区一马路解放街
【电话】（0434）3526809
【公交信息】乘坐18、1、2、3、8、9路，到一商店下车，步行65米。

【名称】天龙家具商场
【地址】北二马路28号
【电话】（0434）3515552
【公交信息】乘坐3、8、9路，到盐业公司下车，步行168米。

【名称】百货商场。
【地址】中央东路3号楼
【电话】（0434）3516750

铁西区

【名称】苏宁电器（步行街店）
【地址】步行街华展购物中心1-4层
【电话】（0434）3286666
【公交信息】乘坐1、3、8路，到车站下车，步行232米。

【名称】国商百货
【地址】铁西区公园北路
【电话】（0434）3249965

【名称】兴盛百货商场
【地址】铁西区海丰大路
【公交信息】乘坐9路，到金桥高中下车，步行147米。

【名称】百货大楼
【地址】铁西区步行街
【电话】（0434）3248454
【公交信息】乘坐1、3、8路，到车站下车，步行272米。

【名称】百兴商场
【地址】铁西区火车站
【电话】（0434）6978999
【公交信息】乘坐1、3、8路，到车站下车，步行248米。

超市

铁东区

【名称】嘉佳隆超市
【地址】中央东路239号
【电话】（0434）3392258

【公交信息】乘坐18、1路，到市医院下车，步行100米。

【名称】君评万家乐超市
【地址】铁东区南四纬路
【公交信息】①乘坐2路，到国测下车，步行148米。②乘坐18、1路，到医疗器械厂下车，步行987米。

【名称】家家福超市
【地址】开发区大路110号-322号
【公交信息】乘坐18路1路，到结核医院下车，步行122米。

【名称】宏兴超市
【地址】铁东区平东大街
【电话】（0434）3311635
【公交信息】乘坐2路，到轧钢厂下车，步行279米。

【名称】福家乐超市
【地址】四平市铁东区
【电话】（0434）5071111
【公交信息】乘坐18、1路，到东方大厦下车，步行84米。

铁西区

【名称】人人乐超市（海丰店）
【地址】海丰大路79号
【电话】（0434）3261103
【公交信息】乘坐1、3、8路，到妇婴医院下车，步行895米。

【名称】百迎超市
【地址】铁西区北建平街
【电话】（0434）6118366
【公交信息】乘坐1、3路，到公用局下车，步行751米。

【名称】天天汇超市
【地址】铁西区北河西路
【电话】（0434）3242158
【公交信息】①乘坐8、9路，到北沟新村下车，步行266米。②乘坐3路，到北河小区下车，步行894米。

电影院

【名称】道里电影院
【地址】四平市铁西区
【电话】（0434）3282299
【公交信息】乘坐1、3、8路，到车站下车，步行162米。

【名称】四平电影院
【地址】铁西区四平步行街
【电话】（0434）65532093

【名称】四平市道东电影院。
【地址】八马路
【电话】（0434）3518267

辽源市

技能培训学校

龙山区

【名称】辽源市下岗职工厨师培训基地
【地址】西宁大路11号
【电话】（0437）3234613
【公交信息】乘坐13、17、29、2、33、8、9路，到大十街下车，步行34米。

【名称】辽源市金帆电脑学校

【地址】龙山区康宁大街
【电话】（0437）5088700
【公交信息】乘坐3、4、5、7路，到辽源旅社下车，步行534米。

【名称】霞飞美发学校
【地址】龙山大街270号
【公交信息】乘坐13、17、29、2、33、8、9路，到大十街下车，步行180米。

西安区

【名称】辽源驾校分校
【地址】辽源市西安区
【电话】（0437）2999992
【公交信息】乘坐14、2、8、9路，到建材厂下车，步行248米。

人才交流中心

【名称】辽源市人才市场
【地址】辽源市禄寿路附近
【电话】（0437）5089160
【公交信息】乘坐14、1、2路，到工商银行下车，步行456米。

【名称】辽源市龙山区人才交流咨询服务中心
【地址】南康街南康路28号
【电话】（0437）3244142

社会保障机构

【名称】辽源市人力资源和社会保障局
【地址】吉林省辽源市龙山区西宁大街
【电话】（0437）3225813
【公交信息】乘坐3、4、5、7路，到辽源旅社下车，步行74米。

【名称】辽源市社会保险局
【地址】辽源市长寿街121号
【电话】（0437）3278900
【公交信息】乘坐28、8路，到北门下车，步行278米。

【名称】辽源市劳动局
【地址】西宁大路11号
【电话】（0437）3225813（0437）3238701
【公交信息】乘坐13、17、29、2、33、8、9路，到大十街下车，步行34米。

【名称】西安区劳动局
【地址】辽源市西安区人民大街1077号西安政府院内
【电话】（0437）3635229
【公交信息】乘坐14、1、2路，到西安区下车，步行297米。

【名称】辽源市龙山区劳动局
【地址】龙山区民康路28号
【电话】（0437）3173023
【公交信息】乘坐25路到立交桥下车，步行115米。

法律仲裁机构

【名称】辽源仲裁委员会
【地址】吉林省辽源市龙山区
【电话】（0437）3168910
【公交信息】乘坐12、20、29、3、4路，到南大桥下车，步行91米。

【名称】龙山区劳动争议仲裁委员会
【地址】辽源市龙山区劳动局
【电话】（0437）3225023

【名称】西安区劳动争议仲裁委员会

【地址】辽源市西安区劳动局
【电话】（0437）3610071

法律援助机构

【名称】辽源市法律援助中心
【地址】人民大街630
【电话】（0437）3278926
【公交信息】乘坐28、8路，到北门下车，步行170米。

【名称】辽源市西安区法律援助中心
【地址】人民大街5858（西安区司法局）
【电话】（0437）3635348
【公交信息】乘坐14、1、2路，到西安区下车，步行275米。

【名称】辽源市龙山区法律援助中心
【地址】民康路28号（龙山区司法局）
【电话】（0437）3166156
【公交信息】乘坐25路，到立交桥下车，步行115米。

工会

【名称】辽源市总工会
【电话】（0437）3223740
【地址】吉林省辽源市龙山区西宁大路96号
【公交信息】乘坐14、1、2路，到工商银行下车，步行140米。

法院

【名称】辽源市中级法院
【地址】人民大街220号
【电话】（0437）3162017、（0437）3162011

【公交信息】乘坐14、16、17、6路，到市政府下车，步行86米。

【名称】辽源市西安区法院
【地址】矿电大街128号
【电话】（0437）3610912
【公交信息】乘坐13、21、9路，到四百下车，步行760米。

【名称】辽源市龙山区人民法院
【地址】吉林省辽源市龙山区中康街
【电话】（0437）3222544、（0437）3225779
【公交信息】乘坐15、17、3、5、6、7路，到火车站下车，步行575米。

【名称】辽源市西安区人民法院
【地址】人民大街1176号
【电话】（0437）3162509、（0437）3610173
【公交信息】乘坐14、1、2路，到西安区下车，步行144米。

图书馆

【名称】辽源市图书馆
【地址】新兴大街
【电话】（0437）3312632
【公交信息】乘坐13、20、33、4、7、8、9路，到市中心医院下车，步行45米。

长途汽车站

【名称】辽源客运总站
【地址】辽河大路5号
【电话】（0437）32226158

【名称】辽源工农客运站

【地址】龙山区福镇大路附近
【电话】（0437）6222796
【公交信息】乘坐3、4路，到东站下车，步行180米。

【名称】辽源市汽车站
【地址】辽源市经康路
【电话】（0437）3226158、5086336

火车站

【名称】辽源站
【地址】辽源市辽河大路2号
【电话】（0437）6118622
【公交信息】乘坐10、12、15、17、1、28、3、5、6、7路，到火车站下车，步行134米。

【名称】辽源东站
【地址】福镇大街
【电话】（0437）3223331
【公交信息】乘坐3、4路，到东站下车，步行228米。
【简介】辽源东站建于1928年。离四平站91公里，离梅河口站64公里，隶属沈阳铁路局管辖。现为四等站。
办理整车货物发到，不办理客运营业。

邮局

龙山区

【名称】南康邮政支局
【地址】龙山区健康路
【电话】（0437）3220152
【公交信息】乘坐13、17、29、2、33、8、9路，到大十街下车，步行257米。

【名称】山湾邮政支局
【地址】东吉大路626号
【公交信息】乘坐7路，到一制药下车，步行645米。

【名称】南大桥邮政支局
【地址】龙山区龙山大街
【公交信息】乘坐13、33、7、8、9路，到市中心医院下车，步行473米。

【名称】西宁大路邮政支局
【地址】龙山区人民大街
【公交信息】乘坐14、1、2路，到工商银行下车，步行530米。

【名称】二针邮政支局
【地址】辽源市龙山区
【公交信息】乘坐18、22、25、27路，到第一城下车，步行221米。

西安区

【名称】东山邮局。
【地址】西安区人民大街
【电话】（0437）3711442

医院

龙山区

【名称】辽源市中医院
【地址】经康路65号
【电话】（0437）3206101、（0437）3224278
医院性质：公立、综合医院
医院等级：三级甲等
【公交信息】乘坐3、4、5、7路，到辽源旅社下车，步行109米。

【名称】辽源市中心医院
【地址】东吉大街86号
【电话】（0437）3312339、（0437）3222339
医院性质：公立、综合医院
医院等级：二级甲等
【公交信息】乘坐13、20、33、4、7、8、9路，到市中心医院下车，步行42米。

【名称】辽源市妇婴医院
【地址】西宁大街165号
【电话】（0437）3227163、（0437）3225336
医院性质：公立、综合医院
医院等级：二级甲等
【公交信息】①乘坐17、1路，到三百下车，步行74米。②乘坐18、22、25、27路，到第一城下车，步行521米。

【名称】辽源市龙山区人民医院
【地址】健康路4号
【电话】（0437）3223715
医院性质：公立、综合医院
医院等级：二级甲等
【公交信息】乘坐3、4路，到地税下车，步行278米。

西安区

【名称】辽源矿务局总医院
【地址】矿电街10号
【电话】（0437）3623003
医院性质：公立、综合医院
医院等级：二级甲等
【公交信息】乘坐14、1、28、2、5、8路，到矿电支行下车，步行315米。

附录

宾馆酒店

龙山区

【名称】辽源雅柏国际大酒店
【地址】人民大街445号
【电话】（0437）3168888
级别：五星级
【公交信息】乘坐13、17、29、2、33、8、9路，到大十街下车，步行116米。
标准房：￥287起

【名称】升华宾馆
【地址】西宁大路63号
【电话】（0437）3245460、（0437）3245461
【公交信息】乘坐14、1、2路，到工商银行下车，步行178米。

【名称】辽源宾馆
【地址】龙山北路6号
【电话】（0437）3274466
级别：三星级

【名称】北方宾馆
【地址】西宁大路516号
【电话】（0437）3206464、（0437）6114655
级别：二星级
【公交信息】乘坐10、12、15、17、1、28、3、5、6、7路，到火车站下车，步行239米。
标准房：￥118元

【名称】银河宾馆
【地址】龙山区中康街
【电话】（0437）3220766

【公交信息】乘坐10、15、3、5、6、7路，到火车站下车，步行572米。

西安区

【名称】辽源夏威夷时尚休闲宾馆
【地址】西安区西宁大路
【电话】（0437）5019333
【公交信息】乘坐18、22、27路，到水线下车，步行234米。

【名称】辽源华利招待所
【地址】人民大街889号
【电话】（0437）3615767
【公交信息】乘坐14、1、28、2、5、8路，到矿电支行下车，步行196米。

商场

龙山区

【名称】国美电器
【地址】龙山区经康路
【公交信息】乘坐13、17、29、2、33、8、9路，到大十街下车，步行218米。

【名称】银座购物中心
【地址】西宁大路9号
【电话】（0437）3250188
【公交信息】乘坐13、17、29、2、33、8、9路，到大十街下车，步行43米。

【名称】欧亚购物中心
【地址】龙山区
【公交信息】乘坐30路，到无线电九厂下车，步行253米。

【名称】凯马购物中心
【地址】龙山区人民大街

【公交信息】乘坐14、1、2路，到工商银行下车，步行57米。

【名称】都市购物中心
【地址】龙山区公宁路
【公交信息】乘坐14、1、2路，到工商银行下车，步行459米。

超市

龙山区

【名称】鑫隆超市
【地址】龙山区步行街由西向东左侧
【电话】（0437）6421900
【公交信息】乘坐13、17、29、2、33、8、9路，到大十街下车，步行122米。

【名称】家嘉乐大型连锁超市
【地址】齐宁路113号
【电话】（0437）3117050
【公交信息】乘坐3、4、5、7路，到辽源旅社下车，步行301米。
【名称】乐购超市
【地址】龙山区和宁街
【公交信息】乘坐10、12、15、17、1、28、3、5、6、7路，到火车站下车，步行253米。

【名称】宏发自选超市
【地址】东吉大路45号
【公交信息】乘坐13、20、33、4、7、8、9路，到市中心医院下车，步行263米。

【名称】辽源市千甲超市。
【地址】北寿大街62号
【电话】（0437）3260913

西安区

【名称】亨达自选超市
【地址】西安区安家街道市场
【电话】（0437）3183665
【公交信息】乘坐18、9路，到东城下车，步行135米。

【名称】兴隆自选超市
【地址】仙城街新建区54号
【电话】13943769088
【公交信息】乘坐14、1、2路，到西安区下车，步行646米。

【名称】鸿达平价超市
【地址】人民大街1077号
【公交信息】乘坐14、1、2路，到西安区下车，步行184米。

【名称】亨利达自选
【地址】安仁路148号
【公交信息】乘坐18、9路，到东城下车，步行156米。

【名称】吉盛自选商场
【地址】西安区206省道
【公交信息】乘坐14、1、28、2、5、8路，到矿电支行下车，步行449米。

电影院

【名称】辽源市群众电影院
【地址】经康路16号
【电话】（0437）3224474、（0437）3226890
【公交信息】乘坐14、1路，到工商银行下车，步行156米。

【名称】新天地国际影城
【地址】福镇大路2号
【电话】（0437）6666603
【公交信息】乘坐12、20、29、3、4路，到南大桥下车，步行248米。

松原市

技能培训学校

【名称】鑫城驾校。
【地址】城西路40号
【电话】（0438）6183333
【公交信息】乘坐1、3、7、9路公交车可到。

【名称】宏远驾驶培训学校
【地址】宁江区松江大街
【电话】（0438）2697007
【公交信息】乘坐2路，到前郭县工行下车，步行100米。

【名称】瑞鑫电脑培训学校
【地址】长宁南街1313号
【电话】（0438）6153315
【公交信息】乘坐2路，到油田研究院下车，步行254米。

【名称】长城计算机职业技术学校
【地址】松原市宁江区
【电话】（0438）6113366
【公交信息】乘坐12路内环、2路，到占东诊所下车，步行161米。

【名称】高峰厨师培训学校
【地址】建华路797号
【公交信息】①乘坐2路，到火车站下车，步行175米。②乘坐12路内环，到前郭县政府下车，步行831米。

职业技能鉴定指导中心

【名称】松原市职业技能鉴定指导中心
【地址】宁江区松江大街2300号
【电话】（0438）2127582
【公交信息】乘坐2路，到市就业局下车，步行79米。
【开办专业】松原市职业技能鉴定指导中心除开展日常考核鉴定的车工、钳工、焊工、汽车驾驶、汽车维修、烹调、面点、美容、美发、按摩、眼镜验光、餐厅服务员等几十个职业（工种）之外，不断推出的人力资源管理服务、营养师、物业管理师等新职业。

人才交流中心

【名称】松原人才市场
【电话】（0438）2113112
【地址】松原沿江西路669号
【公交信息】乘坐2路，到工商行政管理局下车，步行22米。

【名称】松原市人才交流中心
【地址】沿江西路635号
【电话】（0438）2112724
【公交信息】乘坐2路，到工商行政管理局下车，步行13米。

【名称】松原市人力资源市场
【地址】宁江区郭尔罗斯大路
【公交信息】乘坐2路，到中心市场下车，步行207米。

社会保障机构

【名称】松原市人力资源和社会保障局
【地址】松原大路2790号
【电话】（0438）22113112
【公交信息】乘坐2路，到前郭县工行下车，步行70米。

【名称】松原市宁江区劳动局
【地址】宁江区长宁南街
【电话】（0438）3123622
【公交信息】乘坐2路，到油田研究院下车，步行229米。

法律仲裁机构

【名称】松原市劳动争议仲裁委员会
【地址】松江大街2260号
【公交信息】乘坐2路，到市就业局下车，步行119米。

【名称】松原仲裁委交通事故损害赔偿仲裁中心
【地址】锦江大街260号
【公交信息】乘坐12路内环、12路外环，到油田电视台下车，步行272米。

法律援助机构

【名称】松原市法律援助中心
【电话】（0438）2119921
【地址】松江大街
【公交信息】乘坐2路，到工商行政管理局下车，步行145米。

【名称】松原市法律援助中心（沿江西路）
【电话】（0438）6919088
【地址】松原市宁江区沿江西路
【公交信息】乘坐12路内环、12路外环、2路，到油田医院下车，步行52米。

【名称】松原市宁江区法律援助中心
【电话】（0438）3118148
【地址】松原市文化路12号
【公交信息】乘坐2路，到宁江区政府下车，步行33米。

工会

【名称】松原市总工会
【电话】（0438）2122707、（0438）2160801
【地址】青年大街4395号
【公交信息】乘坐2路，到油田医院下车，步行161米。

法院

【名称】松原市中级人民法院
【地址】松江大街725号
【电话】（0438）2120544
【公交信息】乘坐2路，到前郭县工行下车，步行37米。

【名称】松原市宁江区人民法院
【地址】临江东路1111号
【电话】（0438）2290217

图书馆

【名称】松原市图书馆
【电话】（0438）3124687
【地址】长宁南街23号
【公交信息】乘坐2路，到宁江区客运站下车，步行257米。

长途汽车站

【名称】松原市公路客运中心站
【地址】松原市乌兰大街1号
【电话】（0438）2203085、（0438）2200114
【公交信息】乘坐2路，到客运站下车，步行41米。

【名称】松原市宁江区客运总站
【地址】吉林省松原市宁江区长宁南街文化路16号
【电话】（0438）3133914

火车站

【名称】松原站
【地址】松原市建华路
【电话】（0438）6116322
【公交信息】乘坐2路，到火车站下车，步行27米。

邮局

【名称】建设街邮政支局
【地址】建设街111号
【电话】（0438）3100879

【公交信息】乘坐2路，到宁江区地税局下车，步行24米。

【名称】松江大街邮政支局
【地址】松原市松江大街
【公交信息】乘坐2路，到油田技校下车，步行46米。

【名称】湛江路邮政支局
【地址】松原市锦江大街
【公交信息】乘坐2路，到乘降点下车，步行636米。

【名称】滨江路邮政支局
【地址】松原市滨江路
【公交信息】乘坐12路内环，到锦东小区下车，步行273米。

【名称】兴盛街邮政支局
【地址】松原市宁江区
【公交信息】乘坐12路内环，到望湖花园下车，步行246米。

医院

宁江区

【名称】松原市中心医院
【地址】建设街13号
【电话】（0438）3123264、（0438）3123263
医院性质：公立、综合医院
医院等级：二级甲等
【公交信息】乘坐2路，到玉顺堂药店下车，步行163米。

【名称】吉林油田总医院
【地址】江西路960号
【电话】（0438）6224817、（0438）

6224882
医院性质：公立、综合医院
医院等级：二级甲等
【公交信息】乘坐12路内环、12路外环、2路，到油田医院下车，步行24米。

【名称】松原市妇幼保健院
【地址】青年大街4439号
【电话】（0438）2160296、13943888782
医院性质：公立、综合医院
医院等级：二级甲等
【公交信息】乘坐2路，到油田医院下车，步行200米。

【名称】松原市人民医院
【地址】郭尔罗斯大街189号
【电话】（0438）6138315
医院性质：公立、综合医院
医院等级：二级甲等

扶余区

【名称】松原市扶余区中医骨伤医院
【地址】扶余区三岔河镇
【电话】（0438）5875678
医院性质：民营、综合医院
医院等级：二级甲等

【名称】松原市扶余区第二医院
【地址】扶余区长春岭
【电话】（0438）5551423
医院性质：公立、综合医院
医院等级：二级甲等

宾馆酒店

【名称】松原龙嘉商务宾馆
【地址】乌兰大街142号

【电话】（0438）5091999
级别：三星级
【公交信息】乘坐2路，到客运站下车，步行32米。
标准房：￥138起

【名称】松原DNA商务酒店（松原站前店）
【地址】乌兰大街186号
【电话】（0438）5073777
【公交信息】乘坐2路，到客运站下车，步行20米。
标准房：￥129起

【名称】DNA商务连锁酒店（松原锦江大街店）
【地址】源江西路1008号
【电话】（0438）5093777
【公交信息】乘坐12路内环，到油田电视台下车，步行87米。
标准房：￥125起

【名称】松原锦江之星（前郭店）
【地址】前郭尔罗斯蒙古族自治县哈萨尔路288号
【电话】（0438）2369111
【公交信息】乘坐12路内环，到锦江之星宾馆下车，步行119米。
标准房：￥179起

【名称】松原郭尔罗斯饭店
【地址】哈达大街1199号
【电话】（0438）2122988
【公交信息】乘坐12路内环，到前郭县宾馆下车，步行127米。
标准房：￥398起

商场

【名称】国美电器（松原商城店）
【地址】乌兰大街17号

【电话】（0438）2997002、（0438）2997010

【公交信息】乘坐12路内环，到前郭县政府下车，步行94米。

【名称】苏宁电器（郭尔罗斯大路店）
【地址】罗斯大路2700号
【公交信息】乘坐2路，到中心市场下车，步行106米。

【名称】鸿翔孕婴儿童购物中心
【地址】前郭尔罗斯蒙古族自治县步行街
【电话】（0438）2209996
【公交信息】乘坐2路，到中心市场下车，步行199米。

【名称】松原东北商场
【地址】新城东路31号
【电话】（0438）3123392、（0438）8959178
【公交信息】乘坐2路，到通大家电公司下车，步行172米。

【名称】龙源商厦
【地址】新城东路373
【电话】（0438）3133813、（0438）6188999
【公交信息】①乘坐2路，到通大家电公司下车，步行278米。

【名称】松花江商厦
【地址】长宁北街17号
【电话】（0438）3124136
【公交信息】乘坐2路，到油田研究院下车，步行43米。

超市

【名称】家乐福超市

【地址】长宁南街1946
【公交信息】乘坐2路，到宁江区客运站下车，步行201米。

【名称】华润万家超市
【公交信息】乘坐2路，到中心市场下车，步行294米。

【名称】百亮超市（松原民主店）
【地址】乌兰大街民主路
【电话】（0438）2120765
【公交信息】乘坐2路，到中心市场下车，步行196米。

【名称】华联超市
【地址】文化路598号
【公交信息】乘坐2路，到宁江区客运站下车，步行132米。

电影院

【名称】东盛影厅
【地址】建设街280号-342号
【公交信息】乘坐2路，到宁江区地税局下车，步行24米。

【名称】世纪影城
【地址】乌兰大街1284号-1590号
【公交信息】乘坐2路，到市中行下车，步行293米。

白山市

技能培训学校

【名称】白山市建筑职业学校
【地址】浑江大街51号
【电话】（0439）3325487
【公交信息】乘坐1、8路，到中医院下车，步行206米。

【名称】白山市燕工职业技能培训学校
【地址】浑江大街179号
【电话】（0439）3359799
【公交信息】乘坐12、1、3、6、7路，到前道百货下车，步行222米。

【名称】同行驾校
【地址】白山市浑江区
【电话】（0439）3227266
【公交信息】乘坐1、8路，到市政府下车，步行337米。

【名称】阳光电脑培训学校
【地址】浑江区建设街
【公交信息】乘坐12、3路，到多种经营公司下车，步行201米。

【名称】东方外语培训学校
【地址】河口街12号-16号
【电话】（0439）3237969、（0439）3358588
【公交信息】乘坐12、1、1路小客、2路小客、5、8路，到山货庄下车，步行394米。

【名称】白山市育才技校
【地址】浑江大街161-5号
【电话】（0439）3215822
【公交信息】乘坐12、1、3、6、7路，到前道百货下车，步行41米。

【名称】白山市八道江区安全技术培训中心
【地址】通江路16号
【电话】（0439）3223928
【公交信息】①乘坐2路小客、5路，到后道百货下车，步行73米。

职业技能鉴定指导中心

【名称】白山市职业技能鉴定指导中心
【地址】吉林省白山市浑江大街47号
【电话】（0439）5082635
【公交信息】乘坐1路、1路小客、8路，到中医院下车，步行112米。

人才交流中心

【名称】白山人才市场
【地址】新华路与滨江东街交汇处
【电话】（0439）3238047
【公交信息】乘坐2路小客4路5路，到后道大厦下车，步行198米。

【名称】白山市人力资源市场
【地址】浑江大街49
【公交信息】乘坐1路、8路，到中医院下车，步行176米。

社会保障机构

【名称】白山市人力资源和社会保障局
【地址】浑江大街49号
【电话】（0439）12333
【公交信息】①乘坐1路小客，到师范下车，步行125米。②乘坐1路、8路，到中医院下车，步行176米。③乘坐2路小客、5

路，到沿江小学下车，步行317米。④乘坐4路、7路，到东风桥下车，步行349米。

【名称】白山市劳动局
【地址】浑江大街152号
【电话】（0439）3224977
【公交信息】①乘坐1路、1路小客、3路、8路，到市政府下车，步行132米。②乘坐11路、6路、7路，到合兴下车，步行146米。

法律仲裁机构

【名称】白山仲裁委员会
【地址】白山市浑江大街114号
【电话】（0439）3248785
【公交信息】乘坐11、1、1路小客、3、6、8路，到贸易城下车，步行70米。

【名称】八道江区劳动争议仲裁委员会
【地址】白山八道江区劳动局
【电话】（0439）3225342

法律援助机构

【名称】白山市法律援助中心
【地址】白山市浑江大街171号
【电话】（0439）3218700、（0439）3225754
【公交信息】乘坐1路小客，到三江下车，步行32米。

【名称】白山市八道江区法律援助中心
【地址】白山市通江路11-3号
【电话】（0439）5005989
【公交信息】乘坐12、1、3、6、7路，到前道百货下车，步行82米。

【名称】白山市浑江区法律援助中心
【地址】通江路16号
【公交信息】乘坐2路小客、5路，到后道百货下车，步行73米。

工会

【名称】白山市总工会
【地址】浑江大街150号
【电话】（0439）3224437
【公交信息】乘坐1路、1路小客、3路、8路，到市政府下车，步行138米。

法院

【名称】白山市中级人民法院
【地址】白山市八道江区北安大街
【电话】（0439）3294000
【公交信息】乘坐4路，到天星酒店下车，步行282米。

【名称】白山市江源区人民法院
【地址】江源区孙家堡子镇
【电话】（0439）3728411、（0439）3728430

【名称】白山市浑江区人民法院
【地址】光华路与北安大街交汇处东侧
【电话】（0439）3226018

【名称】八道江区人民法院通沟人民法庭
【地址】建设街
【电话】（0439）3398866
【公交信息】乘坐1路、1路小客、8路，到中医院下车，步行501米。

图书馆

【名称】白山图书馆
【地址】浑江大街39-6号
【电话】（0439）3323423、（0439）3323992
【公交信息】乘坐1路、8路，到中医院下车，步行203米。

长途汽车站

【名称】白山公路客运总站
【地址】东兴街8号
【电话】（0439）3334798
【公交信息】乘坐1路、1路小客、2路小客，到浑江站前下车，步行198米。

【名称】白山公路西客运站
【地址】浑江大街306号
【电话】（0439）3255067
【公交信息】乘坐1路小客、2路小客、6路，到客运站下车，步行12米。

火车站

【名称】白山站
【地址】白山市东庆路
【电话】（0439）3327077
【公交信息】①乘坐12路、6路，到火车站下车，步行43米。②乘坐1路、1路小客、2路小客，到浑江站前下车，步行112米。③乘坐3路、5路、8路，到山货庄下车，步行196米。

邮局

【名称】白山市邮政局
【地址】浑江大街173号
【电话】（0439）3223582（0439）3238166
【公交信息】乘坐12、1、3、6、7路，到前道百货下车，步行80米。

【名称】中国邮政沿江邮政支局
【地址】白山市红旗街
【公交信息】乘坐12、4、8路，到中行下车，步行188米。

【名称】大通沟邮政支局
【地址】白山市浑江区
【公交信息】乘坐1、1路小客、2路小客、6路，到通沟下车，步行373米。

【名称】中国邮政阳光邮政支局
【地址】河口大街
【公交信息】乘坐12、1、1路小客、2路小客、3、5、8路，到山货庄下车，步行237米。

【名称】江源区邮政局业务部
【地址】便民街2号
【电话】（0439）3721000、（0439）3723745

医院

八道江区

【名称】白山市妇幼保健院
【地址】红旗街61号

【电话】（0439）3226369、（0439）3226686
医院性质：公立、综合医院
医院等级：二级甲等
【公交信息】乘坐1、1路小客、3、8路，到市政府下车，步行264米。

【名称】白山市红十字会医院
【地址】浑江街256号
【电话】（0439）3225110、（0439）3222741
医院性质：公立、综合医院
医院等级：二级甲等
【公交信息】乘坐1、1路小客、2路小客、6、7路，到向阳下车，步行21米。

【名称】白山市中医院
【地址】浑江大街43号
【电话】（0439）5080906、（0439）3325027
医院性质：公立、综合医院
医院等级：二级甲等
【公交信息】乘坐1、1路小客、8路，到中医院下车，步行25米。

【名称】通化矿务局总医院
【地址】福安路26号
【电话】（0439）6162317、（0439）3238438
医院性质：公立、综合医院
医院等级：三级甲等
医护人数：1100
病床数量：830
年门诊量：240000
【公交信息】乘坐3路，到矿务局医院下车，步行67米。

【名称】白山市八道江区妇幼保健院
【地址】红旗街61号
【电话】（0439）3250325

医院性质：公立、综合医院
医院等级：二级甲等
【公交信息】乘坐1路小客，到三江下车，步行32米。

【名称】白山市中心医院
【地址】通江路19号
【电话】（0439）3226870、（0439）3294500
医院性质：公立、综合医院
医院等级：三级乙等
【公交信息】乘坐2路小客、5路，到后道百货下车，步行93米。

【名称】白山市二轻医院
【地址】浑江大街162号
【电话】（0439）3223174
医院性质：公立、综合医院
医院等级：二级甲等
【公交信息】乘坐1、1路小客、3、8路，到市政府下车，步行43米。

【名称】白山市八道江第二人民医院
【地址】晖江大街89号
【电话】（0439）3222394、（0439）3240729
医院性质：公立、综合医院
医院等级：二级甲等
【公交信息】乘坐1、4、7、8路，到东风桥下车，步行106米。

宾馆酒店

【名称】白山如家快捷酒店（民中街店）
【地址】民中街58号
【电话】（0439）3376666
【公交信息】乘坐1路小客，到光学下车，步行225米。

【名称】白山市亿佳合大饭店
【地址】浑江大街170号
【电话】（0439）3288888
级别：四星级
【公交信息】乘坐1路小客，到前道大厦下车，步行20米。

【名称】白山市宾馆
【地址】浑江大街
【电话】（0439）3294800、（0439）3594800
级别：三星级
【公交信息】乘坐1、4、7、8路，到东风桥下车，步行94米。

【名称】华审宾馆
【地址】浑江大街114-4号
【电话】（0439）3226126、（0439）3226748
级别：二星级
【公交信息】乘坐11、1、3、6、8路，到贸易城下车，步行135米。

【名称】鸿翔酒店
【地址】通江路37号
【电话】（0439）3594116、（0439）3594115
【公交信息】乘坐12、1、3、6、7路，到前道百货下车，步行16米。

商场

【名称】白山百货大楼
【地址】浑江大街
【电话】（0439）3224017、（0439）3323112
【公交信息】乘坐12、1、3、6、7路，到前道百货下车，步行26米。

【名称】白山市华龙五文化商场
【地址】浑江区锦江路
【电话】（0439）3220186
【公交信息】乘坐1路小客、2路小客，到农行下车，步行111米。

【名称】白山市百货商场
【地址】浑江大街188号
【电话】（0439）3223298、（0439）3223891
【公交信息】乘坐12、1、3、6、7路，到前道百货下车，步行6米。

【名称】东风商场
【地址】浑江大街60号
【电话】（0439）3326868、（0439）8269119
【公交信息】乘坐1、1路小客、8路，到中医院下车，步行24米。

【名称】矫健鞋城
【地址】浑江大街168号
【公交信息】乘坐1、3、8路，到市政府下车，步行138米。

超市

【名称】方大超市连锁六店
【地址】红旗街106号
【电话】（0439）3212180
【公交信息】乘坐1、7、8路，到东风桥下车，步行290米。

【名称】百盛超市
【地址】白山市浑江区
【电话】（0439）3259857
【公交信息】乘坐2路小客，到二货运下车，步行753米。

【名称】百汇超市
【地址】浑江大街313号
【电话】（0439）3242367
【公交信息】乘坐11、1、6、8路，到贸易城下车，步行173米。

【名称】光超市
【地址】八道江区河口大街
【电话】（0439）3359799
【公交信息】乘坐12、1、1路小客、2路小客5、8路，到山货庄下车，步行265米。

【名称】恒源超市
【地址】先锋街24
【电话】（0439）8690565
【公交信息】乘坐1、1路小客、3、8路，到贸易城下车，步行290米。

电影院

【名称】白山市影剧院
【地址】浑江大街237号
【电话】（0439）3223484、（0439）3224981
【公交信息】乘坐1、6、7路，到向阳下车，步行130米。

【名称】红旗影院（白山）
【地址】白山市浑江大街
【电话】（0439）3222832、（0439）3223643
【公交信息】乘坐1、3、6、8路，到贸易城下车，步行129米。

【名称】左岸影吧
【地址】八道江区东风桥附近
【电话】13804492228
【公交信息】乘坐1路、1路小客、3、6、8路，到贸易城下车，步行208米。

【名称】鑫盛影视厅
【地址】建设街53号-59号
【公交信息】乘坐1路小客、2路小客，到农行下车，步行149米。

【名称】都市影吧
【地址】浑江区建设街（天成大厦南）
【公交信息】乘坐1、1路小客、8路，到市政府下车，步行192米。

延吉市

技能培训学校

【名称】吉祥驾校
【地址】友谊路20号
【电话】（0433）2052777
【公交信息】乘坐48、2、5路在市医院站下车，步行10米即至

【名称】虹星外国语计算机培训中心
【地址】申花街355号
【电话】（0433）2811301
【公交信息】乘坐28、3、2、4路在河南站下车，步行10米即至。

【名称】太平洋美容美发培训中心
【地址】延吉市新华路10居1号
【电话】（0433）64799685

【名称】通达外国语培训学校
【地址】延吉市新华街4号
【电话】（0433）2523474
【公交信息】①乘坐1路、43、30路在青年湖站下车。乘坐22路、45路在白山大厦站下车，步行290米②乘坐46路在新世纪购物广场站下车，步行560米。

【开设课程】以短期班教学为主设有英语、日语、韩国语、汉语、电脑、全脑、陶艺、书法、电算化会计、会计出纳等学科。以《超高速全脑学习法》（速读、速记、速理解）与《陶艺教育》为特色课程。

【名称】大信艺术培训学校
【地址】延吉市参花街
【电话】（0433）2902000
【公交信息】乘坐1、30、41路、43路在迎宾桥站下车，步行160米
【课程设置】有街舞，现代舞，朝鲜舞，声乐，各种乐器等。

【名称】亨利职业技术学校
【地址】延吉市长白山西路
【电话】（0433）2994647
【公交信息】坐23、50、6路到中心血站下车。
【开设课程】有韩国料理班、韩国烤肉班、冷面班、狗肉班、泡菜、拌菜班等课程。

【名称】延边旅游培训学校
【地址】延吉市公园路
【电话】（0433）2727199
【公交信息】①乘坐27、6、5、32、49路，在旅游局下车，步行430米②乘坐46、41、45路在牛市街站下车，步行420米
【开设】韩国语初级、中级、高级、会话课程；韩国语能力考试中、高级辅导课程。本学院注重学生综合能力的培养，听、说、读、写速成，把学生培养成实用型、技能型人才。

【名称】延边东方技能培训学校
【地址】延吉市解放路
【电话】（0433）2564588
【公交信息】坐2路到向阳幼儿园下车，在站点下车后往回走20米到第一个路口左转50米。
【开设课程】
有理论教室、实践教室、阅览室、电教室、寝室。开设厨师、美容、美发、瑜伽美体、按摩、电脑、外语、摄影、电焊等专业。

人才交流中心

【名称】延吉市人才服务中心
【地址】解放路605号
【电话】（0433）2525104
【公交信息】乘坐37、24、47路在粮库酒厂站下车，步行190米。

【名称】延吉市人才市场
【地址】延吉市太平街
【电话】（0433）2523066、（0433）2553425
【公交信息】乘坐1路或15路在军分区站下车，步行500米。

【名称】延吉市人才服务中心
【地址】延西街306
【公交信息】乘坐37、47、24路在粮库酒厂站下车，步行190米。

【名称】延边电力人才交流服务中心
【地址】延吉市光明街
【电话】（0433）2585088
【公交信息】乘坐42、2、22路在白山大厦站下车。

社会保障机构

【名称】延吉市人力资源和社会保障局
【地址】人民路与迎春街交汇处东侧

【电话】（0433）2368117
【公交信息】乘坐13、24路在粮库酒厂站下车，步行210米。

法律仲裁机构

【名称】延吉市劳动争议仲裁委员会
【地址】河南街67号
【电话】（0433）2871816
【公交信息】乘坐1、22、30、23、3143路在州政府站下车。

法律援助机构

【名称】延吉市法律援助中心
【地址】光明街61号
【电话】（0433）2510148
【公交换乘】乘坐11、1、30、38、3、45、50路到延边医院下车，步行152.4米。

工会

【名称】延吉市总工会
【地址】局子街302B号
【电话】（0433）2902630
【公交信息】乘坐22、40、45路在百货大楼站下车，步行160米。

法院

【名称】延吉市人民法院
【地址】局子街882号
【公交信息】乘坐5、3路在报社站下车，步行470米。

图书馆

【名称】延吉市少年儿童图书馆
【地址】局子街丰收胡同58号
【电话】（0433）2513051
【公交信息】乘坐1路在青年湖站下车，步行740米。

【名称】延边朝鲜族自治州图书馆
【电话】（0433）2519813
【地址】参花街9-3号
【公交信息】乘坐1、30、34、43在青年湖站下车，步行100米。

长途汽车站

【名称】延吉客运北站
【地址】爱丹路781号
【电话】（0433）2517024
【公交信息】①乘坐27、3、41路在延边医院站下车，步行200米②乘坐28、1、11路在客运站下车，步行320米。

【名称】延吉公路客运总站
【地址】长白山西路2319
【电话】（0433）2909345
【公交信息】乘坐24路、5、32、35、41、48、6、27、49路在海兰江支行站下车，步行420米。

【名称】延吉公路客运总站西市客运站
【地址】延吉市人民路
【公交信息】乘坐32、24、27、5、49路在国贸大厦站下车，步行140米。

【名称】延吉公铁分流客运站
【地址】延吉市铁北路
【电话】（0433）2253430
【公交信息】①乘坐41、35路在车站下车，步行110米②乘坐27、3、28路在火车站下车，步行180米。

火车站

【名称】延吉站
【地址】延吉市站前街
【电话】（0433）2212620
【公交信息】①乘坐27、2、3、4、28路在火车站下车②乘坐41路在车站下车，步行190米。

邮局

【名称】延边州邮政局
【地址】延西街37号
【电话】（0433）2712102
【公交信息】①乘坐46、27、41、45路在旅游局站下车，步行40米②乘坐50路在新罗苑站下车，步行70米③乘坐38路在公园小学站下车，步行350米。

【名称】人民路邮政支局
【地址】人民路640号
【公交信息】①乘坐1、43路在迎宾桥站下车②乘坐41、30路在西市场站下车③乘坐27、11路在国贸大厦站下车④乘坐46路在新世纪购物广场站下车。

【名称】储汇中心邮政支局
【地址】光明街288
【公交信息】①乘坐22、45路在百货大楼站下车，步行400米②乘坐40路在百货大楼站下车，步行280米③乘坐27、41、11路在新华书店站下车，步行460米。

【名称】爱得邮政支局
【地址】烟集街876-13
【公交信息】①乘坐23、50路在肿瘤医院站下车，步行350米②乘坐1、11、30、31、38、45路在自来水公司站下车，步行720米③乘坐29路在延边卫校站下车，步行420米。

医院

【名称】延吉市医院
【地址】友谊路15号
【电话】（0433）2919137
医院性质：公立/综合医院
医院等级：二级甲等
【公交信息】乘坐2、21、48路在市医院站下车，步行40米。

【名称】延吉诺布尔口腔医院
【地址】延吉市延西街16号
【电话】（0433）2719450
医院性质：合资/专科医院
医院等级：二级甲等
【公交信息】乘坐27、45、32、33、24路在纺织厂站下车，步行40米

宾馆酒店

【名称】如家快捷酒店（延吉长白山路店）
【地址】长白山路2562号
【电话】（0433）2805599

【公交信息】乘坐48、6、24、49、27、5、32、35、41路在海兰江支行站下车，步行190米。

【名称】延边大宗大宇饭店
【地址】局子街3118号
【电话】（0433）2528888、（0433）2905555
【公交信息】乘坐3、22、30、38路在大宇饭店站下车，步行30米。
标准房：￥578

【名称】延吉罗京饭店
【地址】公园路58号（近延西街）
【电话】400-666-5511
【公交信息】乘坐6、27、24、41、35、45、44、5、32、33、49路在旅游局站下车，步行100米。
标准房：￥468

【名称】延吉金洲假日酒店
【地址】市中心河南街121号（河南国贸购物广场对面）
【电话】400-666-5511
【公交信息】乘坐1、40、28、22、45、3、30、23路在河南站下车，步行440米。
标准房：￥142

【名称】金凯悦假日酒店
【地址】永乐街45号
【电话】（0433）5115999
【公交信息】乘坐28、27路在市法院站下车，步行530米。
标准房：￥258

【名称】延边成宝温州酒店
【地址】解放路350号
【公交信息】乘坐24、5、32、27、5、

49、41路在国贸大厦站下车，步行200米。
标准房：￥278

【名称】延边银河大厦宾馆
【地址】长白路56号
【电话】（0433）2910255
【公交信息】乘坐4、28、3、2路在河南站下车，步行230米。
标准房：￥137

【名称】延吉潘多拉时尚宾馆
【地址】解放路131号（近朝阳街）
【公交信息】乘坐2路在双阳小区站下车，步行580米。
标准房：￥218

【名称】延吉查尔斯宾馆
【地址】长白路26号
【电话】（0433）5000055
【公交信息】乘坐24、5、48、32、6、27、49、35、41路在海兰江支行站下车，步行160米。
标准房：￥210起

商场

【名称】成宝大厦
【地址】解放路50号
【电话】（0433）2559952
【公交信息】乘坐24、5、32、27、49、41路在国贸大厦站下车，步行200米。

【名称】延吉百货大楼
【地址】光明街34号
【电话】（0433）2514581
【公交信息】乘坐24、32、27、48、49、41路在新华书店站下车，步行230米。

【名称】延边地下商城
【地址】解放路23号
【电话】（0433）2559173
【公交信息】乘坐4、41路在迎宾桥站下车，步行50米。

【名称】延边国贸河南购物广场
【地址】河南街
【电话】（0433）2918609
【公交信息】乘坐4、3、2、28、13路在河南站下车，步行170米。

超市

【名称】家乐福
【地址】白玉胡同
【公交信息】①乘坐48、6、24、1、35、41、49、27、5、32路在海兰江支行站下车，步行450米。②乘坐28路在州五交化商店站下车，步行480米③乘坐32路在州府家园站下车，步行930米。

【名称】沃尔玛购物广场
【地址】人民路
【公交信息】①乘坐48、2路在双阳小区站下车，步行400米②乘坐32、24、49路在德意楼站下车，步行380米③乘坐28、27路在市法院站下车，步行790米。

【名称】易买得超市
【地址】公园路1019号
【电话】（0433）8897886
【公交信息】①乘坐27、24、6、5、32、49、41、35路在旅游局站下车，步行420米②乘坐4路在丝绸厂站下车，步行130米③乘坐49路在延边大学站下车，步行40米。

【名称】延边凯尔玛仓储超市
【地址】光明街与人民路交汇处南侧
【电话】（0433）2510531
【公交信息】①乘坐24、32、27、48、49、41路在新华书店站下车②乘坐5路在国贸大厦站下车，步行240米③乘坐28、3路在报社站下车，步行320米④乘坐4路在迎宾桥站下车，步行380米。

【名称】鑫源超市
【地址】北苑小区1号
【电话】（0433）5088476
【公交信息】①乘坐2、27、21路在十中站下车，步行100米②乘坐28路在部队站下车，步行820米。

【名称】鸿兴平价超市
【地址】新元公寓113号
【电话】（0433）5087693
【公交信息】①乘坐48路在昌盛市场站下车，步行430米②乘坐32、6、49、27、24、5路在妇幼医院站下车，步行640米③乘坐28路在长白市场站下车，步行670米。

电影院

【名称】天下龙逸影视城
【地址】延吉市百货大楼东门
【电话】15944362193
【公交信息】①乘坐24、32、27、48、49路在新华书店站下车，步行350米②乘坐28路在市法院站下车，步行320米③乘坐22、42路在百货大楼站下车，步行80米。

【名称】正天影城
【地址】爱丹路781号

【电话】（0433）2555033
【公交信息】①乘坐27、3路在延边医院站下车，步行180米②乘坐28、1、11路在客运站下车，步行300米③乘坐41路在延边医院站下车，步行180米。

【名称】依斯特影城
【地址】延吉市梨花路5号
【电话】（0433）2755111
【公交信息】①乘坐24、5、6、32、27、4路在公园站下车，步行460米②乘坐41路在梨花小学站下车，步行450米③乘坐49路在旅游局站下车，步行650米。